U0286843

教育部高等学校电子信息类专业教学指导委员会规划教材

高等学校电子信息类专业系列教材

电路与模拟电子学基础

杜慧茜　马志峰　邓小英　吴琼之　主编

清华大学出版社

北京

内 容 简 介

本书面向工科电子信息类本科生,是适合新课程体系核心课程"电路与模拟电子学基础"的教材,主要内容包括分析电路的基本理论和基本方法,重点介绍构成电路的基本元器件:电阻、电容电感、二极管、三极管、运算放大器的工作原理,并应用这些理论和方法进行模拟电路的分析和设计。

作为新工科课程体系改革后的核心课程,"电路与模拟电子学基础"取代"电路分析基础""模拟电路基础"两门课程,本书作为教材将按新体系框架介绍电路的基本理论与方法,培养电子信息类本科生基本的电路素养。本书可作为高校电子信息类本科生教材。

图书在版编目(CIP)数据

电路与模拟电子学基础/杜慧茜等主编.—北京:清华大学出版社,2022.8(2025.1重印)
高等学校电子信息类专业系列教材
ISBN 978-7-302-61040-3

Ⅰ. ①电… Ⅱ. ①杜… Ⅲ. ①电路-高等学校-教材 ②模拟电路-电子技术-高等学校-教材
Ⅳ. ①TM13 ②TN710

中国版本图书馆 CIP 数据核字(2022)第 096453 号

责任编辑:王 芳
封面设计:李召霞
责任校对:郝美丽
责任印制:宋 林

出版发行:清华大学出版社
  网 址:https://www.tup.com.cn,https://www.wqxuetang.com
  地 址:北京清华大学学研大厦 A 座 邮 编:100084
  社 总 机:010-83470000 邮 购:010-62786544
  投稿与读者服务:010-62776969,c-service@tup.tsinghua.edu.cn
  质量反馈:010-62772015,zhiliang@tup.tsinghua.edu.cn
  课件下载:https://www.tup.com.cn,010-83470236
印 装 者:三河市君旺印务有限公司
经 销:全国新华书店
开 本:185mm×260mm 印 张:24.75 字 数:606千字
版 次:2022 年 9 月第 1 版 印 次:2025 年 1 月第 3 次印刷
印 数:2301~2900
定 价:79.00元

产品编号:092438-01

前言
PREFACE

长期以来,国内多数高校的电路与电子学系列基础课程教学按照"电路分析(电路原理)→模拟电路(模拟电子技术)→数字电路(数字电子技术)→非线性电路(通信电路与系统)"顺序进行,其优点是循序渐进,各自形成相对独立而完整的知识体系。本书则是遵循诺贝尔物理学奖获得者普朗克的"科学全链条"理念,避免了知识点板块之间纵向和横向联系的割裂,从而更符合人的认知特性,有利于新时代电子技术领域高阶创新人才培养。以往电子信息类各专业本科生的电路入门课程是"电路分析基础",主要介绍电路的基础知识和经典理论,重点分析的是由电阻、电容和电感构成的线性网络,而实用电路不可能仅由这些元件构成,需要将无实际应用功能的理想电路模型抽象分析并和实际电路具象分析结合,才能真正激发学生的学习与实践兴趣。为进一步构建科学、系统和先进的课程体系,课程与教材改革势在必行。

自然界的物理量都是时间连续变量,现代电子系统绝大多数是"模数混合系统",模拟电子电路充当了物理世界与现代电子系统尤其是数字电子系统的接口。理解了这个"接口",学生从直观感知的物理世界进入到工程化的电子世界时就不会有违和感,面对复杂工程问题就不至于茫然无措,因此把贯通型的"电路与模拟电子学"作为本科电子信息类各专业入门核心课符合新工科建设精神。本教材包含了"电路分析基础""模拟电路基础"两门课程的核心内容,对由线性电阻、电容和电感等元器件组成的线性网络和由二极管、三极管、场效应管、运算放大器等半导体元器件组成的非线性网络等两大类知识点进行了有机融合,既具有较强的系统性,又强调了工程实践性,可达到"夯实基础,学以致用"的效果。

本教材的编写特点包括:

(1)加强工程电路分析。内容上注重电路分析的基础理论和方法介绍,其实践运用主要放在基本模拟电路中讲解。

(2)突出共性方法运用。比如非线性元件的线性等效条件和等效方法的运用,可扩展为实际电路的普适性处理方法。

(3)彰显工科知行合一。在理论探究基础上,强调工科非常重要的工程实用性,从而培养学生自主处理复杂工程问题的能力。

(4)兼顾内容深度广度。内容的叙述上力求足够的深度并保持适当的广度。为扩展广度,书中增加部分章节(标"*")供读者参考。

本书的绪论以及第4、6、7、9章由杜慧茜编写,第1、2、3章由吴琼之编写,第5、8章由邓小英编写,第10、11、12章由马志峰编写,并由杜慧茜统稿。北京理工大学的韩力教授审阅了本书全稿,提出了宝贵的修改意见。傅雄军教授对本书的编写方案提出了很好的建议,在此致以衷心的感谢!

由于编者水平有限,加之时间仓促,书中不妥之处在所难免,恳请使用本教材的老师和同学以及其他读者批评指正。

编　者

2022 年 2 月于北京

目 录

CONTENTS

第1章

CHAPTER 1

绪　　论

> 如果不想在世界上虚度一生,那就要学习一辈子。
>
> ——高尔基

  自 20 世纪中期以来,电子信息技术的快速发展不断推动着社会文明的进步。各种电子产品已经成为我们日常生活中必不可少的一部分,从电视、冰箱等家用电器到通信用的手机,从计算机、打印机等办公用品到医院的心电图检测、磁共振成像仪,以及汽车、飞机等交通工具的控制、检测等都离不开电子设备。这些电子产品极大地改变了人类的生活方式,并被视为理所当然的存在。以手机为例,2020 年我国 4G 手机总数已到 12.89 亿,已经成为很多人的生活必需品。手机功能也从单一的语音通话发展到智能手机的视频通话、互联网浏览以及其他拓展应用。

  上述电子设备由若干单元电路或功能模块组合而成,虽然它们实际功能各异,但归根结底都是处理我们感兴趣的物理量:信息或能量。处理信息的过程包括通信、存储和计算等,相关的电子产品有计算机、音响放大器等,而电源以及照明用的灯泡电路则属于处理能量的电路。物理世界中的信息与能量在电子电路中用电信号表示,驱动电路工作的是信号,电路的原理分析也与各种信号的处理和转换紧密联系。因此要进入电子世界,首先需要了解什么是信号,以及不同信号的特点。

1.1　模拟与数字信号

  "信号"是消息的表现形式,广义上讲有光信号、声信号和电信号等。电信号是指随时间变化的电流或者电压,可将其表示为时间的函数 $i(t)$ 或 $u(t)$。非电信号可以转换为电信号,例如可以用话筒将声音转换为电信号,热电偶可以将温度转换为电信号,光敏二极管可以将光信号转换为电信号等,由于电信号易于存储、处理和传输,所以成为应用最为广泛的信号。

  电信号可以分为模拟信号、离散时间信号和数字信号。模拟信号是指时间和幅度都是连续变化的信号。自然界大多数物理量都是随时间连续变化的量,当用传感器来反映这些非电物理量的时变规律时,则传感器输出的电信号就是所谓的模拟信号。大多数物理量转换成的电信号为模拟信号,比如将一段时间的温度变化绘制为曲线,如图 1-1(a)所示,信号

$x(t)$ 就是模拟信号。

离散时间信号是幅度连续但在时间上离散的信号,将 $x(t)$ 按一定时间间隔 T 进行采样后,就得到离散时间信号。时间离散是指有限个取值时间点或时间段。此时的信号只是在时间上离散,而幅度还是可以取任意值,如图 1-1(b)所示。

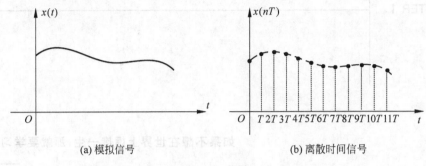

(a) 模拟信号　　　　　　　(b) 离散时间信号

图 1-1　信号

数字信号是幅度和时间上均为离散的信号。幅度离散是指幅度只有有限个取值,体现在采样值要用规定的某些数值(或称量化电平)表示,比如 9.14V 被量化为 9V。假设共有 $2^3 = 8$ 个量化电平来表示 $0 \sim 16\text{V}$,即用序列代码 000、001、010、011、100、101、110、111 表示 8 个量化电平,9V 就用一个与其所处量化电平相对应的序列代码 100 表示。上述逻辑 0 和 1 表示的序列代码就是数字信号,如果用低电平 0V 表示逻辑 0,3.3V 表示逻辑 1,则数字信号是只有高、低两种电平的信号。图 1-2 中使用的是 8 位序列代码,可以表示 $2^8 = 256$ 个量化电平。

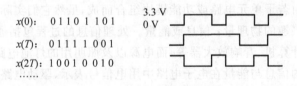

图 1-2　数字信号

模拟电路就是处理模拟信号的电子电路,而数字电路是处理数字信号的电子电路。计算机能处理的是数字信号,无法直接处理模拟信号,所以需要将信号进行模/数转换,再进入计算机处理。

虽然自 20 世纪 80 年代以来数字电路得到了迅猛发展,许多模拟电路被数字电路代替,但在现代许多电子系统中,模拟电路仍是不可取代的部分。

1.2　电路与电子系统

电子电路是由若干电子元器件(如电阻器、电容器、晶体管和集成电路)等按照一定原理进行连接的电路实体。一般将规模较小、功能单一的电路称为单元电路。电子系统是由若干相互连接的单元电路组合而成的具有特定功能的电路整体。与单元电路相比,电子系统功能复杂、规模较大,前面介绍的电子设备就属于电子系统。相比其他物理系统,电子系统更易于实现复杂的信号分析、处理与变换,控制也更为灵活。通常电子系统由信号获取(输入)、信号处理和信号执行(输出)等部分组成,一般电子系统的构成如图 1-3 所示。

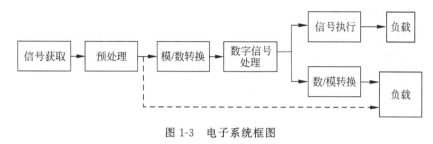

图 1-3　电子系统框图

（1）信号获取：利用传感器将物理世界的非电信号转换为电信号,这里的电信号通常是模拟信号。

（2）预处理：完成对信号的放大、滤波等调整,使其适合被下一步电路(模/数转换)进行处理,也可以直接驱动负载工作,如图 1-3 中虚线所示。这时从输入到输出的信号均为模拟信号,这样的电子系统为模拟电路系统。

（3）模/数转换：将模拟信号转换为数字信号。

（4）数字信号处理：实现对信号的分析、加工、传输和判决等功能。由于数字信号处理具有软件可实现、精度高、可靠性高等优点,因此大多数现代电子系统都是将模拟信号转换为数字信号后进行处理。

（5）信号执行：对处理结果进行显示、存储、传输或驱动负载。

（6）数/模转换：将数字信号转换为模拟信号,以驱动负载工作。

现代电子系统一般采用"模拟—数字—模拟"的结构,也就是混合电子系统,比如随时随地为大家提供信息的手机,目前已经发展到第 5 代,5G 手机就是数模混合系统。虽然自 20世纪 80 年代以来数字电路得到了迅猛发展,数字信号处理技术具有抗干扰能力强等显著优势,许多模拟电路被数字电路代替,但放大器、振荡器、电源等电路无法用数字电路实现。对于微弱信号,例如电视接收机、手机天线接收的输入信号或是拾音器得到的语音信号等,必须运用模拟技术进行放大。而且为了驱动负载工作的大功率输出电路也仍需要模拟技术实现,因此在现代电子系统中,作为真实世界与电子世界间接口的模拟电路仍是不可取代的部分。本书重点引入电子电路分析与模拟电子学的基本知识和基本理论,为以后分析和设计复杂电子系统打下基础。

模拟电子系统所处理的信号都是模拟信号,下面介绍几个模拟电子系统。

（1）第 1 代手机是一种传输与处理模拟信号的通信系统,功能是实现人与人之间点对点的远距离对话。当甲与乙两人通过手机通话,甲发出的声音首先经过话筒转换成电信号——语音信号,但由于语音信号的频率低,不适合在空气中远距离传播,因此需要利用高频信号驮载语音信号,这个过程为调制。再用天线将这个高频信号转换为空间辐射电磁波发射出去。而电磁波具有可在空气和自由空间中远距离光速传播的特点,可以实现远距离无线通信。含有语音信息的电磁波被乙手机的接收天线收到,将电磁波转换成高频电信号,再从这个高频信号中将语音信号分离出来,即解调过程。最后用扬声器将语音信号转换为人耳可以听到的声音。

（2）音响放大器是一种简单的模拟电子系统，如图 1-4 所示。声音信号经话筒转换为电信号，该信号通常很微弱，一般为几毫伏，音响放大器的作用是将微弱的音频信号进行放大，驱动耳机或者喇叭发声。

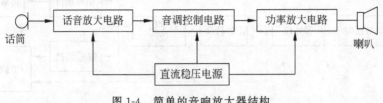

图 1-4　简单的音响放大器结构

（3）直流稳压电源的功能是将交流电源转换为直流稳压电源，或者是将一个直流电压转换为另一个直流电压的系统。以将交流电源转换为直流稳压电源的电路为例，输入为正弦波，首先该正弦波通过整流器转化为单极性电压，然后将该电压经滤波器滤波得到直流信号，最后用稳压器输出不随输入电压或负载电流变化而变化的稳定的直流电压。

1.3　电路的基本元器件

实际电路是由电阻器、电容器、电感线圈、晶体管和集成电路等构成的。分析和设计电路时，首先要掌握各种元器件的伏安特性，根据这些特性建立起电路模型，再应用电路应遵循的定理和定律就可以分析出电路中的各电流量和电压量。

各种电阻器、电容器和电感线圈不需要专门供电电源就可以完成基本功能，属于无源元件。而晶体管、集成电路等可将直流电源能量转换为信号能量，需要在供电情况下才可实现其功能，称为有源元件。

（1）一般的物理材料都有阻碍电流通过的特性，这种特性被称为电阻。电阻器是指所有用以产生电阻的电子元件。

（2）电容器有两个电极，所储存的电荷大小相等，符号相反。电极本身是导体，两个电极之间由称为介电质的绝缘体隔开。电容器是将电能储存在电场中的无源元件。

（3）电感器由金属导线缠绕在磁芯上构成，也可把磁芯去掉或者用铁磁性材料代替。电感器会因为通过的电流的改变而产生电动势，从而抵抗电流的改变。电感器是能够在自身磁场中存储能量的无源元件。

（4）半导体二极管由半导体材料制成，有阳极和阴极两个端子，只允许一个方向的电流通过，即具有单向导电性。

（5）场效应晶体管是一种利用电场效应控制电流大小的半导体器件，具有输入电抗高、功耗低、热稳定性好等优点。在集成电路中占用面积小，制造工艺简单，得到广泛应用。

（6）双极型晶体管又称三极管，是由三层半导体制成的器件，能够实现电流、电压放大，并且具有较好的功率控制、高速工作以及耐久能力，常被用来构成放大器电路，或驱动扬声器、电动机等设备。

（7）集成电路可以把数量庞大的晶体管集成到一个小芯片上，相对于分立元器件电路，具有性能高、成本低的优势。按照所处理的信号类型可以分为模拟集成电路、数字集成电路以及混合信号集成电路。模拟集成电路包括运算放大器（简称运放）、模拟乘法器、传感器、电源管理芯片等,其中运放是一种广泛使用的模拟集成电路,只需要外接少量的电阻、电容等元件,就能执行各种不同的模拟信号处理任务。

本书将重点介绍电阻器、电容器、电感线圈、晶体管和集成运放的工作原理,以及由其构成的电路分析理论和基本应用。

1.4 电路的分析与设计

电子电路的分析是根据已知电路的结构和组成元器件的特性,确定该电路的功能以及性能指标的过程。在分析电路时,需要对给定电路输入不同的信号,确定电路的响应。

分析电子系统的基本步骤如下所述。

(1) 按照功能将复杂的电子系统分为如图 1-3 所示的基本子功能模块。

(2) 将各个子功能模块进一步分割为子电路,如以某个集成电路为核心的电路模块。

(3) 根据构成电路模块的电子元器件的工作原理以及相关电路理论,确定出该模块的功能并计算出性能指标。

(4) 综合各个模块的分析结果,对子系统乃至整个电子系统的性能以及技术指标做出分析和判断。

实施电路分析时,可以在时间域进行,也可以在频率域进行。

电路的设计是根据实际需求,确定出电路的具体结构,给出电路中所用元器件的型号和参数,最终进行电路安装以及调试。设计的一般步骤如下所述。

(1) 提出电路功能以及技术指标的要求。功能描述就是明确电路工作的背景和完成的任务。技术指标包括电气指标、设备条件的约束条件、环境约束以及经济指标。

(2) 确定电路的方案,设计电路的思路和方案不唯一,不同的设计者可以有不同的想法。比如除了必须应用模拟电路解决的问题,电子系统中的中间部分可以用模拟或数字技术完成,应在比较利弊后确定采用模拟电路还是数字电路;涉及的集成电路是采用通用集成电路还是定制电路也需做出选择。本书仅涉及模拟电子技术部分,可先按照功能规划框图,规划好每个具体功能的方框图;然后细化每个功能模块的电路,逐级确定出所需元器件,此方法为由顶到底的方法,另外一种是由底到顶的方法,即从关键模块电路开始,然后综合完成整体电子系统。实际应用中,这两种方法经常结合使用。

(3) 安装调试,这一步一般从"源"开始,首先确定供电电源、各个信号源的正常工作,然后按照信号流经的途径逐级调试,并分级测试技术指标是否达到需求。

分析是设计的基础,只有充分学习基本分析方法,深刻理解和掌握基本电路,才能设计出高性能的电路。

小结

本章简单介绍了信号的分类,从而引出电子电路以及电子系统的概念以及基本组成,列举了常用的模拟电子系统,简述了书中涉及的基本电子元器件,并简单介绍了电路分析和设计步骤,为后续章节打下基础。

第 2 章

CHAPTER 2

电路的抽象

> 科学是永无止境的,它是一个永恒之谜。
> ——爱因斯坦

电路是由电子器件按预期目的连接而成的电流通路,能够实现电能的传输、分配与转换,或者实现信号的传递、控制与处理。因此,电路广泛存在于电力系统、计算机系统、通信和控制系统以及信号处理系统中。

有些实际的电路系统十分复杂,例如一颗计算机的中央处理器(CPU)会由数千万个晶体管组成。但是,总的来说,任何电路都包含信号源或电源、负载部件和连接与控制部件。信号源或者电源将其他形式的能量转换为电能并提供给电路,一般称为激励。负载部件消耗电能,将电能转换为其他形式的能量并输出,一般称为响应。连接和控制部件在激励和响应之间起着能量传送、信号处理和控制的作用。

电路理论主要解决几方面的问题:电路分析、电路设计和电路诊断等。其中,电路分析是电路理论的基本问题。电路分析是在已知电路结构和电路器件参数的条件下,获得电路中的变量。如求解某个已知电路中的某支路电流或者某节点的电压。而电路设计是在给定电路功能需求的情况下,设计出具体的电路结构,进一步选定电路参数。电路诊断是对运行不正常的电路进行故障判断和定位。电路分析是后两者的基础。

本章主要介绍电路理论的基本概念,包括集总电路抽象、基本电路变量和基本电路元件。集总电路抽象是指将真实电路按照集总原则转换为由理想电路元件构成的集总电路模型,以便用电路理论开展分析。基本电路变量是指电流、电压和功率等表征电路运行状态的物理变量。基本电路元件是指一组基本的理想电路元件,包括电阻、电容、电感、电压源和电流源等,它们是真实电路元件的集总抽象,是构成电路分析所需电路模型的基本元素。

2.1 集总电路抽象

用电路理论分析电路时,首先需要对实际电路进行抽象,建立实际电路的电路模型,然后利用电路理论中的定理和定律进行分析计算。

2.1.1 电路分析方法

电路分析的基本思路如下。

(1) 确定分析任务,理清所有的已知条件和约束条件。电路分析的问题一般来自工程实际,有时候还需要结合工程实际,进行合理的假设。

(2) 建立实际电路的电路模型,一般称为抽象或者建模。电路模型有时候也简称为电路图,因此可以在电路图上标注出已知条件和需要分析的目标变量。

(3) 选用适当的分析方法对电路进行计算,获得目标变量的分析结果。一般来说,同样的一个电路,可以选用不同的分析方法。一般认为计算量最少的方法是最恰当的。

(4) 利用 EDA 分析工具,对实际电路进行仿真分析,和理论分析计算进行对比。

下面以手电筒电路为例,具体说明电路分析的思路和流程。图 2-1(a)为手电筒实物,图 2-1(b)为手电筒简化电路,两节干电池串联构成供电电源,灯珠为负载,导线为连接的导线,开关为控制手电筒通断的控制部件。假定已知干电池的供电电压,需要求解通过灯珠的电流,建立的电路模型如图 2-1(c)所示。

图 2-1(c)中,电压源 U_S 和电阻 R_{si} 的串联为干电池组的等效电路模型,其中 U_S 为干电池的供电电压,电阻 R_{si} 为干电池的源内阻,表示干电池工作时,除了向灯珠提供能量,本身也会消耗一部分电能。开关 S 为通断控制部件,负载电阻 R_L 为灯珠的等效电阻。忽略开关的导通电阻和导线的电阻,对图 2-1(c)列写开关闭合时候的电路方程,可以得到

$$U_S = (R_{si} + R_L)I \tag{2-1}$$

由此可以得到待求电路变量,流过灯珠的电流

$$I = \frac{U_S}{R_{si} + R_L} \tag{2-2}$$

如果取两节干电池组的电压 $U_S = 3V$,电池内阻 $R_{si} = 1\Omega$,灯珠电阻 $R_L = 10\Omega$,可以计算得到流过灯珠的电流

$$I = \frac{U_S}{R_{si} + R_L} = \frac{3}{1 + 10} \approx 0.27(A)$$

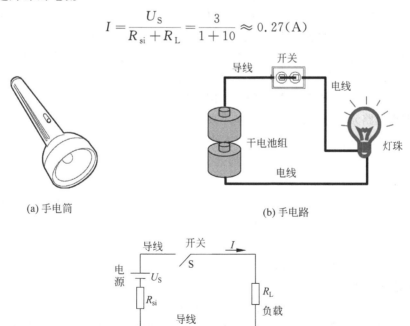

(a) 手电筒　　　　　　　　　　　　　(b) 手电路

(c) 电路模型

图 2-1　手电筒电路及其电路模型

在 Multisim 电路仿真软件中,创建如图 2-1(c)所示的电路,如图 2-2(a)所示,利用万用表观察流过灯珠的电流,可看到仿真结果约为 $272\text{mA}\approx0.27\text{A}$,和理论计算结果一致。

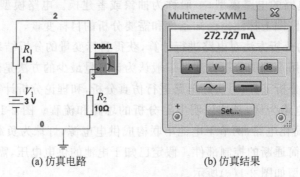

(a) 仿真电路　　　　　　　　(b) 仿真结果

图 2-2　手电筒电路仿真分析

因此,电路分析的基本流程如下。

(1) 理清已知和假设条件,确定分析目标。

(2) 抽象出电路模型,一般采用理想电路元件进行近似抽象,得到电路模型。

(3) 分析电路,选择合适的分析方法,对电路模型进行计算,获得目标变量的分析结果。

(4) 仿真电路,利用 EDA 工具对电路进行仿真分析,和分析结果进行对比。

2.1.2　理想电路元件

要对实际电路进行抽象建模,可以用仪器仪表对实际电路进行测量,把实际电路抽象为电路模型,然后用电路理论进行分析、计算。但需要注意的是,同样的一个实际电路器件或部件,在不同的假设条件或者工作环境下,可能会得到不同的电路模型。例如一个通电的白炽灯会消耗电能,产生光和热,同时通电导体周围会产生磁场,储存磁场能量,因此可以利用一个电阻 R 和电感 L 的串联来进行抽象。但是,在大多数情况下都可以忽略灯泡的感性,突出其阻性。即,为了便于分析与计算实际电路,在一定条件下,常忽略实际部件的次要因素而突出其主要电磁性质,把它看成理想电路元件。

所谓理想电路元件,需要符合以下基本要求。

(1) 只有两个端子,且不考虑其空间大小。

(2) 可以用电压或电流按数学方式描述。

(3) 不能被分解为其他元件。

图 2-1(c)中电压源 U_S、电阻 R_L 和开关 S 等都是理想电路元件。电路模型就是理想电路元件按照实际电路功能抽象互连而成的。

常见的理想电路元件主要有以下几种。

(1) 电阻元件表示消耗电能的元件。

(2) 电感元件表示产生磁场、储存磁场能量的元件。

(3) 电容元件表示产生电场、储存电场能量的元件。

(4) 电压源和电流源表示将其他形式的能量转变成电能的元件。本书将在后面的章节详细介绍这些理想电路元件的结构和电气特性。

需要特别注意:具有相同的主要电磁性能的实际电路部件,在一定条件下可用同一电路模型表示,但是同一实际电路部件在不同的应用条件下,其电路模型可以有不同的形式,就像前面提到的通电灯泡的抽象模型。通常,对一个实际电路进行电路建模时,可以忽略次要因素。如前面手电筒建模过程中,忽略了开关的导通电阻和导线的电阻,电路模型就会相对简单,但是依然符合工程实际。

2.1.3 集总参数电路模型

任何实际电路都有空间尺寸大小的要求,电路中的电磁现象在空间中分布,电能消耗也有空间分布特征。严格来说,任何电路变量既是时间的函数,也是空间的函数,以电磁波的形式在空间传播。但是,当实际电路被抽象成电路模型后,理想电路元件只有端子特性,没有空间大小限制,电路模型不具有空间分布特征。那么,在什么条件下,可以不考虑空间分布特性呢?

工程实际表明,当电路的尺寸 d 远小于电路中传输的电磁波的波长 λ 时,电磁波在电路中传播的时间可以忽略,电路就可以近似为由上述理想电路元件互连而成的电路模型。工程上将满足

$$d \leqslant 0.01\lambda \tag{2-3}$$

的电路称为集总参数电路,否则为分布参数电路。理想电路元件也称为集总参数元件。由集总参数元件互连而成的电路模型称为集总参数电路模型。

电磁波的波长等于传播速度 v 乘以周期 T。在真空中 v 就是光速 c,其他环境下则近似光速 c。周期 T 则是频率 f 的倒数。以下为两个相关实例。

(1)电力系统中,交流配电线中传输的交流电频率为 $f=50\mathrm{Hz}$,其传输速度近似为光速 $c=3\times10^8\mathrm{m/s}$,因此其波长为

$$\lambda = vT = \frac{c}{f} = \frac{3\times10^8}{50} = 6\times10^6 = 6000(\mathrm{km})$$

按照式(2-3),当交流电在电路板中传输时,由于一般的电路板尺寸远远小于 6000km,因此可视为集总参数电路模型,但是当配电线长度大于 $0.01\times6000=60(\mathrm{km})$ 时,就要当作分布参数电路进行处理。

(2)通信系统中,射频信号的频率为 $f=10^5\mathrm{MHz}$ 时,同样可以得到其波长为

$$\lambda = vT = \frac{c}{f} = \frac{3\times10^8}{10^{11}} = 3(\mathrm{mm})$$

因此,当电路板的尺寸大于 3mm 时,就要作为分布参数电路进行分析。

2.2 电路变量

电路中的主要物理量有电压、电流、电荷、磁链、能量、功率等。在线性电路分析时,人们主要关心的物理量是电流、电压和功率。

2.2.1 电荷与电流

1. 电荷

在电磁学里,电荷是物质的一种物理性质。称带有电荷的物质为"带电物质"。电荷是电路理论中最基本的物理量。电荷为物体或构成物体的质点所带的具有正电或负电的粒

子,带正电的粒子称为正电荷(表示符号为"＋"),带负电的粒子称为负电荷(表示符号为"－")。某些基本粒子(如电子和质子)的属性:同种电荷相互排斥,异种电荷相互吸引。

物质由质子、中子和电子三种基本粒子构成,质子带正电荷(＋e),中子不带电荷,电子带负电荷(－e),$e \approx 1.602 \times 10^{-19}$C(库仑)。任何带电物质的带电量 q 都是 e 的整数倍。

电荷又分为自由电荷和束缚电荷。自由电荷指在外电场作用下能作定向运动的电荷。自由电荷包括自由阳离子(正电荷),自由阴离子(负电荷)和自由电子。常见的自由电荷有金属中的自由电子,电解质溶液中的正、负离子,真空或者稀薄气体中的电子和离子等。自由电荷的特点是物体内部对它们的束缚比较弱,可以在物体内部自由移动。而电介质中的正负电荷,在电场力作用下只能在原子或分子范围内做微小位移,所以称为束缚电荷或极化电荷。这种电荷不能离开电介质到其他带电体中,也不能在电介质内部自由移动。

2. 电流及其大小

导体中的自由电荷在电场力的作用下做有规则的定向运动就形成了电流。

电路中把单位时间里通过导体任一横截面的电量叫作电流强度,称为电流 i,定义为

$$i = \frac{\mathrm{d}q}{\mathrm{d}t} \tag{2-4}$$

在国际单位制中,电荷的单位为库仑(C),时间单位为秒(s),电流的单位为安培(A)。

3. 电流的参考方向

电路理论中,规定正电荷的运动方向为电流的实际方向,元件(导线)中电流流动的实际方向只有两种可能,如图 2-3 所示。

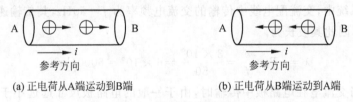

(a) 正电荷从A端运动到B端　　　　　　(b) 正电荷从B端运动到A端

图 2-3　电流的参考方向

因此,只要确定了正电荷的定向运动方向,就可以确定实际电流的方向,但是对于复杂电路或当电路中的电流随时间变化时,电流的实际方向往往很难事先判断。因此,可以任意假定一个正电荷运动的方向,称为电流的参考方向,一般用箭头的指向表示电流的参考方向。定义了参考方向以后,参考方向和实际方向的关系是什么呢?

在实际的电路分析中,由于对于复杂电路,无法确定电流的实际方向,因此假定一个参考方向,然后利用这个参考方向进行电路分析。若分析得到的电流 $i > 0$,表示假定的电流参考方向和实际方向是一致的,如图 2-3(a)所示;若 $i < 0$,表明参考方向与实际方向是相反的,如图 2-3(b)所示。因此假定的参考方向不同时,通过分析计算所得到的电流 i 的代数值有正负差别,但是参考方向和代数值相结合的本质是一致的,也就是说,要表示一个电流,不仅要知道其大小,还必须知道其方向。

4. 直流与交流

当电流的方向恒定不变时,称为直流电(Direct-Current,DC),如图 2-4(a)所示。当电流大小随时间变化,但平均值为零时,称为交流电(Alternating-Current,AC),如图 2-4(b)所示为正弦交流电。一般直流量用大写字母 I 表示,交流量则用小写字母 i 表示。

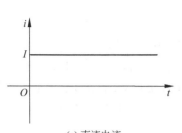
(a) 直流电流

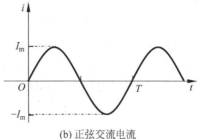
(b) 正弦交流电流

图 2-4 直流与交流

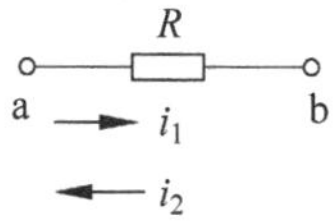

【例 2-1】 在图 2-5 中,正电荷从 b 端向 a 端流动,流过的电荷总量 q 随时间变化的表达式为 $q = 5t\sin4\pi t\,(\mathrm{mC})$。在图中的参考方向下,计算当 $t = 0.5\mathrm{s}$ 时,流过电阻 R 的电流 i_1 和 i_2。

图 2-5 例 2-1 图

解：由图 2-5 得,电流

$$i_1 = -\frac{\mathrm{d}q}{\mathrm{d}t} = -\frac{\mathrm{d}(5t\sin4\pi t)}{\mathrm{d}t} = -(5\sin4\pi t + 20\pi t\cos4\pi t)\,(\mathrm{mA})$$

$$i_2 = \frac{\mathrm{d}q}{\mathrm{d}t} = \frac{\mathrm{d}(5t\sin4\pi t)}{\mathrm{d}t} = (5\sin4\pi t + 20\pi t\cos4\pi t)\,(\mathrm{mA})$$

当 $t = 0.5\mathrm{s}$ 时,

$$i_1 = -(5\sin2\pi + 10\pi\cos2\pi) = -(0 + 10\pi) = -31.42\,(\mathrm{mA})$$

$$i_2 = 31.42\mathrm{mA}$$

2.2.2 电压与电位

1. 电压

电压定义为单位正电荷 q 从电路中一点移至另一点时电场力做功 w 的大小。如图 2-6 所示,若电场力将电荷 $\mathrm{d}q$ 从 a 移动到 b 做功为 $\mathrm{d}w$,则 a、b 间电压定义为

$$u_{\mathrm{ab}} = \frac{\mathrm{d}w}{\mathrm{d}q} \tag{2-5}$$

在国际单位制中,功的单位为焦耳(J),电荷的单位为库仑(C),电压的单位为伏特(V)。

图 2-6 电场力移动正电荷做功

2. 电压的参考方向

电压的实际方向为正电荷在电场力作用下移动的方向。但是在一个复杂电路或交变电路中,两点间电压的实际方向往往不易判别,给实际电路问题的分析计算带来困难。因此和电流类似,采用参考方向和代数量结合来表示电压。例如电场力将 1C 的正电荷从 a 移动到 b,若电场力做功 5J,则 a、b 间的电压为 5V,可以用图 2-7 所示的 3 种不同的方法表示,其中图 2-7(b)和图 2-7(c)用"+""−"表示电压极性是比较常见的一种方法,图 2-7(a)u_{ab} 为双下标的表示方法。

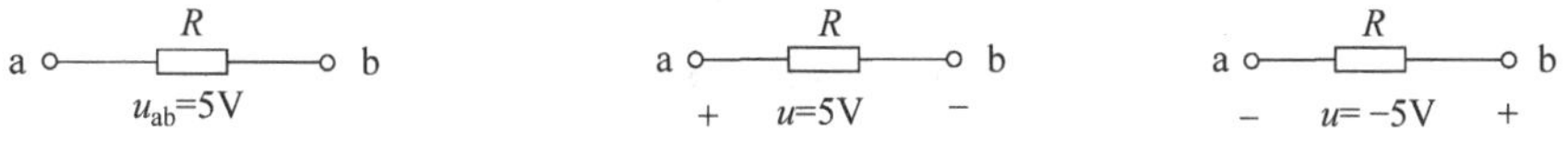

(a) 双下标表示   (b) a为+   (c) b为+

图 2-7 电压的参考方向

3. 电位

在很多电路系统中，所有电压需要有一个公共参考点，一般用"—"标示，称为电路的电位参考点，因此电位是相对于公共参考点的特殊的电压。在图 2-8(a)中，取 O 点为电位参考点，一般视为"零电位"，则电压 U_{AO} 就是 A 点的电位，用 U_A 表示，$U_A=-6V$。同样，电压 U_{CO} 就是 C 点的电位，用 U_C 表示，$U_C=-12V$；而电压 U_{BO} 是 B 点的电位，需要通过电路分析才能得到。电路中任意两点之间的电位差值就是这两点之间的电压。如 $U_{AC}=U_A-U_C=-6-(-12)=6(V)$。

在电路中，为了简单，图 2-8(a)通常画成图 2-8(b)的形式，省去电源符号，直接在 A 点和 C 点处标出相对于公共参考点的电位值。

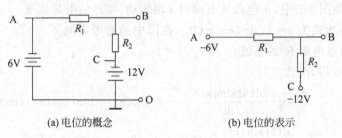

(a) 电位的概念　　　　　　(b) 电位的表示

图 2-8　电位

2.2.3　功率与能量

能量表示一个物理系统做功的量度，能量既不能被创造，也不能被销毁。但是，能量能够以各种形式进行转化，如水力发电机将势能通过发电机组转化为电能。同样，电动机能够将电能转换为机械能，带动负载运动。

1. 功率

功率定义为单位时间内电场力所做的功，即

$$p=\frac{dw}{dt} \tag{2-6}$$

在国际单位制中，功的单位为焦耳(J)，时间的单位为秒(s)，功率的单位为瓦特(W)。一般用小写字母 p 表示功率，如果功率不随时间变化，一般用大写字母 P 表示。

电流 $i=\frac{dq}{dt}$，电压 $u=\frac{dw}{dq}$，功率 $p=\frac{dw}{dt}$，因此得到功率 p 为电压 u 和电流 i 的乘积，即

$$p=ui \tag{2-7}$$

图 2-9(a)中的电流参考方向从电压的正端穿过元件流向负端，称为关联参考方向，而图 2-9(b)中电流的参考方向从电压的负端流向正端，称为非关联参考方向。

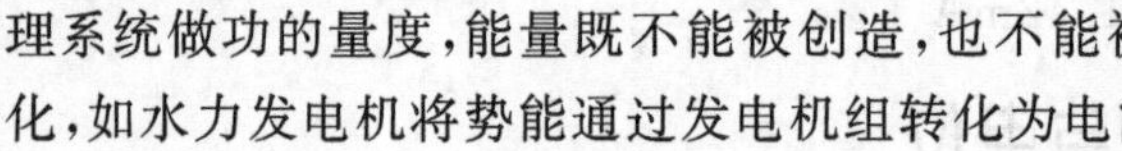

(a) 关联参考方向　　　　　　(b) 非关联参考方向

图 2-9　功率与参考方向

在关联参考方向下，如果利用 $p=ui$ 计算得到的功率 $p>0$，表示该元件从电路中吸收

功率,反之若 $p<0$,表示该元件在提供功率。

【**例 2-2**】　计算图 2-10 中元件吸收的功率。

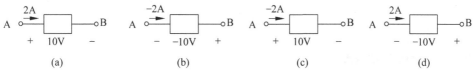

图 2-10　例 2-2 图

解：(a) 为关联参考方向,$p=ui=10\times2=20(\mathrm{W})$,表示该元件实际吸收功率为 20W。

(b) 为非关联参考方向,若将电流转换为关联参考方向,电流为 2A,从 B 流向 A,因此可得 $p=ui=(-10)\times2=-20(\mathrm{W})$,表示该元件实际吸收功率为 $-20\mathrm{W}$,也就是发出功率为 20W。

(c) 为关联参考方向,$p=ui=10\times(-2)=-20(\mathrm{W})$,表示该元件实际吸收功率为 $-20\mathrm{W}$,也就是发出功率为 20W。

(d) 为非关联参考方向,若将该电流转换为关联参考方向,电流为 $-2\mathrm{A}$,功率 $p=ui=(-10)\times(-2)=20(\mathrm{W})$,表示该元件实际吸收功率为 20W。

因此计算某元件吸收的功率可以采用关联参考方向计算,$p=ui$;如果采用非关联参考方向计算某元件吸收的功率,则为 $p=-ui$,实际计算过程中,为了避免产生混淆,可以将非关联参考方向转换为关联参考方向,然后利用 $p=ui$ 计算元件吸收的功率。

2. 功率守恒定律

集总参数电路满足功率守恒定律,若电路中元件总数为 b 个,第 k 个元件吸收的功率为 p_k,则任何时刻都有

$$\sum_{k=1}^{b}p_k=0 \tag{2-8}$$

【**例 2-3**】　计算图 2-11 中元件的功率,并且说明实际是吸收功率还是发出功率。

解：A 元件为关联参考方向,$p_A=ui=60\times1=60(\mathrm{W})$,表示该元件实际吸收功率为 60W。

B 元件为非关联参考方向,$p_B=ui=10\times(-2)=-20(\mathrm{W})$,表示该元件实际发出功率为 20W。

C 元件为非关联参考方向,$p_C=ui=20\times(-1)=-20(\mathrm{W})$,表示该元件实际发出功率为 20W。

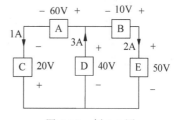

图 2-11　例 2-3 图

D 元件为非关联参考方向,$p_D=ui=40\times(-3)=-120(\mathrm{W})$,表示该元件实际发出功率为 120W。

E 元件为关联参考方向,$p_E=ui=50\times2=100(\mathrm{W})$,表示该元件实际吸收功率为 100W。

因此可以得到 $p_A+p_B+p_C+p_D+p_E=0$,也就是 $p_A+p_E=p_B+p_C+p_D$,发出的功率等于吸收的功率,总功率守恒。

3. 能量

由式(2-6)可知,如果元件吸收的功率为 p,则在 t_0 到 t_1 时间内元件消耗的电能为

$$w = \int_{t_0}^{t_1} p\,\mathrm{d}t = \int_{t_0}^{t_1} ui\,\mathrm{d}t \tag{2-9}$$

2.3　电路元件

电路元件是组成电路模型的基本单元。本节将详述表征消耗电能的电阻元件、提供电能的独立电源、表征电路变量控制关系的受控电源、存储电场能量的电容元件和存储磁场能量的电感元件的特征,并简要介绍耦合电感和理想变压器这两个更为复杂的电磁感应元件。

电路元件分为有源元件和无源元件。能够提供功率增益的元件为有源元件,反之就是无源元件,电阻、电容和电感均为无源元件。在电路中,一般利用 u、i 关联参考方向下的关系表征该二端元件的伏安特性。如果表征元件端子特性的数学关系式是线性关系,该元件称为线性元件,否则称为非线性元件。

2.3.1　电阻

1. 欧姆定律

德国物理学家欧姆在 1827 年提出用电压和电流关系来描述物质的电流阻碍作用,电压与电流的比值称为电阻 R,这就是欧姆定律(Ohm's Law)。在电路中有很多具有这样特性的二端子器件,其端电压可表示为其流过的电流的函数,或者其电流可以表示为其端电压的函数,这类器件都可以抽象为理想电阻,如金属丝灯泡、电阻加热炉等。

金属导线的电阻 R,由其材料的电阻率 ρ、导线长度 l、导线截面积 A 决定,即

$$R = \rho\,\frac{l}{A} \tag{2-10}$$

2. 线性电阻元件

凡是其端电压与其流过的电流成比例的电阻元件,称为线性电阻元件。线性电阻的符号如图 2-12(a)所示。线性电阻的伏安特性是通过原点的一条直线,直线的斜率就是该电阻的阻值,如图 2-12(b)所示。

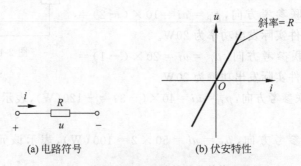

(a) 电路符号　　　　　　　　(b) 伏安特性

图 2-12　线性电阻的电路符号及其伏安特性

当电压和电流为关联参考方向时,线性电阻的电压和电流关系就是欧姆定律,即

$$u = Ri \tag{2-11}$$

或者

$$i = Gu \tag{2-12}$$

其中，R 为电阻，G 为电导。国际单位制中，电压的单位为伏特（V），电流的单位为安培（A），电阻的单位为欧姆（Ω），电导的单位为西门子（S）。

需要注意的是，如果电阻两端的电压和流过电阻的电流是非关联的，那么需要将欧姆定律改写为 $u = -Ri$，或者 $i = -Gu$。

电阻是耗能元件，也就是说，电阻会将电能转换为热能等，关联参考方向下，电阻 R 所吸收的功率为

$$p = ui = Ri^2 = \frac{u^2}{R} = Gu^2 = \frac{i^2}{G} \tag{2-13}$$

2.3.2　独立电源

所谓独立电源，就是电压源的电压或电流源的电流不受外电路的控制而独立存在的电源。独立电源是二端元件，具有把非电磁能量（如机械能、化学能、光能等）转变成电磁能量的能力。独立电源在电路中能作为激励来激发电路，产生支路电压和支路电流等响应。独立电源分为独立电压源和独立电流源两种类型，简称电压源和电流源。这是两个完全独立、彼此不能替代的理想电源模型。

1. 独立电压源

如果流过一个二端元件的电流无论为何值，其两端电压保持常量或按给定的时间函数变化，那么此二端元件称为独立电压源，简称为电压源。

电压源的电路符号如图 2-13(a) 所示，图中"＋""－"号表示电压源电压的参考极性，直流电压源的符号也可以用图 2-13(b) 所示的符号表示，直流电压源的伏安特性如图 2-13(c) 所示。

(a) 电压源符号　　　(b) 直流电压源符号　　　(c) 直流电压源的伏安特性

图 2-13　独立电压源的电路符号

电压保持常量的电压源，称为恒定电压源或直流电压源。电压随时间变化的电压源，称为时变电压源。电压随时间周期性变化且平均值为零的时变电压源，称为交流电压源。

【例 2-4】 在图 2-14 所示的电路中，

（1）写出流过负载电阻 R_L 电流 i_L 的表达式。

（2）若电阻 R_L 开路，流过电阻的电流 i_L 和电阻两端的电压 u_L 是多少？

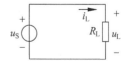

图 2-14　例 2-4 电路

（3）若电阻 R_L 短路，流过电源的电流是多少？

解：（1）由欧姆定律可知，流过负载电阻 R_L 的电流为 $i_L = u_S / R_L$。

（2）若电阻 R_L 开路，也就是 $R_L = \infty$，因此 $i_L = 0$，$u_L = u_S$。

（3）若电阻 R_L 短路，也就是 $R_L = 0$，因此 $i_L = \infty$，$u_L = 0$，此时电压源提供的功率近似为无穷大，容易烧坏电压源，因此理想电压源不能短路。

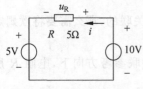

图 2-15　例 2-5 电路

【例 2-5】　计算图 2-15 所示电路中各个元件的功率，并说明是提供功率还是吸收功率。

解：电阻两端的电压 $u_R = 10 - 5 = 5(\mathrm{V})$，由欧姆定律，流过电阻的电流 $i = 5/5 = 1(\mathrm{A})$，因此 5Ω 电阻的功率 $p_{5\Omega} = ui = 5 \times 1 = 5(\mathrm{W})$，表示该电阻实际吸收功率为 5W；5V 独立电压源的功率 $p_{5V} = ui = 5 \times 1 = 5(\mathrm{W})$，表示该独立电压源实际吸收功率为 5W；10V 独立电压源的功率 $p_{10V} = ui = 10 \times (-1) = -10(\mathrm{W})$，表示该独立电压源实际发出功率为 10W，需要注意的是，此电路中 5V 的独立电压源也是耗能的。

2. 独立电流源

如果一个二端元件，其输出电流总能保持定值或一定的时间函数，其值与它的两端电压无关的元件叫理想电流源，也称为独立电流源，简称为电流源。

电流源的电路符号如图 2-16（a）所示，图中箭头表示电流源电压的参考方向，直流电流源的伏安特性如图 2-16（b）所示。

电流保持常量的电流源称为恒定电流源或直流电流源。电流随时间变化的电流源称为时变电流源。电流随时间周期性变化且平均值为零的时变电流源称为交流电流源。

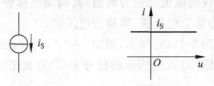

(a) 独立电流源符号　　　(b) 直流电流源伏安特性

图 2-16　独立电流源符号及其伏安特性

【例 2-6】　在图 2-17 所示的电路中，

（1）写出负载电阻 R_L 两端电压 u_L 的表达式。

（2）若电阻 R_L 短路，流过电阻的电流 i_L 和电阻两端的电压 u_L 是多少？

（3）若电阻 R_L 开路，电流源两端的电压是多少？

解：（1）由欧姆定律可知，负载电阻 R_L 两端电压为 $u_L = i_S R_L$。

（2）若电阻 R_L 短路，也就是 $R_L = 0$，因此 $i_L = i_S$，$u_L = 0$。

（3）若电阻 R_L 开路，也就是 $R_L = \infty$，此时电流源欲输出电流却没有电流通路，属于无效的情况。因此理想电流源不能开路。

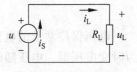

图 2-17　例 2-6 电路

【例 2-7】　计算图 2-18 所示电路中各个元件的功率，并说明是提供功率还是吸收功率。

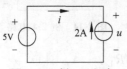

图 2-18　例 2-7 电路

解：图示电路中，$i = -i_S = -2\mathrm{A}$；因此 5V 电压源的功率 $p_{5V} = ui = 5 \times 2 = 10(\mathrm{W})$，表示该电压源实际吸收功率为 10W；2A 独立电流源的功率 $p_{2A} = ui = 5 \times (-2) = -10(\mathrm{W})$，表示该独立电流源实际发出功率为 10W。

当电压源(或电流源)提供的是按正弦规律周期变化的电压(或电流),该电压(或电流)称为正弦交流电压(或电流)。正弦交流电压和正弦交流电流统称为正弦量。正弦量可以用时间的正弦函数表示,也可用时间的余弦函数表示。下面以正弦电压为例,介绍正弦量的基本概念。设在给定参考方向下,某支路两端的正弦电压波形如图 2-19 所示。该正弦电压可表示为

$$u(t) = U_m \cos(\omega t + \varphi)$$

(1) $u(t)$ 是电压在任一时刻的瞬时值,通常用小写字母表示。若 $u(t) > 0$,表明电压的实际方向与参考方向相同;反之若 $u(t) < 0$,表明电压的实际方向与参考方向相反。

(2) U_m 称为电压的振幅或最大值,通常用大写字母 U 加下标 m 表示。

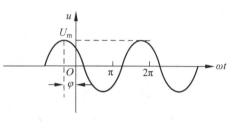

图 2-19 正弦电压波形

(3) $\omega t + \varphi$ 是一个随时间变化的角度,称为相角或相位,它反映了正弦量变化的进程。

(4) ω 为角频率,是正弦量在单位时间内变化的角度。正弦量每经过一个周期 T,对应的角度变化 2π 弧度,因此

$$\omega = \frac{2\pi}{T} = 2\pi f$$

周期 T 的单位为秒(s),频率 f 的单位为赫兹(Hz),角频率 ω 的单位为弧度/秒(rad/s),有时也简称为频率。例如,我国和大多数国家使用的民用电力是频率为 50Hz 的正弦交流电,其角频率为 100π 弧度/秒。

(5) φ 为 $t=0$ 时,正弦量的相位称为初相角或初相位,常简称为初相,习惯上规定初相角取值范围为 $[-\pi, \pi)$。它反映了正弦量初始值的大小,即 $u(0) = U_m \cos \varphi$。

由上可见,正弦量由振幅、频率和初相这三个参数完全确定,常称它们为正弦量的三要素。此外,为了方便研究正弦量在电路中的做功能力,根据电流的热效应引入了物理量有效值。交流电的有效值定义为:若某一交流电与另一直流电在交流电一个周期时间内通过同一电阻产生相同的热量,则这一直流电的电压或电流的数值分别称为该交流电的电压或电流的有效值。有效值通常用大写字母表示,如交流电压的有效值 U,交流电流的有效值 I。例如,对周期为 T 的交流电流 $i(t)$,设其对应的有效值为 I,根据有效值的定义,即 $I^2 RT = R \int_0^T [i(t)]^2 \mathrm{d}t$,周期电流的有效值为

$$I = \sqrt{\frac{1}{T} \int_0^T [i(t)]^2 \mathrm{d}t} \tag{2-14}$$

即有效值等于瞬时值的平方在一个周期内平均值的开方,所以有效值也称为方均根值(Root Mean Square,RMS)。下面以正弦电流为例推导有效值和振幅之间的数量关系。

设正弦电流 $i(t) = I_m \cos(\omega t + \varphi_i)$,其周期为 T,由式(2-14)有

$$I = \sqrt{\frac{1}{T} \int_0^T [i(t)]^2 \mathrm{d}t} = \sqrt{\frac{1}{T} \int_0^T [I_m \cos(\omega t + \varphi_i)]^2 \mathrm{d}t}$$

$$= \sqrt{\frac{1}{T} \int_0^T \frac{I_m^2}{2} [\cos(2\omega t + 2\varphi_i) + 1] \mathrm{d}t} = \frac{1}{\sqrt{2}} I_m$$

类似地,可得正弦电压有效值与振幅之间关系为 $U=\dfrac{1}{\sqrt{2}}U_{\mathrm{m}}$,因此正弦量的有效值为其振幅的 $\dfrac{1}{\sqrt{2}}$。有效值经常代替振幅作为正弦量的一个要素。平常所说的交流电压或电流的大小,若无特殊说明,均是指有效值。例如,国内家用电器铭牌上标识的额定电压一般为220V,此电压指的即是有效值,其振幅可达到 $220\sqrt{2}\,\mathrm{V}\approx311\mathrm{V}$。另外,一般交流电压表和电流表的读数也是指有效值。

引入有效值后,正弦电压也可表示为

$$u(t)=U_{\mathrm{m}}\cos(\omega t+\varphi_{\mathrm{u}})=\sqrt{2}U\cos(\omega t+\varphi_{\mathrm{u}})$$

2.3.3 受控电源

所谓受控电源,是指电压源的电压和电流源的电流受电路中其他部分的电流或电压控制,这种电源称为受控电源。受控电源又称"非独立电源",是一种具有两个支路的四端元件。当被控制量是电压时,用受控电压源表示;当被控制量是电流时,用受控电流源表示。根据控制量和被控制量是电压还是电流,受控源可分四种类型:电压控制电压源(VCVS)、电压控制电流源(VCCS)、电流控制电压源(CCVS)和电流控制电流源(CCCS)。电路符号如图 2-20 所示。在这里,一般提及的受控源都是线性受控源,被控制量等于控制量乘以一个常系数,如图中的系数 a、r、g 和 β。

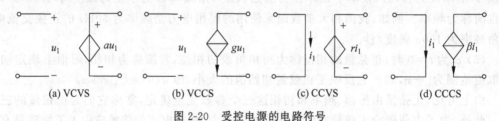

(a) VCVS   (b) VCCS   (c) CCVS   (d) CCCS

图 2-20 受控电源的电路符号

注意,独立源电压(或电流)由电源本身决定,与电路中其他电压、电流无关,而受控源电压(或电流)由控制量决定。独立源在电路中起"激励"作用,在电路中产生电压、电流,而受控源是反映电路中某处的电压或电流对另一处的电压或电流的控制关系,在电路中不能作为"激励"。

受控源在电路理论中主要用于建模具有传递或控制关系的多端口元件或电路。例如运算放大器的模型是一个常系数极大的电压控制电压源。又例如 MOSFET 的小信号模型是一个电压控制电流源。

【例 2-8】 计算图 2-21 中电压 u_2 的值。

解: 图示电路中,$i_1=6/3=2(\mathrm{A})$,因此 $u_2=-5i_1+6=-10+6=-4(\mathrm{V})$。

图 2-21 例 2-8 电路

2.3.4 电容

电容元件是二端元件,是电容器的抽象。电容器是一种储存电场能量的储能器件,由一对平行的金属极板构成,中间填充绝缘的电介质。每个金属极板各自引出一段导线作为电容器的端钮。电容器工作的原理如图 2-22(a)所示,当有电动势作用在端钮上时,电动势将正电荷注入其中一个极板,同时将等量的正电荷从另一个极板上抽离,从而形成电容器上的电流。由于两块极板互相是绝缘的,于是随着电流的流动,一块极板上不断积累正电荷,另一块极板上则不断积累等量的负电荷,在两块极板之间形成电场。极板上积累的电荷越多,则极板间电场越强,电容器两个端钮之间的电压也越高。

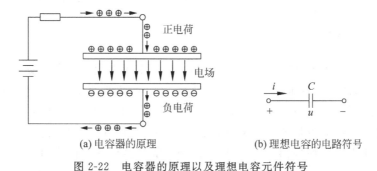

(a) 电容器的原理　　　　　　　(b) 理想电容的电路符号

图 2-22　电容器的原理以及理想电容元件符号

理想电容元件的符号如图 2-22(b)所示。电容量 C 的单位为法拉(F)。实际常用的单位为微法(μF)、纳法(nF)和皮法(pF),分别代表 11^{-6}、10^{-9} 和 10^{-12}。

体会电容器的工作原理——电流产生电荷积累、电荷积累产生电场、电场强度决定电压,可以看到流过电容的电流与电容两端的电压存在积分关系,即电压是电流的积分,或者电流是电压的微分。理想电容上的电流值等于其电压值的微分乘以电容量,即

$$i(t) = C\frac{\mathrm{d}u(t)}{\mathrm{d}t} \tag{2-15}$$

微分式也可以表述为积分式,理想电容两端电压等于流过其电流在过去所有时刻上的积分乘以电容量的倒数,也等于过去某初始时刻的电压值加上电流在初始时刻到当前时刻的积分乘以电容量的倒数,即

$$u(t) = \frac{1}{C}\int_{-\infty}^{t} i(\xi)\,\mathrm{d}\xi = u(t_0) + \frac{1}{C}\int_{t_0}^{t} i(\xi)\,\mathrm{d}\xi \tag{2-16}$$

注意,式(2-15)和式(2-16)中的电压参考极性和电流参考方向应满足关联参考方向,否则式中的微分项和积分项应加负号。

由上述电压电流关系可以知道,理想电容是一种交流线性元件,或线性动态元件。一方面,微分或积分过程都是线性的,所以理想电容属于线性元件。另一方面,理想电容的电压和电流关系与时间相关,所以称为动态元件。含有理想电容的电路行为需要用线性微分方程描述。

理想电容只储存能量而不消耗能量。电容的电压被称为电容元件的状态变量,因为电压值实际上代表了电容储能的大小。电容量、电容电压和电容储能(焦耳)的关系式为

$$w = \frac{1}{2}Cu^2 \tag{2-17}$$

电容的电压具有连续性,即电容两端的电压一定是时间的连续函数,不能跃变。从能量的角度理解,这代表了电容所储存的电能不能跃变。从电压和电流关系的角度理解,这表示需要无限大的电流才能使得电压发生跃变。

【例 2-9】 如图 2-22(b)，电容 C 的容量为 $0.47\mu F$，电容两端的电压为

$$u(t) = e^{-0.2t} \quad (t > 0)$$

求流过电容的电流 $i(t)$ 的表达式。

解：依据理想电容的电压电流关系以及指数函数的微分公式，有

$$i(t) = C\frac{du(t)}{dt} = 0.47 \times 10^{-6} \times (-0.2)e^{-0.2t} = -0.235e^{-0.2t} \times 10^{-6}A$$

2.3.5 电感

电感元件是电感器的抽象，也是一种二端元件。电感器是一种储存磁场能量的储能器件，由一段螺旋形的导线构成。为了提高电感量，一些电感线圈还会缠绕在导磁材料上。电流通过电感，会在线圈内形成磁场。当电流的大小变化时，磁场强度会随着一起变化，而磁场的变化随之会在线圈内形成电动势，而且该电动势会阻碍电流的变化。所以，电感器可以被看成一种基于电流的惯性器件，它所储存的磁场能量会试图维持线圈内电流的流动。

理想电感元件的符号如图 2-23 所示。电感量 L 的单位为亨利（H）。实际常用的单位为毫亨（mH）、微亨（μH）和纳亨（nH），分别代表 $11^{-3}H$、$10^{-6}H$ 和 $10^{-9}H$。

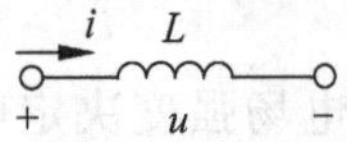

图 2-23 电感的电路符号

体会电感器的工作原理，可以看到流过电感的电流与电感两端的电压存在微分关系，即电压是电流的微分，或者电流是电压的积分。理想电感的电压值等于其电流值的微分乘以电感量，即

$$u(t) = L\frac{di(t)}{dt} \tag{2-18}$$

上述微分式也可以表述为积分式，理想电感的电流等于其两端电压在过去所有时刻的积分乘以电感量的倒数，也等于过去某初始时刻的电流值加上电压在初始时刻到当前时刻的积分乘以电感量的倒数，即

$$i(t) = \frac{1}{L}\int_{-\infty}^{t} u(\xi)\,d\xi = i(t_0) + \frac{1}{L}\int_{t_0}^{t} u(\xi)\,d\xi \tag{2-19}$$

注意，式(2-18)和式(2-19)中的电压参考极性和电流参考方向应满足关联参考方向，否则式中的微分项和积分项应加负号。

由上述电压电流关系可以知道，理想电感与理想电容一样也是一种交流线性元件或线性动态元件。

理想电感只储存能量而不消耗能量。电感的电流被称为电感元件的状态变量，因为电流值实际上代表了电感储能的大小。电感量、电感电流和电感储能（焦耳）的关系为

$$w = \frac{1}{2}Li^2 \tag{2-20}$$

电感的电流具有连续性，即流过电感的电流一定是时间的连续函数，不能跃变。从能量的角度理解，这表示电感所储存的磁场能不能跃变。从电压和电流关系的角度理解，这表示需要无限大的电压才能使电流发生跃变。

【例 2-10】 如图 2-23 所示，电感 L 的电感量为 $500mH$，$t = 0$ 时的初始电流值 $i(0) = 3A$。从 $t = 0$ 开始，电感两端施加 $u = +2V$ 的直流电压。求 $t = 4s$ 时电感的电流值。

解：依据理想电感的电压电流关系

$$i(t) = i(0) + \frac{1}{L}\int_0^t u(t)\,dt$$

代入数值可得

$$i(4) = 3 + \frac{1}{0.5}\int_0^4 2\,dt = 19(A)$$

2.3.6 耦合电感

当两个电感线圈互相靠近时，它们会共享一部分磁场。此时，一个线圈中电流的变化不但会在本线圈上感应出电动势，也会在另一个线圈上感应出电动势。耦合电感就是为了抽象这种现象而提出的一种双端口（四端钮）元件模型。

如图 2-24 所示，耦合电感元件具有 3 个参数：自感量 L_1 和 L_2 以及互感量 M，单位都是亨利（H），其图形符号由两个线圈符号组成。为了能定义互感电动势的方向，两个线圈各自需要选取一端画一个黑色圆点，称为同名端。两侧端口上的电流和电压分别为 u_1、i_1、u_2 和 i_2。为了公式书写方便，先约定电流参考方向都流入同名端、电压正极也指向同名端。此时，耦合电感的电压电流关系为

$$\begin{cases} u_1 = L_1\dfrac{di_1}{dt} + M\dfrac{di_2}{dt} \\ u_2 = L_2\dfrac{di_2}{dt} + M\dfrac{di_1}{dt} \end{cases} \tag{2-21}$$

从式（2-21）可以看出，耦合电感每个线圈的端口电压都由两部分叠加而成，分别是自身线圈的感应电压和来自对面线圈的感应电压，即自感电压和互感电压。自感电压取决于自感量和线圈自身电流的变化率；互感电压取决于互感量和对面线圈电流的变化率。

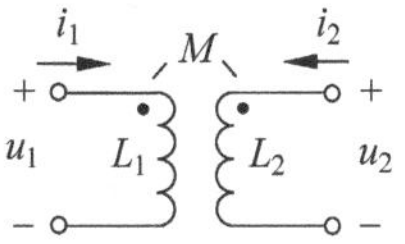

图 2-24 耦合电感

2.3.7 理想变压器

耦合电感模型主要用来描述一对共享磁场的电感。当两个电感值 L_1 和 L_2 都足够大且两者的磁场几乎全部交链时，它们在交流电路中的运作可以用更简单的模型来阐述，即理想变压器。

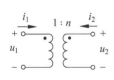

图 2-25 理想变压器

如图 2-25 所示，理想变压器的电路符号仍然由两个带有同名端的线圈符号组成，但电路参数只有一个，称为变比 n，又称匝比。物理上，n 其实就是指绕制变压器元件时两个线圈的圈数比值。约定电流参考方向都流入同名端、电压正极也指向同名端，则理想变压器的电压电流关系为

$$\begin{cases} u_2 = nu_1 \\ i_2 = -\dfrac{1}{n}i_1 \end{cases} \tag{2-22}$$

从式（2-22）可以看出，理想变压器具有保持两侧端口电压和电流比例关系的特性。同时，它自身不消耗电能，因为从一个端口吸收的功率会从另一个端口释放出来。真实的变压器元件就是利用这种特性实现电压的高低变换和电能的传递。

小结

本章首先介绍了集总参数电路和分布参数电路的差别,然后介绍了集总电路抽象的基本过程、特性曲线和主要参数,然后详细地阐述了电路中基本的物理量:电荷、电压、电流、功率以及能量,最后介绍了电路中的基本电路元件:电阻、电源、电容和电感,并简要介绍了耦合电感和理想变压器的概念。

习题

2.1　简答题。

(1)如果进一步考虑开关的内阻和导线的电阻,试画出手电筒电路的电路模型。

(2)简述电流的参考方向和实际方向的关系。

(3)简述电压的参考方向与实际方向的关系。

(4)简述采用关联参考方向和非关联参考方向时,功率表示的差别,其本质相同吗?

(5)简述独立源和受控源的差别。

2.2　若某元件中电荷与时间的关系如图 2-26 所示,试求当 $t=1\mathrm{ms}$、$6\mathrm{ms}$、$10\mathrm{ms}$ 时的电流。

2.3　电路由独立电压源、受控电流源和 3 个未知元件构成,如图 2-27 所示。每条支路上的电压和电流值都已经给出。求每个元件所吸收的功率。

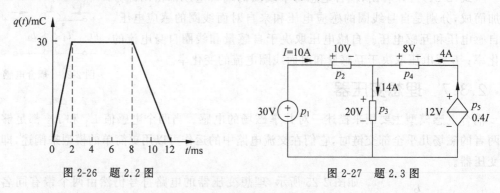

图 2-26　题 2.2 图　　　　　　　　图 2-27　题 2.3 图

2.4　某元件的电压和电流如图 2-28 所示,试求:

(1) $t>0$ 时的功率。

(2) $0<t<4\mathrm{s}$ 时,该元件吞吐的能量是多少?

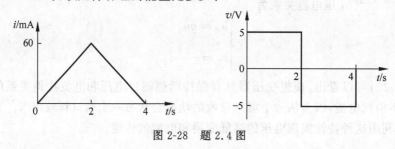

图 2-28　题 2.4 图

2.5　电路如图 2-29 所示,试求 U_{ad},U_{cd} 和 U_{ab} 的值。

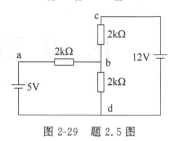

图 2-29　题 2.5 图

2.6　电路如图 2-30 所示,试求独立源和受控源提供的功率。

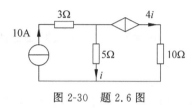

图 2-30　题 2.6 图

2.7　在题 2.4 中,符合图 2-28 电压电流特性的元件是什么元件? 元件数值是多少?

第 3 章

CHAPTER 3

电 阻 网 络

科学研究是一种精雕细琢的工作,因此要求精密和准确。

——恩里科·费米

电路模型是由基本电路元件和理想导线构成的通路。电路中的电压和电流在电路拓扑约束下遵循某些特定规律,这便是本章首先要讲述的基尔霍夫定律(Kirchhoff's Laws)。在介绍基尔霍夫定律的基础上,本章还会以电阻和电源构成的直流电路为研究对象探讨串联、并联、电源变换、单口网络、等效电阻和输入电阻等概念。串联和并联是电路拓扑中基本的连接关系。电源变换是电压源和电流源这两种基本电源对称性的体现,也是简化分析混联电路的有效手段。单口网络是对电路做层级分析的基础概念,而输入电阻则是无源单口网络外部特性的抽象结果。

3.1 基尔霍夫定律

电路元件的电压和电流之间的关系由元件特性决定。电路中不同元件电压之间的关系、不同元件之间电流的关系,由电路的基本定律决定。

电路的基本定律包含基尔霍夫电流定律(Kirchhoff's Current Law,KCL)和基尔霍夫电压定律(Kirchhoff's Voltage Law,KVL)。为了便于叙述,首先介绍电路中的基本术语,再详述基尔霍夫定律。

3.1.1 电路术语

支路(branch):电路中通过同一电流的分支。在实际的电路分析、设计和仿真工作中,通常将每个二端元件定义为一条支路。

节点(node):三条或三条以上支路的连接点称为节点。在实际中,通常将元件之间的连接点称为节点。

回路(loop):由支路组成的闭合路径。

网孔(mesh):对平面电路,其内部不含任何支路的回路称网孔。需要注意的是,网孔是回路,但回路不一定是网孔。

观察图 3-1 所示电路,可以得到,支路数量 $b=5$,节点数量 $n=3$,网孔数量 $m=3$,对于任何平面电路,满足网孔数=支路数-节点数+1,即 $m=b-n+1$。

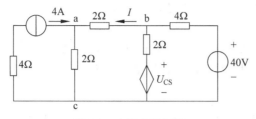

图 3-1 电路术语解释

3.1.2 基尔霍夫电流定律

基尔霍夫电流定律指的是在集总参数电路中,对任意节点,在任意时刻流出(或流入)该节点的电流的代数和等于零,即

$$\sum_{k=1}^{n} i_k = 0 \tag{3-1}$$

图 3-2 中,如果定义电流流出节点方向为"正",电流流进节点的方向为"负",可以列写 KCL 方程为

$$-i_1 - i_2 + i_3 + i_4 + i_5 = 0 \tag{3-2}$$

式(3-2)也可以写成

$$i_1 + i_2 = i_3 + i_4 + i_5 \tag{3-3}$$

图 3-2 KCL 示例

也就是流进节点的电流等于流出节点的电流,因此 KCL 方程也可以写成

$$\sum i_{\text{入}} = \sum i_{\text{出}} \tag{3-4}$$

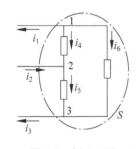

图 3-3 例 3-1 图

【例 3-1】 在图 3-3 中,列写节点 1、2、3 的 KCL 方程。

解:节点 1 的 KCL 方程为 $i_1 + i_4 + i_6 = 0$,节点 2 的 KCL 方程为 $-i_2 - i_4 + i_5 = 0$,节点 3 的 KCL 方程为 $i_3 - i_5 - i_6 = 0$。将以上三个方程相加,可以得到 $i_1 - i_2 + i_3 = 0$。因此,在电路分析中,可以将包围多个节点的任何闭合面 S 称为广义节点。

这里需要注意,KCL 是对节点处支路电流加的约束,与支路上接的是什么元件无关,与电路是线性还是非线性无关;KCL 方程是按电流参考方向列写的,与电流实际方向无关。

用方程计算电路时,所列写的方程必须是独立的,有 n 个节点的电路,可以列写 $n-1$ 个独立的 KCL 方程。

3.1.3 基尔霍夫电压定律

基尔霍夫电压定律指的是在集总参数电路中,对任意回路,在任意时刻,所有支路电压的代数和恒等于零,即

$$\sum_{k=1}^{b} u_k = 0 \tag{3-5}$$

对于任何电路,列写 KVL 方程的基本步骤如下。

（1）标定各元件电压参考方向。

（2）选定回路绕行方向是顺时针还是逆时针。

（3）列写 KVL 方程。

【例 3-2】　电路如图 3-4 所示，试列写网孔的 KVL 方程。

解：（1）标定各元件电压参考方向，如图 3-5 所示。

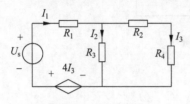

图 3-4　例 3-2 电路

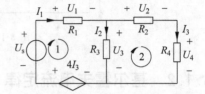

图 3-5　例 3-2 电路电压极性标注

（2）选定网孔的顺时针的绕行方向，如图 3-5 所示。

（3）列写网孔 1 和网孔 2 的 KVL 方程。

网孔 1：$U_1 + U_3 - 4I_3 - U_s = 0$

网孔 2：$U_2 + U_4 - U_3 = 0$

应用欧姆定律，可以将电阻元件两端的电压用其流过的电流表示，得到

网孔 1：$I_1 R_1 + I_2 R_3 - 4I_3 - U_s = 0$

网孔 2：$I_3 R_2 + I_3 R_4 - I_2 R_3 = 0$

KVL 是对回路中的支路电压施加约束，与回路各支路连接的是什么元件无关，与电路是线性还是非线性无关。KVL 方程是按电压参考方向列写，与电压实际方向无关。同样，n 个节点，b 条支路的电路，KVL 独立方程的个数为 $b - n + 1$。

【例 3-3】　电路如图 3-6 所示，试求电流 I。

解：首先，标注图 3-6 所示电路中 10V 电压源和 10Ω 电阻串联支路的电流 I_1，如图 3-7 所示。

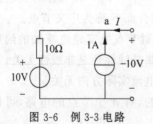

图 3-6　例 3-3 电路　　　　　　　图 3-7　例 3-3 电路参考方向标注

对图 3-7 所示虚线的大回路按照顺时针方向列写 KVL 方程，有 $-10 + 10I_1 + (-10) = 0$，解得 $I_1 = 2A$，对节点 a 列写 KCL 方程，有 $I_1 + 1 + I = 0$，得到 $I = -1 - I_1 = -3(A)$。

3.2　简单电阻电路

由电阻、受控源和独立源构成的电路称为电阻电路。前面已经介绍了基尔霍夫定律和欧姆定律，下面介绍电阻的串联、并联和混联等简单电路。

3.2.1 电阻的串联

图 3-8(a)为 n 个线性电阻串联,流过所有电阻电流相等,均为 i。通常将这样的网络称为单端口或者二端子网络,而将图 3-8(b)所示的单端口网络称为图 3-8(a)的等效电路。如果两个单端口电路的端口具有相同的电压、电流关系,则称它们是等效电路。等效变换的目的是将相对复杂的电路等效简化。

应用 KVL 和欧姆定律,可以得到图 3-8(a)电路端口的 u-i 关系为

$$u = \sum_{k=1}^{n} u_k = \sum_{k=1}^{n} R_k i = \left(\sum_{k=1}^{n} R_k\right) i \tag{3-6}$$

如果有

$$R_{eq} = \sum_{k=1}^{b} R_k \tag{3-7}$$

则图 3-8(a)和图 3-8(b)端口 u-i 关系相同,称二者互为等效电路,因此 R_{eq} 为图 3-8(a)n 个电阻串联的等效电阻。

图 3-9 为两个线性电阻的串联,则有

$$R_{eq} = R_1 + R_2, \quad u_1 = \frac{R_1}{R_1 + R_2} u, \quad u_2 = \frac{R_2}{R_1 + R_2} u$$

称为串联电阻的分压关系。

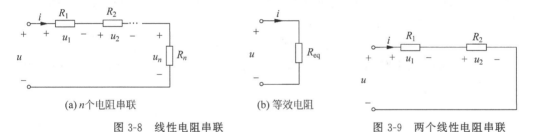

(a) n 个电阻串联　　　　　(b) 等效电阻

图 3-8　线性电阻串联　　　　　图 3-9　两个线性电阻串联

3.2.2 电阻的并联

图 3-10 为 n 个线性电阻并联,所有电阻两端的电压均相等,均为 u,应用 KCL 和欧姆定律,可以得到电路端口的 u-i 关系为

$$i = \sum_{k=1}^{n} i_k = \sum_{k=1}^{b} \left(\frac{u}{R_k}\right) = \left(\sum_{k=1}^{b} \frac{1}{R_k}\right) u = \left(\sum_{k=1}^{b} G_k\right) u \tag{3-8}$$

如果有

$$\frac{1}{R_{eq}} = \sum_{k=1}^{b} \frac{1}{R_k} \quad \text{或} \quad G_{eq} = \sum_{k=1}^{b} G_k \tag{3-9}$$

则图 3-10(a)和图 3-10(b)端口 u-i 关系相同,称二者互为等效电路,因此 R_{eq} 为图 3-9(a)n 个电阻并联的等效电阻,或者说 G_{eq} 是 n 个电阻并联的等效电导。

图 3-11 为两个线性电阻的并联,则有

$$\frac{1}{R_{eq}} = \frac{1}{R_1} + \frac{1}{R_2} = \frac{R_1 + R_2}{R_1 R_2}, \quad i_1 = \frac{R_2}{R_1 + R_2} i, \quad i_2 = \frac{R_1}{R_1 + R_2} i$$

称为并联电阻的分流关系。

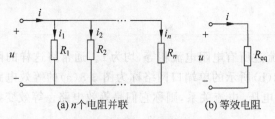

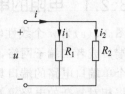

图 3-10 线性电阻并联

图 3-11 两个线性电阻并联

3.2.3 电阻的混联

当电阻的连接既有串联又有并联时,称为电阻的串/并联或简称为混联。

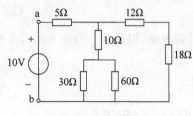

图 3-12 电阻的混联

【例 3-4】 混联电路如图 3-12 所示,试求图中 10V 电压源提供的功率。

解: 首先通过电阻的串/并联等效,求出该电阻网络的等效电阻 R_{eq},如图 3-13(a)所示,再计算独立源提供的功率。

图 3-13(a)中 30Ω 和 60Ω 的电阻并联,其等效电阻为 $30//60=20(\Omega)$,电路简化为图 3-13(b)。

10Ω 和 20Ω 的电阻串联,其等效电阻为 $10+20=30(\Omega)$,同样 12Ω 和 18Ω 的电阻串联,其等效电阻为 30Ω,电路简化为图 3-13(c)。

30Ω 和 30Ω 的电阻并联,其等效电阻为 $30//30=15(\Omega)$,电路简化为图 3-13(d)。

5Ω 和 15Ω 的电阻串联,其等效电阻为 20Ω,电路最终简化为图 3-13(e),应用欧姆定律,可以得到

$$i = \frac{10}{R_{eq}} = \frac{10}{20} = 0.5(A)$$

因此 10V 电压源提供的功率为

$$p = ui = 10 \times 0.5 = 5(W)$$

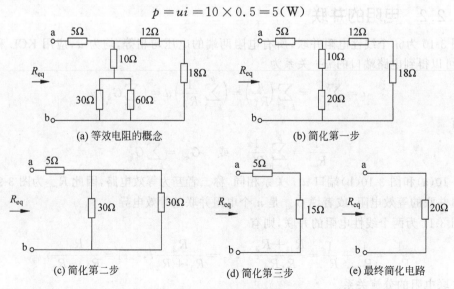

(a) 等效电阻的概念

(b) 简化第一步

(c) 简化第二步

(d) 简化第三步

(e) 最终简化电路

图 3-13 电路的简化

3.3　电源变换

如果电路仅仅包含线性电阻,通过电阻串、并联的简化,总可以将端口等效为电阻 R_{eq}。但是对于含源网络,还需要应用电源变换,才能确定单端口网络的等效电路。

3.3.1　独立电源变换

1. 理想独立电源的串联与并联

图 3-14(a)为两个理想电压源的串联,流过所有电阻电流相等,均为 i。

应用 KVL 方程,可以得到图 3-14(a)电路端口的 $u\text{-}i$ 关系,等效为图 3-14(b),其中

$$u = u_{S1} + u_{S2} = u_S \tag{3-10}$$

同样,图 3-15(a)为两个理想电流源的并联,其端电压相等,均为 u。

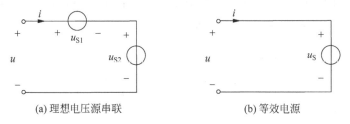

(a) 理想电压源串联　　　　　　　(b) 等效电源

图 3-14　电压源串联

应用 KCL 方程,可以得到图 3-15(a)电路端口的 $u\text{-}i$ 关系,等效为图 3-15(b),其中

$$i = i_{S1} + i_{S2} = i_S \tag{3-11}$$

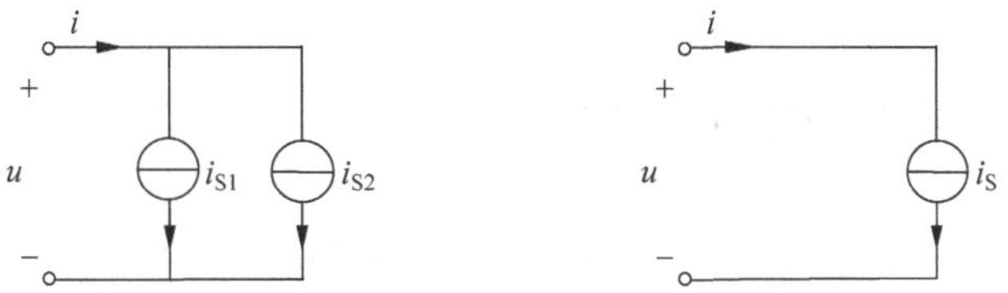

(a) 理想电流源并联　　　　　　　(b) 等效电源

图 3-15　电流源并联

需要特别注意的是,如果理想电压源 u_S 与同样的电压源、电阻、电流源或者任意单端口网络并联时,端口的 $u\text{-}i$ 关系均为 $u = u_S$,如图 3-16 所示。

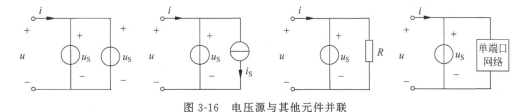

图 3-16　电压源与其他元件并联

同样,如果理想电流源 i_S 与同样的电流源、电阻、电压源或者任意单端口网络串联时,

端口的 $u\text{-}i$ 关系均为 $i=i_S$，如图 3-17 所示。

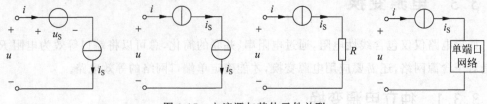

图 3-17　电流源与其他元件并联

2. 独立电源变换

在 $u\text{-}i$ 平面上，独立电压源的 $u\text{-}i$ 关系是平行于 i 轴的直线，独立电流源是平行于 u 轴的直线，两者在 $u\text{-}i$ 平面上相互垂直，不可能重合，因此独立电压源不能和独立电流源互相等效变换。

但是，当独立的电压源和电阻串联时，构成非理想的电压源，同样，独立的电流源与电阻并联，构成非理想的电流源，如图 3-18 所示。

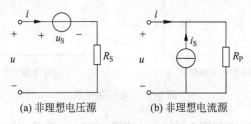

(a) 非理想电压源　　　(b) 非理想电流源

图 3-18　非理想电压源和电流源

对于图 3-18(a)的电路，利用 KVL 方程和欧姆定律，可以写出端口的 $u\text{-}i$ 关系为

$$u=u_S+iR_S \tag{3-12}$$

对于图 3-18(b)的电路，利用 KCL 方程和欧姆定律，也可以写出端口的 $u\text{-}i$ 关系为

$$u=(i+i_S)R_P \tag{3-13}$$

当式(3-12)和式(3-13)相同时，两个电路具有相同的端口特性，对外电路而言，可以互相等效，此时满足

$$R_S=R_P \tag{3-14}$$

$$u_S=i_SR_P \tag{3-15}$$

称为电源变换。可以得到结论，非理想电压源和非理想电流源互相等效变换时：

(1) 两个支路的电阻相等。

(2) 电压源、电阻和电流源三者的值满足类似欧姆定律的关系。

(3) 电压源与电流源的方向类似于非关联的参考方向。

【例 3-5】　电路如图 3-19 所示，试求图中的电流 i。

解：可以利用电源变换的方法简化电路求得电流 i，但需要注意的是，变换过程中，要保持 i 所在支路不参与变换，也就是仅对图 3-20(a)中虚线框内部

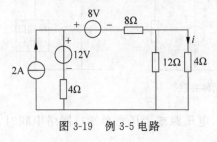

图 3-19　例 3-5 电路

的电路进行电源变换。

第 1 步：将 12V 电压源和 4Ω 电阻串联的支路变换为电流源和电阻的并联,变换后电阻还是 4Ω,电流为 12/4＝3(A),电流方向从 12V 电源的负端流向正端,如图 3-20(b)所示。

第 2 步：2A 与 3A 的电流源并联,得到 5A 的电流源,如图 3-20(c)所示。

第 3 步：将 5A 电流源与 4Ω 电阻并联的支路,变换为电压源与电阻的串联,电压源的电压为 5×4＝20(V),电阻依然为 4Ω,如图 3-20(d)所示。

第 4 步：将 20V 和 8V 的电源串联为 12V,4Ω 与 8Ω 电阻串联为 12Ω 电阻,得到图 3-20(e)。

第 5 步：将 12V 电压源和 12Ω 电阻串联支路变换为 1A 电流源和 12Ω 电阻的并联,如图 3-20(f)所示。

第 6 步：将两个 12Ω 电阻并联为 6Ω 电阻,如图 3-20(g)所示。

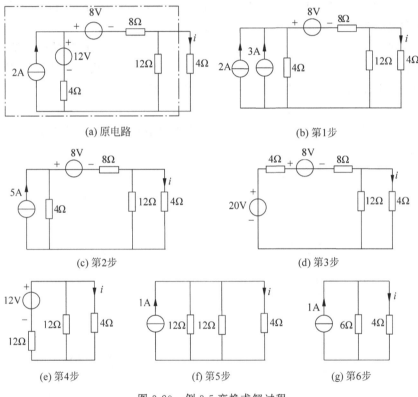

图 3-20　例 3-5 变换求解过程

应用电阻并联分流关系,可得

$$i = \frac{6}{6+4} \times 1 = 0.6(A)$$

变换过程中需要注意的是：电流 i 的支路始终未参与变换,然后需要注意变换过程中电压源的正负极性和电流源的电流参考方向。

3.3.2　受控电源变换

受控电源的变换和独立电源类似,也就是说受控电压源和电阻的串联可以等效变换为受控电流源与电阻的并联,电阻依然不变,受控电压源与受控电流源的参考方向依然满足非关联关系。但是需要特别注意的是,由于受控源的电压或者电流会受到电路中某个电压或者电流的控制,变换过程中,不要丢失了控制量。下面通过实例说明。

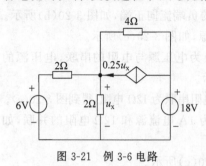

图 3-21 例 3-6 电路

【例 3-6】 电路如图 3-21 所示,试求图中的电压 u_x 的值。

解:对图 3-20 所示电路进行电源变换。

第 1 步:将图 3-20 中 6V 的电压源与 2Ω 电阻串联的支路变换为 3A 电流源与 2Ω 电阻的并联,如图 3-22(a) 所示。

第 2 步:将图 3-22(a) 中 2Ω 与 2Ω 电阻的并联成 1Ω 电阻,此时控制量 u_x 维持不变,如图 3-22(b) 所示。

第 3 步:将图 3-22(b) 中 4Ω 电阻与 $0.25u_x$ 的电压控制电流源变换为电压源和电阻的串联,电压源电压为 $0.25u_x \times 4 = u_x$,如图 3-22(c) 所示。

第 4 步:将图 3-22(c) 中 1Ω 电阻与 3A 的电流源的并联转换为 3V 的电压源和 1Ω 电阻的串联,控制量依然位于电路中的原位置,如图 3-22(d) 所示,假设流进 18V 电压源的电流方向如图所示,电流大小为 i。对图中的大回路列写 KVL 方程,可得

$$1 \times i + u_x + 4 \times i + 18 - 3 = 0$$

再对左边 3V 电压源、1Ω 电阻和控制量 u_x 构成的小回路,列写 KVL 方程,有

$$1 \times i + u_x - 3 = 0$$

联立上述方程,解得 $i = -4.5\text{A}$,$u_x = 7.5\text{V}$。

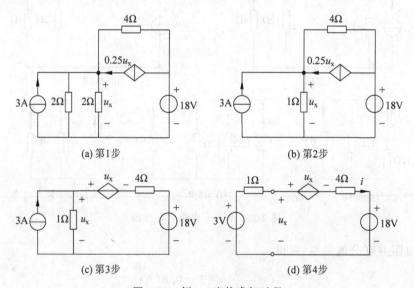

(a) 第1步 (b) 第2步

(c) 第3步 (d) 第4步

图 3-22 例 3-6 变换求解过程

3.4 输入电阻

3.4.1 输入电阻和输出电阻的概念

前面已经建立了电路中单端口网络的概念,对于电路中任何一个单端口网络,从它的一

个端子流入的电流一定等于从另一个端子流出的电流。可以用图 3-23 表示任意的单端口网络。

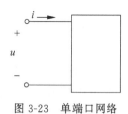

图 3-23 单端口网络

如果一个单端口网络内部只有电阻，通过电阻串/并联简化方法，可以求出其等效电阻。如果该单端口网络内部还含有受控源，但是不含有任何独立源，可以证明，不论内部如何复杂，端口电压和端口电流成正比。因此，定义这样的单端口网络的输入电阻 R_i 为

$$R_i = \frac{u}{i} \tag{3-16}$$

在电路工程实践中，输入电阻是很有用的概念。例如分析或设计一个放大器，首先就会把这个放大器的输入端口设想为一个单端口网络，并求出输入电阻，这样才能进一步分析信号源接入该放大器时输入端电压和电流的关系。

与输入电阻对应的还有输出电阻。一个线性电路的输出端口，可以看成一个含有独立源的单口网络。后面学到戴维南定理和诺顿定理时，可以知道这样一个含源单口网络可以被等效为一个独立电源与一个电阻的组合。这个电阻就是该网络的输出电阻。

3.4.2 输入电阻的求解

从本质上来说，端口的输入电阻其实就是该端口的等效电阻。如果单端口网络内部含有受控源，求解输入电阻一般采用加压求流，或者是加流求压的方法。

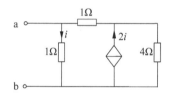

图 3-24 例 3-7 电路

【例 3-7】 电路如图 3-24 所示，试求端口等效电阻。

解：观察电路可知，端口 a、b 之间的电压为 $u = 1 \times i = i$，电压极性为 a 正 b 负，下面通过电源变换法求解端口流入电流与端口电压之间的关系。

将 $2i$ 的电流控制电流源与 4Ω 电阻的并联，转换为电压源与电阻的串联，如图 3-25(a)所示。

1Ω 电阻与 4Ω 电阻串联后得到 5Ω 电阻，电路转换为图 3-25(b)所示。

再将 $8i$ 的电流控制电压源与 5Ω 电阻的串联转换为电流源与电阻的并联，如图 3-25(c)所示。由于端口电压为 i，因此 5Ω 电阻的电流为 $i_{5Ω} = i/5$，对端口输入端列写 KCL 方程，有 $i_x + 8i/5 - i - i/5 = 0$，因此 $i_x = -2i/5$，根据输入电阻的定义，得到输入电阻为 $Ri = i/(-2i/5) = -2.5(Ω)$。

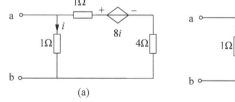
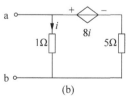
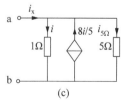

(a)　　　　　　　　(b)　　　　　　　　(c)

图 3-25 例 3-7 电路求解过程

这里需要注意的是，因为端口内部含有受控源，因此计算得到的输入电阻为负值。

小结

本章首先介绍了基尔霍夫电压定律和基尔霍夫电流定律,然后介绍了电阻电路的基本特点、电阻的串联和并联电路的分析方法,接着详细地阐述了电源变换的基本方法并举例说明变换过程,最后介绍了单端口网络输入电阻的定义和求解方法。

习题

3.1 电路如图 3-26 所示,求端口等效电阻 R_{ab}。

3.2 电路如图 3-27 所示,求电流 i 的值。

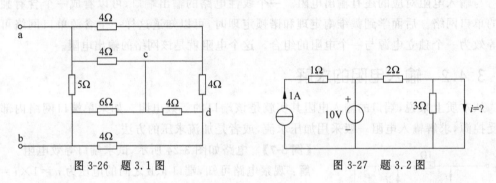

图 3-26 题 3.1 图   图 3-27 题 3.2 图

3.3 电路如图 3-28 所示,若 30V 电压源提供的功率为 150W,求图中电阻 R 的值。

3.4 电路如图 3-29 所示,求图中电流 I 的值。

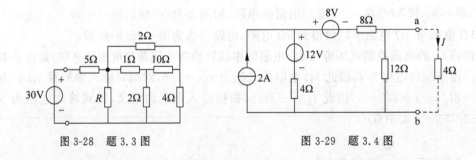

图 3-28 题 3.3 图   图 3-29 题 3.4 图

3.5 电路如图 3-30 所示,求图中所有电路端口输入电阻的表达式。

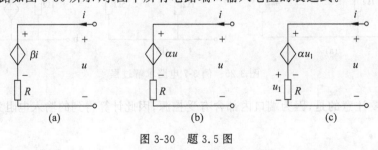

图 3-30 题 3.5 图

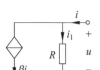
(d)

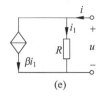
(e)

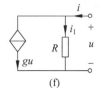
(f)

图 3-30 （续）

3.6 电路如图 3-31 所示,求端口等效电阻 R_{ab}。

3.7 电路如图 3-32 所示,试将电路变换为电压源和电阻的串联,并求电压源和电阻的值。

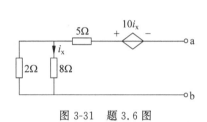
图 3-31 题 3.6 图

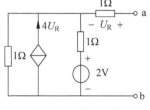
图 3-32 题 3.7 图

3.8 电路如图 3-33 所示,试求输入电阻 R_i 的表达式。

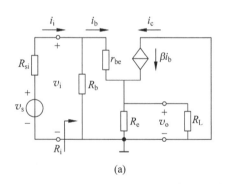
(a)

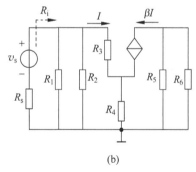
(b)

图 3-33 题 3.8 图

3.9 电路如图 3-34 所示,试求各个独立源提供的功率。

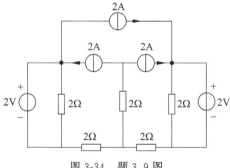
图 3-34 题 3.9 图

3.10 电路如图 3-35 所示,试求独立源提供的功率。

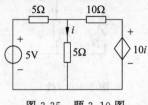

图 3-35 题 3.10 图

第 4 章

网 络 定 理

> 勇于探索真理是人的天职。
>
> ——哥白尼

在电路中,支路电流受 KCL 约束,支路电压受 KVL 约束,元件上的电压和电流关系由元件本身特性决定,这些约束是求解电路的基本方程,由基本方程可以解得所有支路的电压和电流。然而,当面对较复杂电路时,仅仅基于上述原则会得到大量冗余方程,需要再精简提炼,而且总的方程数量也较多。节点法和网孔法是模式化步骤化的电路方程列写方法,是电路分析计算的重要手段。

除了列写方程,逐层简化也是很重要的电路分析手段,包括叠加原理、戴维南定理和诺顿定理。所含元件都是线性元件的电路称为线性电路。多个激励线性叠加后的系统响应等于各个激励各自响应的叠加,这是线性系统的典型特征。于是对于含有多个独立源的电路,可以令各个独立源分别作用,以便简化计算,这便是叠加原理。戴维南定理和诺顿定理则是第 3 章单口网络的进一步深化。对于含源单口网络,可以画出其戴维南或诺顿等效电路,简化整个电路,便于分析。

本章叙述的这些分析方法都基于只含电阻和电源的直流电路来讨论,其实它们也适用于含有电容、电感元件以及交流电源的动态电路。后续章节中讨论动态电路时,这些分析方法将被反复使用。

4.1 节点法

节点法首先给电路选定一个参考节点,其余所有节点与参考节点之间的电压值称为节点电压。节点方程是关于节点电压的一组线性代数方程。通过求解这组方程,可以得到节点电压,然后用节点电压计算各个支路电流和电压。

4.1.1 节点方程的形式

以节点电压为未知量列写电路方程进而分析电路的方法称为节点法。适用于节点相对较少的电路。观察如图 4-1 所示电路,可以得到,电路有五条支路,三个节点,记为 $b=5$,$n=3$。采用节点法分析电路,需要对节点列写 KCL 方程,其独立的 KCL 方程数量为 $n-1=2$ 个。

采用节点法分析电路的基本步骤如下。

（1）选定某个节点作为参考节点，参考节点的电压为零电位，即为接地，对其他的 $n-1$ 个节点，标注其节点电压，并标注所有支路电流及其参考方向，如图 4-2 所示。

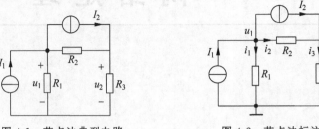

图 4-1　节点法典型电路　　　　　　图 4-2　节点法标注

（2）对 $n-1$ 个未知节点，列写 KCL 方程，利用欧姆定律，将支路电流用节点电压表示。对于未知节点 u_1，KCL 方程为

$$I_1 = I_2 + i_1 + i_2 \tag{4-1}$$

对于未知节点 u_2，KCL 方程为

$$I_2 + i_2 = i_3 \tag{4-2}$$

待求的是节点电压，因此利用欧姆定律可以得到

$$i_1 = \frac{u_1 - 0}{R_1}, \quad i_1 = u_1 \times G_1 \tag{4-3}$$

$$i_2 = \frac{u_1 - u_2}{R_2}, \quad i_1 = (u_1 - u_2) \times G_2 \tag{4-4}$$

$$i_3 = \frac{u_2 - 0}{R_3}, \quad i_3 = u_2 \times G_3 \tag{4-5}$$

将电流表达式分别代入式（4-1）和式（4-2），可以得到

$$I_1 = I_2 + \frac{u_1}{R_1} + \frac{u_1 - u_2}{R_2} \tag{4-6}$$

$$I_2 + \frac{u_1 - u_2}{R_2} = \frac{u_2}{R_3} \tag{4-7}$$

（3）求解方程，得到未知节点电压。

【例 4-1】　电路如图 4-3 所示，求解节点 1 和节点 2 的电压值。

解：首先标注电流的参考方向，如图 4-4 所示，然后利用节点电压表示支路电流，可以得到

$$节点 1：3 = \frac{u_1}{2} + \frac{u_1 - u_2}{6}$$

$$节点 2：\frac{u_1 - u_2}{6} = 12 + \frac{u_2}{7}$$

联立上述两个方程，得到 $u_1 = -6\text{V}, u_2 = -42\text{V}$。

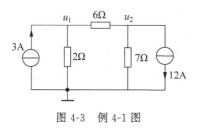

图 4-3 例 4-1 图

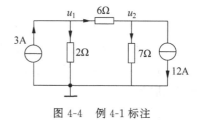

图 4-4 例 4-1 标注

【例 4-2】 电路如图 4-5 所示,求解节点 1、2、3 的电压值。

解:首先标注电流的参考方向,如图 4-6 所示。利用节点电压表示支路电流,可以得到

$$节点 1: 3 = \frac{u_1 - u_3}{4} + i_x$$

$$节点 2: \frac{u_1 - u_2}{2} = \frac{u_2 - u_3}{8} + \frac{u_2 - 0}{4}$$

$$节点 3: \frac{u_1 - u_3}{4} + \frac{u_2 - u_3}{8} = 2i_x$$

辅助方程: $i_x = \frac{u_1 - u_2}{2}$

联立上述方程,解得 $u_1 = 4.8\text{V}, u_2 = 2.4\text{V}, u_3 = -2.4\text{V}$。

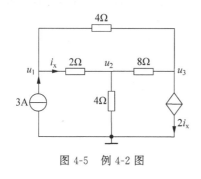

图 4-5 例 4-2 图

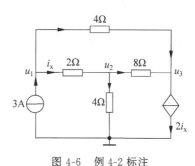

图 4-6 例 4-2 标注

当电路中含有受控源时,需要增加一个辅助方程表示控制量和节点电压之间的关系。

4.1.2 节点方程的快速列写法

应用 KCL 方程列写节点方程的过程中,需要用节点电压表示支路电流,然后整理方程,过程比较烦琐。本节将寻找节点方程的规律,从而能够准确快速地写出节点方程。

对于图 4-2 所示电路,写出的节点电压的方程为

$$I_1 = I_2 + \frac{u_1}{R_1} + \frac{u_1 - u_2}{R_2}$$

$$I_2 + \frac{u_1 - u_2}{R_2} = \frac{u_2}{R_3}$$

将方程整理后用行列式表示,可得

$$(G_1 + G_2)u_1 - G_2 u_2 = I_1 - I_2 \tag{4-8}$$

$$-G_2 u_1 + (G_2 + G_3) u_2 = I_2 \tag{4-9}$$

其中，$G_1 + G_2$ 为连接在节点 1 上所有支路的电导之和，一般称为自电导，记为 G_{11}；$-G_2$ 为连接在节点 1 和节点 2 之间的电导，称为互电导，记为 G_{12}，互电导恒为负值。同样有 $G_{21} = -G_2$，$G_{22} = G_2 + G_3$。等式右边为连接在该节点上所有电流的代数和，流入节点取正号，流出节点取负号。

这种快速列写方程的方法可以推广到 n 个节点的情况。方程可以表示为

$$\begin{bmatrix} G_{11} & G_{12} & \cdots & G_{1n} \\ G_{21} & G_{22} & \cdots & G_{2n} \\ \vdots & \vdots & \ddots & \vdots \\ G_{n1} & G_{n2} & \cdots & G_{nn} \end{bmatrix} \begin{bmatrix} u_1 \\ u_2 \\ \vdots \\ u_n \end{bmatrix} = \begin{bmatrix} i_1 \\ i_2 \\ \vdots \\ i_n \end{bmatrix} \tag{4-10}$$

【例 4-3】 电路如图 4-7 所示，求解电压 u_1 和 u_2 的值。

解：快速列写节点电压方程为

$$\left(\frac{1}{2} + \frac{1}{4}\right) u_1 - \frac{1}{4} u_2 = 5$$

$$-\frac{1}{4} u_1 + \left(\frac{1}{4} + \frac{1}{6}\right) u_2 = 10 - 5$$

联立以上方程，可以解得 $u_1 = 40/3 = 13.33(\text{V})$，$u_2 = 20\text{V}$。

快速列写方程的过程中，需要注意电流源和电阻串联的支路。如图 4-8 所示电路中，6Ω 电阻与 5A 电流源的串联支路，无论对节点 1 还是节点 2 来说，其流入或者流出的电流和 6Ω 电阻无关，因此 6Ω 电阻不能出现在自电导或者是互电导中。

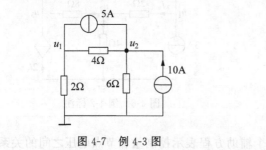

图 4-7 例 4-3 图

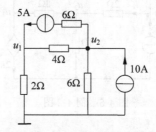

图 4-8 电流源串联电阻的处理

【例 4-4】 电路如图 4-9 所示，求解电压 U 和电流 I 的值。

解：对于图 4-9 所示电路，在利用节点电压分析时，参考节点的合理选择，可以尽可能减少方程的数量。为了充分利用已知电压源的电压，选择的参考节点和标注的未知节点如图 4-10 所示。

因此有

$$\begin{cases} u_1 = 100\text{V} \\ u_2 = 100 + 110 = 210(\text{V}) \\ -\frac{1}{2} u_1 - \frac{1}{2} u_2 + \left(\frac{1}{2} + \frac{1}{2}\right) u_3 = 20 \end{cases}$$

解得 $u_3 = 175\text{V}$，因此

$$U = u_3 + 1 \times 20 = 195(\text{V}), \quad I = -(u_2 - 90)/1 = -120(\text{A})$$

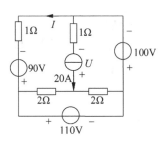

图 4-9　例 4-4 图

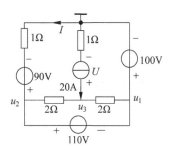

图 4-10　参考节点的选择

4.1.3　超节点分析法

利用节点法分析电路时,需要对未知节点列写 KCL 方程,但是当电路中包含有电压源时,如何求解呢? 观察图 4-11 所示的电路。

可以看到,电路中电压源的位置可能会存在两种情况。第一种情况是电压源位于未知节点和参考节点之间,如图 4-11 中的 10V 的独立电压源,显然此时可以得到

$$u_1 = 10\text{V} \tag{4-11}$$

第二种情况是电压源位于两个未知节点之间,如图 4-11 中的 5V 独立电压源。此时无法给出流过电压源的电流大小。为了求解,引入超节点的概念,所谓超节点就是包含这个电压源的网络,如图 4-11 中的虚线

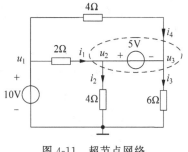

图 4-11　超节点网络

框所示,显然,超节点包含了节点 2 和节点 3 两个未知节点。对于超节点,同样可以应用 KCL 和 KVL 方程。

应用 KVL 方程,可以得到

$$u_2 - u_3 = 5\text{V} \tag{4-12}$$

应用 KCL 方程,可以得到 $i_1 - i_2 - i_3 + i_4 = 0$,利用节点电压表示支路电流,可以得到

$$\frac{u_1 - u_2}{2} + \frac{u_1 - u_3}{4} = \frac{u_2 - 0}{4} + \frac{u_3 - 0}{6} \tag{4-13}$$

联立式(4-11)、式(4-12)和式(4-13),就可以得到 3 个未知节点的电压。

【例 4-5】 电路如图 4-12 所示,求解电压 u 和电流 i 的值。

解:将图 4-12 所示电路标注如图 4-13 所示,其中超节点包含 6V 的电压源。

节点 1:$u_1 = 14\text{V}$

超节点 KVL:$u_2 - u_3 = -6\text{V}$

超节点 KCL:$i_1 = i_2 + i + i_4$,即 $\dfrac{u_1 - u_2}{4} = \dfrac{u_2 - 0}{3} + \dfrac{u_3 - 0}{2} + \dfrac{u_3 - 0}{6}$

联立以上方程,可以解得 $u_2 = -0.4\text{V}, u_3 = 5.6\text{V}$。故可得 $u = -0.4\text{V}, i = u_3/2 = 2.8(\text{A})$。

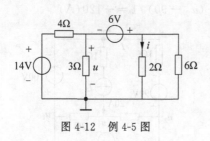

图 4-12   例 4-5 图

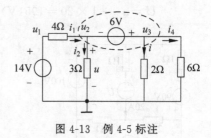

图 4-13   例 4-5 标注

4.2   网孔法

网孔是一类特殊的回路。网孔方程是关于网孔电流的一组线性代数方程。通过求解这组方程,可以得到网孔电流,然后用网孔电流计算支路电流和电压。

4.2.1   网孔方程的形式

以网孔电流为未知量列写电路方程分析电路的方法称为网孔法。适用于网孔相对较少的电路。

观察如图 4-14 所示电路,可以得到,电路有 3 条支路和 2 个节点,记为 $b=3$,$n=2$。采用网孔法分析电路,需要对网孔列写 KVL 方程,其独立的 KVL 方程数量为网孔数个。

利用网孔法分析电路的基本步骤如下。

(1) 给定每个网孔的电流参考方向。

(2) 对每个网孔列写 KVL 方程,为了求解网孔电流或者支路电流,需要利用欧姆定律,将电阻元件两端的压降用电流表示。

(3) 求解方程,得到网孔电流,进一步得到支路电流和电压。

对于图 4-14 所示电路,给定两个网孔电流的符号和绕行方向如图 4-15 所示。

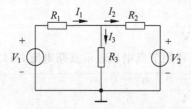

图 4-14   网孔法典型电路

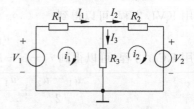

图 4-15   网孔法示例

下面对网孔列写 KVL 方程。

网孔 1: $-V_1+R_1i_1+R_3(i_1-i_2)=0$,也可以写成

$$(R_1+R_3)i_1-R_3i_2=V_1 \tag{4-14}$$

网孔 2: $R_2i_2+V_2+R_3(i_2-i_1)=0$,也可以写成

$$-R_3i_1+(R_2+R_3)i_2=-V_2 \tag{4-15}$$

4.2.2 网孔方程的快速列写法

观察可以看出,在式(4-14)中,令 $R_{11}=R_1+R_3$,表示网孔 1 中所有电阻之和,称为网孔 1 的自电阻,同样在式(4-15)中,令 $R_{22}=R_2+R_3$,表示网孔 2 中所有电阻之和,称为网孔 2 的自电阻。$R_{12}=R_{21}=-R_3$,为网孔 1、网孔 2 之间的互电阻。注意,自电阻总为正。对于互电阻,当两个网孔电流流过相关支路方向相同时,互电阻取正号;否则为负号。

方程右边为每个网孔中电压源的代数和。当电压源的电压极性沿着网孔电流方向上升时,取正号;反之取负号。

同样,这个结论可以推广到 n 个网孔的情况,方程可以表示为

$$\begin{bmatrix} R_{11} & R_{12} & \cdots & R_{1n} \\ R_{21} & R_{22} & \cdots & R_{2n} \\ \vdots & \vdots & \ddots & \vdots \\ R_{n1} & R_{n2} & \cdots & R_{nn} \end{bmatrix} \begin{bmatrix} i_1 \\ i_2 \\ \vdots \\ i_n \end{bmatrix} = \begin{bmatrix} v_1 \\ v_2 \\ \vdots \\ v_n \end{bmatrix} \tag{4-16}$$

【例 4-6】 电路如图 4-16 所示,求解支路电路 I_1、I_2 和 I_3 的值。

解: 对于图 4-16 所示电路,在利用网孔电流分析时,标注网孔电流如图 4-17 所示。

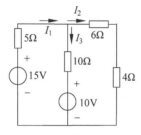

图 4-16 例 4-6 图

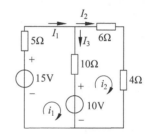

图 4-17 网孔电流方向图示

按照式(4-16)的方程的标准写法,可以得到

网孔 1:$(5+10)\times i_1-10i_2=15-10\Rightarrow 3i_1-2i_2=1$

网孔 2:$-10i_1+(6+4+10)i_2=10\Rightarrow -i_1+2i_2=1$

联立可以解得 $i_1=1\text{A}$,$i_2=1\text{A}$,因此支路电流 $I_1=i_1=1\text{A}$,$I_2=i_2=1\text{A}$,$I_3=i_1-i_2=0\text{A}$。

4.2.3 超网孔分析法

在应用网孔电流分析时,需要对网孔列写 KVL 方程,如果网孔中含有电流源,又该如何处理呢?观察图 4-18 所示电路。可以看到,当电流源位于单独某个网孔时,如图 4-18 中的 5A 电流源,可以得到 $i_2=-5\text{A}$。然后对网孔 1 列写 KVL 方程,就可以得到网孔 1 的电流。

但是在图 4-19 中,电流源位于两个网孔之间,又该如何求解呢?

此时引入超网孔的概念,如图 4-20 所示,将包含电流源支路的大回路称为超网孔,如图 4-20 中的虚线框所示。

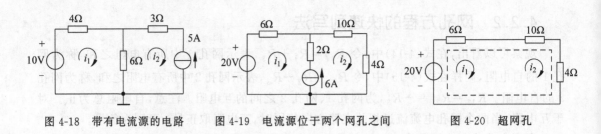

图 4-18 带有电流源的电路　　　图 4-19 电流源位于两个网孔之间　　　图 4-20 超网孔

对于超网孔，一样列写 KVL 方程，可以得到

$$6i_1 + 10i_2 + 4i_2 - 20 = 0$$

然后对图 4-19 所示的接地点应用 KCL 方程，可以得到

$$i_1 + 6 = i_2$$

联立上述两个方程，可以解得 $i_1 = -3.2\text{A}$，$i_2 = 2.8\text{A}$。

【例 4-7】 电路如图 4-21 所示，求解电流 i_1、i_2 和 i_3 的值。

解：首先对图 4-22(a)图的 O 节点列写 KCL 方程，可以得到

$$i_2 + 4 = i_1$$

对网孔 3，可列写 KVL 方程为

$$-2i_1 - 4i_2 + (2 + 4 + 2)i_3 = 0, \quad -i_1 - 2i_2 + 4i_3 = 0$$

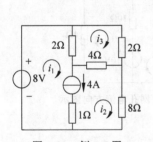

图 4-21 例 4-7 图

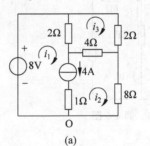

(a)

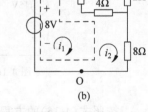

(b)

图 4-22 例 4-7 图解

对如图 4-22(b) 中虚线框所示的超网孔列写 KVL 方程，有

$$2(i_1 - i_3) + 4(i_2 - i_3) + 8i_2 - 8 = 0$$

即 $i_1 + 6i_2 - 3i_3 = 4$。

联立上述三个方程，可得 $i_1 = 4.632\text{A}$，$i_2 = 631.6\text{mA}$，$i_3 = 1.4736\text{A}$。

需要注意的是，利用节点法或者网孔法分析电路时，当电路中含有受控源时，可以将受控源当成独立源一样看待，但是由于控制量的存在，需要增加一个表示控制量的增补方程，其他过程基本类似。

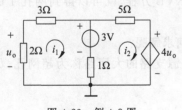

图 4-23 例 4-8 图

【例 4-8】 电路如图 4-23 所示，求电压 u_o 的值。

解：对于图 4-23 所示电路中网孔 1：$6i_1 - i_2 + 3 = 0$

对于网孔 2：$-i_1 + 6i_2 - 3 + 4u_o = 0$

增补方程：$u_o = -2i_1$

联立以上方程，可解得 $i_1 = -5/9\text{A}$，$u_o = 1.11\text{V}$。

4.3　叠加定理

4.3.1　线性电路特性

线性元件是其因果关系为齐次线性方程的元件。这里的因果关系是指由元件特性决定的电路变量数学关系。例如,线性电阻的因果关系是其伏安特性;受控源的因果关系是控制量和被控制量之间的关系,控制量是因,被控制量,也就是输出量是果。

齐次线性因果关系满足齐次性和可加性。例如,以线性电阻 R 流过的电流 i 为输入,电阻两端的电压 u 为输出,显然满足欧姆定律 $u=Ri$。当电流为 i 时,电压为 u,则当电流为 ki(k 为任意常数)时,电压为 ku,这就是齐次性。若电流为 i_1 时电压为 u_1,若电流为 i_2 时电压为 u_2,则若电流为 i_1+i_2 时,电压为 $u=R(i_1+i_2)=Ri_1+Ri_2=u_1+u_2$,这就是可加性。齐次性与可加性合在一起成为线性特性。

目前已经学过的理想电路元件中,理想电阻、理想电容、理想电感、线性受控源等都是线性元件。独立电压源和独立电流源不是线性元件,但可以将它们看成电路工作的"因",即电路的输入或称激励。那么,由线性元件和独立电源构成的电路便是线性电路。

【例 4-9】　电路如图 4-24 所示,求电流 I_o 的值。

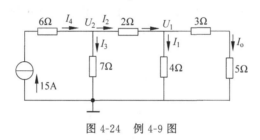

图 4-24　例 4-9 图

解:图 4-24 中,若假设待求 $I_o=1\mathrm{A}$,则 $U_1=(3+5)I_o=8(\mathrm{V})$,可得 $I_1=U_1/4=2(\mathrm{A})$,对 U_1 节点,列写 KCL 方程,得到 $I_2=I_1+I_o=3(\mathrm{A})$,则 $U_2=U_1+2I_2=8+6=14(\mathrm{V})$,$I_3=\dfrac{U_2}{7}=2(\mathrm{A})$。

对 U_2 节点,列写 KCL 方程,得到 $I_4=I_3+I_2=5(\mathrm{A})$,因此由假定的 $I_o=1\mathrm{A}$,得到电流源电流为 5A,实际输入激励为 15A,因此 $I_o=(15/5)\times1=3(\mathrm{A})$。

4.3.2　叠加定理

对于线性电路,如电路中只有一个激励源,则激励与响应之间满足齐次线性关系。若线性电路中有多个激励源,那激励与响应之间关系又怎样呢?可以证明,在线性电路中,任一支路的电流(或电压)可以看成电路中每一个独立电源单独作用于电路时在该支路产生的电流(或电压)的代数和,这就是叠加定理。这是因为节点电压和支路电流均为各电源的一次函数,均可看成各独立电源单独作用时,产生的响应之叠加。需要注意的是,叠加定理只适用于线性电路。

叠加定理分析电路的基本方法如下。

（1）在含有多个激励源的电路中,保留一个激励源有效,其他的置零。注意,对于独立的电压源,置零是将其电压置零,也就是短路;对于独立的电流源,置零是将其电流置零,也就是开路。

（2）利用电路中的分析方法,求解这个源激励得到的响应。

（3）重复这个过程,直到得到所有激励源的响应,最后将所有的响应相加,就是电路的解。

【例 4-10】 电路如图 4-25 所示,求电流 I 的值。

解：利用叠加定理求解,将图 4-25 所示电路分为两个独立源单独激励,如图 4-26 所示。

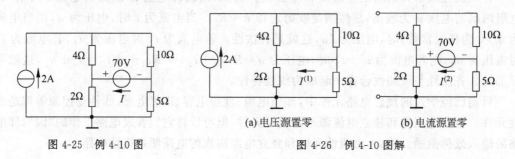

图 4-25　例 4-10 图　　　　　　　图 4-26　例 4-10 图解

（a）电压源置零　　　　（b）电流源置零

在图 4-26(a)所示电路中,由于 4Ω 电阻、2Ω 电阻与 10Ω 电阻、5Ω 电阻构成了平衡电桥,因此 $I^{(1)}=0$;在图 4-26(b)所示电路中,可得 $I^{(2)}=70/14+70/7=15(\mathrm{A})$。因此 $I=I^{(1)}+I^{(2)}=15(\mathrm{A})$。

在使用叠加定理时,需要特别注意物理量的方向,分电路中的物理量和原电路中的物理量的方向要一致。

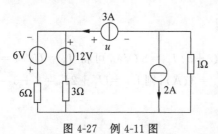

图 4-27　例 4-11 图

【例 4-11】 电路如图 4-27 所示,求电压 u。

解：利用叠加定理求解,电路中有 4 个独立源,那是否需要将电路分为 4 个分电路呢?观察电路后可以看到,3A 电流源位于两个网孔之间,因此可以将电路分拆为两个电路,如图 4-28 所示。

图 4-28(a)中,只有 3A 电流源激励,其他电源均置零,可以得到 $u^{(1)}=3(6//3+1)=9(\mathrm{V})$,图 4-28(b)中,分别在左右两个网孔中,求得电压分量的正端和负端电压的值,$u_{+}^{(2)}=6\times(12+6)/(6+3)-6=6(\mathrm{V})$,$u_{-}^{(2)}=-2\mathrm{V}$,因此 $u^{(2)}=6-(-2)=8(\mathrm{V})$,最后叠加得到 $u=u^{(1)}+u^{(2)}=17(\mathrm{V})$。

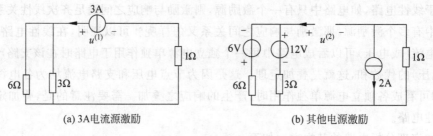

（a）3A电流源激励　　　　　　　　（b）其他电源激励

图 4-28　例 4-11 图解

因此,在使用叠加定理时,叠加方式是任意的,可以一次一个独立源单独作用,也可以一次几个独立源同时作用,具体取决于分析计算简便。

4.3.3　含有受控源的电路

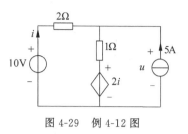

图 4-29　例 4-12 图

在使用叠加定理时,若电路中含有受控源,又该如何处理呢? 此处通过例 4-12 说明。

【例 4-12】　电路如图 4-29 所示,求电压 u 和电流 i。

解:利用叠加定理求解。当电路中含有受控源时,依然画出分电路如图 4-30 所示。此时需要特别注意,在两个分电路中始终保留受控源。

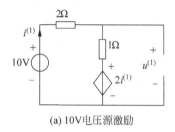　　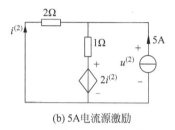

(a) 10V电压源激励　　　　　　(b) 5A电流源激励

图 4-30　例 4-12 图解

当 10V 电压源单独作用时,如图 4-30(a) 所示,$i^{(1)} = [10-2i^{(1)}]/(1+2)$,解得 $i^{(1)} = 2A$,从而 $u^{(1)} = 1 \times i^{(1)} + 2i^{(1)} = 6(V)$。

当 5A 电流源单独作用时,如图 4-30(b) 所示,对左边回路列写 KVL 方程有
$$2 \times i^{(2)} + 1 \times [5 + i^{(2)}] + 2 \times i^{(2)} = 0$$
因此 $i^{(2)} = -1A$,从而 $u^{(2)} = -2i^{(2)} = 2(V)$。最后叠加得到
$$u = u^{(1)} + u^{(2)} = 8(V), \quad i = i^{(1)} + i^{(2)} = 2 - 1 = 1(A)$$

4.4　戴维南定理与诺顿定理

4.4.1　定理

工程实际中,常常碰到只需要研究某一支路的电压、电流或功率的问题。对所研究的支路来说,电路的其余部分就成为一个有源二端网络,可等效变换为简单的含源支路(电压源与电阻串联或电流源与电阻并联支路),使分析和计算简化。戴维南定理给出了等效含源支路及其计算方法。

任何一个线性含源一端口网络,对外电路来说,总可以用一个电压源和电阻的串联组合进行等效置换;此电压源的电压等于外电路断开时端口处的开路电压 u_{oc},而电阻等于一端口的输入电阻(或等效电阻 R_{eq}),如图 4-31(b) 所示,即为戴维南定理。

同样,任何一个含源线性一端口电路,对外电路来说,可以用一个电流源和电阻的并联组合来等效置换;电流源的电流等于该一端口的短路电流 I_{sc},电阻等于该一端口的输入电阻 R_{in},即为诺顿定理,如图 4-31(e) 所示。

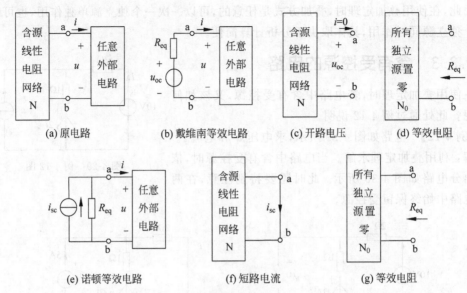

图 4-31 戴维南定理与诺顿定理

4.4.2 定理的应用

戴维南定理、诺顿定理是简化电路的最佳工具,当需要了解电路中负载的电压或者电流随负载阻值变化时,可以先将负载以外的电路等效为戴维南或者诺顿电路,然后利用等效变换电路求解。

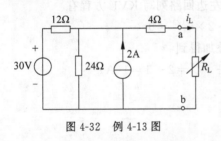

图 4-32 例 4-13 图

【例 4-13】 电路如图 4-32 所示,求负载电阻 R_L 分别为 6Ω、18Ω、36Ω 时的电流 i_L。

解:应用戴维南定理求解,首先求开路电压 u_{oc}。将负载电阻 R_L 开路,电路如图 4-33(a)所示,利用叠加原理,可得开路电压为

$$u_{oc} = \frac{24}{24+12} \times 30 + \frac{12 \times 24}{12+24} \times 2 = 36(V)$$

由图 4-33(b)电路计算等效电阻,得

$$R_{eq} = 4 + \frac{12 \times 24}{12+24} = 12(\Omega)$$

由此可得,电路的戴维南等效电路如图 4-33(c)所示,因此,当 $R_L = 6\Omega$ 时

$$i_L = \frac{36}{12+6} = 2(A)$$

当 $R_L = 18\Omega$ 时

$$i_L = \frac{36}{12+18} = 1.2(A)$$

当 $R_L = 36\Omega$ 时

$$i_L = \frac{36}{12+36} = 0.75(A)$$

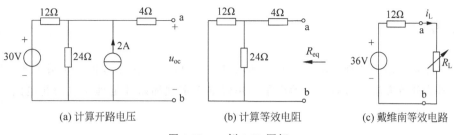

(a) 计算开路电压　　　　　(b) 计算等效电阻　　　　(c) 戴维南等效电路

图 4-33　例 4-13 图解

【例 4-14】 电路如图 4-34 所示,求电流 I。

解: 应用诺顿定理求解,首先求开路电压 I_{sc}。将 4Ω 电阻短路,电路如图 4-35(a)所示,利用叠加原理,由图 4-35(a)可以得到 $I_1=12/2=6(A)$,$I_2=(24+12)/10=3.6(A)$,因此 $I_{sc}=-I_1-I_2=-9.6(A)$。

由图 4-35(b)可得,$R_{eq}=10//2=1.67(\Omega)$,故得到图 4-35(c)所示的诺顿等效电路,由电阻分流关系可得 $I=2.83A$。

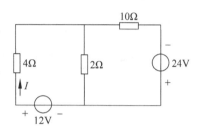

图 4-34　例 4-14 图

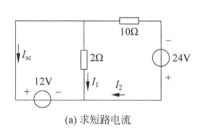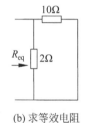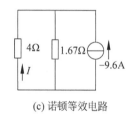

(a) 求短路电流　　　　　(b) 求等效电阻　　　　(c) 诺顿等效电路

图 4-35　例 4-14 图解

4.4.3　最大功率传输定理

如果有一个电源驱动一个可变的负载电阻,那么如何调节负载电阻使之从电源尽可能多获取电能呢?首先把电源看成一个线性含源单口网络,画出其戴维南等效电路,如图 4-36

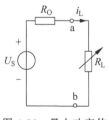

图 4-36　最大功率传输定理

所示。显然,当负载 R_L 值很大时,负载电流 i_L 变得很小,导致负载功率变小;而当负载 R_L 值很小时,与内阻 R_O 串联只能分得少量电压,功率也很小。最大功率传输定理指出:如果该单口网络戴维南等效电路的开路电压为 U_S,内阻为 R_O,则当 $R_L=R_O$ 时负载电阻可获得最大功率

$$P_{max}=\frac{U_S^2}{4R_O} \tag{4-17}$$

最大功率传输定理揭示了一个有内阻的电源电路所能输出功率的极限,以及达到这个极限的条件。达到此极限的代价是:有一半的功率被电源内阻 R_O 损耗了,电能的利用率只有 50%。

小结

本章首先介绍了两种常用的电路分析方法：节点法和网孔法，然后介绍了线性电路的叠加定理的分析方法。最后详细给出了利用戴维南定理和诺顿定理等效简化电路的方法，并介绍了最大功率传输定理。

习题

4.1 电路如图 4-37 所示，分别利用节点法和网孔法求受控电源提供的功率。

4.2 电路如图 4-38 所示，图中 6Ω 电阻吸收的功率为多少？

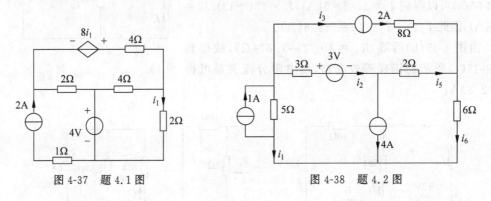

图 4-37 题 4.1 图   图 4-38 题 4.2 图

4.3 电路如图 4-39 所示，已知 $R_1 = R_2 = R_3 = 1\Omega$，$R_4 = R_5 = 2\Omega$，$U_S = 6V$，$I_S = 6A$。试求电压 U 和电流 I。

4.4 电路如图 4-40 所示，若要求输出电压 $v_o(t)$ 不受信号源电压 $v_{s1}(t)$ 的影响，问 a 应该为何值？

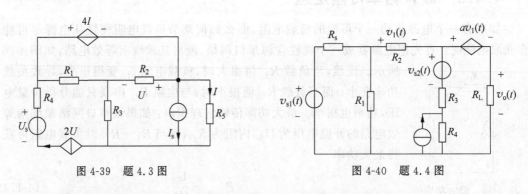

图 4-39 题 4.3 图   图 4-40 题 4.4 图

4.5 直流电路如图 4-41 所示，求图中两个独立源提供的功率。

4.6 直流电路如图 4-42 所示，求电阻 R 获得最大功率时的值，并求此时的最大功率。

4.7 电路如图 4-43 所示，求该电路的输入电阻 R_i 的表达式。

4.8 直流电路如图 4-44 所示，图中 $U_{CS} = 4I$，计算独立电压源发出的功率。

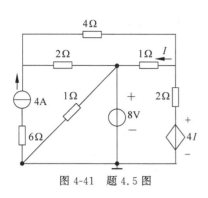

图 4-41 题 4.5 图

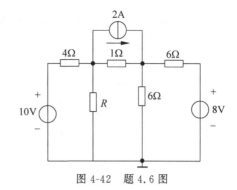

图 4-42 题 4.6 图

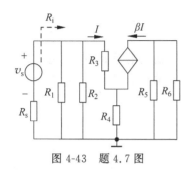

图 4-43 题 4.7 图

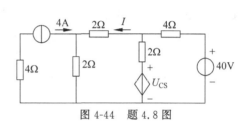

图 4-44 题 4.8 图

4.9 电路如图 4-45 所示。

(1) 若 $R=1.5\Omega$，求电流 I 的值；

(2) 若 $R=4.5\Omega$，求电流 I 的值。

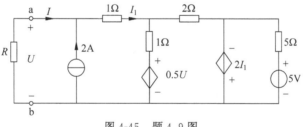

图 4-45 题 4.9 图

4.10 直流电路如图 4-46 所示，求图中的 i_x 和 v_x，并计算独立电压源发出的功率。

4.11 直流电路如图 4-47 所示，试求电流 I_1、I_2 及各独立电源供出的功率。

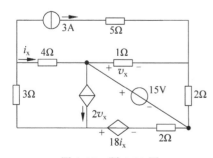

图 4-46 题 4.10 图

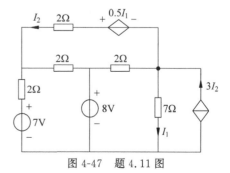

图 4-47 题 4.11 图

4.12　直流电路如图 4-48 所示，计算独立电压源发出的功率。

4.13　直流电路如图 4-49 所示，计算独立电流源发出的功率。

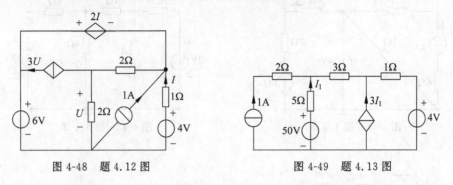

图 4-48　题 4.12 图　　　　　　　　图 4-49　题 4.13 图

4.14　电路如图 4-50 所示，推导电路输入电阻 R_i 和输出电阻 R_o 的表达式。

4.15　电路如图 4-51 所示，推导电路输入电阻 R_i 和输出电阻 R_o 的表达式。

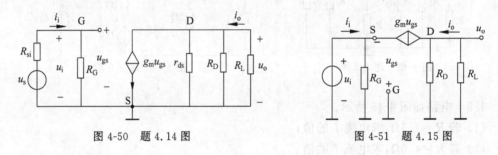

图 4-50　题 4.14 图　　　　　　　　图 4-51　题 4.15 图

第5章　非线性电路分析的基本方法

科学上没有平坦的大道,真理的长河中有无数礁石险滩。只有不畏攀登的采药者,只有不怕巨浪的弄潮儿,才能登上高峰采得仙草,深入水底觅得骊珠。

——华罗庚

前面章节介绍了线性元件的伏安特性,以及由其构成的线性电路的分析方法。在实际中,仅用线性元件无法构成具有实际功能的电路。从本章开始将陆续引入非线性电子元器件,介绍非线性电路的一般分析方法。

5.1　线性与非线性电路

线性电路是由线性元件构成的电路。线性元件就是其伏安特性可以用线性方程描述的元件。比如前面章节学习的电阻均为线性的,其伏安特性 $i = \dfrac{u}{R}$,如图 5-1(a)所示的 $i\text{-}u$ 关系图中,是一条过原点的直线,R 为常数,因此是线性的。二极管、晶体管等为非线性器件。二极管的 $i\text{-}u$ 关系为

$$i_D = I_S(e^{\frac{u_D}{U_T}} - 1) \tag{5-1}$$

其中,I_S 和 U_T 为常数,I_S 的典型值为 10^{-12}A,U_T 室温下的值为 0.026V。图 5-1(b)为实际二极管的伏安特性曲线。当 $u_D < U_{on}$ 时,电流 $i_D \approx 0$。

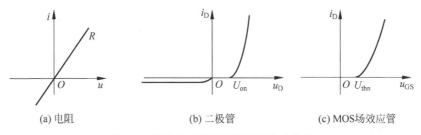

(a) 电阻　　　　　　　　(b) 二极管　　　　　　　(c) MOS场效应管

图 5-1　线性与非线性元器件的伏安特性

实际二极管与理想二极管的电路符号如图 5-2 所示。

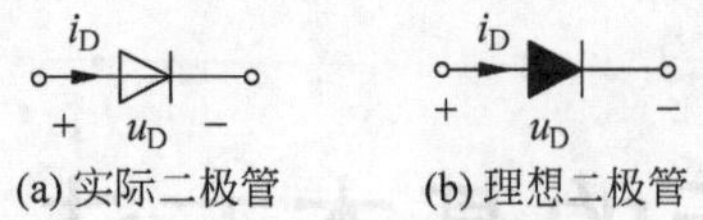

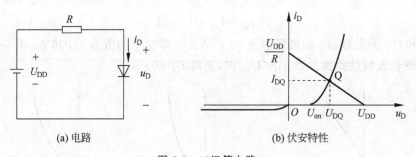

(a) 实际二极管　(b) 理想二极管

图 5-2　二极管的符号

对于实际二极管而言,当 $u_D > U_{on}$ 时,电压 u_D 的一个很小的增量将引起电流 i_D 的快速增长。例如,若 $U_T = 0.026V$,$I_S = 1pA$,当 $u_D = 0.6V$ 时,根据式(5-1),$i_D = 1 \times 10^{-12} \times (e^{0.6/0.026} - 1) \approx 10.5mA$。当 $u_D = 0.65V$ 时,$i_D = 1 \times 10^{-12} \times (e^{0.65/0.026} - 1) \approx 72mA$。

第 8 章介绍的 MOS 场效应晶体管,当其工作在恒流区时的电流电压关系为平方律:$i_D = K_n(u_{GS} - U_{thn})^2$,其中的 K_n 与 U_{thn} 为常数,也为非线性器件,伏安特性如图 5-1(c)所示。

对比线性和非线性元器件的伏安曲线,可以看出,非线性体现在伏安特性曲线的斜率不是常数,是变化的。在分析非线性电路时,对于仅适用于线性电路的分析方法如叠加定理无法使用。下面介绍非线性电路的基本方法。

5.2　解方程法

分析非线性电路的基本依据依然遵循两类约束关系:一类是元器件本身的伏安关系;另一类是拓扑关系,即元器件所在电路的电气连接方式。根据这两个约束关系分别列写伏安方程,然后联立求解。

图 5-3(a)电路中包含二极管,属于非线性电路。首先根据电路的拓扑结构,列写 KVL 方程为

$$u_D = U_{DD} - i_D R \tag{5-2}$$

将式(5-2)代入二极管的伏安方程式(5-1),得到

$$i_D = I_s [e^{(U_{DD} - i_D R)/U_T} - 1] \tag{5-3}$$

电路确定后,方程(5-3)中除了电流 i_D 均为已知量,接下来求解关于 i_D 的方程。方程(5-3)为超越方程,可以用计算机求出数值解。得到电流 i_D 后,进而求出 u_D,这里不再介绍非线性方程(组)的求解方法。

(a) 电路　　　　　　　　　　　　(b) 伏安特性

图 5-3　二极管电路

5.3　图解法

求解方程(组)法需要根据元器件的伏安特性和电路连接的拓扑关系列写 KCL 或者

KVL 方程,然后求解析解或数值解。图解法则是将上述方程用曲线的形式在图中表现出来,进而得到所需电流和电压量的过程。这里讨论三种情况:直流电压源作用的电路;随时间变化的大信号激励的电路;随时间变化的交流小信号激励下的电路。

5.3.1　直流源作用的电路

以含有二极管的电路为例说明图解法。图 5-3(a)电路中,列写出的 KVL 方程(5-2)在 i-u 关系图中表现为一条直线,如图 5-3(b)所示。该直线方程为

$$i_{\mathrm{D}} = -\frac{u_{\mathrm{D}} - U_{\mathrm{DD}}}{R} \tag{5-4}$$

二极管的伏安特性方程为

$$i_{\mathrm{D}} = I_{\mathrm{s}}(\mathrm{e}^{u_{\mathrm{D}}/U_{\mathrm{T}}} - 1) \tag{5-5}$$

在图 5-3(b)中 i_{D}-u_{D} 关系图中为一条指数规律函数的曲线。

求解上述两个方程解就是要找到式(5-4)的直线与式(5-5)所示的二极管伏安特性曲线的交点。其中直线称为直流负载线,与二极管伏安曲线的交点称为静态工作点(Quiescent Point)。这里静态是指电路中只有直流源作用时电路的状态。Q 点横坐标和纵坐标就是要求的二极管静态电流和电压,记作 I_{DQ} 和 U_{DQ}。

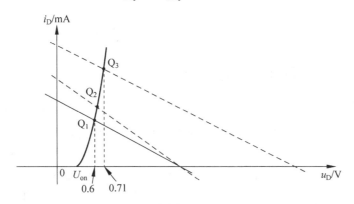

图 5-4　二极管电路参数变化时对 Q 点的影响

当电路中电阻 R 不变,电压 U_{DD} 改变时,直线的斜率不变,截距发生变化;当电路中电压 U_{DD} 不变,电阻 R 改变时,直线的斜率发生变化,截距不变,如图 5-4 所示。无论何种情况,只要交点 Q 位于 $u > U_{\mathrm{on}}$,则 U_{DQ} 大小均在 0.7V 左右,这说明了二极管正向导通时两端电压可以近似为 0.7V。

5.3.2　交流大信号激励的电路

电路如图 5-5(a)所示,除了激励换为交流信号源,其余的与图 5-3(a)电路相同。当交流信号作用时,不同时刻的 u_{i} 值不同,导致直线的截距改变,但斜率不变,得到的交点如图 5-5(b)所示。可见交点也是随时间变化的,其中交点纵坐标随时间变化的规律就是 $i_{\mathrm{D}}(t)$,横坐标随时间变化的规律为 $u_{\mathrm{D}}(t)$,输出电压 $u_{\mathrm{o}}(t)$ 是电阻 R 上的压降。

由于二极管截止时,其电流 $i_{\mathrm{D}}(t)$ 近似为 0V,$u_{\mathrm{o}}=0$。导通时,两端电压 $u_{\mathrm{D}}(t)$ 近似为 0.7V,则 $u_{\mathrm{o}}=u_{\mathrm{i}}-0.7$。当输入是幅度较大的交流信号(如图 5-6(a)所示的正弦波)时,可以

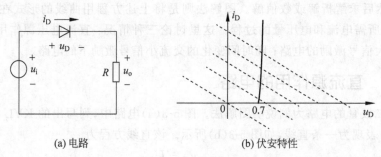

(a) 电路　　　　　　　　　　(b) 伏安特性

图 5-5　大信号激励时

画出输出电压波形如图 5-6(b) 所示。

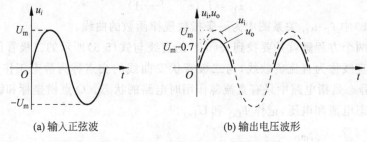

(a) 输入正弦波　　　　　　　　(b) 输出电压波形

图 5-6　图 5-5 的输入和输出电压波形

5.3.3　交流小信号激励的电路

如果信号源幅度较小，如 $u_i(t) = 0.05\sin\omega t$ (V)，且该小信号 $u_i(t)$ 驮载在直流电平 U_{DD} 上，如图 5-7(a) 所示电路。由前面的分析可知，得到的交点也是随时间变化的。二极管的电流和电压在直流 I_{DQ} 以及 U_{DQ} 基础上微小变化 Δi_D 和 Δu_D，也可以用 i_d 表示电流增量 Δi_D，u_d 表示电压增量 Δu_D。若将流过二极管的瞬时电流记为 $i_D(t)$，则得到 $i_D(t) = I_{DQ} + i_d(t)$，其中 I_{DQ} 是仅有直流电压源 U_{DD} 作用时得到的直流分量，而 $i_d(t)$ 是由小信号引起的交流变化量。同理，二极管两端的瞬时电压为 $u_D(t)$，$u_D(t) = U_{DQ} + u_d(t)$。如

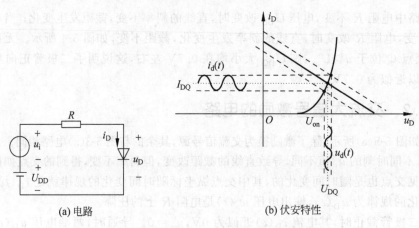

(a) 电路　　　　　　　　　　(b) 伏安特性

图 5-7　小信号激励时的二极管电路以及图解方法

图 5-7(b)所示。由于小信号的变化幅度小,交点的位置仅在伏安曲线的一个小范围内变化,说明二极管的工作区域集中在 Q 点附近的一小部分,这一小部分曲线的斜率变化很小,可用一小段直线段近似,只要输入信号动态范围很小(即小信号),工作点附近的二极管电导可视为一个常量(相当于一次方程斜率不变),这就是小信号约束条件下非线性元件线性化近似的基本出发点。显然,大信号输入条件下,这种近似方式是不可取的。

5.4　分段线性分析法

分析非线性电路时,如果输入信号幅度较大,可以将非线性曲线分成若干段,其中的每一段用线性特性近似,通过这种近似可以将非线性电路近似为线性电路,从而简化分析。分段线性分析法也称为折线分析法,这种牺牲"精度"换取"简单"的分析方法可作为非线性电路的一种工程近似方法。

假设某非线性器件的伏安特性如图 5-8(a)所示,分段线性近似后如图 5-8(b)所示。近似后,当 $i \geqslant 0$ 时,该器件的伏安特性与电阻 R_1 一致。当 $i < 0$ 时,该器件的伏安特性与电阻 R_2 一致。由直线的斜率可知,电阻 $R_2 \gg R_1$。图 5-9(a)为包含该非线性器件的电路。

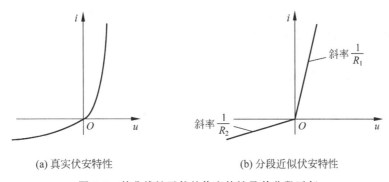

(a) 真实伏安特性　　　　　　　　(b) 分段近似伏安特性

图 5-8　某非线性元件的伏安特性及其分段近似

如果 $u_i \geqslant 0$,电路中的电流 $i \geqslant 0$,则非线性器件用电阻 R_1 代替,电路简化为图 5-9(b),很容易求出电流 $i = \dfrac{u_i}{R + R_1}$,以及电压 $u_o = iR_1 = \dfrac{u_i R_1}{R_1 + R}$。

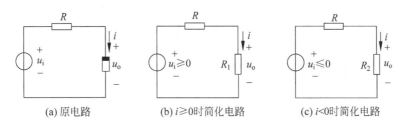

(a) 原电路　　　　　　(b) $i \geqslant 0$时简化电路　　　　　　(c) $i < 0$时简化电路

图 5-9　非线性电路与其等效电路

如果 $u_i \leqslant 0$,电路中的电流 $i < 0$,则非线性器件用电阻 R_2 代替,电路简化为图 5-9(c),电流 $i = \dfrac{u_i}{R + R_2}$,以及电压 $u_o = iR_2 = \dfrac{u_i R_2}{R_2 + R}$。

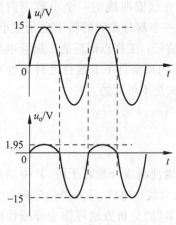

图 5-10　例 5-1 中的输入和输出
电压波形

【例 5-1】　某非线性器件的伏安特性如图 5-8(a)所示,伏安特性近似为图 5-8(b),由其构成的非线性电路为图 5-9(a)。当输入为正弦波 $u_i(t)=15\sin\omega t$ (V),电阻 $R_1=150\Omega,R_2=150\text{k}\Omega$,电阻 $R=1\text{k}\Omega$ 时,求输出电压,并画出其波形。

解:　由于非线性伏安特性有分段线性的特点,当 $u_i\geqslant0$,电路中的电流 $i\geqslant0$,则输出电压为

$$u_o=\frac{R_1}{R+R_1}u_i=\frac{0.15}{1+0.15}u_i=0.13u_i$$
$$=0.13\times15\sin\omega t=1.95\sin\omega t \text{(V)}$$

当 $u_i<0$,电路中的电流 $i<0$,则输出电压为

$$u_o=\frac{R_2}{R+R_2}u_i=\frac{150}{1+150}u_i\approx u_i=15\sin\omega t \text{(V)}$$

输出电压波形如图 5-10 所示。可见,非线性器件导致输出波形产生了明显失真。

在例 5-1 中,输入正弦电压 u_i 为单一频率正弦波,非线性器件导致的输出电压波形失真是一种非线性失真,其特点是在 u_o 中除了与 u_i 相同的频率(称为基频)分量外,还新出现了若干谐波频率(基频整数倍频率)分量。

5.5　小信号分析法

5.3.3 节的图解法分析了小信号激励时二极管电流电压变化情况。这里介绍另一种方法——小信号分析法,以图 5-11(a)的电路为例进行说明。

图 5-11(a)中的二极管参数为 $I_s=1\text{pA},U_T=26\text{mV}$。直流电压源 U_D 为 0.7V,$u_d=0.001\sin\omega t$(V),求二极管电流 i_D 的表达式并画出其波形。

根据二极管的伏安特性方程 $i_D=I_S(\text{e}^{\frac{u_D}{U_T}}-1)$ 以及 $u_D=U_D+u_d(t)=0.7+0.001\sin\omega t$,可得

$$i_D=I_S(\text{e}^{\frac{u_D}{U_T}}-1)=I_S(\text{e}^{\frac{0.7+0.001\sin\omega t}{0.026}}-1)$$

由此可以方便得到 i_D 的表达式,但是从该表达式很难画出波形。由于正弦波幅度很小,这里借助数学工具对 i_D 的表达式做进一步的分析。

一般情况下,电流 i_D 近似为

$$i_D=I_S(\text{e}^{\frac{u_D}{U_T}}-1)\approx I_S\text{e}^{\frac{u_D}{U_T}} \tag{5-6}$$

根据函数 $f(x)$ 在 $x=x_0$ 处的 n 阶泰勒公式

$$f(x)=f(x_0)+f'(x_0)(x-x_0)+\frac{f''(x_0)(x-x_0)^2}{2}+\cdots+\frac{f^{(n)}(x_0)(x-x_0)^n}{n!}+\cdots \tag{5-7}$$

$i_D(u_D)$ 在 $u_D=U_D$ 处的泰勒级数为

$$i_{\mathrm{D}} \approx I_{\mathrm{s}} \mathrm{e}^{U_{\mathrm{D}}/U_{\mathrm{T}}} \left[1 + \frac{u_{\mathrm{d}}(t)}{U_{\mathrm{T}}} + \frac{1}{2}\left(\frac{u_{\mathrm{d}}(t)}{U_{\mathrm{T}}}\right)^{2} + \frac{1}{3!}\left(\frac{u_{\mathrm{d}}(t)}{U_{\mathrm{T}}}\right)^{3} + \cdots\right] \tag{5-8}$$

由于输入交流信号幅度微小，$u_{\mathrm{d}}(t) \ll U_{\mathrm{T}}$，式(5-8)忽略二次以上的高阶项，可近似为

$$i_{\mathrm{D}} \approx I_{\mathrm{s}} \mathrm{e}^{U_{\mathrm{D}}/U_{\mathrm{T}}} \left(1 + \frac{u_{\mathrm{d}}(t)}{U_{\mathrm{T}}}\right) = I_{\mathrm{s}} \mathrm{e}^{U_{\mathrm{D}}/U_{\mathrm{T}}} + I_{\mathrm{s}} \mathrm{e}^{U_{\mathrm{D}}/U_{\mathrm{T}}} \frac{u_{\mathrm{d}}(t)}{U_{\mathrm{T}}} \tag{5-9}$$

可以看出式(5-9)由两部分组成，其中第一部分(第一项)只是来自直流电压源 U_{D} 的作用，称为直流分量。此时的电路中相当于交流源置零，只有直流源的情况，如图 5-11(b)所示，电流为

$$I_{\mathrm{D}} = I_{\mathrm{s}} \mathrm{e}^{U_{\mathrm{D}}/U_{\mathrm{T}}} \tag{5-10}$$

将式(5-10)代入式(5-9)，则有

$$i_{\mathrm{D}} = I_{\mathrm{D}} + I_{\mathrm{D}} \frac{u_{\mathrm{d}}(t)}{U_{\mathrm{T}}} = I_{\mathrm{D}} + i_{\mathrm{d}}(t) \tag{5-11}$$

式(5-11)的第二项 $i_{\mathrm{d}}(t)$ 是交流源 $u_{\mathrm{d}}(t)$ 引起的交流电流分量

$$i_{\mathrm{d}}(t) = u_{\mathrm{d}}(t) \frac{I_{\mathrm{D}}}{U_{\mathrm{T}}} \tag{5-12}$$

一旦二极管电流的直流分量确定，I_{D} 为已知的常数，U_{T} 在室温下为 $26\mathrm{mV}$，说明电流的交流部分随 $u_{\mathrm{d}}(t)$ 变化。若令

$$g_{\mathrm{m}} = \frac{I_{\mathrm{D}}}{U_{\mathrm{T}}} \tag{5-13}$$

将 g_{m} 的倒数称为二极管的动态电阻 r_{d}

$$r_{\mathrm{d}} = \frac{1}{g_{\mathrm{m}}} = \frac{U_{\mathrm{T}}}{I_{\mathrm{D}}} \tag{5-14}$$

则式(5-12)中的 $i_{\mathrm{d}}(t)$ 可以写为

$$i_{\mathrm{d}}(t) = u_{\mathrm{d}}(t) g_{\mathrm{m}} = \frac{u_{\mathrm{d}}(t)}{r_{\mathrm{d}}} \tag{5-15}$$

式(5-15)说明，求解 $i_{\mathrm{d}}(t)$ 的电路应为一个电压源串联一个电阻的简单电路，其中的电压源是交流电压源 $u_{\mathrm{d}}(t)$，而电阻为二极管的动态电阻 r_{d}，所以求电流交流成分的电路如图 5-11(c)所示。

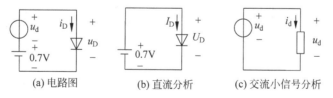

(a) 电路图　　　　(b) 直流分析　　　　(c) 交流小信号分析

图 5-11　二极管小信号分析法

综上，二极管电流由直流和交流分量构成，其中直流分量 I_{D} 来自直流电压源 U_{D} 的作用，求解直流分量 I_{D} 时，需要将交流源置零；交流分量 $i_{\mathrm{d}}(t)$ 为交流电压源 $u_{\mathrm{d}}(t)$ 作用在动态电阻 r_{d} 上引起的电流，求解 $i_{\mathrm{d}}(t)$ 时，将直流源置零，并将二极管等效为电阻 r_{d}，注意电阻 r_{d} 与静态电流有关。

回到前面的问题，$I_{\mathrm{S}} = 1\mathrm{pA}$，$U_{\mathrm{T}} = 26\mathrm{mV}$，则 $i_{\mathrm{D}}(t)$ 的直流分量 I_{D} 为

$$I_D \approx I_S e^{U_D/U_T} = I_S e^{0.7/0.026} = 0.49(\text{A})$$

小信号电阻为

$$r_d = \frac{U_T}{I_D} = \frac{0.026}{0.49} = 0.053(\Omega)$$

根据式(5-15),

$$i_d(t) = \frac{u_d(t)}{r_d} = \frac{0.001\sin\omega t}{0.053} = 0.018\sin\omega t (\text{A}) \tag{5-16}$$

则二极管总电流为

$$i_D = I_D + i_d(t) = 0.49 + 0.018\sin\omega t (\text{A}) \tag{5-17}$$

由式(5-17)容易画出二极管的电流波形,是一个驮载在直流上的正弦波。

以上以二极管为例,分析了小信号激励时非线性器件的工作情况。分析说明,当小信号激励时,若非线性器件的工作区域集中在静点 Q 附近的一小部分,这一小部分曲线的斜率变化很小,可以用 Q 点处的斜率近似,因而这一小段的曲线可近似用直线代替,直线的斜率就是 Q 点处的斜率 g_m,如图 5-12(a)所示,或等效为电阻 r_d,该电阻的大小为 $1/g_m$,这种分析方法称为小信号分析法。

二极管在静点处的斜率为

$$g_m = \frac{di_D}{du_D}\bigg|_Q = \frac{I_S}{U_T}e^{u_D/U_T}\bigg|_Q = \frac{I_S}{U_T}e^{U_{DQ}/U_T} = \frac{I_{DQ}}{U_T} \tag{5-18}$$

与式(5-13)相同,则等效电阻为

$$r_d = 1/g_m = \frac{U_T}{I_{DQ}} \tag{5-19}$$

MOS 场效应管电路在小信号激励时,MOS 管的工作区域也集中在 Q 点附近的一小部分,如图 5-12(b)所示,这一小部分曲线的斜率变化很小,可以用 Q 点处的斜率 g_m 近似,即

$$g_m = \frac{di_D}{du_{GS}}\bigg|_Q \circ$$

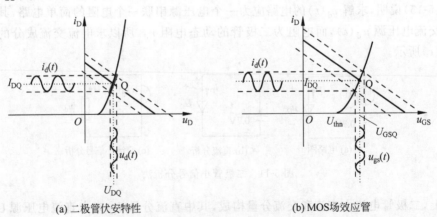

(a) 二极管伏安特性   (b) MOS场效应管

图 5-12 二极管与 MOS 场效应管小信号工作特性

MOS 场效应管的伏安特性为平方律:$i_D = K_n(u_{GS} - U_{thn})^2$,则

$$g_m = \frac{di_D}{du_{GS}}\bigg|_Q = 2K_n(u_{GS}-U_{thn})|_Q = 2K_n(U_{GSQ}-U_{thn}) \tag{5-20}$$

或者根据 $I_Q = K_n(U_Q-U_{thn})^2$，则 g_m 也可以用式(5-21)计算：

$$g_m = 2\sqrt{K_n I_Q} \tag{5-21}$$

对于小信号激励的非线性电路分析，分为以下两个步骤。

第一步为直流分析，分析时将交流源置零，只有直流电源 U_{DD} 作用时的情况，得到静态工作点 Q，即 I_Q 和 U_Q。

第二步是交流分析，分析时将直流源置零，只有交流小信号产生的交流分量，求出 g_m 或电阻 $r = \dfrac{1}{g_m}$，进而求出其两端的交流电压 u 或者交流电流 i。

总之，小信号激励时非线性器件的电压和电流为直、交流分量的叠加。

【**例 5-2**】　某非线性器件构成电路如图 5-13 所示，其伏安特性为

$$i_N = \begin{cases} Ku_N^2 & u_N > 0 \\ 0 & u_N \leqslant 0 \end{cases}$$

其中 $K = 0.5\text{mA/V}^2, U_{DD}=5\text{V}, R=2\text{k}\Omega$，输入信号为 $f(t)=50\sin\omega t\,(\text{mV})$，求输出电压 u_o。

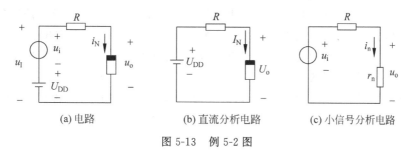

(a) 电路　　　　　　(b) 直流分析电路　　　　　(c) 小信号分析电路

图 5-13　例 5-2 图

解：根据电路可知，输出电压 u_o 为非线性器件两端的电压 u_N。

输入信号幅度小，叠加在直流电压源上可保证 $u_N > 0$，因此 $i_N = Ku_N^2$。根据小信号分析法的分析步骤如下。

(1) 首先进行直流分析，由图 5-13(b) 可知

$$U_{DD} = I_N R + U_N \tag{5-22}$$

将 $I_N = KU_N^2$ 代入式(5-22)，可得

$$RKU_N^2 + U_N - U_{DD} = 0 \tag{5-23}$$

求解方程(5-23)得到

$$U_N = \frac{-1 \pm \sqrt{1 + 4U_{DD}RK}}{2RK} \tag{5-24}$$

代入已知条件：$K = 0.5\text{mA/V}^2, U_{DD}=5\text{V}, R=2\text{k}\Omega$，可得两组解，舍去 $U_N < 0$ 这个不合理的解，得到静态工作点：$U_{NQ}=1.8\text{V}, I_{NQ}=3.24\text{mA}$。

(2) 小信号分析如下

$$g_m = \frac{di_N}{du_N}\bigg|_Q = 2KU_N|_Q = 2KU_{NQ}$$

小信号等效电阻为

$$r_n = 1/g_m = \frac{1}{2KU_{NQ}}$$

代入数据可得 r_n 为

$$r_n = \frac{1}{2 \times 0.5 \times 10^{-3} \times 1.8} = 556(\Omega)$$

根据电路图 5-13(c)，得到交流成分为

$$u_n = \frac{r_n}{R + r_n} u_i = \frac{556}{1000 + 556} u_i = 0.35 \times 50\sin\omega t = 17.9\sin\omega t\,(\text{mV})$$

最终得到

$$u_o = u_N = u_n + U_N = 1.8\text{V} + 17.9\sin\omega t\,(\text{mV})$$

小结

本章介绍了非线性电路及其分析方法。非线性电路就是包含非线性元器件的电路，分析时仍可列写 KCL、KVL 方程。

非线性电路的分析方法有求解方程法、图解法、分段线性分析法以及小信号分析法。解方程法需要列写 KCL、KVL 方程，以及元器件本身的伏安方程，然后求出解析解或者数值解。图解法将上述方程以图的形式表现出来，从而找到工作点。分段线性法分析将非线性元器件的伏安特性用不同斜率的直线表示，在每一段的电压电流范围内的伏安特性视为线性，一般用在大信号激励时。小信号分析法适用于非线性器件的工作电压和电流在一个小范围内变化的情况，将此范围内的伏安特性近似为线性，从而可以用分析线性电路的方法进行分析。

习题

5.1 结型场效应管(JFET)的伏安特性如图 5-14 所示，由电路得到的伏安方程为 $U_{GS} = 4.5 - I_D$，用图解法求出电路的静态工作点。

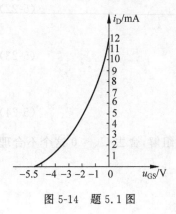

图 5-14 题 5.1 图

5.2 某结型场效应管的伏安特性为：当 $-2.5\text{V} \leqslant u_{GS} < 0$ 时，$i_D = I_{DSS}\left(1 - \frac{u_{GS}}{U_{pn}}\right)^2$，其中 $I_{DSS} = 5\text{mA}$，$U_{pn} = -2.5\text{V}$。如果电路中列写的 KVL 方程为 $U_{GS} = -I_D R$，其中 $R = 1\text{k}\Omega$。求该晶体管的工作点电流 I_{DQ} 和 U_{GSQ}。

5.3 电路如图 5-15(a)所示，其中非线性元件的分段线性近似如图 5-15(b)所示，求其两端的电压。

5.4 某 JFET 场效应晶体管，当 $-3\text{V} < u_{GS} \leqslant 0$ 时，其伏安特性方程为 $i_D = 10 \times \left(1 + \frac{u_{GS}}{3}\right)^2$，已知静态工作点为 $I_{DQ} = 3\text{mA}$，$U_{GSQ} = -1.36\text{V}$，求静点处的跨导 g_m。

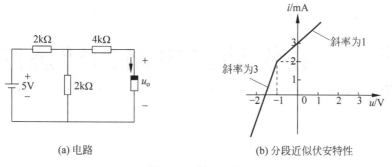

(a) 电路　　　　　　　　　(b) 分段近似伏安特性

图 5-15　题 5.3 图

5.5　二极管电路如图 5-16 所示,已知 $U_{DD}=5V$,$R=1k\Omega$,输入 $u_i=200\sin\omega t(mV)$,求输出电压 u_o 并画出其波形。

5.6　已知非线性元件 A,当 $u_A<0$ 时,$i_A=0$;$u_A\geqslant0$,$i_A=a_1u_A^2+a_2u_A$,含有非线性元件 A 的电路如图 5-17 所示,求 U_A 和 I_A 的解析解。

5.7　题 5.6 中的非线性元件 A,$a_1=2mA/V^2$,$a_2=1mA/V$,含有元件 A 的电路如图 5-18 所示,当 $U_{DD}=5V$,$R=2k\Omega$,$u_i=50\sin\omega t(mV)$ 时,求 u_A 并画出波形。

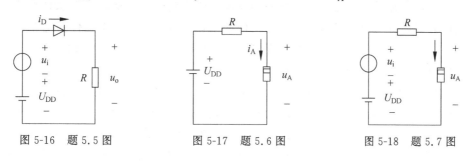

图 5-16　题 5.5 图　　　　图 5-17　题 5.6 图　　　　图 5-18　题 5.7 图

第 6 章　线性动态电路的暂态响应

CHAPTER 6

> 我在科学方面所作出的任何成绩,都只是由于长期思索、忍耐和勤奋而获得的。
>
> ——达尔文

　　前面所讨论的电阻电路可用代数方程描述,在任一时刻电阻电路的响应只与当前时刻的激励有关,与过去的激励无关,因此电阻电路是无记忆的。对同为线性元件的电容和电感,它们的电压电流关系不是代数关系而是呈现出微分或积分的形式,与过去的全部历史有关,因而电容元件和电感元件被称为动态元件或记忆元件。含有动态元件的电路称为动态电路,如果动态电路中所有元件都是线性时不变元件,则称为线性时不变动态电路。本章所研究的动态电路都是线性时不变动态电路。

　　动态电路一般用微分方程来描述,动态电路在任一时刻的响应与激励的全部过去历史有关。仅含一个动态元件的电路可用一阶常微分方程来描述,称为一阶电路;含两个独立的动态元件的电路可用二阶常微分方程来描述,称为二阶电路,以此类推还可以定义更高阶电路。由于动态元件储存和释放能量需要一段时间来完成,把这段时间称为瞬态或暂态过程。本章主要讨论动态电路的暂态响应,首先介绍一阶电路的零状态响应和零输入响应,用三要素法求全响应以及一阶电路的应用,然后介绍二阶电路的零输入响应、零状态响应和全响应,最后介绍二阶电路的应用。

6.1　动态电路的状态与换路

　　若电路在某一时刻有相对变化,这种变化被称为换路,如电路的接通、断开或短路等电路结构的变化以及电路参数的变化等。在电阻电路中,电路的响应在换路瞬间会做出即时的反应,如若外施的激励源为常量,则电阻电路的响应也立即为某一常量,即换路瞬间就进入新的稳态。在动态电路中,由于动态元件的储能不可能发生跃变(由于不存在无穷大的功率),这使得动态电路在换路后需要经历一段时间后才能达到新的稳态,这段时间称为瞬态或暂态。

　　电路不是处于瞬态就是处于稳态。当电路变量为不随时间变化的常量时,称电路进入直流稳态;当电路变量为随时间呈周期性变化的量时,称电路进入交流稳态。瞬态通常是动态电路从换路前稳态(初始稳态)进入换路后稳态(新稳态)的过程,因此瞬态又称为过渡过程。电路产生瞬态的原因就是在换路瞬间储能元件的能量不能跃变,即能量的储存和释放需要一定的时间来完成。因此,电路产生瞬态的条件包括:电路中含有储能元件(如电感元件或电容元件);电路发生换路,且换路前后储能元件的储能状态发生变化。

6.1.1　换路定律

为了分析方便,设动态电路换路在 $t=0$ 时瞬间完成,通常把换路前一瞬间记为 $t=0_-$,把换路刚刚发生后的一瞬间记为 $t=0_+$。在换路前后瞬间,动态元件的电压或电流由于储能性质的缘故而具有特定的规律,表现为以下两方面。

(1) 根据线性电容元件积分形式的电压电流关系,在换路前后瞬间电容电压满足

$$u_C(0_+) = u_C(0_-) + \frac{1}{C}\int_{0_-}^{0_+} i_C(t)\mathrm{d}t$$

在换路瞬间,如果电容电流 i_C 为有限值,那么积分项为零,则电容电压在换路前后保持不变,即

$$u_C(0_+) = u_C(0_-) \tag{6-1}$$

由于电容任一时刻的储能状态正比于同一时刻的电容电压的平方,式(6-1)也是电容储能不能跃变的体现。

(2) 根据线性电感元件积分形式的电压电流关系,在换路前后瞬间电感电流满足

$$i_L(0_+) = i_L(0_-) + \frac{1}{L}\int_{0_-}^{0_+} u_L(t)\mathrm{d}t$$

在换路瞬间,如果电感电压 u_L 为有限值,那么积分项为零,则电感电流在换路前后保持不变,即

$$i_L(0_+) = i_L(0_-) \tag{6-2}$$

由于电感任一时刻的储能状态正比于同一时刻的电感电流的平方,式(6-2)也是电感储能不能跃变的体现。

式(6-1)和式(6-2)即为换路定律的数学表达式。它们分别说明在换路瞬间,若电容电流和电感电压为有限值,那么电容电压和电感电流在换路前后保持不变。由于电容电压或电感电流分别反映了动态元件各自的储能状态,通常将电容电压或电感电流称为状态变量,相应地把动态电路中其他支路的电压或电流称为非状态变量。因此,在电容电流和电感电压为有限值的情况下,换路定律可简略地概括为状态变量在换路前后瞬间不变。

关于换路定律应注意两点。

(1) 应用换路定律的前提条件是在换路瞬间电容电流和电感电压为有限值。对某些奇异电路,如换路形成电压源与电容构成串联回路或电流源与电感构成并联回路可能出现电容电压或电感电流的强制突变,需要按照电荷守恒或磁链守恒原则分析。

(2) 换路定律表明状态变量(电容电压和电感电流)在换路前后不会跃变,但电路中其他非状态变量的值可能发生跃变,也可能不发生跃变,要依据具体电路分析而定。

6.1.2　初始值的确定

分析动态电路的经典方法是根据 KCL、KVL 和元件的电压-电流关系列出电路方程,由于动态元件的电压-电流关系为积分或微分关系,因而动态电路方程一般可化为微分方

程,求解此微分方程可得到所求的电路变量。n 阶微分方程通常需要 n 个初始条件才能求出定解,即需要确定所求电路变量及其直到 $n-1$ 阶导数在 $t=0_+$ 时刻的初始值。

根据换路定律可知,电容电压初始值 $u_C(0_+)$ 或电感电流初始值 $i_L(0_+)$ 可以根据它们在换路前瞬间的值 $u_C(0_-)$ 或 $i_L(0_-)$ 确定,而电路中其他变量在换路后瞬间的初始值需要根据 $u_C(0_+)$ 或 $i_L(0_+)$ 计算确定。此时,电容可用电压值为 $u_C(0_+)$ 的电压源置换,电感可用电流值为 $i_L(0_+)$ 的电流源置换,即在 $t=0_+$ 时刻,动态电路等效为一个电阻电路,可以用电阻电路的分析方法方便地求出任一电路变量的初始值。

【例 6-1】 电路如图 6-1(a)所示,已知开关 K 闭合前,$i_L(0_-)=0$,$u_C(0_-)=0$,试求开关 K 闭合后瞬间,电路中各电压、电流的初始值。

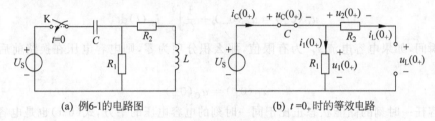

(a) 例6-1的电路图   (b) $t=0_+$ 时的等效电路

图 6-1 例 6-1 电路图和等效电路

解: 由于开关 K 闭合前,$i_L(0_-)=0$,$u_C(0_-)=0$,且 K 闭合后电路为非奇异电路,由换路定律有

$$u_C(0_+)=u_C(0_-)=0, \quad i_L(0_+)=i_L(0_-)=0$$

因此在如图 6-1(b)所示的 $t=0_+$ 时的等效电路中,电容相当于短路,电感相当于断路,各支路的电压和电流计算如下

$$i_C(0_+)=i_1(0_+)=\frac{U_S}{R_1}$$

$$u_2(0_+)=0, \quad u_1(0_+)=u_L(0_+)=U_S$$

【例 6-2】 电路如图 6-2(a)所示,开关闭合前电路已处于稳定状态,开关在 $t=0$ 时闭合,求开关闭合后电容电流、电感电压和电流 i_R 的初始值。

解: 换路前电路已处于稳定状态,则电容相当于开路,电感相当于短路,换路前直流稳态等效电路如图 6-2(b)所示,可求得

$$i_L(0_-)=i_R(0_-)=\frac{10}{2}=5(\mathrm{mA}), \quad u_C(0_-)=i_R(0_-)\times 2\times 10^3=10(\mathrm{V})$$

开关闭合后瞬间等效电路如图 6-2(c)所示,由换路定律

$$u_C(0_+)=u_C(0_-)=10(\mathrm{V}), \quad i_L(0_+)=i_L(0_-)=5(\mathrm{mA})$$

10mA 电流源两端电压为 0,则

$$i_R(0_+)=0, \quad i_C(0_+)=\frac{-u_C(0_+)}{1\times 10^3}=-10(\mathrm{mA}), \quad u_L(0_+)=-i_L(0_+)\times 2\times 10^3=-10(\mathrm{V})$$

由例 6-2 可见,换路前后除了状态变量不会跃变外,其他非状态变量均可能发生跃变,如本例中 i_R、i_C 和 u_L 在换路前后均发生了跳变。

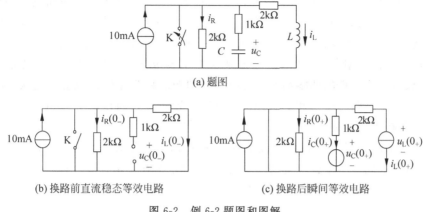

(a) 题图

(b) 换路前直流稳态等效电路　　　(c) 换路后瞬间等效电路

图 6-2　例 6-2 题图和图解

6.2　一阶动态电路

仅含一个动态元件的电路可用一阶常微分方程来描述,称为一阶电路。对含多个动态元件但可等效为一个动态元件的电路亦属于一阶电路。本书仅限于讨论线性时不变的动态电路,因此本书中的一阶电路均指线性时不变的一阶电路,其电路方程为一阶常系数线性常微分方程。

6.2.1　一阶电路的等效

一阶电路仅含一个动态元件,则除该动态元件外剩余电路即为一个含源电阻网络,如图 6-3(a)所示,以含电容元件的动态电路为例,进行如下等效。

(1) 根据戴维南定理(或诺顿定理)将电阻网络等效为一个电压源串联一个电阻(或一个电流源并联一个电阻)。

(2) 将已被充电的电容元件(电压初始值为 U_0)等效为一个电压值为 U_0 的电压源串联一个未被充电的电容元件(电容电压初始值为 $u_1(0)=0$)。

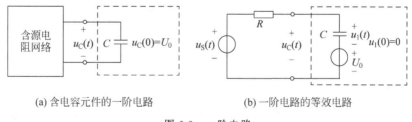

(a) 含电容元件的一阶电路　　　(b) 一阶电路的等效电路

图 6-3　一阶电路

因此,任何一个含电容元件的一阶电路可等效为图 6-3(b)所示电路。若能求出 $u_C(t)$,便可根据置换定理用电压源 $u_C(t)$ 置换电容,使原电路变成一个电阻电路,运用电阻电路的分析方法就可以求得所有支路的电压和电流。下面讨论 $u_C(t)$ 的求解。图 6-3(b)所示电路含有两个独立源,根据叠加原理 $u_C(t)$ 可由两个独立源分别单独作用时产生的两个分量 $u_C'(t)$ 和 $u_C''(t)$ 的代数和得到,图 6-4(a)和(b)分别表示计算这两个分量所用的电路图。

图 6-4(a)中的响应 $u_C'(t)$ 为电阻网络等效的电压源 $u_S(t)$ 单独作用而电容的初始状态等效的电压源不作用,即 $U_0＝0$ 时的响应。把这种在动态元件零初始状态下,仅由电路的输入所引起的响应称为零状态响应。图 6-4(b)中的响应 $u_C''(t)$ 为电容的初始状态等效的电压源 U_0 单独作用而电阻网络等效的电压源不作用,即 $u_S(t)＝0$ 时的响应。把这种在零输入情况下,仅由动态元件的非零初始状态所引起的响应称为零输入响应。这两种响应之和称为全响应,它是电路的输入和动态元件的非零初始状态共同作用下的响应。这三种响应在实际电路分析中都可独立存在。

当电路中的动态元件为电感(电流初始值为 I_0)时,此电感元件可以等效为一个电流值为 I_0 的电流源并联一个未被充电的电感元件(电感电流初始值为 0),其他的等效和叠加以及三种响应具有与以上相类似的分析过程和定义。

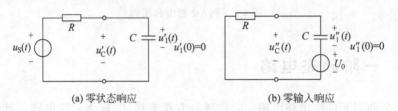

(a) 零状态响应　　　　　　　　(b) 零输入响应

图 6-4　用叠加原理求电容电压的全响应

6.2.2　零状态响应

本节分析直流激励作用下 RC 电路和 GL 电路的零状态响应,即电容或电感初始储能为零的状态下,仅由电路的输入所引起的响应。阶跃响应是一类重要的零状态响应。单位阶跃响应指的是单位阶跃输入作用下的零状态响应。单位阶跃函数定义为

$$\varepsilon(t)=\begin{cases}0 & t<0 \\ 1 & t>0\end{cases}$$

$\varepsilon(t)$ 是奇异函数, $t＝0$ 时无定义,可取 0 或 1。

1. RC 电路的零状态响应

电路如图 6-5 所示,开关 K 在 $t＝0$ 时闭合,电容的初始电压为零,可能是这个电容从未被充过电,也可能是到 $t＝0$ 时曾被充过的电压已消耗殆尽,电路在 $t＝0$ 时刻接入直流电压源 U_S 。

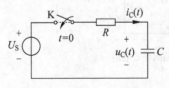

图 6-5　零状态 RC 电路

1) 响应的物理分析

由于电容电压不能跃变,开关闭合后瞬间 $u_C(0_+)＝u_C(0_-)＝0$,因此在 $t＝0_+$ 时电压源的电压 U_S 全部施加于电阻两端,则流过电阻的电流即电容的充电电流 $i_C(0_+)＝\dfrac{U_S}{R}$,电压源开始对电容充电,电容电压的变化率为

$\dfrac{\mathrm{d}u_C}{\mathrm{d}t}\bigg|_{t=0_+}=\dfrac{i_C(0_+)}{C}=\dfrac{U_S}{RC}$ 。在图 6-5 所示参考方向下,该变化率是大于零的,表明电容电压呈上升趋势。随着电容电压的上升,必然导致电阻分得的电压下降,则充电电流 $i_C(t)$ 降低,电容电压增长率降低,因此在 $t＝0_+$ 时增长率最大,电压上升得最快,充电电流最大。随

着电容电压的增长,电阻电压逐渐降低,直到电压源所有的电压 U_S 几乎都出现在电容两端,电阻分压几乎为零,此时电路中充电电流趋于零,即 $\dfrac{du_C}{dt} \to 0$,这意味着电容电压几乎不再改变,充电停止,电容相当于开路,电路进入直流稳态,电容电压的稳态值为 U_S。

由上述分析可见,电容电压 $u_C(t)$ 从零状态开始,其变化的趋势是开始增长最快,随着 u_C 的增长,增长越来越慢,最后趋于电源电压 U_S,进入直流稳态,电容充电完毕。从物理意义上说,RC 电路的零状态响应反映了电容的储能从无到有的增长过程,即电容的充电过程。

2) 响应的数学分析

对图 6-5 所示电路,由 KVL 有

$$i_C(t)R + u_C(t) = U_S$$

由电容元件的 VCR 有

$$i_C(t) = C\frac{du_C(t)}{dt}$$

因此图 6-5 所示电路在 $t \geqslant 0$ 时的电路方程为

$$RC\frac{du_C(t)}{dt} + u_C(t) = U_S$$

初始条件为 $u_C(0) = 0$。利用分离变量法求解此一阶线性常系数常微分方程,有

$$-\frac{d[U_S - u_C(t)]}{U_S - u_C(t)} = \frac{1}{RC}dt$$

两端积分可得

$$-\ln[U_S - u_C(t)] = \frac{1}{RC}t + k$$

代入初始条件,可得 $k = -\ln U_S$,因此

$$u_C(t) = U_S(1 - e^{-\frac{t}{RC}}) \qquad t \geqslant 0 \tag{6-3}$$

式(6-3)具体地刻画了 $t \geqslant 0$ 时 RC 电路电容电压变化的规律。在电路分析中,通常把这种通过列写电路微分方程并按数学方法求解得到电路响应的方法称为经典方法。图 6-6(a)画出了该零状态响应的波形,是一条从初始的零状态开始按照指数规律变化趋于直流稳态 U_S 的曲线。式(6-3)中的指数的分母 R 与 C 的乘积具有时间的量纲,通常以 τ 来表示,称为时间常数。这是因为当 C 用法拉为单位,R 用欧姆为单位时,τ 的单位必然为秒,即 $\Omega \cdot F = \dfrac{V}{A} \cdot \dfrac{C}{V} = \dfrac{A \cdot s}{A} = s$。从波形图上来看,时间常数 $\tau = RC$ 对应着波形曲线在 $t = 0_+$ 时的切线与稳态值直线交点所对应的时刻,如图 6-6(a)中标注所示,它描述了电容电压若始终按照初始时刻的变化率变化达到稳态 U_S 所需要的时间,但是如响应的物理分析中所述,电容电压的变化率在初始时刻最大,之后是逐渐降低的,因此实际上电容电压需要经过比时间常数更长的时间才能趋于稳态。表 6-1 列出了分别经过多个 τ 的整数倍时间,电容电压值 u_C 相对稳态值 U_S 的百分比。

表 6-1　以时间常数倍数计的各时刻电容电压相对稳态值的百分比

t	$\dfrac{u_C}{U_S} \times 100\%$
τ	63.2%
2τ	85.5%
3τ	95.02%
4τ	98.17%
5τ	99.326%
6τ	99.909%

从表 6-1 可见,经过 4τ 时间,电容电压已达到稳态值的 98.17%;经过 5τ 时间与稳态值的差别更小,因此工程上一般认为经过 $t=(4\sim5)\tau$ 时间电容充电完毕,电压已达到稳态值 U_S,而且 τ 越小达到稳态值就越快,反之越慢。

由电容电压的零状态响应式(6-3),对之求微分可得充电电流

$$i_C(t) = C\frac{du_C(t)}{dt} = \frac{U_S}{R}e^{-\frac{t}{RC}} = i_C(0_+)e^{-\frac{t}{\tau}} \tag{6-4}$$

其中,由于 $i_C(0_-)=0$,$i_C(0_+)=\dfrac{U_S}{R}$,即 $i_C(t)$ 在换路前后存在跃变,因此这里取 $t\geqslant0_+$ 更为准确。其波形如图 6-6(b)所示,是一条由初始的最大值 $i_C(0_+)=\dfrac{U_S}{R}$ 按指数规律衰减至零的曲线,这与前面响应的物理分析过程是一致的。

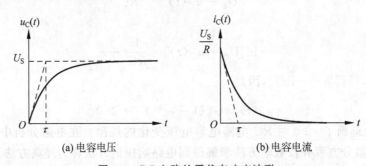

(a) 电容电压　　　　　　　　　　(b) 电容电流

图 6-6　RC 电路的零状态响应波形

3) 响应的能量分析

由于任意时刻电容储存的电场能量为 $W_C(t)=\dfrac{1}{2}Cu_C^2(t)$,所以当充电完毕时,电容所储存的电场能量为 $\dfrac{1}{2}CU_S^2$。同时,在充电过程中电阻消耗的总能量为

$$W_R = \int_0^\infty i_C^2(t)R\,dt = \int_0^\infty \frac{U_S^2}{R}e^{-\frac{2}{RC}t}\,dt = \frac{U_S^2}{R}\left(-\frac{RC}{2}\right)e^{-\frac{2}{RC}t}\Bigg|_0^\infty = \frac{1}{2}CU_S^2$$

可见 W_R 与 R 的大小无关,而与电容最后所储的能量相等,因此电压源提供的总能量为

$$\frac{1}{2}CU_S^2 + \frac{1}{2}CU_S^2 = CU_S^2$$

2. GL 电路的零状态响应

GL 电路如图 6-7 所示，GL 电路与 RC 电路是对偶的，其零状态响应的分析与 RC 电路类似。开关闭合前已知电感初始状态为零，即电感电流为零或初始储能为零。

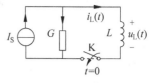

图 6-7　零状态 GL 电路

1）响应的物理分析

开关 K 在 $t=0$ 时刻闭合，根据换路定律，电感电流不能跃变，因此开关闭合瞬间 $i_L(0_+)=i_L(0_-)=0$，此时电流源的电流 I_S 全部流向电导，则电导两端的电压即施加在电感两端的电压为 $u_L(0_+)=\dfrac{I_S}{G}$，电流源开始对电感充电，电感电流的变化率为

$$\frac{\mathrm{d}i_L}{\mathrm{d}t}\bigg|_{t=0_+}=\frac{u_L(0_+)}{L}=\frac{I_S}{GL}$$

在图 6-7 所示参考方向下，该变化率是大于零的，表明电感电流呈上升趋势。随着电感电流的上升，必然导致电导分到的电流下降，则电导两端电压即电感两端电压 $u_L(t)$ 降低，电感电流增长率降低。因此，在 $t=0_+$ 时增长率最大，电流上升得最快，电感两端电压最大。随着电感电流的增长，电导电流逐渐降低，直到电流源所有的电流 I_S 几乎都流向电感，电导分流几乎为零，此时 $\dfrac{\mathrm{d}i_L}{\mathrm{d}t}\to 0$，电感电流几乎不再改变，充电停止，电感相当于短路，电路进入直流稳态，电感电流的稳态值为 I_S。

由上述分析可见，电感电流 $i_L(t)$ 从零状态开始，其变化的趋势是开始增长最快，随着 i_L 的增长，增长越来越慢，最后趋于电流源电流 I_S，进入直流稳态，电感充电完毕。

2）响应的数学分析

对图 6-7 所示电路，由 KCL 有

$$u_L(t)G+i_L(t)=I_S$$

由电感元件的 VCR 有

$$u_L(t)=L\frac{\mathrm{d}i_L(t)}{\mathrm{d}t}$$

因此图 6-7 所示电路在 $t\geqslant 0$ 时的电路方程为

$$GL\frac{\mathrm{d}i_L(t)}{\mathrm{d}t}+i_L(t)=I_S$$

初始条件为 $i_L(0)=0$。利用分离变量法求解此一阶线性常系数常微分方程，可得

$$i_L(t)=I_S(1-\mathrm{e}^{-\frac{t}{GL}})\quad t\geqslant 0 \tag{6-5}$$

式（6-5）具体地刻画了 $t\geqslant 0$ 时 GL 电路电感电流变化的规律，与式（6-3）具有相同的形式，因此电感电流也具有与图 6-6(a) 相似的响应波形，是一条从初始的零状态开始按照指数规律变化趋于直流稳态 I_S 的曲线。不同的是，GL 电路中的时间常数 $\tau=GL$，它也具有时间的量纲。这是因为当 L 用亨利（H）为单位，G 用西门子（S）为单位时，τ 的单位必然为秒，即 $\mathrm{S\cdot H}=\dfrac{\mathrm{A}}{\mathrm{V}}\cdot\dfrac{\mathrm{Wb}}{\mathrm{A}}=\dfrac{\mathrm{V\cdot s}}{\mathrm{V}}=\mathrm{s}$。同 RC 电路类似，工程上一般认为经过 $t=(4\sim 5)\tau$ 时间电感充电完毕，电流已达到稳态值 I_S，而且 τ 越小达到稳态值就越快，反之越慢。

由电感电流的零状态响应式(6-5),对之求微分可得电感电压

$$u_L(t) = L\frac{di_L(t)}{dt} = \frac{I_S}{G}e^{-\frac{t}{GL}} = u_L(0_+)e^{-\frac{t}{\tau}} \quad t \geqslant 0_+ \tag{6-6}$$

其波形与图 6-6(b)类似。

3) 响应的能量分析

由于任意时刻电感储存的磁场能量为 $W_L(t) = \frac{1}{2}Li_L^2(t)$,所以当充电完毕时,电感所储存的磁场能量为 $\frac{1}{2}LI_S^2$。同时,在充电过程中电导消耗的总能量为

$$W_G = \int_0^\infty u_L^2(t)G\,dt = \int_0^\infty \frac{I_S^2}{G}e^{-\frac{2}{GL}t}\,dt = \frac{I_S^2}{G}\left(-\frac{GL}{2}\right)e^{-\frac{2}{GL}t}\bigg|_0^\infty = \frac{1}{2}LI_S^2$$

可见 W_G 与 G 的大小无关,而与电感最后所储的能量相等,因此电流源提供的总能量为

$$\frac{1}{2}LI_S^2 + \frac{1}{2}LI_S^2 = LI_S^2$$

以上讨论了在直流激励作用下 RC 电路和 GL 电路的零状态响应,两电路中电容电压或电感电流具有相似的响应形式,都是从零状态开始按指数规律上升到稳态值,其中描述上升快慢的时间常数 τ 分别为 RC 和 GL。当达到稳态时,电容相当于开路,电感相当于短路,此时两电路均可等效为电阻电路,可以很方便地求出稳态值。由式(6-3)和式(6-5)可见,电容电压或电感电流的零状态响应由时间常数和稳态值确定,不必再求解电路的微分方程。电容电压或电感电流的零状态响应具有下列的一般形式

$$y(t) = y(\infty)(1 - e^{-\frac{t}{\tau}}) \quad t \geqslant 0 \tag{6-7}$$

其中,$y(t)$ 为电容电压或电感电流的零状态响应,$y(\infty)$ 为稳态值,τ 为时间常数。按式(6-7)求出电容电压或电感电流后,根据置换定理就可求出其他支路的电压或电流。

【例 6-3】 电路如图 6-8(a)所示,已知 $u_C(0) = 0$,求 $i_1(t)(t \geqslant 0)$。

解:首先可用戴维南定理将原电路等效为图 6-8(b)所示电路,其中 R_0 可由如图 6-8(c)所示电路通过加压求流法得到:

$$R_0 = \frac{u}{i} = \frac{(3\times 10^3 + 1\times 10^3)i + 500i}{i} = 4.5(k\Omega)$$

$$U_{OC} = 0.05\times 1000 + 500\times 0.05 = 75(V)$$

则

$$\tau = R_0C = 4500\times 10^{-6} = 4.5(ms)$$

$$u_C(\infty) = U_{OC} = 75V$$

求 $u_C(\infty)$ 时图 6-8(b)中电容相当于开路。由 $u_C(\infty)$ 和 τ 可利用式(6-7)求得

$$u_C(t) = u_C(\infty)(1 - e^{-\frac{t}{\tau}}) = 75(1 - e^{-\frac{t}{4.5\times 10^{-3}}})(V) \quad t \geqslant 0$$

则

$$i_C(t) = C\frac{du_C(t)}{dt} = \frac{75}{4.5\times 10^3}e^{-\frac{t}{4.5\times 10^{-3}}} = \frac{1}{60}e^{-\frac{t}{4.5\times 10^{-3}}}(A) \quad t \geqslant 0$$

再回到图 6-8(a),由 KCL 有

$$i_1(t) = 50 - i_C(t) = 0.05 - \frac{1}{60}e^{-\frac{t}{4.5 \times 10^{-3}}} \text{(A)} \quad t \geq 0$$

本题亦可采用经典方法求解,对图6-8(a)所示电路列电路方程如下:
由KVL有

$$3000i_C(t) + u_C(t) = 500i_1(t) + 1000i_1(t) \tag{6-8}$$

而

$$i_C(t) = 10^{-6}\frac{du_C(t)}{dt}, \quad i_1(t) = 50 \times 10^{-3} - 10^{-6}\frac{du_C(t)}{dt} \tag{6-9}$$

将式(6-9)代入式(6-8),则有

$$4.5 \times 10^{-3}\frac{du_C(t)}{dt} + u_C(t) = 75 \tag{6-10}$$

式(6-10)所示方程同为图6-8(b)所示戴维南等效电路的电路方程。由该方程和零初始条件可求出 $u_C(t)$ $(t \geq 0)$,则 $i_1(t)$ $(t \geq 0)$ 可求。此方法为经典的列电路方程方法,需要求解一阶常微分方程。而利用式(6-7)的方法在确定了时间常数和稳态值后即可直接得到解的具体表达式,更为简洁,但要注意式(6-7)仅适用于直流激励作用下求解状态变量的零状态响应,求其他电路变量不一定适用。这是由于状态变量在换路瞬间不能跃变。

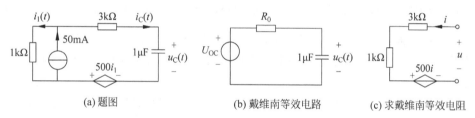

(a) 题图　　　　　(b) 戴维南等效电路　　　　　(c) 求戴维南等效电阻

图6-8　例6-3题图和图解

6.2.3　零输入响应

本节分析 RC 电路和 GL 电路的零输入响应,即在没有外加激励输入的情况下,仅由电容或电感的非零初始状态(即初始储能)所引起的响应。

1. RC 电路的零输入响应

电路如图6-9所示,电路接通前电容已被充电,其初始电压为 U_0,即 $u_C(0_-) = U_0$,电路在 $t = 0$ 时接通。

1) 响应的物理分析

换路后瞬间 $t = 0_+$ 时,电容电压 $u_C(0_+) = u_C(0_-) = U_0$,则电阻 R 两端电压 $u_R(0_+) = U_0$,电路中电流 $i_C(0_+) =$

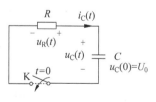

图6-9　零输入 RC 电路

$-\frac{U_0}{R} = C\frac{du_C(t)}{dt}\Big|_{t=0_+}$,因此在图6-9所示参考方向下 $\frac{du_C(t)}{dt}$ 为负值,这意味着电容电压开始下降,即电容 C 通过电阻 R 放电。随着电容电压 $u_C(t)$ 的下降,电阻电压 $u_R(t)$ 亦随之下降,因而电流 $i_C(t)$ 的绝对值减小,则电容电压下降速率降低,这说明 $t = 0_+$ 时电容电压下降率最快,放电电流最大。随着电容电压逐渐降低到零,电

路中电流亦为零,即 $\dfrac{du_C}{dt} \to 0$,表明电容电压几乎不再改变,电容初始储存的电场能量已耗尽,放电完毕,达到零稳态,此时的电容相当于开路,由于其两端电压为零,亦可看作短路。从物理意义上,RC 电路的零输入响应对应电容的放电过程。

2) 响应的数学分析

对图 6-9 所示电路,由 KVL 可得

$$u_C(t) = -i_C(t)R = -RC\frac{du_C(t)}{dt} \tag{6-11}$$

初始条件为 $u_C(0)=U_0$。因此一阶零输入电路可由一阶线性常系数齐次常微分方程来描述。该方程的特征方程为 $RCs+1=0$,特征根为

$$s = -\frac{1}{RC} \tag{6-12}$$

则方程(6-11)的通解为 $u_C(t)=Ke^{st}$。代入初始条件得 $K=U_0$,因此零输入响应电容电压为

$$u_C(t) = U_0 e^{-\frac{t}{RC}} \quad t \geqslant 0 \tag{6-13}$$

时间常数 $\tau = RC$ 具有时间的量纲。由式(6-12)有 $s = -\dfrac{1}{\tau}$,具有频率的量纲,称 s 为 RC 电路的固有频率。固有频率是电路固有性质的体现,与电路中是否存在外部激励及存在何种激励无关。表 6-2 列出了分别经过多个 τ 的整数倍时间,电容电压值 u_C 相对初始值 U_0 的百分比。从表 6-2 可见,经过 4τ 时间,电容电压已衰减为初始值的 1.83%;经过 5τ 时间几乎衰减至零,因此工程上一般认为经过 $t=(4\sim5)\tau$ 时间电容放电完毕,电压已达到稳态值,而且 τ 越小衰减越快,反之越慢。

表 6-2　以时间常数倍数计的各时刻电容电压相对初始值的百分比

t	$\dfrac{u_C}{U_0} \times 100\%$
τ	35.8%
2τ	13.5%
3τ	4.98%
4τ	1.83%
5τ	0.674%
6τ	0.0912%

图 6-10(a)画出了该零输入响应电容电压的波形,是一条从初始值 U_0 开始按照指数规律衰减趋于零的曲线。由电容电压的零输入响应式(6-13),对之求微分可得电流响应

$$i_C(t) = C\frac{du_C(t)}{dt} = -\frac{U_0}{R}e^{-\frac{t}{\tau}} \quad t \geqslant 0_+ \tag{6-14}$$

负号表示电流的实际方向与图示参考方向相反,其波形如图 6-10(b)所示,同样是一条由初始值 $i_C(0_+)=-\dfrac{U_0}{R}$ 按指数规律变化至零的曲线。由于在零输入条件下,电路的响应依赖于动态元件的初始储能,当电路中存在耗能元件时,有限的初始储能总是要被逐渐耗尽的,

因此零输入响应都是随时间按指数规律衰减至零的。对电容电压和电流两个响应量来说，二者间不同的是电容电压在换路瞬间不会跃变，而电容电流在换路瞬间由零跃变到 $-\dfrac{U_0}{R}$。

RC 电路的零输入响应还可以利用前面讨论过的零状态响应直接得到。由于初始电压为 U_0 的电容可以等效为一个电压值为 U_0 的电压源串联一个初始电压为零的电容，则图 6-9 所示的 RC 电路可等效为图 6-11 所示电路。此电路中 $u_1(t)$ 是电压源 U_0 作用下的零状态响应，达到稳态时 $u_1(\infty)=-U_0$，由式(6-7)可得

$$u_1(t)=u_1(\infty)(1-\mathrm{e}^{-\frac{t}{\tau}})=-U_0(1-\mathrm{e}^{-\frac{t}{RC}})\quad t\geqslant 0$$

则所求电容电压为

$$u_\mathrm{C}(t)=u_1(t)+U_0=U_0\mathrm{e}^{-\frac{t}{RC}}\quad t\geqslant 0$$

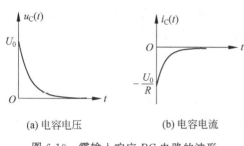

(a) 电容电压　　　　　(b) 电容电流

图 6-10　零输入响应 RC 电路的波形

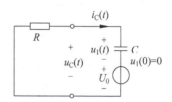

图 6-11　零输入响应 RC 电路的等效电路

3) 响应的能量分析

电容的初始储能为 $W_\mathrm{C}(0)=\dfrac{1}{2}CU_0^2$，由于电容自身并不消耗能量，在电容放电过程中，电容所储存的电场能量逐渐被电阻所吸收并转化为热能消耗掉。在整个放电过程中，电阻消耗的总能量为

$$W_\mathrm{R}=\int_0^\infty i_\mathrm{C}^2(t)R\,\mathrm{d}t=\int_0^\infty \frac{U_0^2}{R}\mathrm{e}^{-\frac{2}{RC}t}\,\mathrm{d}t=\frac{U_0^2}{R}\left(-\frac{RC}{2}\right)\mathrm{e}^{-\frac{2}{RC}t}\,\bigg|_0^\infty=\frac{1}{2}CU_0^2$$

可见 W_R 与 R 的大小无关，它与电容的初始储能相等，即电容的初始储能被耗能元件 R 消耗殆尽。

2. GL 电路的零输入响应

电路如图 6-12 所示，电路接通前电感具有初始电流 I_0，即 $i_\mathrm{L}(0_-)=I_0$，电路在 $t=0$ 时接通。

1) 响应的物理分析

换路后瞬间 $t=0_+$ 时刻，电感电流 $i_\mathrm{L}(0_+)=i_\mathrm{L}(0_-)=I_0$，则电感两端电压

$$u_\mathrm{L}(0_+)=u_\mathrm{G}(0_+)=-\frac{I_0}{G}=L\frac{\mathrm{d}i_\mathrm{L}(t)}{\mathrm{d}t}\bigg|_{t=0_+}$$

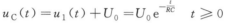

图 6-12　零输入 GL 电路

可见 $\dfrac{\mathrm{d}i_\mathrm{L}(t)}{\mathrm{d}t}$ 为负值，这意味着电感电流开始下降，即电感通过电导 G 放电。随着电感电流 $i_\mathrm{L}(t)$ 的下降，电导电压 $u_\mathrm{G}(t)$ 亦随之下降，即 $u_\mathrm{L}(t)$ 减小，则电感

电流下降速率降低,这说明 $t=0_+$ 时刻电感电流下降率最快。随后电感电流逐渐降低到零,则 $u_G(t)=u_L(t)=L\dfrac{\mathrm{d}i_L(t)}{\mathrm{d}t}\to 0$,表明电感电流几乎不再改变,电感初始所储存的磁场能量已耗尽,放电完毕,达到稳态值,此时的电感相当于短路。

2) 响应的数学分析

对图 6-12 所示电路,由 KVL 可得

$$-\frac{i_L(t)}{G}=L\frac{\mathrm{d}i_L(t)}{\mathrm{d}t}$$

初始条件为 $i_L(0)=I_0$。采用与方程(6-11)类似的特征方程法解得零输入响应电感电流为

$$i_L(t)=I_0\mathrm{e}^{-\frac{t}{GL}}=I_0\mathrm{e}^{-\frac{t}{\tau}} \quad t\geqslant 0 \tag{6-15}$$

时间常数 $\tau=GL$,工程上一般认为经过 $t=(4\sim5)\tau$ 时间电感放电完毕,电流已达到零,而且 τ 越小衰减越快,反之越慢。对式(6-15)求微分可得电感电压响应

$$u_L(t)=L\frac{\mathrm{d}i_L(t)}{\mathrm{d}t}=-\frac{I_0}{G}\mathrm{e}^{-\frac{t}{GL}}=u_L(0_+)\mathrm{e}^{-\frac{t}{\tau}} \quad t\geqslant 0_+ \tag{6-16}$$

电感电流和电感电压的响应波形如图 6-13 所示,均为由换路后瞬间初始值开始按指数规律衰减至零的曲线,不同的是电感电流在换路瞬间不会跃变,而电感电压在换路瞬间由零跃变到 $-\dfrac{I_0}{G}$。

GL 电路的零输入响应同样可以由等效的零状态响应得到。由于初始电流为 I_0 的电感可以等效为一个电流值为 I_0 的电流源并联一个初始电流为零的电感,则图 6-12 所示的 GL 电路可等效为图 6-14 所示电路。此电路中 $i_1(t)$ 是电流源 I_0 作用下的零状态响应,达到稳态时 $i_1(\infty)=-I_0$,由式(6-7)可得

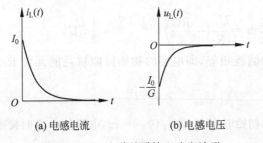

(a) 电感电流　　　　(b) 电感电压

图 6-13　GL 电路的零输入响应波形

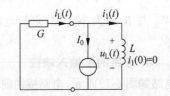

图 6-14　零输入 GL 电路的等效电路

$$i_1(t)=i_1(\infty)(1-\mathrm{e}^{-\frac{t}{\tau}})=-I_0(1-\mathrm{e}^{-\frac{t}{\tau}}) \quad t\geqslant 0$$

则所求电感电流为

$$i_L(t)=i_1(t)+I_0=I_0\mathrm{e}^{-\frac{t}{\tau}} \quad t\geqslant 0$$

3) 响应的能量分析

电感的初始储能为 $W_L(0)=\dfrac{1}{2}LI_0^2$。由于电感自身并不消耗能量,在电感放电过程中,

电感所储存的磁场能量逐渐被电导吸收并转化为热能消耗掉。在整个放电过程中，电导消耗的总能量为

$$W_G = \int_0^\infty \frac{i_L^2(t)}{G} \mathrm{d}t = \int_0^\infty \frac{I_0^2}{G} \mathrm{e}^{-\frac{2}{GL}t} \mathrm{d}t = \frac{I_0^2}{G}\left(-\frac{GL}{2}\right)\mathrm{e}^{-\frac{2}{GL}t}\bigg|_0^\infty = \frac{1}{2}LI_0^2$$

可见 W_G 与 G 的大小无关，它与电感的初始储能相等，即电感的初始储能被耗能元件 G 消耗殆尽。

以上讨论了一阶 RC 电路和 GL 电路的零输入响应，两电路中电容电压或电感电流具有相似的响应形式，都是从初始值开始按指数规律衰减到零，其中描述衰减快慢的时间常数 τ 分别为 RC 和 GL。由式(6-13)～式(6-16)可见，电路中任一电压或电流的零输入响应形式可由初始值和时间常数确定，不必再求解电路的微分方程。电容电压或电感电流的初始值与换路前相同，其他电路变量可由换路后瞬间的等效电路确定。换路后瞬间，电容可用电压源置换，电感可用电流源置换，此时电路可等效为电阻电路，可以很方便地求出所求电路变量的初始值。因此，一阶零输入电路中任何支路的电压或电流的响应具有下列的一般形式：

$$y(t) = y(0_+)\mathrm{e}^{-\frac{t}{\tau}} \quad t \geqslant 0_+ \tag{6-17}$$

其中，$y(t)$ 为任何支路的电压或电流的零输入响应，$y(0_+)$ 为电路换路后瞬间的初始值，τ 为时间常数。

【例 6-4】 电路如图 6-15 所示，开关 K 在 $t=0$ 时打开，开关打开前电路在直流电压源 U_S 作用下已稳定。若已知 $U_S = 220\mathrm{V}, L = 0.1\mathrm{H}, R_1 = 50\mathrm{k}\Omega, R_2 = 5\Omega$，试求开关打开瞬间其两端的电压 $u_K(0_+)$ 以及 $t > 0$ 时 R_1 上的电压。

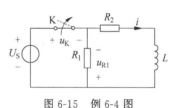

图 6-15 例 6-4 图

解：开关打开前电路已处于稳态，电感相当于短路，$i(0_-) = \dfrac{U_S}{R_2}$，开关打开后，由换路定律有 $i(0_+) = i(0_-)$，$u_{R1}(0_+) = i(0_+)R_1 = \dfrac{U_S}{R_2}R_1$，因此由 KVL 有

$$u_K(0_+) = U_S + u_{R1}(0_+) = U_S + \frac{U_S}{R_2}R_1 \approx 2.2 \times 10^6 (\mathrm{V})$$

开关打开后 L, R_1 和 R_2 构成零输入 GL 电路，时间常数 $\tau = GL = \dfrac{L}{R_1 + R_2} \approx 2 \times 10^{-6}\mathrm{s}$，由式(6-17)得

$$u_{R1}(t) = u_{R1}(0_+)\mathrm{e}^{-\frac{t}{\tau}} \approx 2.2 \times 10^6 \mathrm{e}^{-5 \times 10^5 t} (\mathrm{V}) \quad t > 0$$

对 $u_{R1}(t)$ 亦可采用经典方法求解，开关打开后，根据 KVL，图 6-15 所示电路方程

$$L\frac{\mathrm{d}i(t)}{\mathrm{d}t} + (R_1 + R_2)i(t) = 0$$

初始条件为 $i(0_+) = \dfrac{U_S}{R_2}$，可解得

$$i(t) = \frac{U_S}{R_2} e^{-\frac{(R_1+R_2)t}{L}} \quad t \geqslant 0$$

则

$$u_{R1}(t) = i(t)R_1 = R_1 \frac{U_S}{R_2} e^{-\frac{(R_1+R_2)t}{L}} \approx 2.2 \times 10^6 e^{-5 \times 10^5 t} \text{ (V)} \quad t > 0$$

由例 6-4 结果可知,在开关 K 打开的瞬间,由于电感电流不能跃变,在电阻 R_1 以及开关 K 的两端会产生一个很高的电压,开关 K 或电阻 R_1 有可能损坏。因此在切断感性负载电流时,必须考虑电感内磁场能量的释放问题,以防设备因承受过高电压而损坏。例如可先在开关上并联一个阻值较小的电阻,等开关断开片刻再移除该并联电阻。

6.2.4　三要素法

由 6.2.1 节可知,线性一阶动态电路的全响应可由零状态响应和零输入响应叠加得到。假设线性一阶动态电路在 $t=0$ 时换路,由 6.2.2 节知状态变量(电容电压或电感电流)的零状态响应具有下列的一般形式

$$y'(t) = y(\infty)(1 - e^{-\frac{t}{\tau}}) \quad t \geqslant 0$$

其中,$y(\infty)$ 为 $t \to +\infty$ 时的稳态值,τ 为时间常数。由 6.2.3 节知任何支路的电压或电流的零输入响应具有下列的一般形式

$$y''(t) = y(0_+) e^{-\frac{t}{\tau}} \quad t \geqslant 0_+$$

其中,$y(0_+)$ 为电路换路后瞬间所求支路的电压或电流的初始值,τ 为时间常数。由叠加原理知线性一阶动态电路中状态变量的全响应可写为

$$y(t) = y'(t) + y''(t) = y(\infty)(1 - e^{-\frac{t}{\tau}}) + y(0_+) e^{-\frac{t}{\tau}}$$

$$= y(\infty) + [y(0_+) - y(\infty)] e^{-\frac{t}{\tau}} \quad t \geqslant 0 \tag{6-18}$$

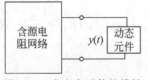

图 6-16　含电容元件的线性一阶动态电路

下面推导直流激励作用下线性一阶动态电路中任意支路电压或电流的全响应。设电路如图 6-16 所示,假设含源电阻网络含有 N 个独立源 $S_i(i=1,2,\cdots,N)$,并假设动态元件的全响应(电容电压或电感电流)已按式(6-18)求出,即动态元件支路可用值为 $y(t)$ 的独立源置换,则电路中任意支路的电压或电流 $x(t)$ 可表示为

$$x(t) = H_0 y(t) + X = H_0 \left[y(\infty) + [y(0_+) - y(\infty)] e^{-\frac{t}{\tau}} \right] + X$$

$$= H_0 y(\infty) + X + [H_0 y(0_+) + X - H_0 y(\infty) - X] e^{-\frac{t}{\tau}}$$

其中,X 为含源电阻网络中所有独立源一起单独作用时在所求支路产生的响应,由于此时电路无动态元件,所以响应 X 不随时间变化;H_0 为动态元件置换成的独立源 $y(t)$ 单独作用时所求支路响应相对于独立源 $y(t)$ 的网络函数。

由叠加原理知 $x(\infty) = H_0 y(\infty) + X$,$x(0_+) = H_0 y(0_+) + X$,则

$$x(t) = x(\infty) + [x(0_+) - x(\infty)] e^{-\frac{t}{\tau}} \quad t \geqslant 0_+ \tag{6-19}$$

可见直流激励作用下线性一阶动态电路中,任意支路的电压或电流 $x(t)$ 的全响应解析式可由式(6-19)直接写出,它由以下三个要素确定。

(1) $x(0_+)$:所求电路变量换路后瞬间的初始值。

(2) $x(\infty)$:所求电路变量 $t \to +\infty$ 时的稳态值。

(3) τ:电路的时间常数。

根据式(6-19)直接写出一阶电路中任意支路的电压或电流的方法,称为三要素法。三要素法是一种求解直流激励作用下一阶电路的简便方法,可用来求解任意支路的零状态响应、零输入响应和全响应,无须列写和求解微分方程,将暂态电路分析转换成直流电阻电路的计算问题。三要素法可按下列步骤进行。

(1) 计算初始值 $x(0_+)$:首先确定动态元件换路前的初始状态,为此需画出 $t=0_-$ 时的等效电路(用开路置换电容或用短路置换电感),求出 $u_C(0_-)$ 或 $i_L(0_-)$,则 $u_C(0_+)=u_C(0_-)$ 或 $i_L(0_+)=i_L(0_-)$;然后画出 $t=0_+$ 时的等效电路,即电容用电压值等于 $u_C(0_+)$ 的电压源置换,电感用电流值等于 $i_L(0_+)$ 的电流源置换,所得电路为一直流电阻电路,由此电路可求得任一支路的待求电压或电流的初始值 $x(0_+)$。

(2) 计算稳态值 $x(\infty)$:对换路后电路,用开路置换电容或用短路置换电感,所得电路为一直流电阻电路,由此电路可求得待求电压或电流 $t \to +\infty$ 时的稳态值 $x(\infty)$。

(3) 计算时间常数 τ:先求换路后动态元件两端连接的含源电阻网络的戴维南等效电阻 R_0,即从动态元件两端看进去的戴维南等效电阻,则时间常数 $\tau = R_0 C$(对 RC 电路)或 $\tau = \dfrac{L}{R_0}$(对 GL 电路)。

(4) 将已确定的三要素代入式(6-19)即得所求电路变量的响应表达式。

观察式(6-19)可知,全响应 $x(t)$ 由两部分构成,第一项 $x(\infty)$ 为稳态值,是外施直流源强制作用的结果,通常称这一项为 $x(t)$ 的稳态响应分量或强制响应分量;第二项为 $x(t)$ 的瞬态响应分量或固有响应分量或自由响应分量,是电路换路后由于动态元件储能性质使电路从初始稳态按指数规律逐渐变化到新稳态的过渡过程。瞬态过程一般从换路时刻开始持续 $(4 \sim 5)\tau$,随后即进入新稳态阶段。

三要素法是求解直流激励作用下线性一阶电路简便有效的工具,便于工程上迅速做出估计和运算。

【例 6-5】 电路如图 6-17(a)所示,开关在 $t=0$ 时闭合,求 $i(t)$ $(t>0)$。

解: 利用三要素法直接求 $i(t)$。

(1) 计算初始值。首先画出 $t=0_-$ 时的等效电路,如图 6-17(b)所示,则有

$$i_L(0_-) = 10 \times \frac{0.5}{4.5 + 0.5} = 1(\text{mA})$$

由电感元件初始值 1mA 可画出 $t=0_+$ 时的等效电路,如图 6-17(c)所示,图中右侧 10mA 电流源并联 0.5kΩ 电阻可等效变换为 5V 电压源串联 0.5kΩ 电阻,继而 0.5kΩ 电阻与 4.5kΩ 电阻串联等效为 5kΩ 电阻,接着 5kΩ 电阻串联 5V 电压源可等效为电流方向自下向上的 1mA 电流源并联 5kΩ 电阻,再与电流方向自上向下的 1mA 电流源并联可等效为 5kΩ 电阻(两个电流方向相反的 1mA 电流源互相抵消),因此

$$i(0_+) = \frac{10}{1+5} = \frac{5}{3}(\text{mA})$$

（2）计算稳态值。画出 $t \to \infty$ 时的等效电路，如图 6-17(d)所示，右侧电路被短路，易得

$$i(\infty) = \frac{10}{1} = 10(\text{mA})$$

（3）计算时间常数。开关闭合后从电感元件两端看进去的戴维南等效电阻为

$$R_0 = 1 /\!/ (0.5 + 4.5) = \frac{5}{6}(\text{k}\Omega)$$

则时间常数 $\tau = \dfrac{L}{R_0} = 1.2 \times 10^{-3}$ s。

三个要素均已求出，则由式(6-19)得

$$i(t) = i(\infty) + [i(0_+) - i(\infty)]e^{-\frac{t}{\tau}} = 10 - \frac{25}{3}e^{-\frac{5}{6} \times 10^3 t}(\text{mA}) \quad t \geqslant 0_+$$

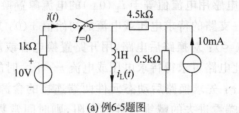

(a) 例6-5题图

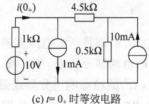

(b) $t=0_-$ 时等效电路

(c) $t=0_+$ 时等效电路

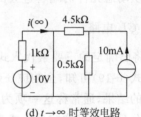

(d) $t \to \infty$ 时等效电路

图 6-17　例 6-5 题图和图解

6.2.5　一阶电路的应用

一阶电路中存在储能元件，状态的转变通常不可能在瞬间完成，需要一段时间历程。正是这种特性，使得一阶电路在实际中有广泛的应用。例如，一阶电路可构成低通滤波器、高通滤波器、积分器、微分器、延时器、钳位器、避雷器、日光灯、闪光灯电路等。

1. 闪光灯

闪光灯能在很短时间内发出很强的光线，又称高速闪光灯，多用于光线较暗场合的瞬间照明，如照相机的闪光灯。其基本原理是利用 RC 电路提供瞬间大电流脉冲，使闪光管瞬间

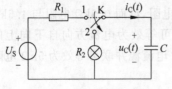

图 6-18　闪光灯原理图

闪光。图 6-18 给出了最简单的闪光灯的原理图，其中 R_2 表示闪光管。

当开关 K 置于 1 端时，直流电压源 U_S 以 $\tau_1 = R_1 C$ 给电容 C 充电，u_C 从 0 上升到 U_S。当开关置于 2 端瞬间，电容电压不会跃变，此时电容放电电流最大，可达到 $i_C =$

$-\dfrac{U_{\mathrm{S}}}{R_2}$，随后电容以 $\tau_2 = R_2 C$ 快速放电。例如，设 $U_{\mathrm{S}}=80\mathrm{V}$，$R_1 = 2\mathrm{k\Omega}$，$R_2 = 4\mathrm{\Omega}$，$C = 2\mathrm{mF}$，则开关 K 置于 1 端时，电容经过 $5\tau_1 = 20\mathrm{s}$ 充电完毕；开关 K 置于 2 端时，放电电流峰值可达到

$$i_{\mathrm{C}} = -\frac{U_{\mathrm{S}}}{R_2} = -20(\mathrm{A})$$

经过 $5\tau_2 = R_2 C = 40\mathrm{ms}$ 放电完毕，因此电容放电时能提供峰值达到 20A 的瞬间大电流脉冲，如此大的电流脉冲能使闪光管 R_2 瞬间发出强光。这种简单的 RC 电路可提供瞬间大电流脉冲，还可应用于电子点焊、雷达发射管等场合。

2. 日光灯

日光灯最基本的组成其实是 RL 电路，其电路示意图如图 6-19 所示。其中镇流器是绕在铁芯上的线圈，相当于电阻 R 和电感 L 的串联，电感量很大。灯管启动时需要一个高电压，这个高电压是由镇流器的 RL 电路提供的，由启辉器控制。灯管正常工作时镇流器起到降压限流的作用。当开关 K 闭合后，启辉器的氖泡内氖气辉光放电，使氖泡内的双金属片受热伸展接触进而接通电路，即图 6-19 所示最外圈回路（此时灯管未接通）。双金属片接通会使氖气辉光放电停止，导致双金属片冷却收缩断开电

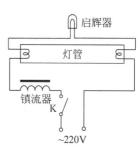

图 6-19　日光灯电路组成示意图

路，在断开的瞬间，镇流器 L 中的电流急剧减小，即 $u_{\mathrm{L}} = L\dfrac{\mathrm{d}i}{\mathrm{d}t}$ 很大，从而产生很高的脉冲电压，高电压使灯管内水银蒸气弧光放电辐射出紫外线照射到灯管内壁上的荧光粉发出白光，同时灯管内气体导电形成回路，灯管进入工作状态。设镇流器电感 $L = 0.8\mathrm{H}$，启辉器接通时电路中电流为 1A，若启辉器用 1ms 断开电路，则镇流器产生的瞬间高电压为

$$u_{\mathrm{L}} = L\frac{\mathrm{d}i}{\mathrm{d}t} \approx 0.8 \times \frac{1}{1 \times 10^{-3}} = 800(\mathrm{V})$$

与电源电压叠加足以启动灯管。这种简单的 RL 电路可提供瞬间高电压，也是汽车点火系统的基本原理所在。

6.3　二阶动态电路

含两个独立的动态元件的电路可用二阶常微分方程来描述，称为二阶电路。这两个独立的动态元件可能是一个电容和一个电感，或两个不可合并的电容，或两个不可合并的电感。与一阶电路只含一个独立的储能元件相比，二阶电路中的储能可在两个独立储能元件之间交换，因此其电路响应可能会出现振荡现象。同时，电路中的电阻会影响响应过程的性质和快慢。本节首先详细地分析 RLC 串联电路的不同响应形式，由于 GCL 并联电路的性质可由 RLC 串联电路对偶得到，因此对 GCL 并联电路仅做简略分析，最后举例说明二阶电路在实际中的应用。

6.3.1 *RLC* 串联电路

设直流激励作用下含有电感串联电容的二阶电路如图 6-20(a)所示,利用戴维南定理可等效为如图 6-20(b)所示的典型的 *RLC* 串联电路。

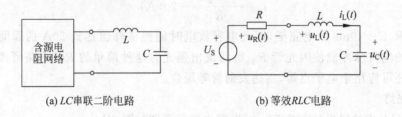

(a) *LC*串联二阶电路　　　　　　　　(b) 等效*RLC*电路

图 6-20　*RLC* 串联电路

对图 6-20(b)所示的 *RLC* 串联电路,根据 KVL 可得

$$u_L(t) + u_R(t) + u_C(t) = U_S$$

若以 $u_C(t)$ 作为待求解电路变量,则

$$u_R(t) = i_L(t)R = RC\frac{du_C(t)}{dt}, \quad u_L(t) = L\frac{di_L(t)}{dt} = LC\frac{d^2u_C(t)}{dt^2}$$

可得二阶微分方程

$$LC\frac{d^2u_C(t)}{dt^2} + RC\frac{du_C(t)}{dt} + u_C(t) = U_S \qquad (6\text{-}20)$$

与一阶电路类似,二阶电路的全响应也可由零输入响应和零状态响应叠加得到,其中零输入响应为电路方程(6-20)右端 $U_S = 0$ 的解,零状态响应为电路方程(6-20)在零初始条件即 $u_C(0) = 0$ 和 $i_L(0) = 0$ 下的解。下面分别讨论。

1. *RLC* 串联电路的零输入响应

令式(6-20)右端 $U_S = 0$ 即得到 *RLC* 串联电路的零输入电路方程

$$LC\frac{d^2u_C(t)}{dt^2} + RC\frac{du_C(t)}{dt} + u_C(t) = 0 \qquad (6\text{-}21)$$

根据二阶常微分方程的经典解法,其特征方程为

$$LCs^2 + RCs + 1 = 0 \qquad (6\text{-}22)$$

特征根为

$$s_{1,2} = -\frac{R}{2L} \pm \sqrt{\left(\frac{R}{2L}\right)^2 - \frac{1}{LC}}$$

特征根又称固有频率,由电路中 R、L、C 这三个基本电路元件的参数确定。由于特征方程对应零输入电路,而零输入电路充分体现了没有外部激励干预的自由状态下电路的表现,反映了电路的固有性质。

当特征方程(6-22)的根的判别式 $R^2C^2 - 4LC = 0$ 时,满足 $R = 2\sqrt{\dfrac{L}{C}}$,这里 $2\sqrt{\dfrac{L}{C}}$ 具有

电阻的量纲,称为 RLC 串联电路的阻尼电阻,记为 R_d,即 $R_d \triangleq 2\sqrt{\dfrac{L}{C}}$。当 RLC 串联电路中 R 大于、等于、小于阻尼电阻 R_d 时,分别称电路处于过阻尼、临界阻尼、欠阻尼状态,另外还有一种 $R=0$ 的特殊情况,称为无阻尼状态。根据二阶微分方程理论,对应于上述 4 种不同的阻尼状态,零输入电路方程(6-21)有不同的通解形式,响应波形也不同,反映了电路的不同性质。表 6-3 列出了这 4 种不同的阻尼状态下各自对应的特征根、通解和电路响应性质。

表 6-3 RLC 串联电路的 4 种零输入响应

阻尼状态	特 征 根	$u_C(t)$ 的通解形式	响 应 性 质
无阻尼($R=0$)	一对共轭虚数,$s_1,s_2=\pm j\omega_0$	$K_1\cos\omega_0 t+K_2\sin\omega_0 t$	等幅振荡
欠阻尼($R<R_d$)	一对共轭复数,$s_1,s_2=-\alpha\pm j\omega_d$	$e^{-\alpha t}(K_1\cos\omega_d t+K_2\sin\omega_d t)$	振荡性衰减
临界阻尼($R=R_d$)	相等负实根,$s_1,s_2=-\alpha$	$(K_1+K_2 t)e^{-\alpha t}$	非振荡性衰减
过阻尼($R>R_d$)	不相等负实根,$s_1=-\alpha_1,s_2=-\alpha_2$	$K_1 e^{-\alpha_1 t}+K_2 e^{-\alpha_2 t}$	非振荡性衰减

下面结合例题分析不同阻尼状态的响应形式及特点。

【例 6-6】 电路如图 6-21 所示,电路在 $t=0$ 时接通,已知 $i_L(0)=1\text{A},u_C(0)=2\text{V},C=0.25\text{F},R=3\Omega,L=0.5\text{H}$,求 $t\geq 0$ 时的 $u_C(t)$ 和 $i_L(t)$。

分析:根据题中参数可计算电路的阻尼电阻 $R_d=2\sqrt{\dfrac{L}{C}}=2\sqrt{2}\,\Omega<R$,因此根据表 6-3 可知电路处于过阻尼状态。

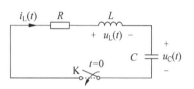

图 6-21 零输入 RLC 串联电路

解:根据 KVL 列电路方程为

$$\frac{d^2 u_C(t)}{dt^2}+6\frac{du_C(t)}{dt}+8u_C(t)=0$$

由相应的特征方程得特征根为 $s_1=-2,s_2=-4$。得方程的通解为

$$u_C(t)=K_1 e^{-2t}+K_2 e^{-4t}$$

代入初始条件有

$$\begin{cases} u_C(0)=K_1+K_2=2 \\ \left.\dfrac{du_C}{dt}\right|_{t=0}=\dfrac{i_L(0)}{C}=-2K_1-4K_2=4 \end{cases}$$

得 $K_1=6,K_2=-4$。所以

$$u_C(t)=6e^{-2t}-4e^{-4t}\ (\text{V}) \quad t\geq 0$$

$$i_L(t)=i_C(t)=C\frac{du_C(t)}{dt}=-3e^{-2t}+4e^{-4t}\ (\text{A}) \quad t\geq 0$$

图 6-22 分别显示了 $u_C(t)$ 和 $i_L(t)$ 的响应波形,响应过程中能量交换的情况如表 6-4 所示。

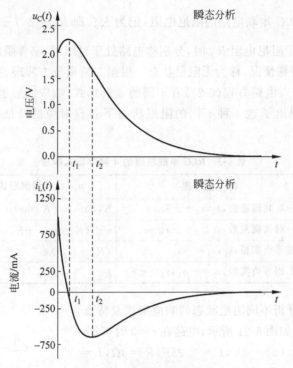

图 6-22   过阻尼响应波形

表 6-4   过阻尼状态储能和能量交换情况

元　件	$t=0$	$0<t\leqslant t_1$	$t_1<t\leqslant t_2$	$t>t_2$	$t\to\infty$
电容	$W_C=0.5J$	吸收	释放	释放	$W_C=0$
电感	$W_L=0.25J$	释放	吸收	释放	$W_L=0$
电阻	—	消耗	消耗	消耗	—

　　在图 6-21 所示电路中,由于换路前初始值 $i_L(0)=1A$,$u_C(0)=2V$,表明电路中标明的电感电流方向和电容电压方向均为真实方向。换路后瞬间这两个状态变量不能跃变,因此电路接通时电流仍保持原来方向,电流方向与电容电压方向是关联的,因此电感作为电路的激励开始给电容充电,电容吸收磁场能量转换成电场能量储存起来,电感由于释放能量使电流逐渐减小,当电流减小到零时,即图中 t_1 时刻,电感中储存的磁场能量释放完毕,其中一部分转换成电容的电场能量使电容电压达到峰值,另一部分被电阻消耗掉;t_1 时刻之后,电容作为电路的激励放电,电流方向与图示 $i_L(t)$ 方向相反,电容给电感反向充电,反向电流逐渐增大,电感储存的磁场能量逐渐增加,当反向电流达到峰值时,电感电压由负值经零转为正值,即图中 t_2 时刻,之后电感电流逐渐减小,并且与其两端电压的真实方向变为非关联方向,表明电感开始释放能量,同时电容电压继续下降,表明其仍在释放能量,并且电感电流和电容电压都没有再增大,这是由于电阻较大,耗能快;最后电容电压和电感电流均逐渐衰减至零,电路的初始储能消耗殆尽,电路暂态过程结束。

　　在过阻尼状态电路中,电阻较大,动态元件的初始储能大部分被电阻所消耗,电感和电容都只有至多一次充电过程,不可能出现反复充电的现象,储能不会在电场与磁场间往返转移,即不会出现振荡现象。

【例 6-7】 电路如图 6-21 所示,电路在 $t=0$ 时接通,已知 $u_C(0)=1\text{V},i_L(0)=1\text{A},R=1\Omega,L=1\text{H},C=10\text{mF}$,求 $t\geqslant 0$ 时的 $u_C(t)$ 和 $i_L(t)$。

分析:根据题中参数可得电路的阻尼电阻 $R_d=2\sqrt{\dfrac{L}{C}}=20\Omega$,此值大于 R,因此电路处于欠阻尼状态。

解:电路方程为

$$\frac{\mathrm{d}^2 u_C(t)}{\mathrm{d}t^2}+\frac{\mathrm{d}u_C(t)}{\mathrm{d}t}+10^2 u_C(t)=0$$

特征根为 $s_{1,2}=-\dfrac{1}{2}\pm 10\mathrm{j}$。方程的通解为

$$u_C(t)=\mathrm{e}^{-\frac{t}{2}}[K_1\cos(10t)+K_2\sin(10t)]$$

代入初始条件得

$$u_C(t)=\mathrm{e}^{-\frac{t}{2}}[\cos(10t)+10.05\sin(10t)]\,(\text{V})\quad t\geqslant 0$$

微分得

$$i_L(t)=i_C(t)=C\frac{\mathrm{d}u_C(t)}{\mathrm{d}t}=\mathrm{e}^{-\frac{t}{2}}[\cos 10t-0.15\sin 10t]\,(\text{A})\quad t>0$$

图 6-23 分别显示了 $u_C(t)$ 和 $i_L(t)$ 的响应波形,它们均为振幅按指数 $\mathrm{e}^{-\frac{t}{2}}$ 衰减、角频率为 10rad/s 的正弦函数。在响应过程中,由于电阻 R 较小,耗能慢,电容释放出的电场能量除少量被电阻消耗外,大部分转换为电感的磁场能量;另一方面,电感释放的磁场能量除少量被电阻消耗外,大部分又转换为电场能量,如此循环往复,因此 $u_C(t)$ 和 $i_L(t)$ 周期性地改变方向,周期性地交换能量,形成振荡。在振荡过程中,由于电阻一直在消耗能量,因此响应都呈现出衰减振荡的状态,直至衰减为零。

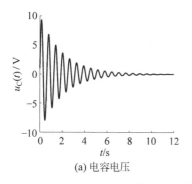

(a) 电容电压

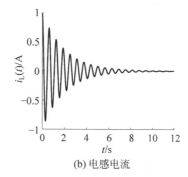

(b) 电感电流

图 6-23　欠阻尼响应波形

欠阻尼状态电路响应表现为衰减振荡的形式,其中衰减是由于电阻 R 不断地消耗能量,振荡是由于电容和电感两个动态元件在循环往复地交换能量。如果电路中无损耗,即电阻 $R=0$,则电路将仅呈现出按正弦规律振荡而无衰减的特性,即为等幅振荡,称为无阻尼状态。由于理想的无阻尼电路无损耗,储能将永远不会消失,等幅振荡将一直维持下去,无穷

无尽。

过阻尼状态电路由于电阻较大使电路呈现出非振荡衰减的特性,而欠阻尼状态电路由于电阻较小使电路呈现出衰减振荡的特性,可以想象,当电阻选取适当时,在两种阻尼状态之间会存在一个振荡与不振荡的分界线,即为临界阻尼状态。此时电路中电阻 $R=R_d$,若再减小电阻 R,则响应为振荡性的;若再增大 R,则响应为非振荡性的。临界阻尼状态的响应仍然是非振荡性衰减形式,响应波形与图 6-22 相似,但临界阻尼状态具有比过阻尼状态更快的衰减速度。

综上所述,RLC 串联电路的零输入响应形式与电路方程的特征根有关,而特征根取决于电路结构和参数,与激励和初始状态无关。与一阶电路类似,特征根也称为电路的固有频率。固有频率的性质决定了响应的性质。固有频率的实部表征响应幅度按指数规律衰减的快慢,固有频率的虚部表征响应振荡的快慢。固有频率可以是实数、复数或纯虚数,相应的电路响应分别为非振荡衰减过程、衰减振荡过程或等幅振荡过程。

2. RLC 串联电路的零状态响应和全响应

若已知图 6-20(b)所示电路中,电感和电容初始状态均为零,即 $u_C(0)=0$,$i_L(0)=0$,则电路的响应为由外部独立源引起的零状态响应。由于零状态响应可看作具有一定初始储能的零输入响应,因此 RLC 串联电路的零状态响应形式和性质与前面讨论的零输入响应相类似,这里不再赘述。全响应可由零输入响应和零状态响应叠加得到。

【例 6-8】 电路如图 6-20(b)所示,已知 $U_S=\varepsilon(t)$,$u_C(0)=1V$,$i_L(0)=1A$,$R=1\Omega$,$L=1H$,$C=1F$,求电容电压的单位阶跃响应和全响应。

分析:单位阶跃响应指的是单位阶跃输入 $\varepsilon(t)$ 情况下电路的零状态响应。本例求出单位阶跃响应后,按例 6-7 步骤可得零输入响应,二者叠加即得全响应。

解:单位阶跃输入作用后,电路方程为

$$\frac{d^2 u_C(t)}{dt^2} + \frac{du_C(t)}{dt} + u_C(t) = 1 \tag{6-23}$$

方程(6-23)的齐次通解为

$$u_{Ch}(t) = e^{-\frac{t}{2}}\left[K_1\cos\left(\frac{\sqrt{3}}{2}t\right) + K_2\sin\left(\frac{\sqrt{3}}{2}t\right)\right] \tag{6-24}$$

特解为 $u_{Cp}(t)=1$。因此方程(6-23)的通解为

$$u_C(t) = e^{-\frac{t}{2}}\left[K_1\cos\left(\frac{\sqrt{3}}{2}t\right) + K_2\sin\left(\frac{\sqrt{3}}{2}t\right)\right] + 1 \tag{6-25}$$

为了求单位阶跃响应,将零初始条件代入通解(6-25)中,有

$$\begin{cases} K_1 + 1 = 0 \\ \dfrac{\sqrt{3}}{2}K_2 - \dfrac{1}{2}K_1 = 0 \end{cases}$$

得 $K_1 = -1$,$K_2 = -\dfrac{1}{\sqrt{3}}$。所以单位阶跃响应 $u'_C(t)$ 为

$$u'_C(t) = \varepsilon(t)\left\{1 - e^{-\frac{t}{2}}\left[\cos\left(\frac{\sqrt{3}}{2}t\right) + \frac{1}{\sqrt{3}}\sin\left(\frac{\sqrt{3}}{2}t\right)\right]\right\} = \varepsilon(t)\left[1 - \frac{2}{\sqrt{3}}e^{-\frac{t}{2}}\cos\left(\frac{\sqrt{3}}{2}t - \frac{\pi}{6}\right)\right] \text{(V)}$$

为了求零输入响应,将初始条件 $u_C(0)=1\text{V}$ 和 $i_L(0)=1\text{A}$ 代入齐次通解(6-24)中,得到零输入响应 $u''_C(t)$ 为

$$u''_C(t)=2\varepsilon(t)\mathrm{e}^{-\frac{t}{2}}\cos\left(\frac{\sqrt{3}}{2}t-\frac{\pi}{3}\right)(\text{V})$$

因此全响应为

$$u_C(t)=u'_C(t)+u''_C(t)=\varepsilon(t)\left[1-\frac{2}{\sqrt{3}}\mathrm{e}^{-\frac{t}{2}}\cos\left(\frac{\sqrt{3}}{2}t-\frac{\pi}{6}\right)\right]+2\varepsilon(t)\mathrm{e}^{-\frac{t}{2}}\cos\left(\frac{\sqrt{3}}{2}t-\frac{\pi}{3}\right)(\text{V})$$

全响应亦可将初始条件 $u_C(0)=1\text{V}$ 和 $i_L(0)=1\text{A}$ 代入通解(6-25)后直接计算得到。

6.3.2　GCL 并联电路

设直流激励作用下含有电感和电容的二阶电路如图 6-24(a)所示,利用诺顿定理可等效为如图 6-24(b)所示的典型的 GCL 并联电路。

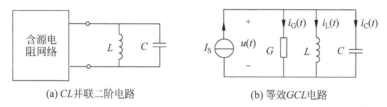

(a) CL并联二阶电路　　　　　　　(b) 等效GCL电路

图 6-24　GCL 并联电路

对图 6-24(b)所示的 GCL 并联电路,根据 KCL 可得

$$i_G(t)+i_L(t)+i_C(t)=I_S$$

以 $i_L(t)$ 作为待求解电路变量,代入各元件 VCR 得二阶微分方程

$$LC\frac{\mathrm{d}^2i_L(t)}{\mathrm{d}t^2}+GL\frac{\mathrm{d}i_L(t)}{\mathrm{d}t}+i_L(t)=I_S \tag{6-26}$$

由于 GCL 并联电路与 RLC 串联电路是对偶的,因此式(6-26)与式(6-20)也是对偶的。根据对偶规则可直接得 GCL 并联电路阻尼电导

$$G_d=2\sqrt{\frac{C}{L}} \tag{6-27}$$

令式(6-26)的根的判别式等于零亦可得到式(6-27)。

同 RLC 串联电路类似,当 GCL 并联电路中 G 大于、等于、小于阻尼电导 G_d 时,电路将分别呈现出过阻尼(非振荡衰减)、临界阻尼(非振荡衰减)、欠阻尼状态(衰减振荡),若 $G=0$ 则电路为无阻尼状态(等幅振荡)。GCL 并联电路的零输入响应具有与表 6-3 中所列相类似的通解、波形和电路性质。同样,GCL 并联电路的零输入响应叠加零状态响应即可得到电路的全响应。

【例 6-9】　电路如图 6-25(a)所示,在 $t=0$ 时开关 K 由 1 换向 2,开关换路前电路已达稳态,其中 $R=25\Omega,L=100\text{mH},C=40\mu\text{F}$,试求 $i(t),t\geqslant0$。

解:开关置于 1 时电路已达稳态,可得初始条件

$$i(0_-)=\frac{15}{25}=0.6(\text{A})=i(0), \quad u_C(0_-)=0=u_C(0) \tag{6-28}$$

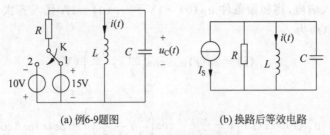

(a) 例6-9题图　　　　　　(b) 换路后等效电路

图 6-25　例 6-9 题图和图解

开关置于 2 时通过电源的等效变换电路可等效为图 6-25(b)，其中

$$I_S = \frac{10}{25} = 0.4(A)，\quad R = 25\Omega$$

则电路方程为

$$4 \times 10^{-6} \frac{d^2 i(t)}{dt^2} + 4 \times 10^{-3} \frac{di(t)}{dt} + i(t) = -0.4 \qquad (6-29)$$

特征根为 $s_{1,2} = -500$，属临界阻尼状态，齐次通解为 $i_h(t) = (K_1 + K_2 t) e^{-500t}$。特解为 $i_p(t) = -0.4A$。因此可设电路方程(6-29)的通解为

$$i(t) = i_h(t) + i_p(t) = (K_1 + K_2 t) e^{-500t} - 0.4$$

代入初始条件(6-28)得 $i(0) = K_1 - 0.4 = 0.6$。

$$\left. \frac{di(t)}{dt} \right|_{t=0} = \frac{u_C(0)}{L} = K_2 - 500K_1 = 0$$

可得 $K_1 = 1, K_2 = 500$。因此

$$i(t) = [(1 + 500t) e^{-500t} - 0.4] (A) \quad t \geqslant 0$$

6.3.3　二阶电路的应用

二阶电路常用于控制和通信电路，如振荡器、滤波器、调谐器、汽车点火系统、电磁炮、电火花加工器等。

1. 电火花加工器

电火花加工器是电加工行业中应用最广泛的一种加工方法。它通过工作电极和金属工件之间不断产生脉冲性的火花放电，产生局部瞬时高温，使工件局部熔化，从而对工件进行加工。电火花加工器的原理电路如图 6-26 所示。若 $u_C(0_-) = 0, i(0_-) = 0$，开关在 $t = 0$ 时闭合，电容被充电，当电容电压达到工作电极和金属工件间隙的击穿电压时，间隙处即产生电火花，使电极和工件间导通，电容通过间隙瞬间放电，形成瞬时大电流，使工件温度瞬时升高，一般可达 10^4℃，足以使工件局部熔化。电容瞬间放电后，电容电压很快降到接近于零，电极和工件之间迅速恢复断开，然后电源再次对电容充电，重复上述过程，直至加工结束，开关断开。

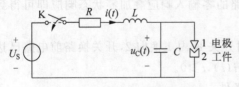

图 6-26　电火花加工器原理电路

【例 6-10】 设 $U_S = 300\text{V}, R = 50\Omega, L = 0.06\text{H}, C = 1\mu\text{F}$, 若假定电容电压达到的最大值即为电极和工件的间隙击穿电压, 并假设电容放电在瞬间完成, 计算电火花加工器的加工频率及电容的最高充电电压。

解: 电容充电时电路方程为

$$0.06 \times 10^{-6}\frac{\mathrm{d}^2 u_C(t)}{\mathrm{d}t^2} + 50 \times 10^{-6}\frac{\mathrm{d}u_C(t)}{\mathrm{d}t} + u_C(t) = 300$$

特征根为共轭复根 $s_{1,2} \approx -417 \pm \mathrm{j}4061$。可设通解为

$$u_C(t) = \mathrm{e}^{-417t}\left[K_1\cos(4061t) + K_2\sin(4061t)\right] + 300$$

代入零初始条件得 $K_1 = -300, K_2 \approx -31$, 因此电容电压为

$$u_C(t) = \mathrm{e}^{-417t}\left[-300\cos(4061t) - 31\sin(4061t)\right] + 300(\text{V}) \qquad t \geqslant 0$$

为求 $u_C(t)$ 的最大值, 可令 $\dfrac{\mathrm{d}u_C(t)}{\mathrm{d}t} = 302\mathrm{e}^{-417t}\sin(4061t) =$

0, 因此 $u_C(t)$ 在 $t_1 = \dfrac{\pi}{4061} \approx 77.4(\text{ms})$ 时第一次达到峰

值 $u_C(t_1) = 300(1 + \mathrm{e}^{-417 \times 77.4 \times 10^{-3}}) \approx 516(\text{V})$。最大

值 516V 高于电源电压 300V, 这个最大值通常又称为 "上冲"。由于假定电容电压达到峰值(即达到间隙击穿电压)后瞬间完成放电, 电容电压归零, 将再度被电源充

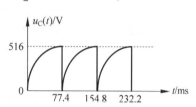

图 6-27 电火花加工器电容 电压波形图

电, 再经历 77.4ms 后再次放电, 因此电容电压的波形如图 6-27 所示, 则其加工频率为

$$f = \frac{1}{T} = \frac{1}{77.4 \times 10^{-3}} \approx 13(\text{Hz})$$

适当调节 R、L、C 的参数值即可根据加工需要调节加工频率及电容的最高充电电压。

2. 汽车点火电路

汽车一般使用 12V 的蓄电池, 但火花塞需要上千伏的高电压才能产生电火花从而点燃气缸中的油气混合物。如何由 12V 的汽车电池产生上千伏电压? 其基本原理就是利用 RLC 串联电路的暂态响应。图 6-28 给出了汽车点火电路的原理图。

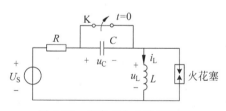

图 6-28 汽车点火电路原理图

开关 K 闭合时, 电容被短路, 电流 i_L 逐渐增加, 经过约 $5\tau = \dfrac{5L}{R}$ 时间电路达到稳态, 电感(火花线圈)电流 $i_L = \dfrac{U_S}{R}$。当开关打开时构成二阶电路, 采用与例 6-10 类似的分析方法, 在电感两端会产生一个高于电源电压很多的 "上冲" 电压, 再经变压器升压至足以使火花塞击穿间隙产生电火花的高电压, 从而点燃油气混合物。电路中电容起到保护开关 K 不会因承受高电压而损坏的作用。

【例 6-11】 设 $U_S = 12\text{V}, R = 4\Omega, L = 8\text{mH}, C = 1\mu\text{F}$, 计算电路电感的最高充电电压。

解: 开关 K 在 $t = 0$ 时打开, 打开前电路已处于稳态, 则开关打开前

$$i_L(0_-) = \frac{12}{4} = 3(\text{A}), \qquad u_C(0_-) = 0$$

由换路定律有,开关打开后 $t=0_+$ 时,$i_L(0_+)=3A$,$u_C(0_+)=0$,由 KVL 有

$$4i_L(0_+) + u_L(0_+) + u_C(0_+) = 12 \Rightarrow u_L(0_+) = 0$$

则

$$\frac{di_L(0)}{dt} = \frac{u_L(0_+)}{L} = 0$$

电路方程为

$$Ri_L + L\frac{di_L}{dt} + \frac{1}{C}\int_0^t i_L dt + u_C(0) = 12$$

即

$$\frac{d^2 i_L}{dt^2} + \frac{R}{L}\frac{di_L}{dt} + \frac{i_L}{LC} = 0$$

结合已算得的两个初始条件,解此微分方程得电感电流响应为

$$i_L(t) = e^{-250t}(3\cos 11180t + 0.0671\sin 11180t)\,(A)$$

则电感电压为

$$u_L(t) = L\frac{di_L}{dt} = -268e^{-250t}\sin 11180t\,(V)$$

可见经过 $t_0 = \frac{\pi/2}{11180} \approx 140.5\mu s$ 电感电压达到峰值 $u_L(t_0) \approx -259V$,比电源电压 12V 高出近 21 倍,再经变压器升压就可达到所需电压点燃油气混合物,从而启动汽车。

3. 电磁轨道炮

电磁轨道炮是利用电磁力沿导轨发射炮弹的武器。加速炮弹的电磁力与磁场和电流之积成正比,在磁场不够强的情况下,要想提高加速能力就只能让炮弹通过足够大的电流。如何在很短的时间内产生如此之大的电流呢?电磁轨道炮形成脉冲电流的基本原理电路如图 6-29 所示。电路主要由 R、R_L、L、C(通常是极性电容)串联组成,调整参数使电路呈现欠阻尼状态,D 为续流二极管,i_L 即是用于加速炮弹的电磁力电流。

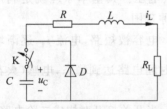

图 6-29 电磁炮产生脉冲电流原理电路

工作时,开关 K 先处于断开状态,电容被预充一个上正下负的电压(此部分电容充电的电路未画出),然后闭合开关 K,此时二极管工作在反向截止态,电容开始放电,电流 i_L 瞬间增大,炮弹受电磁力作用开始运动直至射出炮口,此时断开开关 K,续流二极管导通,形成 RL 电路继续放电直至能量消耗完毕。然后电容再次充电,准备下一次发射。电路中的续流二极管还能起到保护极性电容不会被反向充电的作用。

设电路中电容初始电压为 10kV,$C=2mF$,$L=80\mu H$,$R=30m\Omega$,$R_L=2m\Omega$,$t=0$ 时开关闭合,则通过计算可得在 $t \approx 662\mu s$ 时,电流 i_L 达到最大值约为 44kA。

小结

本章主要讨论了直流激励作用下一阶和二阶动态电路的暂态响应,较为详细地分析了

一阶和二阶动态电路的零输入响应、零状态响应和全响应,并举例说明了一阶和二阶电路在实际中的应用。

（1）电阻电路在换路瞬间会做出即时的反应,而在动态电路中由于动态元件的储能不可发生跃变,使得动态电路在换路后需要经历一段时间后才能达到新的稳态,这段时间称为瞬态或暂态。

（2）换路定律：在电容电流和电感电压为有限值的情况下,状态变量（电容电压和电感电流）在换路前后保持不变。注意：非状态变量的值在换路前后可能发生跃变,也可能不发生跃变。

（3）若动态电路换路前处于稳态,则换路前后瞬间和达到新稳态时,即 $t=0_-$, $t=0_+$ 和 $t\to\infty$ 时,动态电路均可用等效的电阻电路进行分析。

（4）动态电路的全响应可由零状态响应和零输入响应叠加得到。

（5）三要素法是求解直流激励作用下一阶电路的简便方法,可用来求解任意支路的零状态响应、零输入响应和全响应。

（6）一阶和二阶电路方程的特征根又称为固有频率,由电路基本元件的参数确定,与外加激励无关,反映了电路的固有性质。一阶电路的固有频率与电路的时间常数有关,反映了电路达到新稳态的快慢。二阶电路依据固有频率的不同将电路响应划分为无阻尼、欠阻尼、临界阻尼和过阻尼四种不同状态,反映了电路的不同性质。

习题

6.1 电路如图 6-30 所示,已知 $i_R(t)=\mathrm{e}^{-0.5t}\mathrm{A}$。求：电压 $u_S(t)$; $t=0$ 时电容、电感的储能 $w_C(0)$, $w_L(0)$。

6.2 电路如图 6-31 所示,设开关 K 处于打开状态时电路已达稳态,在 $t=0$ 时将 K 闭合,（1）求 $t\geqslant0$ 时的电流 $i_1(t)$,并画出 $i_1(t)$ 的波形；（2）求 $t\geqslant0$ 时的电压 $u_C(t)$,并画出 $u_C(t)$ 的波形。

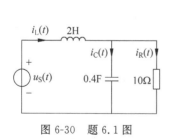

图 6-30 题 6.1 图

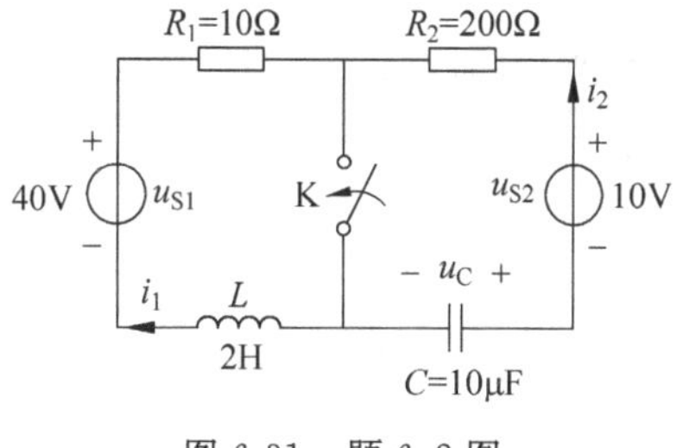

图 6-31 题 6.2 图

6.3 电路如图 6-32 所示,已知 $u_{S1}=40\mathrm{V}$, $u_{S2}=10\mathrm{V}$, $i_S=3\mathrm{A}$, $C=1\mathrm{F}$, $L=4\mathrm{H}$, $R_1=80\Omega$, $R_2=20\Omega$, $R_3=60\Omega$, $R_4=30\Omega$,设开关 K 接在 a 点时电路已处于稳态,在 $t=0$ 将 K 由 a 点合向 b 点,求 $t>0$ 时的 $i_L(t)$、 $u_C(t)$ 和 $i_C(t)$,并画出 $i_L(t)$、 $u_C(t)$ 和 $i_C(t)$ 的波形。

6.4 图 6-33 所示电路中 $t=0$ 时开关打开,打开前电路处于稳态,求 $i_L(t)$, $t\geqslant0$。

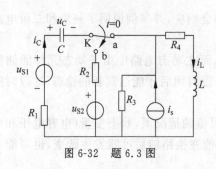

图 6-32 题 6.3 图

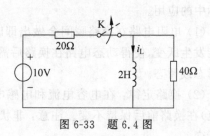

图 6-33 题 6.4 图

6.5 电路如图 6-34 所示。当 $t=0$ 时将开关 K 闭合,开关闭合前电路已处于稳态。试求 $t \geqslant 0$ 时的 $u_C(t)$ 和 $t>0$ 时的 $u(t)$。

6.6 电路如图 6-35 所示,开关打开前电路处于稳态,求电压 $u_C(t)(t \geqslant 0)$;电流 $i_L(t)(t \geqslant 0)$;电压 $u(t)(t>0)$。

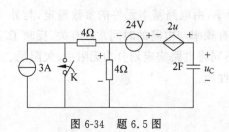

图 6-34 题 6.5 图

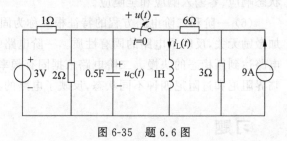

图 6-35 题 6.6 图

6.7 电路如图 6-36 所示,已知 $t=0$ 时开关 K 闭合,闭合前电路已处于稳态,求电压 $u_C(t),t \geqslant 0$;电流 $i(t),t>0$;画出电压 $u_C(t)$ 和电流 $i(t)$ 的变化曲线。

6.8 图 6-37 所示电路中,开关 K 原合在 a 时电路已处于稳态,在 $t=0$ 时将开关 K 由 a 合向 b,试求 $u_C(t)(t \geqslant 0)$,并画出 $u_C(t)$ 的曲线。

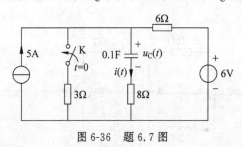

图 6-36 题 6.7 图

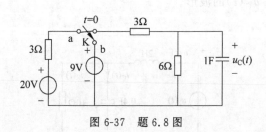

图 6-37 题 6.8 图

6.9 二阶电路如图 6-38 所示,已知 $L=1\text{H}$,$C=1/64\text{F}$,开关 K 在位置 1 时电路已处于稳态。$t=0$ 时,将开关 K 由位置 1 打到位置 2,$u_C(0)=0$。

(1) 求 $t \geqslant 0$ 后电路的特征根,说明响应为哪种情况(欠阻尼、过阻尼、临界阻尼)。

(2) 求 $u_C(t)$ 和 $i(t),t \geqslant 0$。

6.10 二阶电路如图 6-39 所示,开关打开前电路已达稳态,试求 $u_C(0_+),i_L(0_+),\dfrac{\mathrm{d}u_C}{\mathrm{d}t}\bigg|_{t=0_+}$。

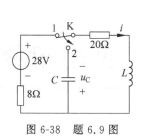

图 6-38　题 6.9 图

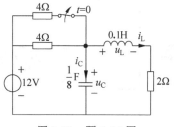

图 6-39　题 6.10 图

6.11　二阶电路如图 6-40 所示,换路前电路处于稳态。

(1) 试列写 $t \geqslant 0$ 时以 $i_L(t)$ 为变量的电路微分方程。

(2) 求电路的固有频率(特征根),并判断响应的类型(临界阻尼、过阻尼、欠阻尼)。

(3) 求电流 $i_L(t)\,(t \geqslant 0)$。

6.12　二阶动态电路如图 6-41 所示,已知 $i_S = 2\varepsilon(t)\mathrm{A}$,$u_C(0) \neq 0$,$i_L(0) \neq 0$。

(1) 列出求解 $i_L(t)$ 的微分方程($t \geqslant 0$)。

(2) 求电路的固有频率。

(3) 求电流 $i_L(t)$ 全响应的表达式($t \geqslant 0$)。

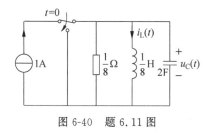

图 6-40　题 6.11 图

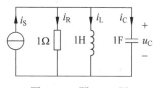

图 6-41　题 6.12 图

第 7 章

CHAPTER 7

二极管及其应用电路

> 锲而舍之,朽木不折;锲而不舍,金石可镂。
>
> ——荀况

二极管是最基本的电子元器件之一,广泛应用于各种电子电路中。本章将介绍半导体二极管的结构、特性曲线、主要参数以及由二极管构成的基本电路。

7.1 半导体基础知识

物质按导电能力可以分为导体、半导体和绝缘体。导体如金属、电解液等对电信号有良好的导通性。而绝缘体电阻率很高,对电信号有阻断作用,如玻璃、橡胶等。半导体的导电性能介于导体和绝缘体之间,如单晶硅、锗和化合物砷化镓。

虽然半导体的导电能力不如导体,但具备以下特性:半导体的导电能力随温度、光照以及掺杂杂质浓度的变化会发生显著变化。利用这些特性,可以制造出品种繁多、用途各异的半导体器件。在现代电子技术中,半导体是构成电子元器件的重要材料,各种应用电路都是建立在半导体所构成的元器件基础上。以下以单晶硅为例简单介绍半导体的基本知识。

硅原子的最外层轨道有 4 个电子,如图 7-1(a)所示。纯净的硅单晶体中,每个硅原子最外层轨道上的 4 个价电子可以围绕本原子核运动,同时为邻近原子核共有,形成共价键。每个原子外层有 8 个电子,构成稳定结构,如图 7-1(b)所示。

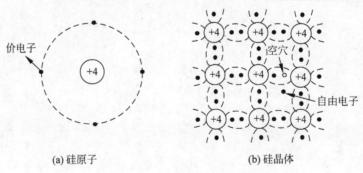

(a) 硅原子   (b) 硅晶体

图 7-1 硅原子及硅晶体示意图

在绝对零度时,价电子受共价键束缚,不能在晶体中自由移动,不能参与导电,此时的半导体相当于绝缘体。当温度升高,比如室温时,少量价电子吸收能量,从而挣脱共价键的束缚,成为自由电子。同时在共价键处留下一个空位,称为空穴,如图 7-1(b) 所示。空穴相当于一个单位的正电荷,会吸引相邻共价键中的束缚电子来填补这个空位,这个电子在其原来共价键中的位置上留下一个空位,相当于空穴移动到新位置,说明空穴也可以在半导体中移动,为带正电的载流子。此时,晶体出现了两种导电的载流子,且数量相同。

在室温下,大约每 10^{12} 个硅原子中才产生一个自由移动的电子和一个空穴,可见能参与导电的载流子数量很少,说明导电能力较弱,因此称为半导体。

如果给纯净的半导体掺入少量杂质,使其成为杂质半导体,则导电能力将大大增加。根据掺杂的物质不同,可以分为 N 型和 P 型两种类型的杂质半导体。

1. N 型半导体

给纯净的硅晶体中掺入少量的五价元素原子,如磷、砷等,就形成 N 型硅,如图 7-2(a) 所示。由于掺入的杂质很少,不会改变硅的晶体结构,只是少数硅原子被杂质原子取代。磷原子只需要 4 个价电子与相邻的 4 个硅原子构成共价键,多余一个电子只要较少的能量,比如当温度达到室温,就可以挣脱磷原子的原子核吸引成为自由电子。自由电子的数量远多于空穴的数量,为多数载流子(简称多子)。空穴为少数载流子(简称少子)。由于多子电子带负电(Negative),因此被称为 N 型半导体。

2. P 型半导体

给纯净的硅晶体中掺入少量的三价元素原子,如硼、铟等,就形成 P 型硅,如图 7-2(b) 所示。杂质原子只有 3 个价电子,全部与相邻的 3 个硅原子构成共价键,从而产生多于电子数目的空穴,由于空穴可以视为带正电(Positive),所以称这种杂质半导体为 P 型半导体。

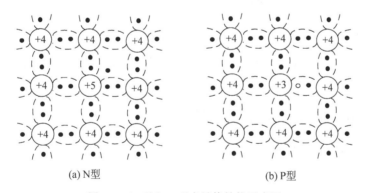

(a) N型   (b) P型

图 7-2　N 型和 P 型半导体结构示意图

3. 半导体二极管

在一片硅晶体上,通过掺杂不同的杂质,将一侧掺杂为 P 型硅,另一侧掺杂为 N 型硅,在它们的交界面上会形成一个特殊区域——PN 结[①],如果 P 型一侧掺杂浓度高于另一侧,则记为 P^+N,反之记为 PN^+。给 PN 结加上引线和封装就是半导体二极管。由 P 区引出的电极称为阳极,N 区引出的电极为阴极,如图 7-3(a) 所示,电路符号如图 7-3(b) 所示。

①　PN 结的形成详见 7.8 节。

(a) 结构　　　　　　　　　(b) 电路符号

图 7-3　二极管结构示意图与电路符号

二极管种类很多,按照结构分为点接触型、面接触型及平面型等,如图 7-4 所示。其中点接触型二极管的 PN 结面积小,允许通过的电流小,结电容小,适合在高频下工作,实现高频检波、混频以及小电流整流。面接触型二极管的 PN 结面积大,可以通过的电流大,结电容也大,适合在低频下工作,可以用于整流电路。平面型二极管在半导体单晶片上,用扩散工艺形成 P 型,可以通过较大电流,而且性能稳定可靠,多用于开关、脉冲电路以及高频电路。

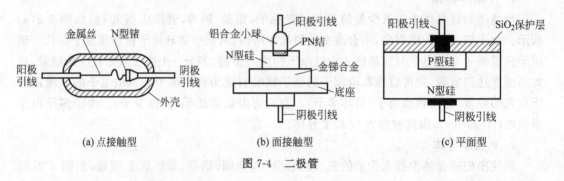

(a) 点接触型　　　　　　(b) 面接触型　　　　　　(c) 平面型

图 7-4　二极管

7.2　二极管的特性

将二极管接入电路中,如果其阳极电压高于阴极电压,则称二极管为正向偏置,简称正偏;否则为反偏。在外加不同偏置的情况下,表现出不同的伏安特性[①],利用这些伏安特性可构建不同功能的二极管应用电路。二极管最显著的特性就是单向导电性。

7.2.1　正向与反向偏置特性

二极管在正偏和反偏时的伏安特性为

$$i_D = I_s(e^{u_D/U_T} - 1) \tag{7-1}$$

其中,I_s 为反向饱和电流,在给定温度下是一常量,I_s 的典型值为 $10^{-8} \sim 10^{-14}$ A;U_T 为热电压,计算公式为

$$U_T = kT/q \tag{7-2}$$

其中,$k = 1.38 \times 10^{-23}$ J/K 为玻尔兹曼常数;T 为热力学温度,单位为 K;$q = 1.6 \times 10^{-19}$ C 为一个电子的电荷量;在室温 300K 时 $U_T = 26$mV。

图 7-5 所示为硅型二极管的正向和反向偏置的伏安特性曲线,分为两个工作区域。

---

① 伏安规律的形成详见 7.8 节。

1. 正向偏置区

图 7-5 中 $u_D>0$ 区域为正向偏置区。当正向电压较小，$u_D<U_{on}$ 时，正向电流几乎为零。此工作区域称为死区。死区电压的大小与二极管的材料有关，一般情况下，硅管约为 0.5V，锗管约为 0.2V。当正向电压大于死区电压时，微小的电压增加会导致电流迅速增长，呈现很小的电阻，称二极管正向导通，简称二极管"通"，此时的 $e^{u_D/U_T}\gg1$，伏安特性近似为

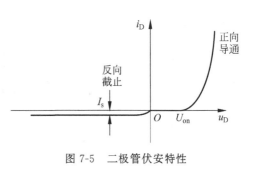

图 7-5　二极管伏安特性

$$i_D \approx I_s e^{u_D/U_T} \tag{7-3}$$

2. 反向偏置区

如果二极管的阳极接电源的负极，阴极接电源的正极，称给二极管加反向偏置，简称二极管反偏。反偏时，根据式(7-1)，当 $u_D<0$ 时，$e^{u_D/U_T}\approx0$，此时的二极管电流为

$$i_D = I_s(e^{u_D/U_T}-1) \approx -I_s \tag{7-4}$$

I_s 的值很小，说明反偏时流过二极管的电流很小，且基本没有变化，故称为反向饱和电流，此时的二极管呈现很大的电阻。则此区域也称为反向截止区或简称二极管"断"。

由上述分析可知，二极管具有正偏"通"，反偏"断"的特性，也即单向导电的特性。

在图 7-6(a)的电路中，当 $U_{DD}>0$ 时，二极管的阳极(P 区)接电源正极，阴极(N 区)接电源负极，此时二极管的 $u_D>0$，二极管工作在正向偏置区。为简单起见，图 7-6(a)常画为图 7-6(b)的形式。图 7-6(c)为二极管反偏电路。

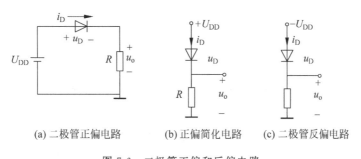

(a) 二极管正偏电路　　　(b) 正偏简化电路　　　(c) 二极管反偏电路

图 7-6　二极管正偏和反偏电路

7.2.2　反向击穿特性

图 7-7 表明，当二极管反向电压的幅值高于一定电压值 U_{ZK}，即 $u_D<-U_{ZK}$ 时，二极管的反向电流会突然增大，而且微小电压变化引起反向电流的快速增加。这种现象为二极管击穿[1]，击穿后二极管电压近似为 $-U_Z$。

---

[1]　击穿的内部原理见 7.8 节。

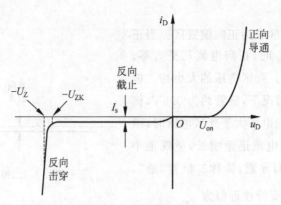

图 7-7　二极管伏安特性

7.2.3　温度对二极管伏安特性的影响

当环境温度升高时,二极管的反向饱和电流 I_S 增大。测试表明,温度每升高 $10℃$,I_S 约增加一倍,有

$$I_s(T_2) = I_s(T_1) \times 2^{\frac{T_2 - T_1}{10}} \tag{7-5}$$

由式(7-5)可计算正向电流的大小。当温度升高,热电压 U_T 增加使得指数项 e^{u_D/U_T} 减小,但是 I_s 的作用更明显,因而正向电流表现出随温度升高而增大,二极管的正向特性曲线将向左移,反向特性曲线将向下移,如图 7-8 所示。

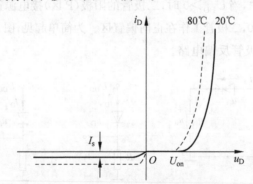

图 7-8　温度对二极管伏安特性的影响

另外,温度升高时,相同大小电流所对应的二极管的正向压降将减小,每增加 $1℃$,正向压降大约减小 $2mV$,即具有负的温度系数。

7.3　二极管的模型

二极管是非线性器件,分析二极管电路时应采用第 5 章介绍的各种方法。由于求解方程法在实际分析时比较复杂,一般不加采用。图解法需要画图,在分析多个二极管构成的电路不方便使用。实际中常用的是分段线性法和小信号等效电路法,都是将二极管用某个模型取代,可根据激励信号的不同选择不同的模型。

7.3.1　大信号工作时的模型

当二极管电路在大信号激励时,常用分段线性法简化电路的分析和设计。如图 7-9 所示按照近似程度不同,二极管的等效模型可以分为折线模型、电压源模型和理想模型。

(1) 折线模型。分段线性近似后二极管的伏安特性如图 7-9(a)中的实线所示。当 $u_D \geqslant 0$ 时,二极管表现为一个电压源串联一个小电阻 r_f 的伏安特性;当 $u_D < 0$ 时,表现为一个大电阻 r_r 的伏安特性。这个模型称为二极管的折线模型。

(2) 电压源模型。根据二极管的伏安特性,正向导通时的二极管电压降 u_D 在相对较窄的范围内变化,如硅型二极管在 0.6~0.8V。因此可假定此时电压恒定在 0.7V,即将二极管近似为一个 0.7V 电压源;当 $u_D < 0$ 时,二极管近似为断路,这个模型称为二极管的电压源模型,如图 7-9(b)所示。

(3) 理想模型。当外加电压源电压远大于 0.7V 时,则二极管可近似为图 7-9(c)所示。当 $i_D \geqslant 0$ 时二极管相当于短路,$i_D < 0$ 时,二极管相当于断路,即理想二极管的伏安特性。

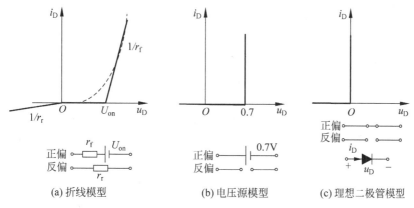

图 7-9　二极管伏安特性的折线近似及等效电路模型

3 种模型中最简单的是理想模型,使用最广泛的模型是电压源模型。无论这两种模型的哪一个,关键是判断出二极管的工作状态是正偏还是反偏。采用的方法有开路电压法或短路电流法。对于含有一个二极管的电路,二极管工作区域(或工作状态)的判断一般采用以下方法。

(1) 开路电压法:①假设二极管被开路移除,移除前标记二极管的阳极与阴极在电路中对应的节点分别为 A 和 B;②计算开路电压差 U_{AB} 的值;③如果采用电压源模型,判断 U_{AB} 是否大于 0.7V,如果 $U_{AB} > 0.7V$,则判断二极管为正向导通;否则为截止。如果采用的是理想模型,则判断 U_{AB} 是否大于 0,如果 $U_{AB} > 0$,二极管正向导通,否则为反向截止。

(2) 短路电流法:通常情况下,如果外电路在二极管支路建立起的电流方向与二极管正向导通的电流方向一致,则二极管为导通状态。所以可以先假设二极管短路,在此情况下判断此支路的电流方向,如果与二极管正向导通时电流方向相同,则二极管导通,反之截止。

当电路中只有直流源作用,则二极管的工作状态是固定的。如果输入电压是随时间变化的,则二极管是正偏还是反偏也与时间有关,需要分时间段来确定二极管的通或断,从而确定该时间段的等效电路。

　　如果电路中出现多个二极管,可将各个二极管开路,然后分析每个二极管两端的开路电压,将开路电压较大的那个二极管判为优先导通,然后再判断其他二极管的状态。

【例 7-1】 图 7-10(a)的二极管电路中,$U_{DD}=5V,R=2k\Omega$,求电流 I。

解: 为判断二极管的工作区域,将二极管开路移除,如图 7-10(b)所示,计算二极管的开路电压 U_{AB},注意此时电路中无电流,$U_{AB}=U_A-U_B=U_{DD}=5(V)$,所以二极管工作在正向导通区域,二极管用 0.7V 的电压源取代,可得图 7-10(c)所示的电路,从而求得电流

$$I=\frac{U_{DD}-0.7}{R}=\frac{5-0.7}{2}=2.15(mA)$$

若应用理想二极管模型,由于 $U_{AB}=5V>0$,二极管正向导通相当于短路,可得

$$I=\frac{U_{DD}}{R}=\frac{5}{2}=2.5(mA)$$

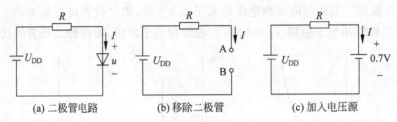

(a) 二极管电路　　　　(b) 移除二极管　　　　(c) 加入电压源

图 7-10　例 7-1 电路图

【例 7-2】 图 7-11(a)的二极管电路中,$U_{DD}=5V,R=2k\Omega$,求电流 I。

解: 根据前面的判断二极管工作区域的方法,可知二极管为反向截止,等效电路如图 7-11(b)所示,所以电流 $I=0$。

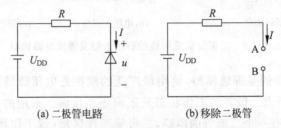

(a) 二极管电路　　　　(b) 移除二极管

图 7-11　例 7-2 电路图

7.3.2　小信号等效模型

　　第 5 章中给出小信号激励时,二极管等效为一个小电阻,阻值为静态工作点处斜率的倒数确定,即

$$r_d=1/g_m=\frac{U_T}{I_Q} \tag{7-6}$$

图 7-12(a)所示电路中,二极管两端电压为 $u_D(t)=U_D+u_d(t)$,直流源 U_D 使二极管正偏,给二极管建立了静态工作点 $Q,I_Q=I_D$。交流小信号 $u_d(t)$ 驮载在直流上,由于其幅度小,不影响二极管的偏置状态,如图 7-12(b)所示。

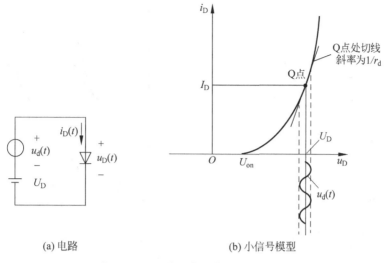

(a) 电路   (b) 小信号模型

图 7-12 二极管小信号等效模型的图解

二极管在小信号激励时近似为线性电阻,其电流的交流分量为

$$i_d(t) = \frac{u_d(t)}{r_d}$$

7.4 二极管应用电路

利用二极管的单向导电特性,可以实现多种功能电路,如整流、峰值检测、钳位、稳压电路等。以下几种电路都是二极管在非线性状态下、大信号工作时的应用电路,都属于非线性电路。

7.4.1 整流器

整流器的功能是将极性交替变化的交流电转换为单极性的脉动直流电。二极管的一个重要应用是构成整流器。整流器是为电子设备供电的直流电源的基本组成部分,其输入为220V(rms)50Hz的交流电(市电),整流器将极性交替变化的交流电转换为单极性的脉动直流电。

1. 半波整流器

图 7-13(a)所示电路,输入信号源 $u_i(t) = U_m \sin\omega t$,波形如图 7-13(b)所示。假设二极管为理想的,在信号的正半周,即 $u_i(t) > 0$ 时,二极管正向导通,视为短路,等效电路如图 7-13(c)所示,则 $u_o(t) = u_i(t)$。在信号的负半周,即 $u_i(t) < 0$ 时,二极管反向截止,视为断路,等效电路如图 7-13(e)所示。此时由于电路中的电流为 0,所以 $u_o(t) = 0$。根据上述分析,可得输出电压波形如图 7-13(d)所示。

输入信号 $u_i(t)$ 的极性交替且平均值为零,输出信号 $u_o(t)$ 是单向的且平均值或直流分量有限。可见图 7-13(a)的电路对输入信号进行了整流,由于输出仅有半个周期,被称为半波整流器。

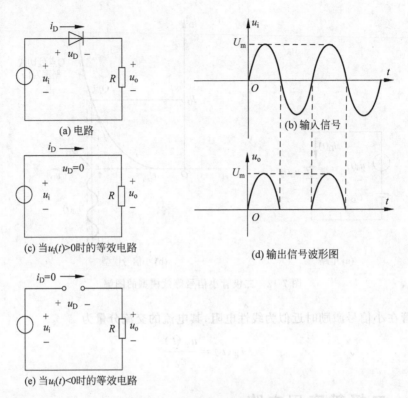

图 7-13　二极管半波整流电路

【例 7-3】　电路如图 7-14(a)所示，电阻 $R = 100\Omega$，$u_i(t) = 24\sin\omega t$（V），$U_B = 12$V，用电压源模型求二极管的电流 $i_D(t)$ 的峰值，二极管最大反向电压值，画出 $i_D(t)$ 波形，并确定一个周期内二极管导通的时间占比。

解：采用二极管的电压源模型，可知 $u_D(t) > 12.7$V 时的等效电路为图 7-14(c)所示，二极管正向导通时产生电流 i_D，其峰值为：

$$i_D(\text{峰值}) = \frac{U_m - U_B - 0.7}{R} = \frac{24 - 12 - 0.7}{0.1} = 113(\text{mA})$$

二极管最大反向电压为

$$u_D = U_B + U_m = 12 + 24 = 36(\text{V})$$

当 $u_D(t) \geqslant 12.7$V，即 $24\sin\omega t > 12.7$ 时，二极管导通，则

$$\omega t_1 = \arcsin\left(\frac{12.7}{24}\right) = 31.7°$$

$$\omega t_2 = \arcsin\left(\frac{12.7}{24}\right) = 148.3°$$

$u_D(t) < 12.7$V 时，二极管断路，电流 $i_D = 0$，综上，可画出 $i_D(t)$ 波形如图 7-14(d)所示。

一个周期内二极管导通时间占比为

$$\frac{148.3° - 31.7°}{360°} \times 100\% = 32.4\%$$

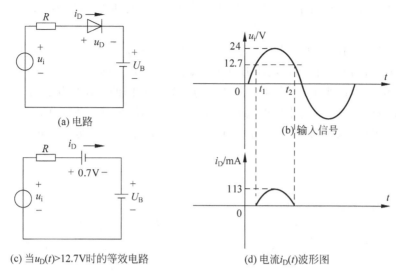

(a) 电路

(b) 输入信号

(c) 当$u_D(t)>12.7$V时的等效电路

(d) 电流$i_D(t)$波形图

图 7-14 二极管半波整流充电电路

图7-14(a)所示电路可用作电池充电器。

2. 全波整流器

不同于半波整流,全波整流器在整个周期内都有单极性的输出信号。图 7-15(a)所示电路为一种全波整流器。变压器源端接市电,次端为带中心抽头的绕组,交流的幅度高,变压器起到降低电压幅度,且提供交流电与整流器之间的隔离。

在输入电压的正半周期内,变压器次端输出的两个电压均为正。如图 7-15(c)所示,二极管 D_1 正偏,当 $u_S(t)>0.7$V 时,二极管 D_1 导通;而 D_2 被反向偏置并截止。通过 D_1 的电流在电阻 R 上产生一个正输出电压。在负半周期,D_1 截止,$u_S(t)<-0.7$V,D_2 导通,通过 D_2 的电流在电阻 R 再次产生正输出电压。如果假设每个二极管的正向二极管电阻 r_f 小且可以忽略不计,则可以得到电压传递特性 u_S 与 u_o,如图 7-15 (b) 和图 7-15(d)所示。

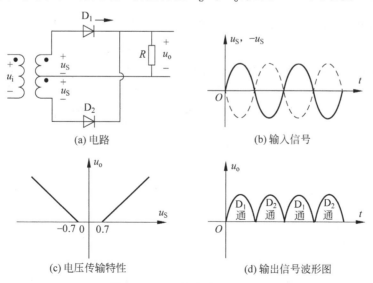

(a) 电路

(b) 输入信号

(c) 电压传输特性

(d) 输出信号波形图

图 7-15 二极管全波整流电路

由于输入信号的正、负半个周期内输出都有电压,因此称为全波整流器。另一种全波整流电路如图 7-16 所示,为桥式整流器。

在输入电压周期的正半周期,u_s 为正,二极管 D_1 和 D_2 正偏,D_3 和 D_4 反偏,电流方向如图 7-16(a)箭头所示。在输入电压的负半周期内,u_S 为负,D_3 和 D_4 正偏,D_1 和 D_2 反偏,电流方向如图 7-16(c)所示,该电流方向产生与正半周相同的输出电压极性。图 7-16(b)与(d)显示了正弦电压 u_S 和整流后的输出电压波形。无论正、负半周,总有两个二极管在信号传输路径中串联,因此整流后输出 u_o 的幅度比 u_S 的幅度小两个二极管压降,即 $u_o = u_S - 1.4$。

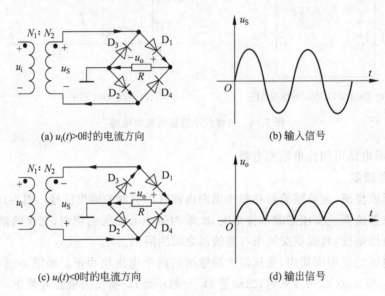

(a) $u_i(t)>0$时的电流方向   (b) 输入信号

(c) $u_i(t)<0$时的电流方向   (d) 输出信号

图 7-16 二极管全波桥式整流电路

7.4.2 峰值检测电路

峰值检波电路如图 7-17 所示,假设二极管为理想的,输入为峰值 U_m 的正弦信号。在输入信号 u_i 的第一个 1/4 周期,即 $t=0 \sim t_1$,二极管为导通状态,电容 C 几乎瞬时充电到与 u_i 同样大小,电容两端电压 u_C(也即输出电压 u_o)不断上升,直到 $t=t_1$ 时,u_i 达到峰值 U_m,电容 C 也被充电到 U_m,此后 u_i 开始下降,二极管为反偏,电容 C 将通过电阻 R 放电,放电时常数 $\tau=RC$。输出电压 u_o 也即电容两端电压 u_C 的下降规律为:

$$u_o(t) = U_m e^{-(t-t_1)/RC} \qquad t_1 \leqslant t \leqslant t_2$$

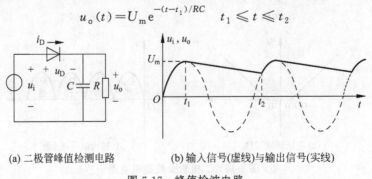

(a) 二极管峰值检测电路   (b) 输入信号(虚线)与输出信号(实线)

图 7-17 峰值检波电路

　　峰值检测电路可以用在整流电路之后,滤除其他谐波分量。也可以用作解调器,检测出调幅信号中的音频信号。

7.4.3　限幅电路

　　限幅是指电路的输出幅度受到限制。限幅电路中,二极管的电流变化较大,一般用二极管大信号模型中的电压源模型进行分析。

　　图 7-18(a)所示限幅电路中,如果使用二极管的电压源模型,当输入 $u_i > 0.7\text{V}$ 时,二极管导通,等效为电压源,所以 $u_o = 0.7\text{V}$;当 $u_i < 0.7\text{V}$ 时,二极管截止,电路中无电流,$u_o = u_i$。因此,输入、输出波形分别如图 7-18(b)和图 7-18(c)所示。说明输出电压不超过 0.7V,被限幅。

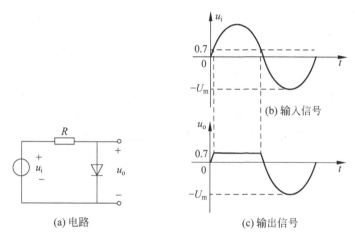

(a) 电路　　　　　　(b) 输入信号　　　(c) 输出信号

图 7-18　二极管限幅电路

　　【例 7-4】　限幅电路如图 7-19(a)所示,输入 u_i 的波形如图 7-19(b)所示,试画出输出电压波形。

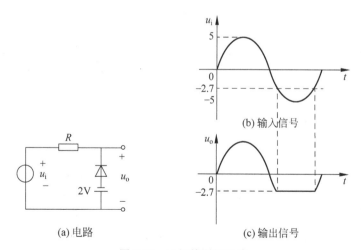

(a) 电路　　　　　　(b) 输入信号　　　(c) 输出信号

图 7-19　二极管限幅电路

解：由于输入信号的幅度随时间变化，二极管的导通情况也与时间有关，当 $u_i(t) \leqslant -2.7\text{V}$ 时，二极管为导通状态，等效为电压源，输出电压 $u_o = -2\text{V} - 0.7\text{V} = -2.7\text{V}$。当 $u_i(t) > -2.7\text{V}$，二极管为截止状态，等效为开路，所以 $u_o = u_i$。因此，输出 u_o 的波形如图 7-19(c)所示。

7.4.4　钳位电路

钳位电路的功能是将输入信号整体进行直流电平移动。进入稳定状态后的输出波形与输入波形完全相同，仅有直流电平移动，形象地说就像拿钳子夹着输入信号移动到某个电平。钳位电路可以让输入信号波形进行直流平移或者移除输入信号的直流成分。在信号传输过程中，电信号往往要丢失其直流分量，比如电视信号在传输中直流分量丢失，在电视接收端必须重建出直流分量。

分析钳位电路的步骤如下。

(1) 确定分析的起始时间。跳过建立稳态的那段时间，直接选择能使二极管导通的时间开始分析；二极管导通与否的判断这里用短路电流法比较方便。

(2) 二极管导通时，假设二极管的导通电阻为 0，电容能立刻充电到可能的电压值。

(3) 进入稳定状态，二极管工作在反向截止区，电容能保持住充电的电压，相当于电压源，由此确定稳态时的输出电压波形，而我们关心的就是稳态时的波形。

图 7-20(a)所示的钳位电路，假设二极管为理想的，电容 C 的初始电压为 0。输入信号为正弦波，$u_i = U_m \sin\omega t$，波形如图 7-20(b)所示。

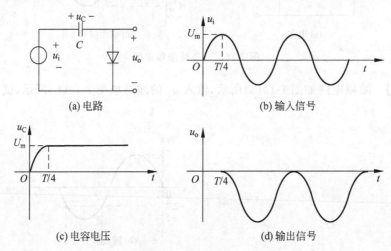

(a) 电路　　　　　　　　　　(b) 输入信号

(c) 电容电压　　　　　　　　(d) 输出信号

图 7-20　二极管钳位电路

当 $0 < t < T/4$ 时，二极管导通，电容 C 充电，电流方向与二极管正向导通方向一致，因此分析从 $t \geqslant 0$ 开始。由于此时二极管导通，视为短路，因此充电时常数为 0，说明电容两端电压 u_C 与输入信号的变化规律相同，如图 7-20(c)所示，在 $t = T/4$ 时，$u_C = V_P$，$u_o = 0$。

当 $t > T/4$ 时，输入信号幅度小于 U_m，电容放电，但放电电流方向与二极管正向导通电流方向相反，因此二极管断路，电容无放电路径，因此电容两端电压 u_C 保持为 U_m，列写 KCL 方程，可得

$$u_o = -u_C + u_i = -U_m + U_m \sin \omega t$$

输出电压的波形如图 7-20(d) 所示，$T/4$ 以后是输出电压的稳态。稳态时，输出电压波形与输入电压相同，只是向下平移了一个直流电平。

【例 7-5】　钳位电路如图 7-21(a) 所示，输入信号如图 7-21(b) 所示，画出输出电压波形。

解：首先选择开始分析的时刻，应以二极管开始导通的时刻开始分析。

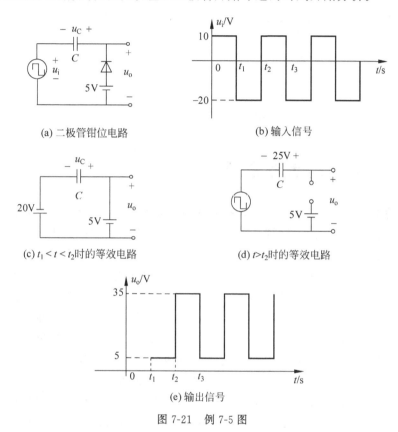

(a) 二极管钳位电路　　　　　　　　　(b) 输入信号

(c) $t_1 < t < t_2$ 时的等效电路　　　　　(d) $t > t_2$ 时的等效电路

(e) 输出信号

图 7-21　例 7-5 图

由电路可知，当输入信号为 -20V 时，二极管导通，因此从 $t = t_1$ 开始分析，$t_1 < t < t_2$ 时，二极管导通视为短路，所得的等效电路如图 7-21(c) 所示，则可以看到输出电压为 $u_o = 5$V，电容充电到 $U_C = 25$V。之后，当 $t > t_2$ 时，二极管截止，视为断路，其等效电路如图 7-21(d) 所示，电容无放电回路，电容两端电压保持在 25V，因此可得输出电压为

$$u_o = U_C + u_i = 25 + 10 = 35 (V)$$

输出电压的波形如图 7-21(e) 所示，$t > t_2$ 以后是输出电压的稳态。稳态时，输出电压波形与输入电压相同，只是向上平移了一个直流电平。一般只需画出稳态时的输出电压波形。

7.4.5　逻辑门电路

利用二极管的单向导电特性，可以组成数字电路中的逻辑门电路，图 7-22(a) 所示是一个由二极管组成的"与"门电路，该电路的功能是"与"，即只要输入信号有低电平，输出就为低电平。只有输入信号都是高电平,输出才为高电平,输出波形如图 7-22(b)所示。

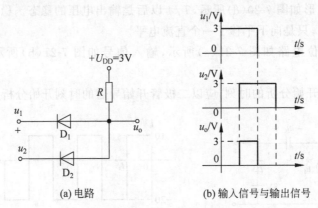

(a) 电路　　　　　　　　(b) 输入信号与输出信号

图 7-22　二极管与门电路

7.5　二极管的主要参数

二极管的参数是实际工作中正确选择和使用二极管的主要依据,其主要参数如下。

(1) 平均正向电流是指二极管长期连续工作时,允许通过的最大正向电流平均值。超过此值可使管子过热损坏。

(2) 最大反向工作电压 U_{om} 是指二极管正常工作时所能承受的最大反向电压值,U_{om} 约为反向击穿电压的一半。

(3) 反向电流。管子未击穿时的反向电流,反向电流越小,二极管的单向导电性越好。

(4) 结电容。二极管中的 PN 结有电容效应,称为结电容。结电容也属于小信号动态电容,并随工作点而变化。考虑结电容的二极管微变等效电路如图 7-23 所示。

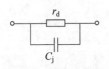

图 7-23　二极管的高频
等效电路

(5) 反向恢复时间。理想情况下,当二极管由正偏转为反偏时,二极管将立刻截止,电路中只应流过很小的反向饱和电流。而实际情况是,在二极管由正偏转为反偏的短时间内,二极管没有立刻截止,而是由原来的正向电流变为一个较大的反向电流,并维持一段时间后再开始下降到反向饱和电流 I_s 的大小,这一过程称为反向恢复过程,所用的时间称为反向恢复时间,由于反向恢复时间的存在,使得二极管的开关工作速度受到限制。

(6) 最大浪涌电流是二极管允许流过的过量正向电流,属于瞬间电流,通常为额定正向工作电流的 20 倍左右。

(7) 最大功率是二极管的端电压和流过二极管的电流乘积的最大值,属于极限参数。

7.6　齐纳二极管与稳压电路

如果二极管的反向偏置电压超过一定值,二极管发生击穿现象。击穿后的二极管会呈现近似电压源的伏安特性,电流在相当大的范围内变化,电压几乎不变,如图 7-24(a)所示,这一区域称为二极管的反向击穿区。普通二极管在使用时一般避免工作在击穿区,而齐纳(Zener)二极管(齐纳管)是一种专门设计使其工作在击穿区的二极管,也称为稳压二极管,利用其在击穿区的电压几乎恒定的特点构成稳压电路。

7.6.1 齐纳管

齐纳管的电路符号如图7-24(b)所示,图7-24(a)是其伏安特性,齐纳管的正向导通与反向截止的特性与普通二极管相同。当齐纳管反向击穿后,在相当大的反向电流范围内,电压是稳定的(保持在U_Z)。其特性曲线上的关键值包括:

(1) 拐点(Knee)处电压幅值记为U_{ZK},电流记为I_{ZK},当反向电流小于I_{ZK}时,齐纳管不具备稳压效果。

(2) 测试点(这里用Q点表示)处的电压值U_Z,当测试电流为I_{ZT}时,齐纳管两端的电压值为U_Z。

(3) U_{Z0}:反向击穿区的特性可近似为一条过测试点的直线,其与横轴交点的电压值为U_{Z0}。

(4) I_{Zmin}:齐纳管正常工作时的参考电流值。一般的,I_{Zmin}为能够稳压的最小电流,约为拐点处的电流I_{ZK}。

(5) I_{Zmax}:齐纳管的功耗在允许范围内的最大电流,如果超过该电流,齐纳管可能会因为功耗过大而损害。

(6) r_Z:$r_Z = \dfrac{\Delta u}{\Delta i}\Big|_Q$ 表示齐纳管在击穿区测试点的小信号等效电阻。电阻r_Z越小,稳压效果越好。

(7) P_{Zm}:$P_{Zm} = I_{Zmax}U_Z$,为齐纳管的额定功耗。

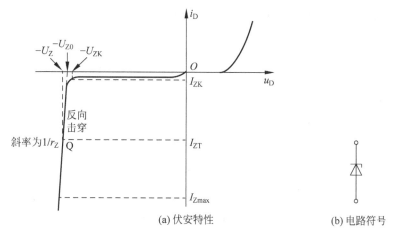

(a) 伏安特性   (b) 电路符号

图7-24 齐纳管的伏安特性以及电路符号

采用分段线性法,齐纳管在击穿区的等效模型用一个电压源U_{Z0}串联电阻r_Z来表示,如图7-25所示,$u_Z = U_{Z0} + i_Z r_Z$;或者更简单的,忽略r_Z,$r_Z = 0$,此时齐纳管用电压源$u_Z = U_{Z0}$等效。

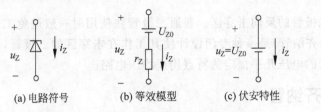

图 7-25　齐纳管的电路符号以及伏安特性

7.6.2　稳压电路

稳压电路的功能是让输出电压在负载或（和）输入电压发生变化时尽可能保持恒定。考察图 7-26(a)的稳压电路，电阻 R 为限流电阻，作用是保证齐纳管的电流不超过 $I_{Z\max}$，同时，为了确保稳压效果，R 的选择还应保证齐纳管的电流大于 I_{ZK}。

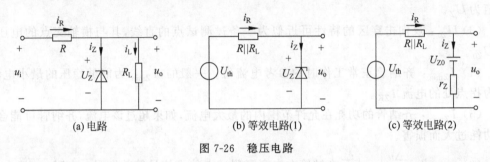

图 7-26　稳压电路

【例 7-6】 稳压电路如图 7-26(a)所示，已知 $I_Z=5\text{mA}$ 时的齐纳管两端电压为 6.8V，$r_Z=20\Omega$，$I_{ZK}=0.2\text{mA}$，输入电压 $u_i=10\text{V}$，电阻 $R=0.5\text{k}\Omega$，求：当负载 R_L 开路时的输出电压；当负载 $R_L=0.5\text{k}\Omega$ 时的输出电压；当负载 $R_L=2\text{k}\Omega$ 时的输出电压。

解：（1）因为负载开路，所以电流 $i_Z=i_R$。根据 $u_Z=U_{Z0}+I_Zr_Z$，求出：

$$U_{Z0}=U_Z-I_Zr_Z=6.8-5\times0.02=6.7(\text{V})$$

$$i_Z=\frac{u_i-U_{Z0}}{R+r_Z}=\frac{10-6.7}{0.5+0.02}=6.35(\text{mA})$$

因此，输出电压

$$u_o=U_{Z0}+i_Zr_Z=6.7+6.35\times0.02=6.83(\text{V})$$

（2）应用戴维南定理将稳压二极管两端的电路等效为电压源 u_{th} 串联电阻 R_{th}，

$$U_{th}=\frac{R_L}{R+R_L}\times u_i=\frac{0.5}{0.5+0.5}\times10=5(\text{V}),\quad R_{th}=R\;//\;R_L=0.25(\text{k}\Omega)$$

稳压电路等效为图 7-26(b)，由于 $U_{th}<6.7\text{V}$，齐纳管不可能工作在击穿区，而是在反向截止区，此时齐纳管相当于开路，故输出电压 $u_o=U_{th}=5\text{V}$。

这个例子说明要先判断稳压二极管的工作区域，才能正确选择等效模型。由于需要判断二极管是否击穿，应求出二极管的开路电压 U_{th}。如果开路电压值高于 U_{Z0}，则工作在击穿区。

（3）计算稳压二极管的开路电压

$$U_{th}=\frac{R_L}{R+R_L}\times u_i=\frac{2}{0.5+2}\times10=8(\text{V}),\quad R_{th}=R\;//\;R_L=0.4(\text{k}\Omega)$$

由于 $U_{th}>6.7\text{V}$，齐纳管工作在击穿区，将图 7-26(b)中的齐纳管用电压源 U_{Z0} 串联 r_Z 代

替,等效电路如图 7-26(c)所示,可计算出齐纳管电流

$$i_Z = \frac{U_{th} - U_{Z0}}{R_{th} + r_Z} = \frac{8 - 6.7}{0.4 + 0.02} = 3.095(\text{mA})$$

因此,输出电压 $u_o = U_{Z0} + i_Z r_Z = 6.7 + 3.095 \times 0.02 = 6.76(\text{V})$,与负载开路时的输出电压非常接近,说明稳压电路在负载变化时能稳定输出电压。上述例子是用电压源串联电阻的模型,如果忽略电阻 r_Z,仅用电压源来近似击穿的齐纳管,则分析更为简化。

【例 7-7】 稳压电路如图 7-27(a)所示,已知击穿区齐纳管两端电压为 6.8V,$r_Z = 0\Omega$,输入电压 $u_i = (10 \pm 1)\text{V}$,电阻 $R = 0.5\text{k}\Omega$,求:当负载 $R_L = 2\text{k}\Omega$ 时的输出电压。

解:与例 7-6 类似,首先得到齐纳管两端的戴维南等效电路,判断出稳压二极管是否工作在击穿区。

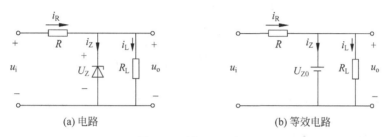

(a) 电路　　　　　　　　　　　(b) 等效电路

图 7-27 例 7-7 电路图

输入电压最小值为 9V,最大为 11V,分别计算

$$U_{th} = \frac{R_L}{R + R_L} \times u_{imin} = \frac{2}{0.5 + 2} \times (10 - 1) = 7.2(\text{V}) > 6.8\text{V}$$

$$U_{th} = \frac{R_L}{R + R_L} \times u_{imax} = \frac{2}{0.5 + 2} \times (10 + 1) = 8.8(\text{V}) > 6.8\text{V}$$

可知当 $u_i = (10 \pm 1)\text{V}$ 时,齐纳管始终工作在击穿区。因此进一步用电压源代替齐纳管,如图 7-27(b)所示,则 $u_o = U_{Z0} = 6.8\text{V}$。

进一步分析图 7-27(a)所示电路的稳压原理。

(1) 负载 R_L 不变,输入电压变化。输入电压 u_i 变大时,流过限流电阻 R 的电流 i_R 增加,引起输出电压变大。因为输出电压也是稳压管两端电压,该电压增大使得流过稳压管的电流急剧增大,从而使得 i_R 的大部分电流流入稳压管,负载 R_L 上流过的电流大大减小,造成输出电压回落。读者可以自行分析输入电压变小的情况。

(2) 输入电压不变,负载变化。如果输入电压不变,负载变大,则引起输出电压变大,流过稳压管的电流 i_Z 急剧增大,流过限流电阻的电流 i_R 大部分流入稳压管,使得流过负载的电流减少,从而导致输出电压回落。

总之,稳压二极管利用调节自身的电流大小来满足输出电流的改变,但保持端电压基本不变。

限流电阻 R 是设计稳压电路的关键,如果已知输入电压和负载的变化范围,则可确定限流电阻的范围。下面用电压源模型来说明图 7-27(a)稳压电路中限流电阻的选择。

当输入电压和(或)输出电阻都发生变化时,要达到输出电压稳定的效果,必须选择合适的限流电阻 R。假设输入电压的变化范围为 $U_{Imin} \sim U_{Imax}$,负载 R_L 的变化范围为 $R_{Lmin} \sim$

R_{Lmax}，稳压管的工作电流为 $I_{\mathrm{Zmin}} \sim I_{\mathrm{Zmax}}$，稳定电压为 U_Z。为保证稳压管正常工作，稳压管的电流应为 $I_{\mathrm{Zmin}} \sim I_{\mathrm{Zmax}}$。当输入电压为 U_{Imax}，负载为 R_{Lmax} 时，稳压管的电流达到最大，但不应该超过 I_{Zmax}。如果忽略 r_Z 的影响，则有

$$I_{\mathrm{Zmax}} > \frac{U_{\mathrm{Imax}} - U_Z}{R} - \frac{U_Z}{R_{\mathrm{Lmax}}}$$

解得

$$R > \frac{U_{\mathrm{Imax}} - U_Z}{R_{\mathrm{Lmax}} I_{\mathrm{Zmax}} + U_Z} R_{\mathrm{Lmax}} = R_{\min}$$

当输入电压为 U_{Imin}，负载为 R_{Lmin} 时，稳压管的电流达到最小，但不应该小于 I_{Zmin}。

$$I_{\mathrm{Zmin}} < \frac{U_{\mathrm{Imin}} - U_Z}{R} - \frac{U_Z}{R_{\mathrm{Lmin}}}$$

解得

$$R < \frac{U_{\mathrm{Imin}} - U_Z}{R_{\mathrm{Lmin}} I_{\mathrm{Zmin}} + U_Z} R_{\mathrm{Lmin}} = R_{\max}$$

所以，限流电阻 R 的范围为 $R_{\min} < R < R_{\max}$。

7.7 特殊二极管

除了前面介绍的二极管，本节简单介绍几种特殊类型的二极管。

7.7.1 发光二极管

发光二极管（LED）是一种由化合物如砷化镓、磷化镓等制成的特殊二极管，利用电子与空穴复合时能辐射出可见光的特点，可在正偏时发光。不同材料发出不同颜色的光，其发光强度近似正比于正偏二极管的电流。LED 常被用来制作显示器件、计算器、汽车仪表板等。与传统灯具相比，LED 灯节能、环保、显色性与响应速度好。其电路符号如图 7-28 所示。

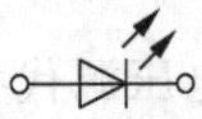

图 7-28　发光二极管电路符号

7.7.2 光电二极管

光电二极管可将光信号转换为电信号，当反偏的光电二极管暴露在光照下，就会产生电流，且电流随着入射光照强度的增加而上升。光电二极管可以将光信号转换为电信号，测量光的强弱。图 7-29 为光电二极管的电路符号。

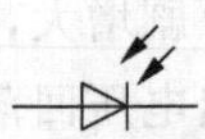

图 7-29　光电二极管电路符号

7.7.3 变容二极管

PN 结的结电容与外加电压有关，反偏 PN 结的结电容随电压增加而减小，这种效应显著的二极管就是变容二极管。变容二极管的最大电容值与型号有关，一般为几皮法到几百皮法。在高频电路中应用广泛，比如电子调谐器，利用结电容量受电压控制的特性实现谐振频率的改变。图 7-30 为变容二极管的电路符号。

图 7-30　变容二极管电路符号

*7.8 PN 结的形成与特性

本征半导体中的载流子浓度低,所以导电能力差。如果掺入少量杂质,成为杂质半导体,导电能力将大大增加。根据掺杂的物质不同,可以分为 N 型和 P 型两种类型的杂质半导体。

7.8.1 本征半导体

纯净的硅和锗单晶体称为本征半导体。在晶格中,每个原子最外层轨道上的 4 个价电子可以围绕本原子核运动,同时为邻近原子核共有,形成共价键。每个原子外层有 8 个电子,构成稳定结构,如图 7-31 所示。

在绝对零度时,价电子受共价键束缚,不能在晶体中自由移动,不能参与导电,此时的半导体相当于绝缘体。

如果本征半导体吸收外界能量,如受到光照、受热或者电击时,本征半导体中的一些价电子可以获得足够的能量,从而挣脱共价键的束缚,成为自由电子。同时在共价键处留下一个空位,称为空穴,这个过程称为本征激发。本征激发时产生成对的自由电子和空穴,如图 7-32 所示。自由电子在晶体中移动过程碰到空穴会发生复合,电子、空穴会成对消失,并释放出能量。随着本征激发的进行,产生的电子、空穴数目会增多,复合的概率增大,在一定温度下,本征激发和复合最终会进入动态平衡状态,电子和空穴的浓度将不再变化,并且自由电子与空穴浓度相等。理论分析表明,本征半导体载流子的浓度为:

$$n_i = p_i = K_1 T^{\frac{3}{2}} e^{-\frac{E_{GO}}{2kT}}$$

式中,n_i 和 p_i 分别表示自由电子与空穴的浓度(单位为 cm^{-3}),T 为热力学温度,k 为玻尔兹曼常数,E_{GO} 为热力学零度时破坏共价键所需的能量,又称禁带宽度(硅为 1.21eV,锗为 0.785eV),K_1 为与半导体材料有关的常量(硅为 $3.87 \times 10^{16} cm^{-3} \cdot k^{-3/2}$,锗为 $1.76 \times 10^{16} cm^{-3} \cdot k^{-3/2}$)。

图 7-31 硅和锗原子的共价键结构

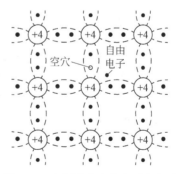

图 7-32 本征激发产生电子空穴对

计算电子和空穴浓度的公式说明载流子浓度与半导体材料和温度有关。在室温下,大约每 10^{12} 个硅原子中才产生一个自由移动的电子,可见本征激发产生的电子、空穴数量很少,说明本征半导体的导电能力很弱。本征半导体本身用途不大,但稍加改造,其导电性能将发生很大改变,利用该性能可以制作出各式各样的电子器件。

本征激发产生的电子是一个带负电的粒子,可以在半导体晶格中自由移动。空穴相当于一个单位的正电荷,会吸引相邻共价键中的束缚电子来填补这个空位,这个电子在原来共价键中的位置上留下一个空位,相当于空穴移动到新位置,说明空穴也可以在半导体中自由移动。本征激发产生了带负电的自由电子和带正电的空穴,二者都能参与导电,统称为载流子。

载流子在电场作用下或者由于浓度差的原因会产生定向运动。由于电场的作用而产生的载流子运动,称为漂移运动,因此产生的电流称为漂移电流。由于浓度差而产生的载流子运动,称为扩散运动,因此产生的电流称为扩散电流。

7.8.2　杂质半导体

1. N 型半导体

如果纯净的硅晶体中掺入少量的五价元素原子,如磷、砷等,就形成 N 型半导体,如图 7-2(a)所示。由于掺入的杂质很少,不会改变硅的晶体结构,只是少数硅原子被杂质原子取代。由于杂质原子有 5 个价电子,只需要 4 个价电子与相邻的 4 个硅原子构成共价键,多余一个电子没有受到共价键的束缚,只受到杂质原子的原子核的吸引。由于这种束缚力较共价键的束缚力微弱的多,只要较少的能量,比如温度达到室温,多余来的这个电子就可以挣脱杂质原子的原子核吸引成为自由电子,如图 7-2(a)所示。同时杂质原子失去了一个电子,成为带有一个电荷的正离子,这一过程称为杂质电离。但半导体整体仍呈现电中性。由于五价的杂质原子给出电子,因此称为施主原子。

与此同时,半导体的本征激发现象同时存在,会产生成对的电子和空穴。由于杂质原子给出一个电子,因此也称杂质原子为施主。这种杂质半导体的多数载流子(简称多子)是电子,由于电子带负(Negative)电,因此称这种杂质半导体为 N 型半导体。

2. P 型半导体

如果在本征半导体中掺入少量的三价元素原子,如硼、铟等,由于杂质原子只有 3 个价电子,全部与相邻的 3 个硅原子构成共价键,仍在共价键上有个空位,如图 7-2(b)所示。当周围的某个价电子在热运动或其他激发条件下获得能量,就可以填补这个空位,从而在这个价电子原来的位置上产生一个空穴。杂质原子获得了一个电子,成为带一个负电荷的负离子。由于杂质原子接受了一个电子,因此称为受主。在 P 型半导体中,本征激发现象同时存在,会产生成对的电子和空穴。这种杂质半导体的多子是空穴,由于空穴可以视为带正电(Positive)电,所以称这种杂质半导体为 P 型半导体。掺入杂质的目的不是单纯提高其导电能力,而是通过掺入不同杂质、不同浓度的杂质,形成 P 型和 N 型半导体,并以不同方式组合,从而制造出品种繁多、用途各异的半导体器件。

7.8.3　PN 结的形成

在 N 型(或者 P 型)半导体的基片上,采用扩散工艺制造出一个 P(或者 N)区。在 P 型和 N 型半导体的交界处,会形成生一个特殊区域,称为 PN 结,PN 结是构成电子元器件的基础。

1. PN 结的形成

当 P 型半导体和 N 型半导体刚结合在一起时,在交界面的两侧存在电子与空穴的浓度差,浓度差会导致载流子的扩散运动,如图 7-33 所示。N 区的多子电子要向 P 区扩散,同时留下带正电的施主离子。而 P 区的多子空穴要向 N 区扩散,留下带负电的受主离子。当电子从 N 区扩散到 P 区后,与 P 区的空穴复合。同样,当空穴从 P 区扩散到 N 区后,会与 N 区的电子复合。复合发生时,电子空穴成对消失。于是在交界面留下一个由正负离子所形成的空间电荷区,即 PN 结,如图 7-34 所示。空间电荷区内的正负离子不能移动,形成一个由 N 区指向 P 区的内建电场。

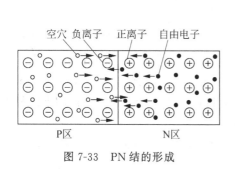

图 7-33　PN 结的形成

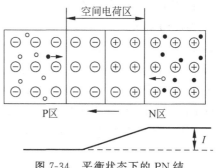

图 7-34　平衡状态下的 PN 结

随着多子进行扩散运动,空间电荷区不断扩大,内电场不断增强。由于内电场的作用,一方面是多子扩散将受到阻碍,另一方面 P 区的少子电子与 N 区的少子空穴一旦靠近 PN 结,就在内电场的作用下漂移到对方。由 P 区漂移到 N 区的电子补充了交界面处 N 区失去的电子,而由 N 区漂移到 P 区的空穴补充了交界面处 P 区失去的空穴,从而减少了空间电荷,使得空间电荷区变窄,降低内建电场。

可见,PN 结中存在两种类型的两种载流子运动,一类是由多子浓度差异造成的扩散运动,会使得空间电荷区宽度变大,多子的扩散运动形成了扩散电流;另一类是由内建电场作用形成的少子漂移运动,会减小空间电荷区的宽度,少子的漂移运动形成了漂移电流。扩散电流和漂移电流运动方向相反,当扩散运动与漂移运动达到动态平衡时,即扩散电流等于漂移电流时,空间电荷区的宽度确定,内点场的大小为

$$U \approx \frac{kT}{q} \ln \frac{N_A N_D}{n_i^2}$$

其中,N_D 为施主杂质浓度;N_A 为受主杂质浓度。在常温下,硅 PN 结的 $U = 0.6 \sim 0.8\text{V}$,锗 PN 结的 $U = 0.2 \sim 0.3\text{V}$,此时,在无外电场作用时,PN 结无宏观电流。

PN 结又称空间电荷区,或者耗尽区,表明该区域载流子浓度很低,几乎耗尽,所以区内电阻率很高,又称势垒区。耗尽区外的 P 区与 N 区还是中性低阻区。

2. PN 结的单向导电性

PN 结的基本特性是单向导电性,即正向偏置时导通,反向偏置时截止。

1) 外加正向电压(正向偏置)

当 P 区接电源正极,N 区接电源负极时,称为给 PN 结加正向电压,或称为给 PN 结加正向偏置,如图 7-35 所示。由于 PN 结为高阻区,所以外加电压大部分降在阻挡层,形成一个外电场,方向与内建电场相反。外电场削弱了内电场,空间电荷区变窄,原来建立的平衡打破,使得扩散作用强于漂移作用。N 区的多子电子不断扩散到 P 区,成为 P 区非平衡少

子,这些电子的浓度在结面处最大,从而与 P 区其他部分的电子形成浓度差,由于浓度差存在,电子不断向 P 区深入扩散,同时遇到空穴产生复合,经过一段时间形成新的平衡,电子浓度的分布趋于稳定。由于外电场的吸引,电子进入外导线,再被电动势推动,从 N 区参与多子运动,从而形成源源不断的电流流动。P 区的多子空穴也经历同样的过程,总的电流为电子电流和空穴电流的和。

外加正向电压时,通过 PN 结的电流主要是多子运动形成的,只要给 PN 结加一个小电压,就可以得到比较大的正向电流。

2) 加反向电压

如果给 P 区加电源的负极,N 区加电源的正极,称为给 PN 结加反向偏置,见图 7-36。此时外电场与内电场方向相同,外电场加强了阻挡层的总电场,使得空间电荷区变宽。电场的加强,使得多子的扩散运动受到阻碍,少子的漂移运动得到增强。一旦 N 区的少子空穴到达势垒区交界面,将被电场拉入到 P 区。同样,P 区的少子电子会在电场作用下漂移到 N 区。这些少子运动产生的电流为 PN 结反向电流。

由于在一定温度下,少子浓度很低,即用于形成反向电流的载流子数目有限,即使加大外加反向电压,也不能获得大的反向电流。实际上,在相当大的反向电压范围内,反向电流很小,且恒定,因此又称反向电流为反向饱和电流,用 I_s(saturation)表示。I_s 电流是少子运动形成的,而少子是本征激发的产物,所以对温度敏感,温度升高,I_s 增大。由于反向电流很小,可以认为反偏的 PN 结相当于一个很大的电阻。

综上所述,PN 结加正偏时,将产生一个较大的正向电流,称其处于导通状态。而加反偏时,产生的反偏电流很小,几乎为 0,称 PN 结处于截止状态,这就是 PN 结的单向导电性。

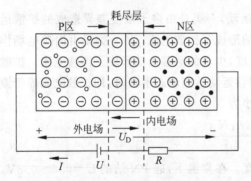

图 7-35 PN 结加正向电压

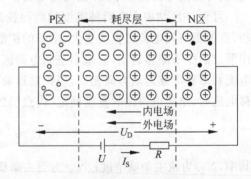

图 7-36 PN 结加反向电压

7.8.4 PN 结的击穿

PN 结在反偏时,在很大的反偏电压范围内形成很小的 I_s。但是,如果反偏电压增大到一定程度,反向电流会急剧上升,这一现象称为击穿。按照击穿的机理不同,分为齐纳击穿与雪崩击穿。

1. 齐纳击穿

当半导体掺杂浓度很高,耗尽层宽度很窄,在不大的反向电压(一般为几伏)下,就可以在耗尽层形成很强的电场,可以直接将共价键中的电子拉出来,形成电子空穴对,从而引起反向电流的急剧增长,这种击穿称为齐纳击穿。

2. 雪崩击穿

如果半导体掺杂浓度不高,耗尽层宽度较宽。当反向电压不断增大时,电场强度随着加强,少子在漂移运动中不断被加速,动能增大。在运动过程中,少子撞击共价键中的价电子,使得价电子被撞离共价键,形成自由移动的电子,同时也产生空穴。这样新产生的电子也在电场作用下被加速,再撞击其他价电子,从而使得耗尽层中的载流子数目急剧增多,类似于雪崩,导致反向电流急速上升,这种击穿称为雪崩击穿。

二极管发生击穿,不一定会导致损坏。只要把反向电流控制在一定范围内,二极管就不会因电流过大引起过热导致损坏。当反向电压降低后,二极管的特性可以恢复到击穿前。但如果反向电流过大,会使得 PN 结结温过热永久损坏二极管。通常将有可逆特性的击穿称为电击穿,而不可逆的为热击穿。因此,要利用的是电击穿,避免的是热击穿。

7.8.5　PN 结的电容效应

PN 结具有电容效应,按照形成原因,可以分为势垒电容和扩散电容。

1. 势垒电容

空间电荷区由带电离子构成,当外加电压发生变化时,空间电荷区的宽度发生变化。当加 PN 结正偏时,空间电荷区变窄,存储的电荷量减少。当 PN 结反偏时,空间电荷区变宽,电荷量增多,如图 7-37 所示。这种电荷量随外加电压变化而变化所产生的电容效应,称为势垒电容,用 C_b 表示。分析表明,C_b 正比于结面积,而且与外加电压呈非线性关系,如图 7-38 所示。对于突变结,解析表达式为

$$C_b = \frac{C_{b0}}{\left(1 - \dfrac{U}{U_D}\right)^{\frac{1}{2}}}$$

其中,C_{b0} 为零偏时的 C_b。利用势垒电容随外加电压变化这一特性可以制作出各种变容二极管,可应用于压控振荡器、调频电路等。

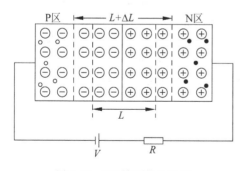

图 7-37　PN 结的势垒电容

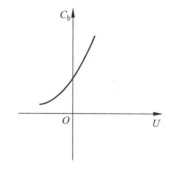

图 7-38　势垒电容与外加电压关系

2. 扩散电容

当 PN 结正偏时,P 区的多子空穴扩散到 N 区形成 N 区的非平衡少子,而 N 区的多子电子扩散到 P 区形成 P 区的非平衡少子,这些非平衡少子浓度在 PN 结交界面最大,与内部的其他部分形成浓度梯度,因此会继续扩散,且在扩散过程中与多子复合。当正偏电压增大

时,增强多子的扩散运动,有更多的多子形成对方的非平衡少子,即对方趋于有更多的载流子积累;当正偏电压减小时,对方区域积累的载流子数目减少,如图 7-39 所示。外加电压改变引起 PN 结两侧的积累的电荷量的变化所形成的电容效应,称为扩散(diffusion)电容,用 C_d 表示。总的电容效应为

$$C_j = C_b + C_d$$

PN 结正偏时,电荷的积累随电压升高而增多,C_d 较大。反偏时,载流子积累的很少,C_d 很小,可以忽略。因此,正偏以扩散电容为主;反偏时,则以势垒电容为主。

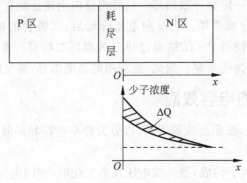

图 7-39 少子浓度分布图

无论是势垒电容还是扩散电容,其数值很小,在皮法数量级。因此二极管在低频使用时,可以忽略其电容效应,而在高频使用时,应考虑结电容的影响。

小结

给纯净的半导体掺杂Ⅲ族元素或Ⅳ族元素可制成 P 型或 N 型半导体,P 型和 N 型半导体的交界面形成 PN 结,PN 结是构成半导体二极管和其他半导体器件的基本结构。

二极管是一种双端非线性器件,只允许一个方向的电流通过,即具有单向导电特性。应用其特性,可以构成整流器、峰值检测器、钳位器等,广泛应用于电子电路中。

二极管伏安特性可用指数描述,在实际应用中,常采用等效模型取代二极管的分析方法。当大信号或者直流源作用时,一般采用二极管的理想模型和电压源模型;当小信号叠加在一个使二极管正向导通的直流上,分析时应采用二极管的小信号模型。

习题

7.1 设一个二极管在室温时 $I_s = 1\mu A$,试求当外加正向电压为 0.15V 时的正向电流。若正向电流为 2mA,外加电压应为多少伏?

7.2 若二极管在室温 27℃时的反向电流 I_s 为 $1\mu A$,试估算在 0℃和 60℃时的反向电流 I_s。

7.3 设图 7-40 中的二极管正向导通电压 $U_D = 0.7V$,求 U_o。

7.4 二极管限幅电路如图 7-41(a)和图 7-41(b)所示,均输入如图 7-41(c)所示的输入

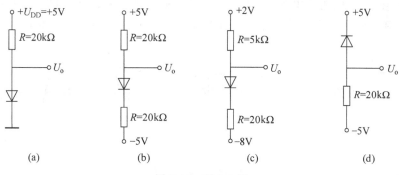

图 7-40 题 7.3 图

信号,试根据输入波形分别画出输出波形(假设二极管为理想二极管)。

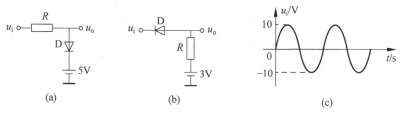

图 7-41 题 7.4 图

7.5 电路如图 7-42(a)所示,二极管的 $U_D=0.7\text{V}$。

(1) 若输入信号的变化范围为 $-10\text{V}<u_i<10\text{V}$,画出 $U_B=5\text{V}$ 时 u_o 与 u_i 的传输特性图。

(2) 若 $U_B=-5\text{V}$,画出 u_o 与 u_i 的传输特性图。

(3) 若将图 7-42(a)中的二极管反接得到图 7-42(b),画出 u_o 与 u_i 的传输特性图。

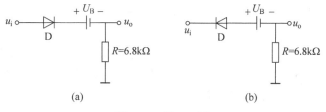

图 7-42 题 7.5 图

7.6 在图 7-43(a)的钳位电路中,若输入信号为方波,见图 7-43(b),其峰峰值为 8V,试根据输入波形画出输出波形(假设二极管为理想的)。

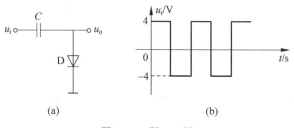

图 7-43 题 7.6 图

7.7 在图 7-44 的钳位电路中,若输入信号波形为正弦波,其峰峰值为 10V,试根据输入波形画出图 7-44(a)和图 7-44(b)电路的输出波形(假设二极管为理想的)。

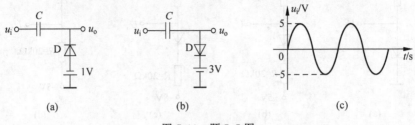

图 7-44 题 7.7 图

7.8 发光二极管电路如图 7-45 所示,其导通电压 $U_D = 2.5V$,工作电流范围为 15~20mA,外接 12V 直流电压源时,需要给二极管串联的电阻 R 为多大?

7.9 二极管电路如图 7-46 所示,$U_D = 0.7V$,在以下情况下,分别求电流 I_{D1} 和输出电压 U_o。①$R_1 = 5k\Omega, R_2 = 10k\Omega$;②$R_1 = 10k\Omega, R_2 = 5k\Omega$。

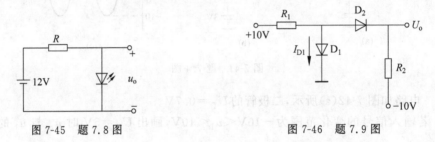

图 7-45 题 7.8 图   图 7-46 题 7.9 图

7.10 二极管电路如图 7-47 所示,$U_o = 0.7V$,求以下几种输入情况下的电流 I_{D1}、I_{D2} 和输出电压 U_o。①$U_1 = U_2 = 10V$;②$U_1 = 10V, U_2 = 0V$;③$U_1 = U_2 = 0V$。

7.11 电路如图 7-48 所示,稳压二极管的 $U_Z = 3.9V$,且 $r_Z = 0$。确定 I_Z、I_L 和二极管的功率 P_Z。

7.12 稳压电路如图 7-48 所示,电路参数变化为负载 $R_L = 300\Omega$,齐纳管的稳定电压 $U_Z = 6V$,允许最大电流 $I_{Zmax} = 40mA$,最小电流 $I_{Zmin} = 5mA$,若电源电压 U_{DD} 在 11~15V 范围内波动,求限流电阻 R 的取值范围。

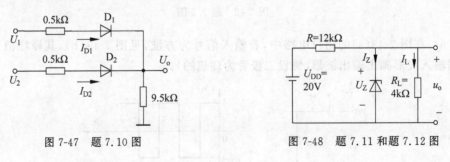

图 7-47 题 7.10 图   图 7-48 题 7.11 和题 7.12 图

7.13 二极管电路如图 7-49 所示,已知 $U_{DD} = 3V, R = 1k\Omega$,输入电压 $u_i = 50\sin\omega t\,(mV)$,求输出电压 u_o,并画出波形。

7.14　稳压电路如图 7-50 所示,已知 $U_{DD}=10V$,$R=1k\Omega$,输入电压 $u_i=500\sin\omega t\,(mV)$,齐纳管的 $U_{Z0}=6.8V$,求:当 $r_Z=0$ 时的输出电压 u_o,并画出波形;当 $r_Z=50\Omega$ 时的输出电压 u_o,并画出波形。

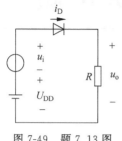

图 7-49　题 7.13 图

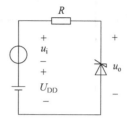

图 7-50　题 7.14 图

7.15　二极管电路如图 7-51 所示,I 为直流电流源,$u_s=10\sin\omega t\,(mV)$,电容 C_1 和 C_2 的电容值很大,起到耦合交流信号以及隔离直流的作用,$R_s=1k\Omega$。

(1) 用二极管小信号模型说明输出电压为 $u_o=\dfrac{u_s U_T}{U_T+IR_s}$。

(2) 当 I 为 $1mA$,$1\mu A$ 时,分别求出输出电压。

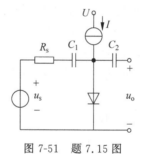

图 7-51　题 7.15 图

第8章

CHAPTER 8

基本放大电路

科学要求每个人有极紧张的工作和伟大的热情。希望你们热情地工作,热情地探索。

——巴甫洛夫

放大电路是很多电子系统中最基本的子电路,由一个或多个晶体管构成。本章介绍晶体管构成的基本放大电路。

场效应晶体管(Field Effect Transistor,FET)和双极型晶体管(Bipolar Junction Transistor,BJT)都具有受控源和开关特性。如果利用晶体管的受控源特性,可以实现放大器、振荡器、电流源等模拟电路。如果利用开关特性,可以实现逻辑门电路、数字存储器等数字电路。本章主要讨论晶体管作受控源使用的放大电路。

本章对电压和电流符号做如下规定:大写字母带大写下标表示直流电压以及直流电流,如 U_{GS} 和 I_D;小写字母带小写下标表示交流电压以及交流电流,如 u_{gs} 和 i_d;小写字母带大写下标表示包括直流和交流在内的总的瞬时电压以及电流,如 u_{GS} 和 i_D;大写字母带小写下标为正弦交流有效值电压以及电流,如 U_{gs} 和 I_d。

8.1 放大电路的基本概念

对信号进行放大是模拟电路最基本的应用之一,很多电子系统中都需要放大电路。比如在扩音器电路中,声音信号转化为电信号后的幅度很小,要用放大电路将其放大到一定幅度后才能够推动扬声器工作。

放大电路可以放大电压和(或)电流,仅当输出信号的功率超过输入信号的功率时才能被称为放大电路。放大电路中必须有直流源,放大的实质是放大电路将直流电源提供的直流能量转换为负载获得的交流能量。如果将放大电路视为一个二端口网络,如图 8-1 所示,其输入端接信号源,输出接负载。$\pm U$ 为直流电源,信号源 u_s 的内阻为 R_{si},输出端接负载 R_L,放大电路应保证功率增益大于 1,即 $P_o > P_i$。

放大电路中的核心是具有控制作用的半导体器件,如 FET 和 BJT。这里以图 8-2(b)所示电路为例简单说明如何实现放大。

图 8-2(a)是 FET 的小信号等效电路,为一个电压控制电流源,由其构成的放大电路如图 8-2(b)所示。假设正弦输入电压 $u_i = 0.02\sin\omega t$ (V)作用于输入端,电流 i_d 受到 u_{gs} 控

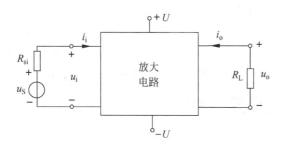

图 8-1 放大电路

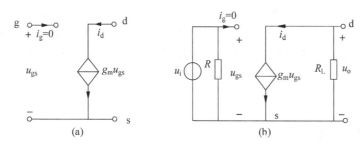

图 8-2 放大原理

制,产生与 u_i 成比例的正弦波 $i_d = 0.1\sin\omega t\,(\mathrm{mA})$,则在 $R_L = 2\mathrm{k}\Omega$ 的负载上产生电压 $u_o = -i_d R_L = -0.2\sin\omega t\,(\mathrm{V})$,负载上电压的峰值为 $0.2\mathrm{V}$,输入电压峰值为 $0.02\mathrm{V}$,可见电压被放大了 $0.2/0.02 = 10$ 倍。

8.2 MOSFET 的工作原理

FET 是一种非线性器件,有两种类型:MOSFET 和结型场效应管。MOSFET 制造工艺成熟,可以方便地将很多管子集成到一块硅片上,在超大规模集成电路中得到广泛应用。MOSFET 分为增强型和耗尽型两类,每一类按照导电的载流子类型又分为 N 沟道 MOSFET 和 P 沟道 MOSFET。增强型 MOSFET 在无外加栅压时没有导电沟道,而耗尽型在无外加栅压时有导电沟道。结型场效应管的工作原理与耗尽型 MOSFET 相似,本书主要介绍 MOSFET。

8.2.1 MOS 电容结构

为理解 MOSFET 的工作原理,先介绍 MOS 电容。MOS 电容结构如图 8-3 所示,这是一种金属(Metal)-氧化物绝缘层(Oxide)-半导体(Semiconductor)结构,金属层和半导体层类似于平板电容器的两极,其中的金属层引出端称为栅极。

给图 8-3 中的 MOS 电容加正栅压,将出现方向向下的电场 E,对绝缘层和 P 型衬底交界处

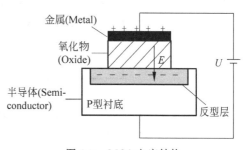

图 8-3 MOS 电容结构

的空穴有驱赶作用。若将正栅压继续加大到某个门限电压 U_{thn} 以上,将吸引电子到交界面,形成电子积累层,从而在交界面形成 N 型半导体。因为与 P 型衬底的半导体类型相反,故称为电子反型层。与之类似,对于 N 型衬底的 MOS 电容结构,应加一定的负栅压方能出现空穴反型层,形成空穴反型层所需的门限电压用 U_{thp} 表示,$U_{thp}<0$。

8.2.2 N 沟道增强型 MOSFET

1. 结构与电路符号

N 沟道增强型 MOSFET 的结构如图 8-4(a)所示,电路符号如图 8-4(b)所示。它以一块低掺杂的 P 型硅为衬底(Body,B),在衬底表面生成极薄的一个 SiO_2 绝缘层,用扩散工艺在硅片上制造两个重掺杂的 N+ 区,引出两个金属电极,分别作为漏极(Drain,D)和源极(Source,S)。然后在漏极和源极之间的绝缘层上覆盖一层金属铝作为栅极(Gate,G),衬底引出电极用 B 表示。由于绝缘层将栅极与源极、漏极和衬底间隔开,也称绝缘栅极。

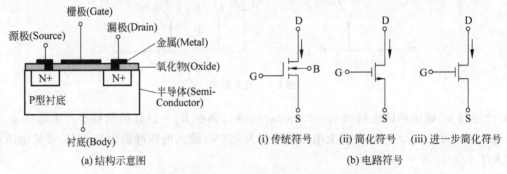

(a) 结构示意图

(i) 传统符号　(ii) 简化符号　(iii) 进一步简化符号

(b) 电路符号

图 8-4　N 沟道增强型 MOSFET 的结构示意图和电路符号

图 8-5 为 N 沟道增强型 MOSFET 的立体剖面图,标明了沟道的长(L)、宽(W)以及氧化物的厚度(t_{ox})。一般沟道的长和宽在微米量级,氧化物的厚度为 10^{-7} m 量级。虽然 MOSFET 是一个四端器件,但使用时衬底要求连接在电路的最低电位上,为简单起见,常将 MOSFET 的源极和衬底短接,成为三端器件,因此其简化符号中只有三端。

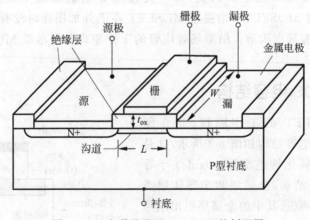

图 8-5　N 沟道增强型 MOSFET 的剖面图

2. 工作原理

当外加不同的电压时,MOSFET 的工作状态有很大不同,可做受控源或者开关使用。由于 MOSFET 是三端的非线性器件,其伏安关系相对复杂,下面讨论外加不同偏置电压时晶体管的工作情况。

1) 栅极电压对沟道的控制作用

当 $u_{GS}=0$ 时,源与漏之间相当于两个背靠背的二极管串联,如图 8-6(b)所示。当漏源间加正电压时($u_{DS}>0$),漏极与衬底之间的 PN 结处于反偏,如图 8-6(a)所示。漏源间加负电压时($u_{DS}<0$),源与衬底间的 PN 结处于反偏。因此当栅极零偏时,无论漏源之间加何种极性的电压,也没有电流通过(只有极微小的反向电流)。增强型 MOSFET 在栅极零偏时不导电是个重要特征。

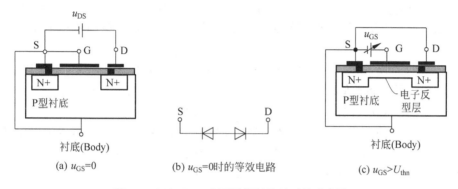

图 8-6 MOSFET 在不同栅极偏置下的示意图

当 $u_{GS}>U_{thn}$ 时,出现导电沟道。从 MOSFET 的结构图可知,栅极与 P 型衬底之间相当于一个平板电容器,构成 MOS 电容结构。当 $u_{GS}>0$ 时,如图 8-6(c)所示(这里仅为了说明 u_{GS} 对沟道的影响,故将 u_{DS} 置零),正栅压会产生一个垂直于衬底表面的电场,起到排斥空穴并吸引电子的作用。当正栅压足够大,即 $u_{GS}>U_{thn}$ 时,会将深层的电子吸引到表面层来形成 N 型半导体,形成电子反型层。这个反型层把两个 N+区连通起来,形成一条从源极到漏极的 N 型导电沟道,称为 N 沟道。这种靠增强栅源电压而形成导电沟道的 MOSFET,称为增强型 MOSFET,开始形成导电沟道的最小栅源电压,称为开启电压,记作 U_{thn}。同时因为反型层为 N 型半导体,所以这种器件也称为 N 沟道增强型 MOSFET (NMOS)。对应图 8-4(b)中的传统电路符号,虚线代表沟道,由于没有栅源电压时,该沟道不存在,因此用虚线表示。另外,箭头是由 P 型衬底指向 N 型沟道。

当导电沟道形成之后,如果进一步增大 u_{GS},P 型半导体表面的电荷量越多,导电能力越强,沟道电阻越小。可见,栅源电压 u_{GS} 的变化不仅可以形成沟道,而且可对沟道的导电能力进行控制。

以上只讨论了 u_{GS} 对沟道的影响,下面讨论 u_{DS} 对沟道的影响。

2) 漏源电压 u_{DS} 对电流 i_D 的影响

将图 8-7(a)中栅源电压 u_{GS} 固定为一个大于 U_{thn} 的值,以确保导源极和漏极之间形成导电沟道。此时在漏极加正电压形成 u_{DS},考察不同大小的 u_{DS} 对 i_D 的影响。

当 $u_{DS}\ll u_{GS}-U_{thn}$ 时,由于已有导电沟道,u_{DS} 吸引电子从源端移动到漏端,形成电流

i_D。将载流子的发出端称为"源",到达端称为"漏",这也是源和漏命名的由来。当 u_{DS} 很小时,沟道电阻几乎不变,i_D 随 u_{DS} 近似呈线性增长,呈现出电阻的伏安特性,如图 8-7(b)中实线所示。

当 u_{DS} 继续增大,但未超过 $u_{GS}-U_{thn}$ 时,沟道电阻会逐渐变大,导致伏安曲线的斜率逐渐减小[1],如图 8-7(b)中虚线所示。因此,将 $0<u_{DS}<u_{GS}-U_{thn}$ 的区域称为可变电阻区,该可变电阻用 R_{on} 表示

$$R_{on}=\frac{u_{DS}}{i_D}$$

当 $u_{DS}=u_{DS(sat)}=u_{GS}-U_{thn}$ 时,在图 8-7(b)中对应一点,这一点是临界点,常将此时的 u_{DS} 记作 $u_{DS(sat)}$。

当 $u_{DS}>u_{DS(sat)}$ 时,漏极电流 i_D 基本不随 u_{DS} 增大而改变,如图 8-7(b)中的点画线所示,由于电流趋于恒定,这一区域称为恒流区,或饱和区,此处的饱和是指电流饱和,趋于恒定。

图 8-7(b)是固定 u_{GS} 为某个值时得到的 i_D 与 u_{DS} 的伏安特性曲线。如果改变 u_{GS} 为其他值,将得到另一条类似的曲线。例如,某 MOSFET 的 $U_{thn}=0.5\text{V}$,当 $u_{GS}=2.5\text{V}$ 时,得到 i_D 与 u_{DS} 的伏安曲线如图 8-7(c)所示,饱和区与可变电阻区的临界点在 $u_{DS(sat)}=u_{GS}-U_{thn}=2.5-0.5=2\text{V}$。如果将 u_{GS} 减小到 1.5V,则沟道导电能力变差,沟道电阻变大,所以可变电阻区的直线斜率变小,此时饱和区与可变电阻区的临界点也会左移,到 $u_{DS(sat)}=u_{GS}-U_{thn}=1.5-0.5=1\text{V}$,$u_{GS}$ 越小,临界点电压 $u_{DS(sat)}$ 越低。

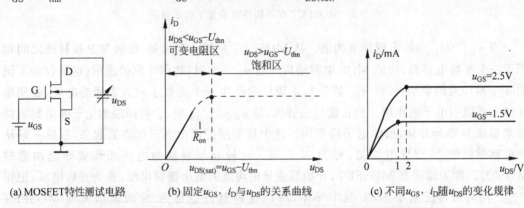

(a) MOSFET特性测试电路　　(b) 固定u_{GS},i_D与u_{DS}的关系曲线　　(c) 不同u_{GS},i_D随u_{DS}的变化规律

图 8-7　固定栅源电压,N 沟道增强型 MOSFET 的输出伏安特性

3. I-V 特性曲线与伏安方程

1) 输出特性以及伏安方程

FET 的输出特性曲线是以栅源电压 u_{GS} 为参变量,描述 i_D 与 u_{DS} 之间的关系曲线,即

$$i_D=f(u_{DS})\big|_{u_{GS}=\text{常数}}$$

对于每一个 u_{GS} 值,都对应一条 $i_D\sim u_{DS}$ 曲线,最终呈现出一簇曲线,如图 8-8 所示。

MOSFET 的输出特性图分为三个区域:可变电阻区、恒流区、截止区。

图 8-8 中的虚线为满足 $u_{DS}=u_{DS(sat)}$ 的临界点连接而成,在虚线左侧以及 $u_{GS}>U_{thn}$ 以

---

① 具体原理参见 8.10 节。

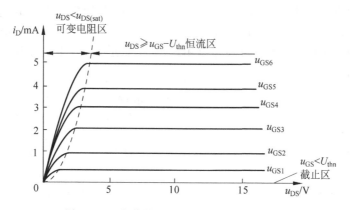

图 8-8　N 沟道增强型 MOSFET 的特性曲线

上的区域为可变电阻区,也即 $u_{DS} < u_{DS(sat)}$,且 $u_{GS} > U_{thn}$ 的区域。在可变电阻区,i_D 不仅随 u_{DS} 的增大迅速增加,也随着 u_{GS} 的增大而增加,伏安关系式为

$$i_D = K_n \left[2(u_{GS} - U_{thn}) u_{DS} - u_{DS}^2 \right] \tag{8-1}$$

式(8-1)中的 U_{thn} 为 N 沟道增强型 MOSFET 的开启电压,参数 K_n 为 N 沟道器件的传导参数,可以表示为

$$K_n = \frac{k_n'}{2} \frac{W}{L} \tag{8-2}$$

其中,$k_n' = \mu_n C_{ox}$ 称为工艺传导参数;通常对于特定的制造工艺可以认为 k_n' 为一常数;μ_n 为 N 沟道中电子的迁移率;C_{ox} 为氧化层单位面积电容。W 为沟道宽度,L 为沟道长度。式(8-2)表明宽与长比是 MOSFET 设计的可变参数。综上,式(8-2)也可以写为

$$K_n = \frac{\mu_n C_{ox}}{2} \cdot \frac{W}{L} \tag{8-3}$$

在可变电阻区,u_{DS} 相对较小,i_D 与 u_{DS} 近似呈线性关系,尤其是 u_{DS} 接近 0 的时候。FET 的源漏之间如同一个电阻,其阻值受栅压(u_{GS})的控制,u_{GS} 越接近 U_{thn},该阻值越大,因此称为可变电阻区。

图 8-8 中的虚线右侧为恒流区($u_{DS} \geq u_{GS} - U_{thn}$),也即 $u_{DS} \geq u_{DS(sat)}$,$u_{GS} > U_{thn}$ 的区域。MOSFET 工作在恒流区时电流 i_D 的特点是趋于恒定,几乎不再随着 u_{DS} 的增大而上升。表明 u_{DS} 对 i_D 几乎没有影响,i_D 只受栅偏压 u_{GS} 的控制,恒流区漏极电流的表达式为

$$i_D = K_n (u_{GS} - U_{thn})^2 \tag{8-4}$$

MOSFET 工作在截止区($u_{GS} < U_{thn}$)的沟道特征是:MOSFET 无导电沟道,即使加上 u_{DS} 也无电流流通。$i_D = 0$,称为截止区,在图 8-8 中,$u_{GS} < U_{thn}$ 曲线下方为截止区。

2)转移特性

MOSFET 是绝缘栅型器件,栅极电流几乎为 0,因此不讨论其输入特性,只关注输入的栅源电压能够控制产生多大的输出电流 i_D。由前面的讨论可知,恒流区的漏极电流 i_D 几乎不受漏源电压 u_{DS} 的影响,但受栅源电压 u_{GS} 的控制。转移特性就是描述 i_D 随 u_{GS} 变化的特性,具体的是将 u_{DS} 固定在恒流区,观测 i_D 与 u_{GS} 的关系,可表示为

$$i_D = f(u_{GS}) \big|_{u_{DS} = \text{常数}}$$

利用测量的方法,当固定一个 u_{DS}($u_{DS} > u_{DS(sat)}$)值时,便可测得一条 i_D 随 u_{GS} 变化的曲线,如图 8-9(b)所示。给定不同的 u_{DS} 值,所得到的转移特性曲线差别很小,工程上常用一条曲线近似表示。这条转移特性还可以用式(8-4)来逼近。只要知道 K_n 和 U_{thn} 值,便可画出转移特性曲线。

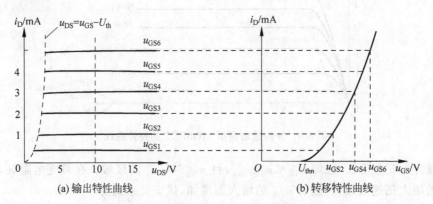

(a) 输出特性曲线　　　　　　　　　　(b) 转移特性曲线

图 8-9　N 沟道增强型 MOSFET 的特性曲线

图 8-10　水龙头与 FET

综上,工作在恒流区的 MOSFET 的漏极电流受到栅源电压控制,因此可以将其等效为受电压控制的电流源。一个形象的比喻是把场效应管类比成水龙头和地漏,如图 8-10 所示。MOSFET 的栅源电压控制漏极电流的大小,相当于水龙头开关控制水流的大小。如果栅源电压低于门限,没有电流,就相当于水龙头被拧紧时不会有水流。当栅源电压高于门限,载流子是从源极移动到漏极。就相当于拧开水龙头,水流由水龙头流向地漏。漏源间的电压不影响水流的大小,就相当于水龙头离地漏的远近也不影响水流的大小一样。

4. 开关特性

场效应管既可以应用于模拟电路中也可以用于数字电路中。当 MOSFET 的工作状态在可变电阻区以及截止区之间切换,就相当于开关的闭合以及断开。利用这种开关特性,MOSFET 可构成数字电路中的反相器和逻辑门电路。如图 8-11(a)所示为 N 沟道增强型 MOSFET 构成的反相器电路。

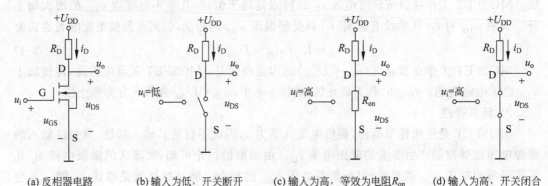

(a) 反相器电路　　　(b) 输入为低,开关断开　　　(c) 输入为高,等效为电阻 R_{on}　　　(d) 输入为高,开关闭合

图 8-11　MOSFET 反相器

（1）当输入电压为低：$u_i < U_{thn}$，MOSFET 工作在截止区，电流 $i_D = 0$，漏源之间相当于一个开关，此时此开关断开，如图 8-11（b）所示。由于电阻 R_D 上没有压降，因此输出电压 u_o 为高：$u_o = +U_{DD}$，此时 MOSFET 没有耗散功率。

（2）当输入电压为高：$u_i = +U_{DD}$，$u_{DS} < u_i - U_{thn}$，MOSFET 进入可变电阻区，漏极与源极之间呈现出一个等效电阻 R_{on}，如图 8-11（c）所示。输出电压为

$$u_o = \frac{R_{on}}{R_{on} + R_D} U_{DD}$$

假设 $+U_{DD} = +5V$，$U_{thn} = 1.5V$，$R_{on} = 1k\Omega$，$R_D = 15k\Omega$，则当输入 $u_i = 5V$ 时，

$$u_o = \frac{R_{on}}{R_{on} + R_D} U_{DD} = \frac{1}{1 + 15} \times 5 = 0.3125（V）$$

此时输出电压为低。

当 $R_{on} \ll R_D$ 时，可将 R_{on} 的作用忽略，u_o 接近于 0，MOSFET 相当于开关闭合，如图 8-11（d）所示，也是通常使用的模型。

综上，MOSFET 可作开关使用。当其工作在可变电阻区，相当于开关闭合；工作在截止区时，开关断开。

MOSFET 构成的逻辑门电路如图 8-12 所示，该电路为或非门。当两个输入 u_{i1} 和 u_{i2} 均为 0，两个晶体管都是截止状态，所以电流 i 为 0，输出 u_o 为高，即 $u_o = +U_{DD}$。如果 u_{i1} 为高，u_{i2} 为低，即 $u_{i1} = +U_{DD}$，$u_{i2} = 0$，T_1 导通且进入可变电阻区，T_2 截止，则 u_o 为低。

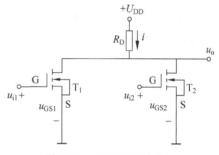

图 8-12 MOSFET 或非门

同理，可以分析出 $u_{i2} = +U_{DD}$，$u_{i1} = 0$，输出 u_o 为低；当 $u_{i1} = u_{i2} = +U_{DD}$，$u_o$ 为低。综上，该电路只要输入有一个为高，输出就为低，功能为或非。实际逻辑门电路中，电阻 R_D 也是用 MOSFET 代替。

上述例子是利用 MOSFET 工作在截止、可变电阻区时具有的开关特性构成的数字电路。

5. 放大作用

如果 MOSFET 工作在恒流区，具有受控源的作用，利用该特性可以构成放大器，用于放大随时间变化的小信号。图 8-13 为 MOSFET 小信号放大电路，通过选择合适的直流电压源 U_{DD}、U_{GG} 以及电阻 R_D 使得 MOSFET 工作在恒流区。时变小信号 u_i 叠加在直流电压 U_{GG} 上作用在栅源之间，因此：

$$u_{GS}(t) = U_{GG} + u_i(t) \tag{8-5}$$

由于输入信号 u_i 的幅度很小，MOSFET 在有输入信号的情况下始终工作在恒流区。因此电流 i_D 可以用式（8-4）得到。

根据电路可以得输出电压 u_o 为：

$$u_o = U_{DD} - i_D R_D \tag{8-6}$$

将式（8-4）代入，则有

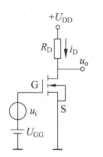

图 8-13 MOSFET 小信号
放大电路原理

$$u_o = U_{DD} - K_n(u_{GS} - U_{thn})^2 R_D \tag{8-7}$$

如果 $U_{DD} = 10V$，$U_{GG} = 2V$，$R_D = 10k\Omega$，场效应管参数：$K_n = 0.5mA/V^2$，$U_{thn} = 1V$，输入信号为正弦波 $u_i(t) = 0.07\sin\omega t(V)$。则栅源电压为时间的函数：

$$u_{GS}(t) = U_{GG} + u_i(t) = 2 + 0.07\sin\omega t \tag{8-8}$$

将式(8-8)代入式(8-7)，输出电压也是时间的函数：

$$u_o(t) = U_{DD} - K_n(U_{GS} + u_i(t) - U_{thn})^2 R_D = 10 - 0.5 \times (2 + 0.07\sin\omega t - 1)^2 \times 10$$

代入不同 ωt，可得到表 8-1。

表 8-1 不同时刻 u_{gs}、u_{GS} 与 u_o 的值

ωt	u_{gs}/V	u_{GS}/V	u_o/V
$0,\pi,2\pi$	0	2	5
$\pi/4,3\pi/4$	$0.07 \times 0.707 \approx 0.049$	$2 + 0.049 = 2.049$	4.49
$\pi/2$	$0.07 \times 1 = 0.07$	$2 + 0.07 = 2.07$	4.28
$3\pi/2$	$0.07 \times (-1) = -0.07$	$2 - 0.07 = 1.93$	5.675
$5\pi/4,7\pi/4$	$0.07 \times (-707) \approx -0.049$	$2 - 0.049 = 1.951$	5.48

或者用 MATLAB 计算不同时刻的 u_o，得到波形如图 8-14(a)所示。同时也将输入波形画在图中，可以看到输出信号 u_o 是在直流 5V 基础上变化的，其变化部分是输入 u_i 被反相放大的结果。

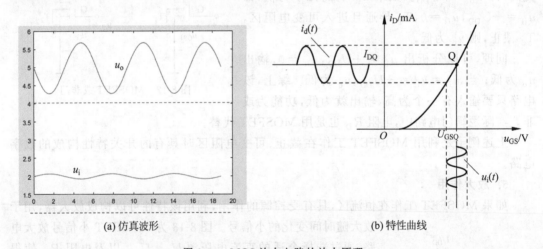

(a) 仿真波形　　　　　　　　　(b) 特性曲线

图 8-14　MOS 放大电路的放大原理

以上实例说明 MOSFET 具有放大作用，下面用图解法进一步说明信号被放大的原因。图 8-13 中电路在直流电压源作用下产生静态工作点(I_{DQ}，U_{GSQ})，也就是图 8-14(b)的 Q 点。输入信号 u_i 控制栅源电压在 U_{GSQ} 附近变化，从而导致漏极电流在 I_{DQ} 附近变化。虽然 MOSFET 为非线性元件，当信号变化幅度足够小，i_D 与 u_{GS} 的伏安特性曲线斜率近似为常数，与 Q 点处的斜率相等，即 u_{GS} 能线性地控制漏极电流 i_D 的变化。最终漏极电流 i_D 作用在负载上，从而得到线性放大的输出电压信号。

6. 非线性电阻

将增强型 MOSFET 的栅极与漏极短接,MOSFET 成为了两端器件,可当作非线性电阻使用,如图 8-15(a)所示。由于 $u_\mathrm{G}=u_\mathrm{D}$,所以 $u_\mathrm{GS}=u_\mathrm{DS}$。当 $u_\mathrm{GS}>U_\mathrm{thn}$ 时,管子工作在恒流区,根据恒流区伏安方程

$$i_\mathrm{D}=K_\mathrm{n}(u_\mathrm{GS}-U_\mathrm{thn})^2=K_\mathrm{n}(u_\mathrm{DS}-U_\mathrm{thn})^2$$

可知 MOSFET 呈现非电阻特性,上述伏安规律如图 8-15(b)所示。

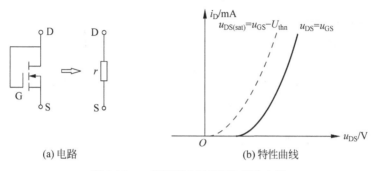

(a) 电路   (b) 特性曲线

图 8-15   增强型 MOSFET 用作电阻

8.2.3   P 沟道增强型 MOSFET

P 沟道 MOSFET 的结构与 N 沟道 MOSFET 类似,不过将原来是 N 型的区域换成 P 型,原来是 P 型的换成 N 型,图 8-16 所示为 P 沟道增强型 MOSFET 的结构示意图和电路符号。这里的衬底为 N 型半导体,源极和漏极区为 P 型半导体。注意对于 N 型衬底,只有负栅压才能产生反型层,此时门限 U_thp 为负值,因此当 $u_\mathrm{GS}<U_\mathrm{thp}$ 时方可产生导电沟道。P 沟道增强型 MOSFET 的工作原理类似于 N 沟道的 MOSFET,只是偏置的极性不同,漏极电流的方向相反。这里电流的参考方向是流进漏极的方向。

P 沟道增强型 MOSFET 的输出特性曲线以及转移特性曲线如图 8-17 所示。

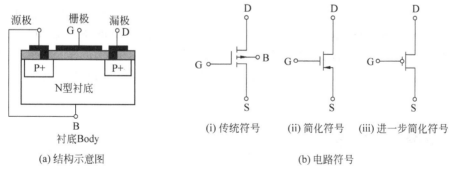

(i) 传统符号   (ii) 简化符号   (iii) 进一步简化符号

(a) 结构示意图   (b) 电路符号

图 8-16   P 沟道增强型 MOSFET 的结构示意图和电路符号

(1) P 沟道增强型 MOSFET 工作在恒流区的条件为

$$u_\mathrm{GS}\leqslant U_\mathrm{thp}, \quad u_\mathrm{DS}\leqslant u_\mathrm{GS}-U_\mathrm{thp}$$

当电流的参考方向为流进漏极时,恒流区的伏安特性为

$$i_\mathrm{D}=-K_\mathrm{p}(u_\mathrm{GS}-U_\mathrm{thp})^2 \tag{8-9}$$

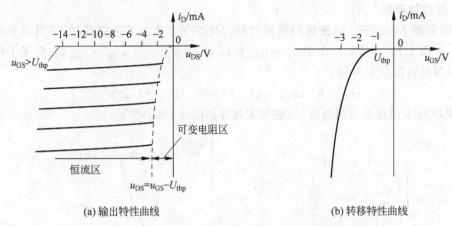

(a) 输出特性曲线   (b) 转移特性曲线

图 8-17 P 沟道增强型 MOSFET 的特性曲线

P 沟道器件的传导参数 K_p 为

$$K_p = \frac{k_p'}{2}\frac{W}{L} = \frac{\mu_p C_{ox}}{2}\frac{W}{L} \tag{8-10}$$

其中，$k_p' = \mu_p C_{ox}$，C_{ox} 为栅极氧化物单位面积上的电容，μ_p 为空穴反型层中空穴的迁移率，W、L 为沟道的宽度、长度。

（2）P 沟道增强型 MOSFET 工作在可变电阻区的条件为

$$u_{GS} \leqslant U_{thp}, \quad u_{DS} > u_{GS} - U_{thp}$$

当电流的参考方向为流进漏极时，可变电阻区的伏安特性为

$$i_D = -K_p[2(u_{GS} - U_{thp})u_{DS} - u_{DS}^2] \tag{8-11}$$

（3）P 沟道增强型 MOSFET 工作在截止区的条件为 $u_{GS} > U_{thp}$。

8.2.4 耗尽型 MOSFET

1. N 沟道耗尽型 MOSFET

耗尽型 MOSFET 也分为 P 沟道和 N 沟道两种。图 8-18（a）为 N 沟道耗尽型 MOSFET 的结构示意图，电路符号如图 8-18（b）所示。耗尽型 MOSFET 在 SiO_2 层中掺入适量的正离子，正离子吸引电子到 P 型衬底的表层，形成 N 型导电沟道连接了漏极和源极，说明耗尽型 MOSFET 即使在零栅压时（$u_{GS} = 0$）也有导电沟道，见图 8-19（a）。

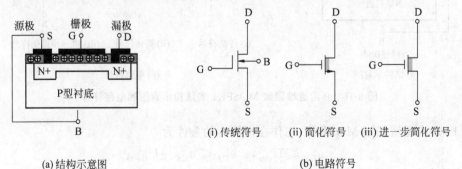

(a) 结构示意图   (b) 电路符号

(i) 传统符号   (ii) 简化符号   (iii) 进一步简化符号

图 8-18 N 沟道耗尽型 MOSFET 的结构示意图和电路符号

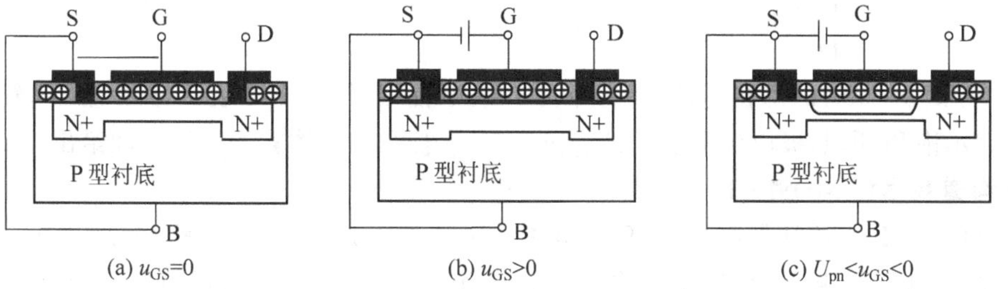

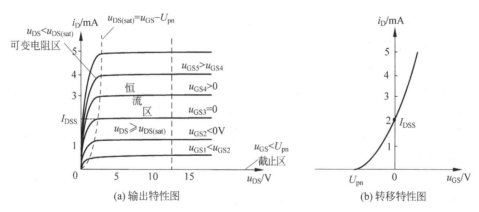

| (a) $u_{GS}=0$ | (b) $u_{GS}>0$ | (c) $U_{pn}<u_{GS}<0$ |

图 8-19　加不同栅压时的 N 沟道耗尽型 MOSFET 横截面

当加正栅压时（$u_{GS}>0$），沟道相比零栅压时进一步变宽，沟道的导电性能增加，如图 8-19(b)所示。加负栅压时（$U_{pn}<u_{GS}<0$），负的栅极电压在氧化物下面产生空间电荷区，从而使 N 沟道区域的宽度减小，沟道导电性降低，如图 8-19(c)所示。当 u_{GS} 负到一定程度，即 $u_{GS}=U_{pn}$（注意 $U_{pn}<0$ 时），感应的空间电荷区扩展到了整个 N 沟道区，即沟道被耗尽了，此时的栅极电压使得已有的沟道消失，因此称为夹断电压，用 U_{pn} 表示（夹断英文为 Pinch off，这里 U_{pn} 的下标第一个字母 p 表示沟道夹断，第二个字母 n 表示 N 沟道）。N 沟道耗尽型 MOSFET 与 N 沟道增强型 MOSFET 的结构基本相同，工作原理也基本相同，主要区别是耗尽型 MOSFET 的二氧化硅绝缘层中掺杂正离子，由于正离子的作用，使得未加外栅压也可以在 P 型衬底靠近绝缘层处形成电子反型层，也就是说在零栅压就可形成导电沟道。所以 N 沟道耗尽型 MOSFET 可以工作在负栅压，零栅压或正栅压的偏置下。当 u_{GS} 为负且达到夹断电压 U_{pn}（$U_{pn}<0$）时，反型层感应的电子消失，沟道被完全夹断不会产生漏极电流。

| (a) 输出特性图 | (b) 转移特性图 |

图 8-20　N 沟道耗尽型 MOSFET 的输出特性和转移特性曲线

N 沟道耗尽型 MOSFET 的输出特性曲线为图 8-20(a)，如果在输出特性曲线的恒流区固定一个 u_{DS}，可以得到转移特性曲线，如图 8-20(b)所示。

工作在恒流区的 N 沟道耗尽型 MOSFET 伏安方程为

$$i_D = I_{DSS}\left(1-\frac{u_{GS}}{U_{pn}}\right)^2, \quad u_{DS}>u_{GS}-U_{pn} \tag{8-12}$$

工作在可变电阻区的 N 沟道耗尽型 MOSFET 伏安方程为

$$i_D = \frac{I_{DSS}}{U_{pn}^2}\left[2(u_{GS} - U_{pn})u_{DS} - u_{DS}^2\right], \quad u_{DS} < u_{GS} - U_{pn} \tag{8-13}$$

其中，I_{DSS} 为 $u_{GS}=0$ 时的漏极电流，下标中的 D 表示漏极，第一个 S 表示栅源电压间短路，第二个 S 表示饱和，即漏极电流不变。U_{pn} 和 I_{DSS} 一般作为晶体管的已知特性给出。

2. P 沟道耗尽型 MOSFET

图 8-21(a)为 P 沟道耗尽型 MOSFET 的横截面，图 8-21(b)为其电路符号。对于这种耗尽型器件，即使栅极电压为零，在氧化物下面也存在一个空穴导电沟道区。要使 P 沟道耗尽型 MOSFET 产生夹断，应施加正向电压。所以 P 沟道耗尽型 MOSFET 的夹断电压 U_{pp} 为正值。

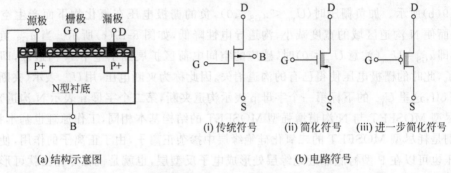

(a)结构示意图　　　　　　　　(i) 传统符号　　(ii) 简化符号　　(iii)进一步简化符号

(b)电路符号

图 8-21　P 沟道 MOSFET 的结构示意图和电路符号

8.2.5　MOSFET 的几种效应

MOSFET 存在沟道调制效应、温度效应以及击穿效应等，这里仅介绍这些效应带来的影响，不讨论产生的机理。

1. 沟道长度调制效应

前面的输出伏安特性未考虑沟道长度调制效应，因此恒流区的漏极电流为水平线。而实际中由于沟道长度调制效应，i_D 电流也随 u_{DS} 变化而变化。这里以 N 沟道增强型管子为例，沟道长度调制效应表现为：恒流区的漏极电流 i_D 随着漏源电压 u_{DS} 的增长有相应的增长，是一簇随着 u_{DS} 增加而略微上翘的直线，如图 8-22 所示。这些直线延长线和横轴交于一点，该点的电压值记作 U_A，称为厄利电压。当考虑沟道长度调制效应时，恒流区的电流 i_D 不但受电压 u_{GS} 控制，也与 u_{DS} 有关，伏安方程为

$$i_D = K_n(u_{GS} - U_{thn})^2(1 + \lambda u_{DS}) \tag{8-14}$$

其中，λ 为沟道长度调制参数，与厄利电压的关系为

$$\lambda = \frac{1}{U_A} \tag{8-15}$$

2. 温度效应

MOSFET 的开启电压 U_{thn} 以及电导常数 K_n 都随温度变化而改变。其中，U_{thn} 随温度升高而下降，K_n 随温度升高而降低。由于 K_n 受温度的影响超过 U_{thn} 受温度的影响，根据式(8-4)，总的影响是当温度上升时，对于给定 U_{GS}，漏极电流减小。

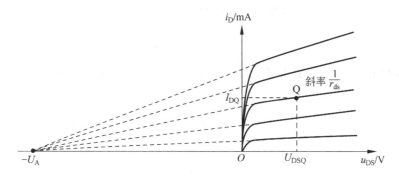

图 8-22　沟道调制效应对 N 沟道增强型 MOSFET 的输出特性的影响

3. 击穿效应

当 u_{DS} 增大到某一值时，i_D 开始急剧上升，这种现象就是发生了漏源击穿，此时的漏源电压为漏源击穿电压，记作 $U_{(BR)DS}$。此外，栅源间 PN 结反压超过某值时也会发生击穿，称为栅源击穿，用 $U_{(BR)GS}$ 表示。

8.2.6　MOSFET 的参数

1. 直流参数

（1）开启电压 U_{th} 是增强型 MOSFET 的参数，衡量的是出现漏极电流时最小的 u_{GS} 值。对 N 沟道增强型 MOSFET 而言，U_{thn} 为正，对 P 沟道增强型 MOSFET，U_{thp} 为负。

（2）夹断电压 U_p 是耗尽型 MOSFET 的参数，是指沟道完全夹断，即 $i_D = 0$ 时，在栅源间所加的电压。U_p 也是转移特性曲线上 $i_D = 0$ 那点的 u_{GS} 值。对 N 沟道耗尽型 MOSFET，U_{pn} 为负值，对 P 沟道耗尽型 MOSFET，U_{pp} 为正值。

（3）饱和漏极电流 I_{DSS} 是耗尽型 MOSFET 和结型场效应管的参数，饱和漏极电流 I_{DSS} 是指 $u_{GS} = 0$，且当 $u_{DS} = u_{GS} - U_p$ 时，MOSFET 的漏极电流值见图 8-20。

2. 小信号（微变）参数

（1）跨导 g_m 表征了工作在恒流区的 MOSFET 其栅源电压 u_{GS} 对漏极电流 i_D 的控制能力，是转移特性曲线上工作点处切线的斜率，用 g_m 表示。g_m 越大，MOSFET 的放大能力越强。具体定义为：当 MOSFET 工作在恒流区，u_{DS} 为常数时，i_D 的微小变化量与 u_{GS} 微小变化量之比。

$$g_m = \frac{\partial i_D}{\partial u_{GS}} \Big|_{u_{DS} = 常数} \tag{8-16}$$

跨导的单位为 mS（毫西门子），其大小与工作点位置密切相关，工作点电流越大，一般场效应管的 g_m 在零点几到几 mS 之间。对于 N 沟道增强型 MOSFET，根据式（8-16）以及式（8-4），可以推导出

$$g_m = \frac{\partial i_D}{\partial u_{GS}} \Big|_{u_{DS}} = 2K_n(u_{GS} - U_{thn}) \tag{8-17}$$

或者

$$g_m = 2\sqrt{K_n i_D} \tag{8-18}$$

（2）漏极输出电阻 r_{ds} 表示电压 u_{DS} 引起电流 i_D 的变化，定义为

$$r_{ds} = \frac{\partial u_{DS}}{\partial i_D}\Big|_{u_{GS}=常数} \tag{8-19}$$

r_{ds} 是输出特性曲线上工作点处斜率的倒数，对于增强型 MOSFET，根据式(8-14)以及式(8-19)，可得

$$r_{ds} = \left(\frac{\partial i_D}{\partial u_{DS}}\right)^{-1}\Big|_{u_{GS}} = [\lambda K_n (u_{GS} - U_{thn})^2]^{-1} \cong [\lambda i_D]^{-1} \tag{8-20}$$

如果考虑式(8-15)，则有

$$r_{ds} = \frac{U_A}{i_D} \tag{8-21}$$

（3）极间电容。MOSFET 的三个电极之间存在着极间电容，即栅源电容 C_{gs}、栅漏电容 C_{gd} 和漏源电容 C_{ds}。其中，C_{gs} 和 C_{gd} 的数值一般为 $1\sim3pF$。MOSFET 在高频使用时，要考虑极间电容的影响。

3. 极限参数

（1）最大漏极电流 I_{DM} 是 MOSFET 正常工作时所允许的最大工作电流。

（2）最大耗散功率 P_{DM}。MOSFET 在使用中不能超出 P_{DM} 的限制，功率管还要加上额定的散热片。

（3）漏源击穿电压 $U_{(BR)DS}$。当 u_{DS} 增大到某值时，i_D 急剧增加便发生可漏源击穿，此时的 u_{DS} 称为 $U_{(BR)DS}$。

（4）栅源击穿电压 $U_{(BR)GS}$。MOSFET 的栅源偏压增加到一定值，栅源也会发生击穿，该电压值为 $U_{(BR)GS}$，使用中不能超出 $U_{(BR)GS}$。

8.3 FET 放大电路

FET 的一个基本应用就是构成放大电路。由一个晶体管构成的放大电路称为单级放大电路。在构成放大电路中，FET 的三端分别担任信号的输入端，信号的输出端，以及信号输入和输出的公共端。根据信号输入端、输出端和公共端的不同，放大电路可分为共源极、共栅极和共漏极三种基本组态。当源极为信号的公共端，就为共源组态的放大电路，以此类推还有共漏和共栅组态放大电路。

8.3.1 FET 放大电路的组成

图 8-23 是一个共源组态的基本放大电路。当 u_i 为零时，电路工作在直流状态，通常称为静态。此时 MOSFET 各极的电压与电流由直流供电电源 U_{DD} 提供，均为常数，对应于特征曲线上的一个点，称为静态工作点。在正弦输入信号 u_i 不为零的动态，若 u_i 的幅值与 U_{GS} 相比充分小时，则它与 U_{GS} 叠加的结果仍能保证 MOSFET 处于恒流区内。虽然 MOSFET 为非线性元件，但信号幅度很小时，晶体管的非线性特征不明显，可以近似认为是线性的，各极电压电流的波形仍基本按正弦规律变化。如果电路参数选择恰当，则 u_o 的幅度可比 u_i 大得多，从而达到不失真地放大信号的目的。图 8-24 是在 u_i 为正弦信号时各极电压与电流的波形。

　　电路中负载所获得的交流信号功率不是信号源提供的,而是由直流电源 U_{DD} 提供的。信号源通过 MOSFET 的控制作用,将直流电源提供的能量的一部分转化成了按信号规律变化的交流能量。因此,放大的本质是能量形式的转换,转换的条件是电路中必须包含有线性(或准线性)控制作用的电子器件。

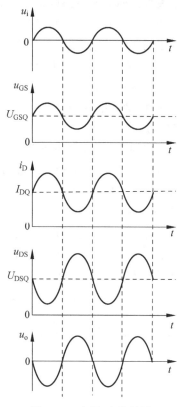

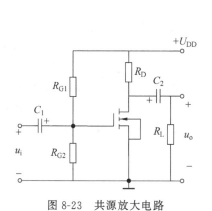

图 8-23　共源放大电路　　　　　　　　图 8-24　电压、电流波形

　　通过上述分析可以知道,用场效应管构成放大电路应该遵循以下规则。

　　(1) 设置合理的直流偏置电路(或直流通路),将 MOSFET 偏置在恒流区(放大状态),即静态工作点处于恒流区内。

　　(2) 输入信号必须加在栅极——源极回路。利用 u_{GS} 对于漏极电流 i_D 的控制作用,只有将输入信号加在栅极——源极回路,才能使输入信号成为控制电压 u_{GS} 的一部分。当栅极为输入和输出的公共端,则应将信号加在源极;当源极为公共端时,信号应加在栅极。由于漏极电源对 i_D 电流几乎没有影响,输入信号不能加在漏极。

　　(3) 设置合理的交流通路。即必须保证在信号源、MOSFET 和负载之间存在能有效地传输信号的通道。在图 8-23 的电路中,担任信号传输任务的是电容 C_1、C_2,常称这种耦合方式为阻容耦合电路,C_1、C_2 则被称为耦合电容。为减少信号传输过程中的损失,即尽量较小 C_1、C_2 上的信号压降,C_1、C_2 的容量应选得使它们对信号中的最低频率成分也只呈现极小的阻抗,甚至可视为短路。此外,C_1、C_2 还具有隔直流作用,故又称它们为隔直流电容,它们使信号源、放大电路和负载之间对直流而言是相互独立的。

8.3.2 直流通路和交流通路

根据放大电路的组成原理,放大电路应有合适的直流和交流通路。直流通路的作用是设置合适的静态工作点,如果设置不当,就可能使其工作到可变电阻区或截止区内,造成波形的严重失真。而交流通路则是信号有效传输的通路。

本章的 MOSFET 放大电路是在小信号激励下工作的,MOSFET 为非线性器件,按照第 5 章介绍的非线性电路分析法,应选择小信号分析法。具体分析时,将电路的静态(直流)分析和动态(交流)分析分开进行,电路总的响应就是两部分响应之和。各极电压、电流均包含直流和交流两种成分:直流成分对应于静态工作点,交流成分对应于信号。由于电路中存在电抗元件,例如电容器,直流交流通路是不同的。

1. 直流通路

直流通路的获取:输入信号置零,保留直流供电电源,将放大电路中所有电容开路,电感短路,得到的电路为直流通路。在直流通路中,计算得出的各极电压、电流是直流(静态工作点),图 8-25(b)是图 8-25(a)的直流通路。

2. 交流通路

交流通路是输入信号作用下的信号流经通路。在阻容耦合放大电路中,为降低信号在耦合电容上的压降,C_1、C_2 应选择使得它们呈现低阻,甚至为短路。另外,通常直流供电电源 U_{DD} 可视为理想的电压源,其两端电压不随信号的变化而变化,也就是说,对交流而言,U_{DD} 也可视为短路(置零)。因此,交流通路的获取:根据输入信号的频率,将电抗小的大电容短路,电抗大的小电容开路,而电抗不容忽略的电容电感保留(本章暂不考虑电抗不容忽略的这种情况,将在第 10 章讨论)。图 8-25(c)是图 8-25(a)的交流通路,其中 $R'_L = R_D \parallel R_L$。

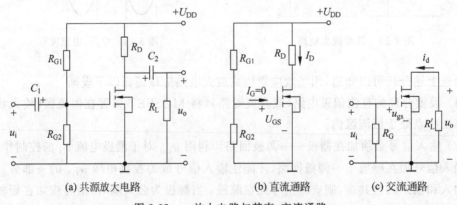

(a) 共源放大电路　　　　　(b) 直流通路　　　　　(c) 交流通路

图 8-25　　放大电路与其直、交流通路

一般所说的放大电路的组态是对信号而言,可以从交流通路中方便判断出电路的组态。如图 8-25 中的电路,其交流通路中源极接地,是输入信号和输出信号的公共端,因此为共源组态。图 8-26(a)中,漏极接于直流电压源 U_{DD} 上,在交流通路中漏极接地。这是因为直流电压源两端电压始终为常数 U_{DD},变化量为 0,因此只考虑交流信号时,直流电压源可视为交流短路,即漏极被交流接地。因此,该电路为共漏组态的放大电路。又如在图 8-26(b)中,C_G 是大容量的旁路电容,对交流可视为短路,栅极通过它而接地,即栅极作为交流电路

中的公共参考点,故此电路为共栅组态的放大电路。

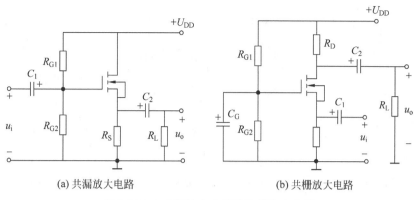

(a) 共漏放大电路   (b) 共栅放大电路

图 8-26   共漏放大电路和共栅放大电路

    从广义上讲,组态还可按照输入和输出的电极来判定,而不一定必须依据哪个电极交流接地来判定,如表 8-2 所示。实际上,不论晶体管的某个极是否接地,只要两个电路的输入、输出电极相同,它们最本质的性能是相同的。如图 8-27 和图 8-23 中的电路一样,都属于共源组态。

表 8-2   组态的判别

电 极	组 态		
	共 源	共 栅	共 漏
输入电极	栅极	源极	栅极
输出电极	漏极	漏极	源极

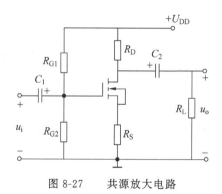

图 8-27   共源放大电路

8.3.3   直流偏置电路与静态工作点的估计

    在分析放大电路时,应遵循先静态、后动态的原则,即应先在直流通路中求解静态工作点,然后在交流通路中求解动态指标(如电压增益、输入电阻等)。由前面的分析可知,设置直流偏置电路的目的是将场效应管偏置在恒流区,图 8-28 为几种常见的场效应管放大电路的直流偏置电路,分别称为自给偏压电路、固定偏置电路、分压式偏置电路和双电源供电偏置电路。其中自给偏压电路只适合于耗尽型 MOSFET,其他的三种偏置电路可用于各种

FET。图中的 FET 均为 N 沟道,如果是 P 沟道,改变可偏置电压极性即可。

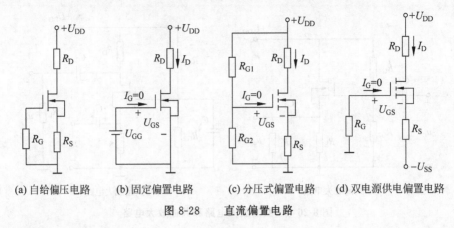

(a) 自给偏压电路   (b) 固定偏置电路   (c) 分压式偏置电路   (d) 双电源供电偏置电路

图 8-28   直流偏置电路

1. 估算法求静态工作点

首先按照前面所述的方法画出直流通路,然后可以用估算法或者图解法求出静态工作点,两种方法都需要两方面的信息:一是晶体管的直流分析模型:N 沟道增强型 MOSFET 的模型见图 8-29(a),N 沟道耗尽型 MOSFET 的模型见图 8-29(b),如果是 P 沟道 MOSFET,漏极电流方向反向。二是晶体管所在电路的拓扑连接。另外要特别注意的是,所有 MOSFET 的栅极电流近似为 0,即 $I_G = 0$,而且漏极电流与源极电流是同一电流,都是 I_D。

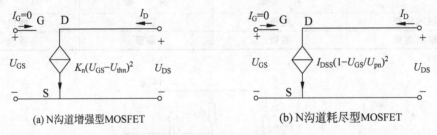

(a) N沟道增强型MOSFET   (b) N沟道耗尽型MOSFET

图 8-29   直流分析等效电路

下面以图 8-28 中的偏置电路为例,说明得到静态工作点的步骤。

(1) 画出直流通路(或称偏置电路):电容断路,输入源置零,图 8-27 所示电路的直流通路见图 8-28(c)。

(2) 列出晶体管在恒流区的漏极电流与栅源电压间的伏安方程。

(3) 根据电路连接情况列出漏极电流与栅源电压的伏安方程。

(4) 估算求解方程,去掉不合理的解,得到静态工作点。

根据晶体管所在电路的拓扑连接,图 8-28(a)~图 8-28(d)所示电路的 U_{GS} 分别为

$$U_{GS} = U_G - U_S = 0 - I_D R_S = -I_D R_S \qquad (\text{图 8-28(a)电路}) \qquad (8\text{-}22)$$

$$U_{GS} = U_{GG} \qquad (\text{图 8-28(b)电路}) \qquad (8\text{-}23)$$

$$U_{GS} = U_G - U_S = \frac{R_{G2} U_{DD}}{R_{G1} + R_{G2}} - I_D R_S \qquad (\text{图 8-28(c)电路}) \qquad (8\text{-}24)$$

$$U_{GS} = U_G - U_S = 0 - (I_D R_S - U_{SS}) = U_{SS} - I_D R_S \qquad (图 8\text{-}28(d)电路) \quad (8\text{-}25)$$

如图 8-29 所示,根据场效应管工作在恒流区的伏安特性得到的直流分析模型为

$$I_D = I_{DSS}\left(1 - \frac{U_{GS}}{U_{pn}}\right)^2 \qquad (图 8\text{-}28(a)和(b)电路) \qquad (8\text{-}26)$$

$$I_D = K_n(U_{GS} - U_{thn})^2 \qquad (图 8\text{-}28(c)和(d)电路) \qquad (8\text{-}27)$$

其中,I_{DSS} 是 $U_{GS} = 0$ 时的漏极电流,称为饱和漏电流;U_{pn} 为 N 沟道耗尽型 MOSFET 的夹断电压;U_{thn} 为增强型 NMOS 的开启电压;K_n 为 N 沟道增强型 MOSFET 平方律控制特性的比例常数。联立式(8-22)和式(8-26)可得图 8-28(a)电路的静态工作点电流 I_{DQ},栅源电压 U_{GSQ};联立式(8-23)和式(8-26)可得图 8-28(b)电路的 I_{DQ} 和 U_{GSQ};联立式(8-24)和式(8-27)可得图 8-28(c)电路的 I_{DQ} 和 U_{GSQ};联立式(8-25)和式(8-27)可得图 8-28(d)电路的 I_{DQ} 和 U_{GSQ}。

由于上述方程组均含二次方程,所以都有两组解,但其中必有一组解不符合 MOSFET 工作在恒流区所必备的偏置条件,因而是不合理的,应当舍去,再根据

$$U_{DS} = U_{DD} - I_D(R_D + R_S) \qquad (8\text{-}28)$$

得到 U_{DS},式(8-28)适用图 8-28(a)和 图 8-28(c)电路。

对于图 8-28(d)的电路,则有

$$U_{DS} = U_{DD} + U_{SS} - I_D(R_D + R_S)$$

上面介绍的是 N 沟道 MOSFET 的偏置电路,对于 P 沟道 MOSFET 也是适用的,但必须将电源极性反过来。

2. 图解法求静态工作点

前面介绍了估算求解静态工作点的方法,这里以图 8-28(c)电路为例说明图如何使用解法求静态工作点。首先根据 MOSFET 的转移特性曲线:

$$I_D = K_n(U_{GS} - U_{thn})^2$$

以及电路连接情况得到的直线方程:

$$U_{GS} = \frac{R_{G2}U_{DD}}{R_{G1} + R_{G2}} - I_D R_S$$

如图 8-30(a)所示,两条线的交点即为静态工作点 Q,从而获得 I_{DQ} 和 U_{GSQ}。然后在

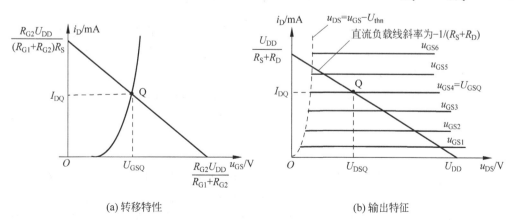

(a) 转移特性   (b) 输出特征

图 8-30 图解法求 Q 点

图 8-30(b)所示的输出特性曲线中，根据式(8-28)，画出对应的直线，其中 u_{DS} 和 i_D 是待求的未知量，R_D 和 U_{DD} 是已知的常数。该直线的斜率是 $-1/(R_D+R_S)$，即决定于直流负载电阻 R_D+R_S，故称它为直流负载线。该直流负载线在纵轴上的截距应为 $U_{DD}/(R_D+R_S)$，而在横轴上的截距为 U_{DD}。直流负载线与 $u_{GS}=U_{GSQ}$ 的那条曲线的交点即为静态工作点 Q，可得 U_{DSQ}。

8.3.4 动态分析之图解法

动态分析(或交流分析)的目的是找出输入与输出变化量之间的关系，并进而求出其放大倍数等性能指标。图解分析法和小信号等效电路法是放大电路动态分析的两种基本方法。图解法是在晶体管特性曲线上通过作图得到信号作用下的相对变化量，一般适用于大信号纯电阻负载场合，主要用来讨论放大电路的非线性失真与静态工作点位置的关系；等效电路法将晶体管用模型替代，一般适用于小信号场合。所谓小信号，就是指信号的变化范围对应晶体管伏安特性的一个小区域，该区域的伏安规律可以近似线性化，因此可以将场效应管近似为一个线性器件，这种方法可以用来求解非线性失真外的所有性能指标。

应注意的是，动态分析是在静态分析的基础上进行的，所以首先对该电路用图解法求出静态工作点 Q，然后进行动态分析。现以图 8-31 所示的增强型 NMOSFET 放大电路为例，说明如何用图解法进行电路的动态分析。

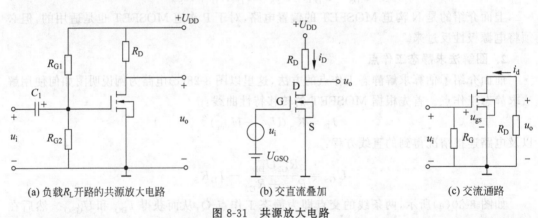

(a) 负载 R_L 开路的共源放大电路 (b) 交直流叠加 (c) 交流通路

图 8-31　共源放大电路

首先求出静态工作点 Q。假设 $u_i=U_{im}\sin\omega t$，交流信号 u_i 叠加在直流(静态)工作点之上，如图 8-31(b)所示，所以 $u_{GS}=U_{GSQ}+u_i$。然后，根据输入信号电压 u_i 的波形，利用晶体管的转移特性曲线求出漏极电流的波形，$i_D=I_{DQ}+i_d$，如图 8-32 所示。如果信号充分小，则 $i_d=I_{dm}\sin\omega t$，即漏极电流的交流分量 i_d 仍为正弦波，没有非线性失真。

接下来，画出交流通路如图 8-31(c)所示，其中 $R_G=R_{G1}/\!/R_{G2}$。列出输出回路的交流方程如下：

$$u_{ds}=-i_dR_D \tag{8-29}$$

在 (u_{ds},i_d) 坐标系内，式(8-29)是通过其坐标原点的直线，其斜率为 $-1/R_D$，如图 8-33(b)所示。因为 $u_{ds}=0$，$i_d=0$ 表示交流信号为零，所以 (u_{ds},i_d) 坐标系的零点对应的就是 (u_{DS},i_D) 坐标系内的静态工作点 Q，于是便可将图 8-33(b)中的直线搬移到输出特性曲线图 8-33(c)中。搬移时，注意保持直线的斜率。这条线为图 8-31(a)所示电路的交流负载线，

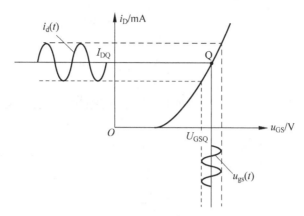

图 8-32　漏极电流的波形

该电路未连接负载 R_L，直交流负载线重合。

图解法的一个重要应用是可直观地分析放大电路在无失真情况下的最大输出电压范围。交流负载线与交界线 $u_{DS} = u_{GS} - U_{thn}$ 的交点记为 I，I 点横坐标为 u_{DSI}。则晶体管工作在恒流区的范围从 I 点的横坐标到交流负载线与横轴交点坐标，即 $u_{DSI} \sim U_{DD}$，其中 U_{DD} 为交流负载线与横轴的交点坐标。

电路中晶体管的输出伏安特性如图 8-33(c) 所示。输出电压 u_o 为漏源电压 u_{DS}，即 $u_o = u_{DS}$。根据电路列写 KVL 方程为

$$u_{DS} = u_o = U_{DD} - i_D R_D \tag{8-30}$$

求解 I 点的横坐标 u_{DSI}，由于

$$u_{DSI} = U_{DD} - K_n (u_{GSI} - U_{thn})^2 R_D = U_{DD} - K_n u_{DSI}^2 R_D \tag{8-31}$$

解得

$$u_{DSI} = \frac{-1 \pm \sqrt{1 + 4K_n R_D U_{DD}}}{2K_n R_D}$$

舍去非恒流区的解，则

$$u_{DSI} = \frac{-1 + \sqrt{1 + 4K_n R_D U_{DD}}}{2K_n R_D} \tag{8-32}$$

所以图 8-31(a) 电路中的晶体管工作在恒流区的 u_{DS} 范围，或者说输出电压 u_o 的变化范围为

$$\frac{-1 + \sqrt{1 + 4K_n R_D U_{DD}}}{2K_n R_D} \sim U_{DD} \tag{8-33}$$

由 $u_{DSI} = u_{GSI} - U_{thn}$，可进一步得到

$$u_{GSI} = u_{DSI} + U_{thn} \tag{8-34}$$

代入式(8-32)可得

$$u_{GSI} = \frac{-1 + \sqrt{1 + 4K_n R_D U_{DD}}}{2K_n R_D} + U_{thn}$$

由此，可知图 8-31(a) 电路中的晶体管工作在恒流区的 u_{GS} 范围为

$$U_{thn} \sim \frac{-1 + \sqrt{1 + 4K_n R_D U_{DD}}}{2K_n R_D} + U_{thn} \qquad (8\text{-}35)$$

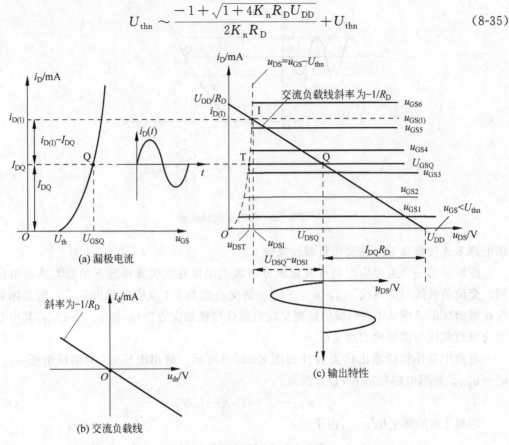

图 8-33 由图解法进行动态分析

上述讨论的是输出电压的整体波动范围,如果 u_i 为对称波形,比如正弦波,引起的电流 i_D 和输出电压 u_o 的交流部分也为正弦波,则需要考虑信号的正负半周均不能有明显失真。静点是动态工作的起始点,如图 8-33 所示,因此要保证晶体管不进入可变电阻区,电流 i_D 负半周摆幅不能超过 I_{DQ},正半周摆幅不能超过 $i_{DI} - I_{DQ}$。同样,输出电压正半周摆幅的最大值不能超过 $I_{DQ}R_D$,负半周的摆幅最大值为 $U_{DSQ} - u_{DSI}$。

图 8-33 中,将 $u_{GS} = u_{GSQ}$ 的 $i_D \sim u_{DS}$ 关系曲线与交界线 $u_{DS} = u_{GS} - U_{thn}$ 的交点记为 T。由图可知点 I 和点 T 的横坐标比较接近,由于估计 u_{DSI} 的过程比较复杂,而估计点 T 的横坐标 u_{DST} 较为方便,为 $u_{DST} = U_{GSQ} - U_{thn}$,可以用 $(U_{GSQ} - U_{thn})$ 作为 u_{DSI} 的粗略估计。

输入信号 u_i 叠加在静点电压 U_{GSQ} 之上,静点是动态工作的起始点,因此晶体管动态工作的质量与 Q 点的位置密切相关。如果 Q 点的设置不当,输出会产生不能容忍的削波失真。如果静点位置过高,靠近可变电阻区,叠加交流信号后容易进入可变电阻区,从而导致波形失真,如图 8-34 所示。电流 i_D 的正半周不失真摆幅小,对应输出电压的负半周不失真摆幅小。

图 8-35 为另外一种因 Q 点设置不当所产生的削波失真。因为 Q_1 点太靠近截止区,所以动态时,在信号的部分时间内,放大器将工作在截止区,使 $i_D \approx 0$,导致波形被削去一部

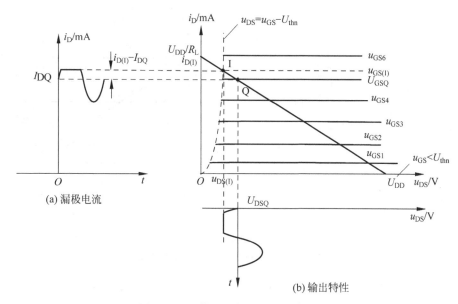

图 8-34　静点过高引起的削波失真

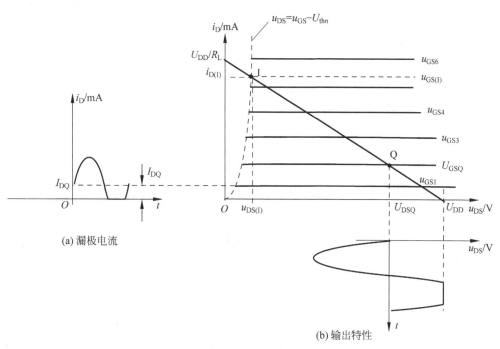

图 8-35　静点过低引起的截止失真

分,故称此失真为截止失真。上述两种原因造成的失真称为削波失真或限幅失真。

　　以上是未加负载 R_L 的情况,如果电路有负载,如图 8-36(a)所示。电路的交流负载为 R_L', $R_L' = R_D // R_L$,此时交流负载线与直流负载线不重合。该交流负载线过 Q 点,斜率为 $-1/R_L'$,交流负载线与横轴的交点坐标为 $U_{DSQ} + I_{DQ} R_L'$。由图 8-36(b)可以看到,当交流负载变化时,动态范围也发生变化。

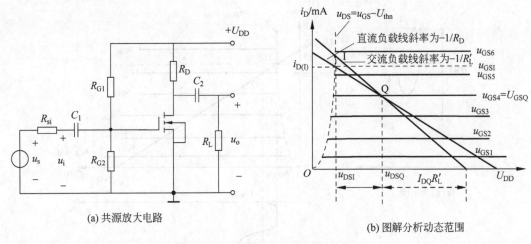

(a) 共源放大电路

(b) 图解分析动态范围

图 8-36　静点过低引起的截止失真

在不产生削波失真的前提下,放大电路所能输出的最大峰-峰值信号电压(或电流)叫作放大电路的动态范围,是表征放大能力强弱的一个重要标志。

从上述图解分析可以看出,动态范围的大小决定于 Q 点的位置、交流负载的大小以及输入信号的类型。参看图 8-36(b),如果输入信号对称,应将 Q 点选择在交流负载线的中点,获得最大的动态范围。一般情况下,输出电压不失真的动态范围 $U_{\text{p-p}}$ 应为

$$2 \times \min \left[(U_{\text{DSQ}} - u_{\text{DSI}}); I_{\text{DQ}} R_{\text{L}}'\right] \tag{8-36}$$

当输入正弦波一类的对称信号时,人们往往更关心 $U_{\text{p-p}}$ 的一半,并称它为放大电路的最大不失真输出电压振幅,记作 $U_{\text{om(max)}}$

$$U_{\text{om(max)}} = \min \left[(U_{\text{DSQ}} - u_{\text{DSI}}); I_{\text{DQ}} R_{\text{L}}'\right] \tag{8-37}$$

如果近似用 $U_{\text{GSQ}} - U_{\text{thn}}$ 代替 u_{DSI},粗略估计的 $U_{\text{om(max)}}$ 为

$$U_{\text{om(max)}} = \min \left[(U_{\text{DSQ}} - (U_{\text{GSQ}} - U_{\text{thn}})); I_{\text{DQ}} R_{\text{L}}'\right] \tag{8-38}$$

当输入信号为非对称信号时,将 Q 点选在交流负载线中点就不是最佳的选择,此时应根据信号的具体情况将 Q 点选在较为靠近截止区或可变电阻区的位置。

8.3.5　动态分析——小信号模型分析法

1. MOSFET 的小信号模型

将 MOSFET 视为二端口网络,栅源作为输入端口,漏源为输出端口。如图 8-37(a)所示,由于电流 $i_{\text{G}} = 0$,所以输入端口开路。在恒流区,输出端电流 i_{D} 表现为一组近似平行于横轴的直线,说明漏极电流几乎与 u_{DS} 无关。如果忽略 u_{DS} 的影响,i_{D} 只受到栅源电压 u_{GS} 的控制,因此可以等效为受电压控制的电流源,如图 8-37(b)所示。如果考虑 u_{DS} 对电流 i_{d} 的影响,则等效电路如图 8-37(c)所示。

MOSFET 放大电路中,待放大的输入信号要叠加在设置好的静点基础上,如图 8-31(b)电路所示。可以看出栅-源瞬时电压为

$$u_{\text{GS}} = U_{\text{GSQ}} + u_{\text{i}} = U_{\text{GSQ}} + u_{\text{gs}} \tag{8-39}$$

其中,U_{GSQ} 为直流分量;u_{gs} 为输入小信号引起的交流分量。

由于输入幅度小,叠加在静态工作点 U_{GSQ} 上只引起 u_{GS} 在 U_{GSQ} 附近微小变化,依然

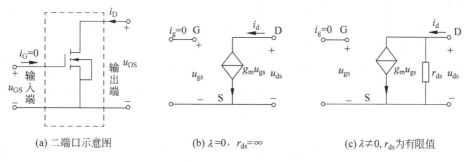

(a) 二端口示意图　　　　(b) $\lambda=0$，$r_{ds}=\infty$　　　　(c) $\lambda\ne0$，r_{ds}为有限值

图 8-37　MOSFET 低频小信号等效电路

能使 MOSFET 工作在恒流区，所以可用恒流区的伏安公式(8-4)，即

$$i_D = K_n (u_{GS} - U_{thn})^2$$

代入式(8-39)可得

$$i_D = K_n [U_{GSQ} + u_{gs} - U_{thn}]^2 = K_n [(U_{GSQ} - U_{thn}) + u_{gs}]^2 \tag{8-40}$$

进一步整理得到

$$i_D = K_n (U_{GSQ} - U_{thn})^2 + 2K_n (U_{GSQ} - U_{thn}) u_{gs} + K_n u_{gs}^2 \tag{8-41}$$

式(8-41)中的第一项为直流或静态漏极电流 I_{DQ}；第二项为时变漏极电流分量 i_d，且与交流电压 u_{gs} 呈线性关系；第三项与信号交流分量电压的平方成比例，平方项会导致输出电压产生非线性失真。为了将这种非线性减到最小，则需要满足

$$u_{gs} \ll 2(U_{GSQ} - U_{thn}) \tag{8-42}$$

这样式(8-41)中的第三项将远远小于第二项，可以忽略 u_{gs}^2 项，因此式(8-41)可以写为

$$i_D = I_{DQ} + i_d \tag{8-43}$$

注意：式(8-42)表示了 MOSFET 线性放大器小信号工作的条件，必须满足。

可见，总电流可以分解为直流分量和交流分量之和。交流分量 i_d 由下式给出，即

$$i_d = 2K_n (U_{GSQ} - U_{thn}) u_{gs} \tag{8-44}$$

小信号漏极电流 i_d 通过跨导 g_m 和小信号栅-源电压 u_{gs} 联系起来，三者之间的关系为

$$g_m = \frac{i_d}{u_{gs}} = 2K_n (U_{GSQ} - U_{thn}) \tag{8-45}$$

可见跨导是把输出电流和输入电压联系起来的一个传输系数，也可以认为它代表着晶体管的增益。

跨导也可以通过导数求得，工作点 Q 处的跨导为

$$g_m = \frac{\partial i_D}{\partial u_{GS}}\bigg|_{u_{GS}=U_{GSQ}} = 2K_n (U_{GSQ} - U_{thn}) \tag{8-46a}$$

如果考虑 $I_{DQ} = K_n (U_{GSQ} - U_{thn})^2$，则跨导 g_m 还可以写为

$$g_m = 2\sqrt{K_n I_{DQ}} \tag{8-46b}$$

在图 8-32 中，跨导 g_m 为伏安曲线在静点处的斜率。对于足够小的时变信号 u_{gs}，静点 Q 附近曲线的跨导近似相同。所以 Q 点在恒流区时且输入为小信号时，晶体管可看作一个受控的线性电流源。N 沟道增强型 MOSFET 的小信号等效模型如图 8-37(b)所示，注意，这种等效电路为一个跨导式放大器，其输入信号为电压，输出信号为电流。如果 Q 点进

入其他区域,则晶体管不可看作线性受控电流源。

如式(8-46a)所示,跨导和传导参数 K_n 成比例,而 K_n 又是沟道宽、长比值的函数。因而可以通过增加晶体管的宽度来调整 g_m。

如果考虑沟道长度调制效应的小信号等效电路如图 8-37(c)所示,电阻 r_{ds} 为

$$r_{ds}=\left(\frac{\partial i_D}{\partial u_{DS}}\right)^{-1}\Bigg|_{u_{GS}=U_{GSQ}}=[\lambda K_n(U_{GSQ}-U_{thn})^2]^{-1}\approx[\lambda I_{DQ}]^{-1} \tag{8-47}$$

r_{ds} 也是 Q 点参数的函数。

如果高频时,还要考虑 MOSFET 内部的电容效应,则 N 沟道 MOSFET 的小信号等效电路如图 8-38 所示,其中的电容 C_{gs} 和 C_{gd} 分别为栅源和栅漏间的寄生电容,数值很小,为皮法数量级。低频时,电容 C_{gs} 和 C_{gd} 的影响可以忽略,视为开路。

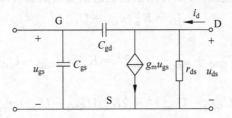

图 8-38　N 沟道 MOSFET 的高频小信号等效电路

2. 小信号模型分析法

由于场效应管放大电路有三种不同的组态,不同组态的放大电路均有不同的等效电路,下面将分别介绍分析方法。

1) 共源放大电路

首先以图 8-36(a)所示的共源组态电路为例,说明小信号等效电路分析法的一般步骤。

(1) 画出原放大电路的交流通路,如图 8-39(a)所示,图中已假设 C_1、C_2 对交流均可看作短路,$R_G=R_{G1}//R_{G2}$,$R_L'=R_D//R_L$。

(2) 将交流通路中的晶体管用其小信号等效模型取代,如图 8-39(b)所示,假设图中晶体管的结电容在所关注的频率范围内的影响很小,已视为开路。

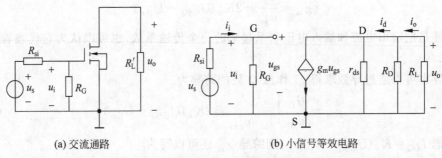

(a) 交流通路　　　　　　　　　(b) 小信号等效电路

图 8-39　图 8-36(a)中共源电路的交流通路以及小信号等效电路

(3) 根据实际情况简化电路。若 $r_{ds}\gg R_L'$,则可进一步将 r_{ds} 视为开路,使电路得到进一步简化。

(4) 列电路方程,求出电路的各项性能指标。

描述放大电路的性能指标包括：输入电阻、输出电阻、电压增益、电流以及功率增益，非线性失真系数等。

放大电路处于信号源与负载之间，若将放大电路视为一个二端口网络，放大电路的输入端接信号源，输出接负载，如图 8-40 所示。对于信号源来说，放大电路是其负载，这个负载的大小就是放大电路的输入电阻，定义为

$$R_i = \frac{u_i}{i_i} \tag{8-48}$$

输入电阻的大小决定了放大电路从信号源获取的信号大小。如果信号源为电压源，即输入为电压信号时，R_i 越大，放大电路输入端获取的电压越大。如果信号源为电流源，即输入为电流信号时，R_i 越小，放大电路输入端获取的电流越大。

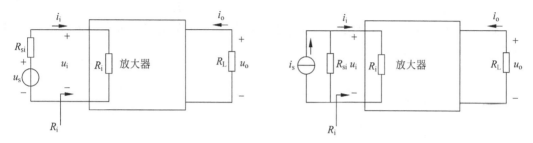

图 8-40 输入电阻示意图

对于图 8-39(b)所示电路，输入电阻为

$$R_i = \frac{u_i}{i_i} = R_G = R_{G1} /\!/ R_{G2} \tag{8-49}$$

对于放大器的负载来说，放大器相当于负载的信号源，这个等效的信号源内阻就为放大电路的输出电阻 R_o。应在独立信号源置零、负载开路的情况下，在放大电路的输出端外加一个电压源 u_t，电路在 u_t 的作用下，引起电流 i_t，如图 8-41 所示，则输出电阻为：

$$R_o = \frac{u_t}{i_t} \bigg|_{R_L = \infty} \tag{8-50}$$

输出电阻决定了放大电路带负载的能力，如果输出的是电压信号，则 R_o 越小，负载变化对输出电压影响越小。如果输出电流信号，则越大，负载变化对输出电流的影响越小。

图 8-42 为求图 8-39 的输出电阻的等效电路，图中的 $R' = R_{si} /\!/ R_G$，可知：

$$R_o = \frac{u_t}{i_t} \bigg|_{R_L = \infty} = R_D /\!/ r_{ds} \tag{8-51}$$

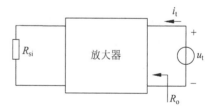

图 8-41 求输出电阻示意图

放大电路输出和输入端口的电压分别为 u_o 和 u_i，端电压增益定义为两者之比。根据图 8-39(b)，按照电压增益的定义可列出下列方程

$$A_u = \frac{u_o}{u_i} = -g_m (r_{ds} /\!/ R'_L) \approx -g_m R'_L \tag{8-52}$$

由式(8-52)可知，共源放大电路的输出电压与输入电压反相。若考虑信号源内阻 R_{si}

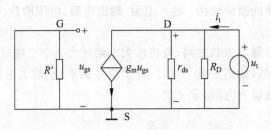

图 8-42   求图 8-39 所示电路的输出电阻 R_o

的影响,则常用源电压增益为

$$A_{us} = \frac{u_o}{u_s} = \frac{u_o}{u_i} \cdot \frac{u_i}{u_s} = A_u \frac{R_i}{R_{si} + R_i} \tag{8-53}$$

放大器输出电流与输入电流之比称为电流增益,输出电流的参考方向为流进放大电路的方向。其中,端电流增益为

$$A_i = \frac{i_o}{i_i} = \frac{-\dfrac{u_o}{R_L}}{\dfrac{u_i}{R_G}} = -\frac{u_o}{u_i} \frac{R_G}{R_L} = g_m R_L' \frac{R_G}{R_L} = g_m \frac{R_G R_D}{R_D + R_L} \tag{8-54}$$

若考虑信号源内阻 R_s 的影响,则源电流增益 A_{is} 为

$$A_{is} = \frac{i_o}{i_s} = \frac{i_o}{i_i} \cdot \frac{i_i}{i_s} = A_i \frac{i_i}{i_s} = A_i \frac{R_{si}}{R_{si} + R_i} \tag{8-55}$$

定义放大器输出功率 P_o 与输入功率 P_i 之比为功率放大倍数为

$$G_p = \frac{P_o}{P_i}$$

工程上,为方便计,常用分贝(dB)作为增益的单位,其定义是

$$G_p(dB) = 10 \lg G_p$$

$$A_u(dB) = 20 \lg A_u$$

$$A_i(dB) = 20 \lg A_i$$

2) 共漏放大电路(源极跟随器)

共漏放大电路又称源极跟随器,图 8-43(a)所示为一共漏放大电路,信号源内阻为 R_{si}。其交流通路如图 8-43(b)所示,图中的 $R_G = R_{G1} /\!/ R_{G2}$。进一步将场效应管的小信号等效电路代入交流通路中,可得图 8-44(a),经过整理,最终的放大电路等效电路如图 8-44(b)所示。

由等效电路图 8-44(b)以及输入电阻的定义,可得

$$R_i = \frac{u_i}{i_i} = R_G = R_{G1} /\!/ R_{G2} \tag{8-56}$$

为计算输出电阻,这里给出求输出电阻的等效电路,见图 8-45。

在节点 S 列写 KCL 方程,可得

$$i_t + g_m u_{gs} = \frac{u_t}{r_{ds}} + \frac{u_t}{R_S} \tag{8-57}$$

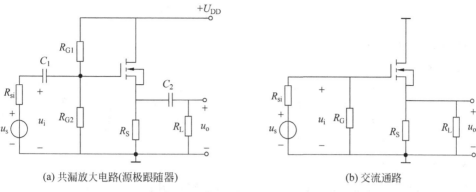

(a) 共漏放大电路(源极跟随器)   (b) 交流通路

图 8-43 共漏放大电路(源极跟随器)

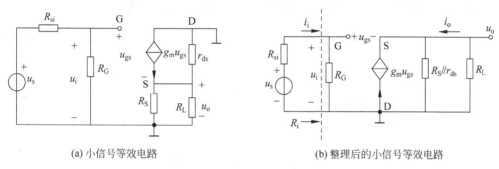

(a) 小信号等效电路   (b) 整理后的小信号等效电路

图 8-44 共漏放大电路的小信号等效电路

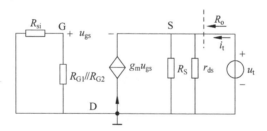

图 8-45 估算源极跟随器电路输出电阻的等效电路

由于 $u_t = -u_{gs}$,代入式(8-57),可得

$$\frac{i_t}{u_t} = g_m + \frac{1}{R_S} + \frac{1}{r_{ds}} \tag{8-58}$$

则可得

$$R_o = \frac{u_t}{i_t}\bigg|_{R_L = \infty} = \frac{1}{g_m} /\!/ r_{ds} /\!/ R_S \tag{8-59}$$

端电压增益为

$$A_u = \frac{u_o}{u_i} = \frac{g_m u_{gs}(R_L /\!/ R_S /\!/ r_{ds})}{u_{gs} + g_m u_{gs}(R_L /\!/ R_S /\!/ r_{ds})} = \frac{g_m u_{gs}(R_L /\!/ R_S /\!/ r_{ds})}{1 + g_m u_{gs}(R_L /\!/ R_S /\!/ r_{ds})} \tag{8-60}$$

源电压增益为

$$A_{us} = \frac{u_o}{u_s} = \frac{u_o}{u_i} \frac{u_i}{u_s} = A_u \frac{R_i}{R_{si} + R_i} \tag{8-61}$$

其中，R_i 为输入电阻；R_{si} 为信号源内阻。

电流增益为

$$A_i = \frac{i_o}{i_i} = \frac{-\dfrac{u_o}{R_L}}{\dfrac{u_i}{R_G}} = -\frac{u_o}{u_i} \frac{R_G}{R_L} = -A_u \frac{R_G}{R_L} \approx -\frac{R_G}{R_L} \tag{8-62}$$

3）共栅放大电路

共栅组态放大电路如图 8-46(a)所示，其直流通路如图 8-46(b)所示。图 8-46(a)共栅电路的交流通路如图 8-47(a)所示。将晶体管的小信号等效电路代入交流通路，并整理可得其小信号等效电路如图 8-47(b)所示，根据该电路，可得输入电阻为

$$R_i = \frac{u_i}{i_i} = R // \frac{-u_{gs}}{-g_m u_{gs}} = R // \frac{1}{g_m} \tag{8-63}$$

输出电阻的求解电路如图 8-48 所示，可知

$$R_o = R_D \tag{8-64}$$

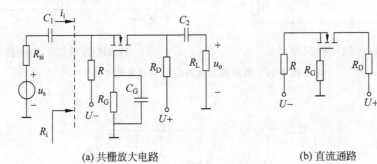

(a) 共栅放大电路　　　　　　　　　　(b) 直流通路

图 8-46　共栅放大电路

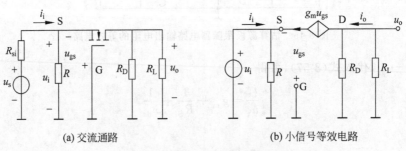

(a) 交流通路　　　　　　　　　　(b) 小信号等效电路

图 8-47　共栅放大电路交流分析

端电压增益为

$$A_u = \frac{u_o}{u_i} = \frac{-g_m u_{gs}(R_D // R_L)}{-u_{gs}} = g_m(R_D // R_L) \tag{8-65}$$

源电压增益为

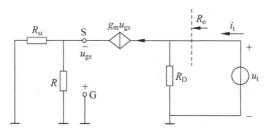

图 8-48 估算共栅放大电路输出电阻的电路

$$A_{us} = \frac{u_o}{u_s} = \frac{u_o}{u_i}\frac{u_i}{u_s} = A_u\frac{R_i}{R_{si}+R_i}$$

由电路图 8-47(b)，在节点 S 列写 KCL，可得

$$i_i + g_m u_{gs} = \frac{u_i}{R} \tag{8-66}$$

而且 $u_{gs} = -u_i$，代入式(8-66)可得 $i_i = u_i\left(\dfrac{1+g_m R}{R}\right)$，因为 $i_o = g_m u_{gs}\dfrac{R_D}{R_D+R_L}$，所以电流增益为

$$A_i = \frac{i_o}{i_i} = \frac{g_m u_{gs}\dfrac{R_D}{R_D+R_L}}{u_i\left(\dfrac{1+g_m R}{R}\right)} = -\frac{u_i}{u_i}\frac{g_m\dfrac{R_D}{R_D+R_L}}{\dfrac{1+g_m R}{R}} = -\frac{g_m R}{1+g_m R}\frac{R_D}{R_D+R_L} \tag{8-67}$$

共栅放大电路的 $|A_i| < 1$，当 $R_D \gg R_L$，且 $g_m R \gg 1$ 时，$|A_i| \approx 1$，输出电流与输入电流基本相当，有电流跟随作用。

通过上述对三种组态电路的分析，常用的技术指标可以总结见表 8-3。

表 8-3 三种组态的性能比较

组 态	电压增益	电流增益	输入电阻	输出电阻
共源(CS)	$|A_u| > 1$	$|A_i| > 1$	高	中到高
共漏(CD)	$A_u < 1$ 且 $A_u \approx 1$	$|A_i| > 1$	高	低
共栅(CG)	$A_u > 1$	$|A_i| < 1$ 且 $|A_i| \approx 1$	低	中到高

【例 8-1】 某 N 沟道增强型 MOSFET 放大电路如图 8-49 所示，已知 $R_1 = 383\text{k}\Omega$，$R_2 = 135\text{k}\Omega$，$R_D = 16.1\text{k}\Omega$，$R_3 = 1\text{k}\Omega$，$R_4 = 2.9\text{k}\Omega$，$R_G = 1\text{M}\Omega$，$R_s = 1\text{k}\Omega$，$R_L = 4\text{k}\Omega$；晶体管参数 $K_n = 0.5\text{mA/V}^2$，$U_{thn} = 1.2\text{V}$，$\lambda = 0$。计算静态工作点 I_{DQ}、U_{GSQ} 和 U_{DSQ}；计算 A_u、A_{us}、R_i 和 R_o。

解：(1) 求静态工作点，画出直流通路如图 8-49(b)所示。由于 $I_G = 0$，R_G 两端无压降，则

$$U_{GS} = \frac{R_2(U-(-U))}{R_1+R_2} - I_D(R_3+R_4) = 10 \times \frac{135}{383+135} - I_D(1+2.9) = 2.606 - 3.9I_D$$

(8-68)

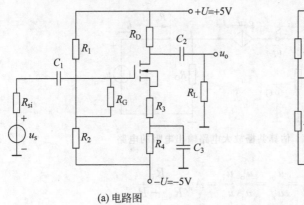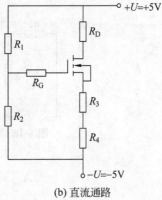

(a) 电路图　　　　　　　　　　　　　(b) 直流通路

图 8-49　例 8-1 电路图以及其直流通路

$$I_D = K_n(U_{GS} - U_{thn})^2 = 0.5(U_{GS} - 1.2)^2 \tag{8-69}$$

联立式(8-68)和式(8-69)，可得

$$\begin{cases} I_{DQ1} = 0.2\text{mA} \\ U_{GSQ1} = 1.82\text{V} > U_{thn} \end{cases}$$

或者

$$\begin{cases} I_{DQ2} = 0.65\text{mA} \\ U_{GSQ2} = 0.071\text{V} < U_{thn} \end{cases}$$

可见，只有第一组解是符合 MOSFET 工作在恒流区的条件，因此舍去第二组解，可得

$$U_{DSQ} = [U - (-U)] - I_{DQ}(R_D + R_3 + R_4)$$
$$= 10 - 0.2 \times 20 = 6(\text{V})$$

（2）为估算动态指标，画出等效电路如图 8-50 所示。

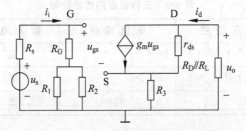

图 8-50　例 8-1 电路的小信号等效电路

跨导 g_m 与静点有关，

$$g_m = 2K_n(U_{GSQ} - U_{thn}) = 2 \times 0.5 \times (1.82 - 1.2) = 0.6(\text{ms})$$

由于 $\lambda = 0$，所以 $r_{ds} = \infty$。根据等效电路，可知

$$R_i = R_G + R_1 /\!/ R_2 \approx R_G = 1(\text{M}\Omega)$$

$$A_u = \frac{u_o}{u_i} = \frac{-g_m u_{gs}(R_D /\!/ R_L)}{u_{gs} + g_m u_{gs} R_3} = -\frac{g_m(R_D /\!/ R_L)}{1 + g_m R_3} = -\frac{0.6 \times (16.1 /\!/ 4)}{1 + 0.6 \times 1} = -1.2$$

$$A_{us} = \frac{u_o}{u_s} = A_u \frac{R_i}{R_{si} + R_i} = -1.2 \times \frac{10^3}{1 + 10^3} \approx -1.2$$

可得输出电阻 $R_o = R_D = 16.1\text{k}\Omega$。

该电路中的电阻 R_G 起到了提升输入电阻的作用。MOSFET 本身的栅极输入电阻非常高,因为栅极电流近似为 0。而为了构成分压式偏置电路添加的电阻 R_1 和 R_2 会减弱这一优势,电路中引入 R_G 没有改变静态工作点,但可以提升输入电阻。

【**例 8-2**】 以增强型 NMOSFET 为负载的共源放大电路如图 8-51 所示,电路参数 $U_{DD} = 5\text{V}$,两个 MOSFET 的参数为 $k'_n = 60\mu\text{A}/\text{V}^2$,$U_{thn} = 1\text{V}$,$\lambda = 0$,$(W/L)_1 = 30$,$(W/L)_2 = 2$,计算 A_u。

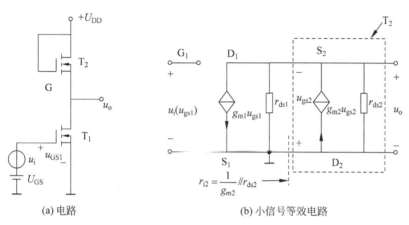

图 8-51 例 8-2 电路以及小信号等效电路

解:T_2 的栅极与漏极短接作电阻使用,是 T_1 管构成的共源放大电路的有源负载。图 8-51(b)为小信号等效电路,其中虚框部分为 T_2 的等效电路,从 T_2 的源极看进 T_2 的等效电阻为 $r_{i2} = \dfrac{1}{g_{m2}} /\!/ r_{ds2}$。

$$A_u = \frac{u_o}{u_i} = -g_{m1}(r_{ds1} /\!/ r_{i2}) = -g_{m1}\left(r_{ds1} /\!/ \frac{1}{g_{m2}} /\!/ r_{ds2}\right)$$

通常情况下,$1/g_{m2} \ll r_{ds2}$,$1/g_{m1} \ll r_{ds1}$,因而

$$A_u = \frac{-g_{m1}}{g_{m2}} = -\sqrt{\frac{K_{n1}}{K_{n2}}} = -\sqrt{\frac{(W/L)_1}{(W/L)_2}} = -\sqrt{\frac{30}{2}} = -3.87$$

该电路说明,采用增强型 MOSFET 作为负载,通过控制 T_1 和 T_2 沟道的宽长比的比例系数,即可控制电压增益。

8.3.6 三种基本组态放大电路的比较

前面介绍了共源放大电路、源极跟随器、共栅放大电路的分析方法。都需要先静态分析得到静态工作点,然后动态分析得到放大电路的各项指标。为了便于比较,将 MOSFET 的特性比较放入表 8-4 中,并将 MOSFET 构成的三种组态放大电路的详细比较列于表 8-5 中。

表 8-4　各种 MOSFET 的特性比较

	N 沟 道		P 沟 道	
	增强型 MOSFET	耗尽型 MOSFET	增强型 MOSFET	耗尽型 MOSFET
电路符号	D—i_D 衬 G S	D—i_D 衬 G S	D i_D↑ 衬 G S	D i_D↑ 衬 G S
U_{th} 或 U_P	U_{thn} 为 $+$	U_{pn} 为 $-$	U_{thp} 为 $-$	U_{pp} 为 $+$
K_n 或 K_P	$K_n = \dfrac{1}{2}\mu_n C_{ox}(W/L) = \dfrac{1}{2}K_n'(W/L)$		$K_p = \dfrac{1}{2}\mu_p C_{ox}(W/L) = \dfrac{1}{2}K_p'(W/L)$	
输出特性	i_D 对 u_{DS}：$u_{GS}=5\text{V},\ 4.5\text{V},\ 4\text{V},\ 3.5\text{V},\ 3\text{V},\ 2.5\text{V}$	i_D 对 u_{DS}：$u_{GS}=2\text{V},\ 1\text{V},\ u_{GS}=0,\ -1\text{V},\ -2\text{V}$	i_D 对 $-u_{DS}$：$u_{GS}=-5\text{V},\ -4.5\text{V},\ -4\text{V},\ -3.5\text{V},\ -3\text{V},\ -2.5\text{V}$	i_D 对 $-u_{DS}$：$u_{GS}=2\text{V},\ 1\text{V},\ u_{GS}=0,\ -1\text{V},\ -2\text{V}$
转移特性	i_D 对 u_{GS}，U_{thn}	i_D 对 u_{GS}，I_{DSS}，U_{pn}	i_D 对 u_{GS}，U_{thp}	i_D 对 u_{GS}，I_{DSS}，U_{pp}

续表

	N 沟 道		P 沟 道	
	增强型 MOSFET	耗尽型 MOSFET	增强型 MOSFET	耗尽型 MOSFET
截止区	$u_{GS} < U_{thn}$ $i_D = 0$	$u_{GS} < U_{pn}$ $i_D = 0$	$u_{GS} > U_{thp}$ $i_D = 0$	$u_{GS} > U_{pn}$ $i_D = 0$
可变电阻区	$u_{GS} \geq U_{thn}, u_{DS} \leq u_{GS} - U_{thn}$ $i_D = K_n[2(u_{GS} - U_{thn})u_{DS} - u_{DS}^2]$	$u_{GS} \geq U_{pn}, u_{DS} \leq u_{GS} - U_{pn}$ $i_D = \dfrac{I_{DSS}}{U_{pn}^2}[2(u_{GS} - U_{pn})u_{DS} - u_{DS}^2]$	$u_{GS} \leq U_{thp}, u_{DS} \geq u_{GS} - U_{thp}$ $i_D = -K_p[2(u_{GS} - U_{thp})u_{DS} - u_{DS}^2]$	$u_{GS} \leq U_{pp}, u_{DS} \geq u_{GS} - U_{pp}$ $i_D = \dfrac{-I_{DSS}}{U_{pp}^2}[2(u_{GS} - U_{pp})u_{DS} - u_{DS}^2]$
恒流区（假设 λ=0）	$u_{GS} \geq U_{thn}, u_{DS} \geq u_{GS} - U_{thn}$ $i_D = K_n(u_{GS} - U_{thn})^2$	$u_{GS} \geq U_{pn}, u_{DS} \geq u_{GS} - U_{pn}$ $i_D = I_{DSS}\left(1 - \dfrac{u_{GS}}{U_{pn}}\right)^2$	$u_{GS} \leq U_{thp}, u_{DS} \leq u_{GS} - U_{thp}$ $i_D = -K_p(u_{GS} - U_{thp})^2$	$u_{GS} \leq U_{pp}, u_{DS} \leq u_{GS} - U_{pp}$ $i_D = -I_{DSS}\left(1 - \dfrac{u_{GS}}{U_{pp}}\right)^2$
g_m（假设工作在恒流区，λ=0）	$g_m = 2K_n(U_{GSQ} - U_{thn})$ $g_m = 2\sqrt{K_n I_{DQ}}$ $g_m = 2\sqrt{K_n'(W/L)I_{DQ}}$	$g_m = \dfrac{-2I_{DSS}}{U_{pn}}\left(1 - \dfrac{U_{GSQ}}{U_{pn}}\right)$ $g_m = 2\dfrac{\sqrt{I_{DSS}I_{DQ}}}{|U_{pn}|}$	$g_m = -2K_p(U_{GSQ} - U_{thp})$ $g_m = 2\sqrt{K_p I_{DQ}}$ $g_m = 2\sqrt{K_p'(W/L)I_{DQ}}$	$g_m = \dfrac{2I_{DSS}}{U_{pp}}\left(1 - \dfrac{U_{GSQ}}{U_{pp}}\right)$ $g_m = 2\dfrac{\sqrt{I_{DSS}I_{DQ}}}{|U_{pp}|}$

电路与模拟电子学基础

表 8-5　MOSFET 三种组态放大电路的比较

	共源极放大电路	源极跟随器	共栅极放大电路
电路结构			
信号等效电路			
A_u	$A_u \approx -g_m R_L'$　大	$A_u = \dfrac{g_m u_{gs}(R_L//R_S//r_{ds})}{1+g_m u_{gs}(R_L//R_S//r_{ds})}$　小	$A_u = g_m R_L'$　大
R_i	$R_i = R_{G1}//R_{G2}$　大	$R_i = R_{G1}//R_{G2}$　大	$R_i = R_S//\dfrac{1}{g_m}$　小
R_o	$R_o = R_D//r_{ds}$　中	$R_o = \dfrac{1}{g_m}//r_{ds}//R_S$　小	$R_o = R_D$　大

8.4 BJT 的工作原理

8.4.1 BJT 的结构

BJT 是一种三明治结构的非线性器件,有两种类型:NPN 型和 PNP 型。NPN 型是两个 N 型半导体中间夹一个 P 型半导体的三极管,其结构示意图及电路符号如图 8-52(a)所示。PNP 型是两个 P 型半导体中间夹一个 N 型结构,其电路符号如图 8-52(b)所示。无论哪一种,BJT 都有三个区域、两个 PN 结。中间一个很薄且掺杂浓度低的夹心区域称为基区(Base),两边的两个区域分别称为发射区(Emitter)、集电区(Collector),其中发射区为重掺杂区,掺杂浓度高。三个区域引出的电极分别称为基极 B、发射极 E 和集电极 C。发射区和基区之间的 PN 结称为发射结,基区和集电区之间的 PN 结称为集电结。

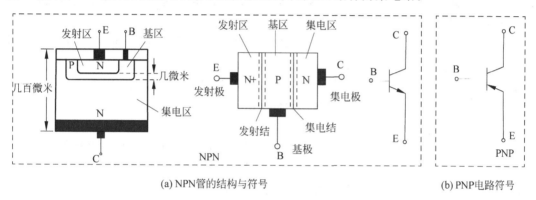

(a) NPN管的结构与符号   (b) PNP电路符号

图 8-52 BJT 的结构示意图和电路符号

8.4.2 BJT 的工作原理

BJT 有两个 PN 结:发射结和集电结。当外电路给 BJT 加不同的偏置时,这两个 PN结被正偏或反偏,从而使得 BJT 具有放大或开关作用。

1. BJT 内部载流子的传输过程以及电流关系

要让 BJT 具有放大作用,必须将发射结正偏,集电结反偏,此时也称 BJT 工作在放大区。工作在放大区的 BJT,其发射区会产生和发射多数载流子。它们中的绝大多数发射出去之后能穿过基区被集电区收集。也就是说电子要通过两个 PN 结:发射结与集电结,最后到达集电区,其间的通道呈现非线性特征。

以 NPN 管为例,当 $u_{BE} > 0.7\text{V}$ 且 $u_{CE} > u_{BE}$ 时,满足发射结正偏和集电结反偏,管子工作在放大区。由于发射结正向导通,电子被发射出去,基区很薄且掺杂浓度低,电子穿过基区与空穴进行复合。同时集电结又为反偏,保证绝大多数发射区发射出来的电子穿过基区后能被集电区收集,因此集电极电流 i_C 近似等于发射极电流 i_E,定义 $i_C = \alpha i_E$,α 被称为电流放大系数,接近于 1 而小于 1,因此 $i_C \approx i_E$。

发射区发射出去的电子只有少部分在基区与空穴复合,形成的基极电流 $i_B = i_E - i_C$,集电极电流与基极电流近似成正比,$i_C \approx \beta i_B$,$\beta \gg 1$,一般为几十到几百。因此,端口 CE 可视为受控电流源,电流 i_C 受 BE 端口电流 i_B 控制,而与 CE 端口电压无关。

总结在放大区的三极管电流之间关系为

$$i_B = I_{BS}(e^{u_{BE}/U_T} - 1) \qquad (8-70)$$

$$i_C \approx \beta i_B \qquad (8-71)$$

$$i_E = i_B + i_C \qquad (8-72)$$

$$i_C = \alpha i_E \qquad (8-73)$$

2. BJT 的放大作用

图 8-53 所示的共基极放大电路中,电源 U_{EE} 和 U_{CC} 使得发射结正偏以及集电结反偏。此时输入小信号 u_i,叠加 U_{EE} 上依然能保证发射结正偏,假设 $u_i = 50\text{mV}$。发射结的正偏压随 u_i 变化,从而引起发射极电流变化,变化的发射极电流 $i_e = 2\text{mA}$。相应产生变化的集电极电流 $i_c = 1.9\text{mA}$(这里假设 $\alpha = 0.95$)。变化的集电极电流 i_c 作用在负载 $R_L = 2\text{k}\Omega$,产生变化的输出端电压幅度为 $i_c R_L = 3.8\text{V}$,可见变化的输出电压幅度比 u_i 的幅度增大了很多倍,电压增益为 $3.8/0.05 = 76$,即实现了放大。

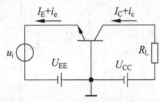

图 8-53 共基放大电路

当输入回路串入交流信号 u_i 时,正偏的发射结受 u_i 控制,极易产生相应的变化电流 i_b,而传输到集电极时为 i_c。将带有输入信息的 i_c 通过合适的负载电阻 R_L,即可得到放大很多倍的输出信号电压。

3. BJT 的特性曲线

如图 8-54(a)所示,如果以 NPN 管的发射极作为公共端点,发射结为输入端口,观测发射结两端的电压 u_{BE} 与电流 i_B 的关系,得到的曲线为 BJT 的输入伏安特性曲线如图 8-54(b)所示。该曲线与二极管伏安特性相同,正向导通,反向截止。同时,也受到 u_{CE} 的控制。但当 $u_{CE} \geq 1\text{V}$ 之后,电流 i_B 只受 u_{BE} 控制,与 u_{CE} 几乎无关。

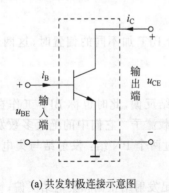

(a) 共发射极连接示意图

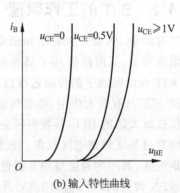

(b) 输入特性曲线

图 8-54 BJT 共发射极接法及其输入特性曲线

固定基极电流 i_B,观测 CE 端口电压 u_{CE} 与电流 i_C 的关系,会得到一根曲线。改变基极电流,会得到一簇 $u_{CE} \sim i_C$ 的关系曲线,如图 8-55 所示。这些曲线构成 BJT 的输出伏安特性曲线。

BJT 与 FET 有类似的输出特性。通常把 BJT 的输出特性分为三个工作区域,也就是晶体三极管的三种工作状态。

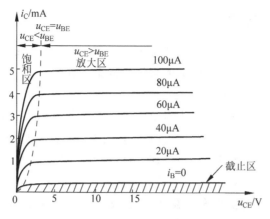

图 8-55　BJT 共射输出特性曲线

图 8-55 中的放大区范围是曲线 $i_B=0$ 的上部和虚线 $u_{BE}=u_{CE}$ 的右侧。放大区的集电极电流 i_C 几乎平行于水平线，说明 i_C 仅取决于 i_B，与 u_{CE} 几乎无关，反映出基极电流 i_B 对集电极电流的控制作用。

发射结和集电结均为正偏时，称三极管工作在饱和区，即图 8-55 中虚线 $u_{CE}=u_{BE}$ 的左侧。处于饱和状态的三极管 $u_{CE}<u_{BE}$，此时的 u_{CE} 可以用 $U_{CE(sat)}$ 表示。对于小功率管，$U_{CE(sat)}$ 为 0.2V 左右。饱和区中的 i_C 不仅与 i_B 有关，而且会随着 u_{CE} 的增加明显增大。管子进入饱和区后放大能力减弱，进入深度饱和以后管子丧失放大能力。

当发射结电压小于开启电压，并且集电结反偏时，即 $u_{BE}<U_{BE(on)}$ 且 $u_{CE}>u_{BE}$，三极管工作在截止区，此时的 $i_B=0$。如图 8-55 中，$i_B=0$ 曲线以下部分为截止区，$i_C\approx0$。工作在截止区的 BJT 丧失放大能力。

对比场效应管，BJT 也有三个电极，与场效应管的三个电极间对照关系为：基极(B)对应栅极(G)，集电极(C)对应漏极(D)，发射极(E)对应源极(S)。FET 具有放大作用时，漏极电流 i_D 受栅源电压 u_{GS} 控制，i_D 几乎与 u_{DS} 无关。BJT 具有放大作用时，集电极电流 i_C 受基极电流 i_B 控制，i_C 几乎与 u_{CE} 无关。

4. BJT 的开关作用

当 BJT 工作在放大区时具有受控源特性，利用该特性可实现信号放大。当 BJT 的工作状态在饱和区与截止区间转换时，具有开关特性。利用开关特性，BJT 可用于数字电路，实现数字逻辑功能。

以图 8-56 为 BJT 构成的反相器为例，如果输入信号 u_i 的幅度低，如 $u_i<U_{BE(on)}$，基极电流 $i_B=0$，集电极电流 $i_C\approx0$，BJT 工作在截止区，相当于开关断开，输出 $u_o=+U_{CC}$。

如果输入 u_i 的幅度高（如 $u_i=U_{CC}$），且电阻 $R_B<\beta R_C$，BJT 工作在饱和区，$u_o=u_{CE(sat)}$。对于小功率管，$u_{CE(sat)}\approx0.2$V，接近于 0，相当于开关闭合。此时，$i_C\neq\beta i_B$，$i_C=i_{C(sat)}$，有

$$i_B=\frac{u_i-U_{BE(on)}}{R_B}, \quad i_{C(sat)}=\frac{U_{CC}-u_{CE(sat)}}{R_C}$$

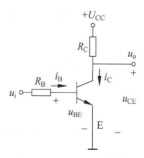

图 8-56　BJT 反相器

8.4.3 BJT 的参数

为了使三极管安全可靠地工作,在使用中电流和电压都有一定的限制,这些参数称为极限参数。此外,还有表征管子放大性能的交流和直流参数。

1. 极限参数

(1) 集电极最大允许电流 I_{CM}。BJT 的 β 与 i_C 的关系如图 8-57 所示。β 开始随 i_C 增大而增加,之后达到最大值,当 i_C 再增大时,β 开始下降。I_{CM} 是指 β 下降到最大值的 2/3 时的集电极电流,超过此值管子不一定损坏,但放大性能明显变差。

(2) 集电极最大允许功耗 P_{CM}。当硅管的结温超过 150℃时,锗管的超过 70℃时,管子特性变坏,甚至烧坏。功耗会使管子温度升高,对于确定型号的晶体管,集电极最大功耗 P_{CM} 是一个固定的值,在输出特性曲线画出 $P_{CM} = i_C u_{CE} =$ 常数,为双曲线,如图 8-58 所示。因此,实际使用中不但不能超出这个限制,而且还要给功率管加上额定的散热片。

(3) 击穿电压。发射结反偏时,在较低的电压下,就可能击穿。其击穿电压 $U_{(BR)EBO}$ 只有几伏,使用时要当心。此外,当基极开路,发射极与集电极间的反向击穿电压 $U_{(BR)CEO}$ 一般为几十伏,高反压管为几百伏以上。

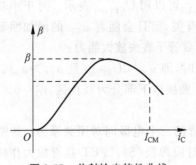

图 8-57　共射输出特性曲线

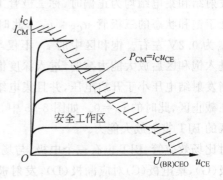

图 8-58　晶体管的安全工作区

为防止晶体管在使用中被损坏,必须使其工作在图 8-58 所示的安全工作区。

2. 直流参数

(1) 共基直流电流放大系数 $\bar{\alpha} \approx \dfrac{I_C}{I_E}$。

(2) 共射直流电流放大系数 $\bar{\beta} \approx \dfrac{I_C}{I_B}$。

3. 交流参数

(1) 共基交流电流放大系数为

$$\alpha = \frac{i_c}{i_e} = \Delta I_C / \Delta I_E$$

(2) 共射交流电流放大系数为

$$\beta = \frac{i_c}{i_b} = \Delta I_C / \Delta I_B$$

通常近似地认为 $\beta \approx \bar{\beta}$，$\alpha \approx \bar{\alpha}$，以后章节不加区分。

4. 极间反向电流

（1）集电极—基极反向饱和电流 I_{CBO}。当发射极开路，给集电结加上一定的反偏电压时，基区自身产生的少子会向集电区漂移，同时集电区自身产生的少子也会向基区漂移，从而形成的反向电流。该电流是反偏 PN 结电流，大小取决于少子浓度，而少子浓度与温度有关。在一定温度下，I_{CBO} 基本不变，小功率管硅管的 I_{CBO} 小于 $1\mu A$，I_{CBO} 的测量电路如图 8-59(a)所示。

（2）集电极-发射极反向饱和电流 I_{CEO}。当基极开路，由集电区穿过基区流向发射区的反向饱和电流，也称为穿透电流。I_{CEO} 与 I_{CBO} 的关系为

$$I_{CEO} = (1+\beta)I_{CBO}$$

考虑极间反向饱和电流的作用，则有

$$I_C = \bar{\beta}I_B + I_{CEO}, \quad I_C = \bar{\alpha}I_E + I_{CBO}$$

I_{CEO} 的测量电路如图 8-59(b)所示。

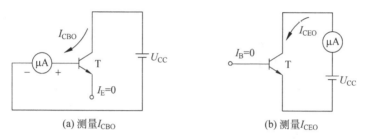

(a) 测量I_{CBO} (b) 测量I_{CEO}

图 8-59 极间反向电流的测量电路

8.4.4 BJT 的温度特性

1. 温度对 I_{CBO} 的影响

对于硅管和锗管，可近似认为，温度每升高 $10℃$，I_{CBO} 增大一倍，可表示为

$$I_{CBO}(T_2) = I_{CBO}(T_1) \cdot 2^{\frac{T_2-T_1}{10}} \tag{8-74}$$

2. 温度对发射结正向偏压的影响

如前所述，当温升时，对于正偏发射结，若保持正向电流 i_E 不变，则正偏压 u_{BE} 必须要减小。无论是硅管还是锗管，温度升高 $1℃$，u_{BE} 应减小 $2\sim2.5mV$，可表示为

$$\frac{du_{BE}}{dT} = -(2 \sim 2.5)mV/℃ \tag{8-75}$$

3. 温度对 β 的影响

温升会使晶体管的 β 增大，工程上可表示为

$$\frac{d\beta}{\beta dT} = (0.5 \sim 1)\%/℃ \tag{8-76}$$

即每温升 $1℃$，晶体管的 β 值增加自身的 $0.5\%\sim1\%$。

8.5 BJT 放大电路

8.5.1 BJT 放大电路的组成

BJT 放大电路的核心是一个工作在放大状态的 BJT,而且输入信号应加在基极和射极构成的输入回路,使得输入信号能够控制正偏发射结电压的变化,从而引起基极电流的变化。而基极电流进一步控制其他两个电极电流,使得输入信号的信息传递到负载,实现放大。因此,BJT 管构成的放大电路需要直流偏置电路使三极管工作在放大区,还需要交流通路保证信号能顺利传输。同时,输入信号必须加在正偏的发射结上。

BJT 是三端器件,根据输入和输出的电极不同,分为三种组态,即共射、共基和共集组态,组态判别方法与场效应管放大电路相同。图 8-60 为共射组态,输入信号 u_i 控制输入基极电流的变化,而工作在放大状态的三极管的基极电流线性控制集电极电流 i_c,最终 i_c 作用在负载上得到放大的输出信号。

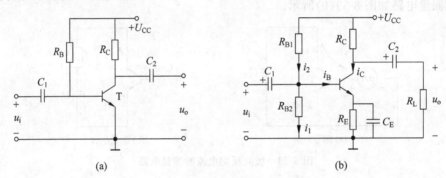

图 8-60 共射组态放大电路

8.5.2 BJT 放大电路的静态分析

BJT 放大电路分析主要包括静态分析与动态分析,静态分析的目的是分析放大电路的直流工作情况,为放大电路设计合理的静态工作点。动态分析主要分析交流信号通过放大电路的变化情况。对放大电路分析,先静态,后动态。只有合理地设置静态工作点,放大动态的信号才是有意义的。

BJT 的直流分析模型如图 8-61 所示,当外加直流源使得 BJT 工作在放大区时,发射结正偏,二极管正偏电压为 0.7V,所以用电压源表示 BE 端口模型,$U_{BE} = 0.7V$。由于放大区的集电极电流受基极电流控制,$I_C = \beta I_B$,CE 端口用一个受电流控制的电流源(CCCS)表示。因此,直流分析时的 NPN 管直流等效模型如图 8-61 所示。

BJT 放大电路中,常用的偏置电路如图 8-62(a)所示的固定偏置电路和图 8-62(b)分压式偏置电路,R_B 称为偏置电阻,R_{B1} 称为上偏电阻,R_{B2} 称为下偏电阻。

1. 固定基流偏置电路

对于图 8-62(a),静态基极电流 I_{BQ} 可为

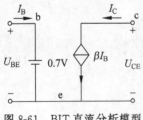

图 8-61 BJT 直流分析模型

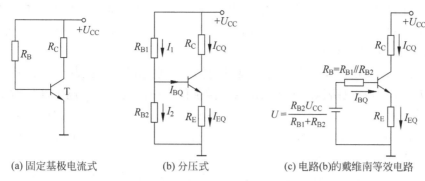

(a) 固定基极电流式　　　　(b) 分压式　　　　(c) 电路(b)的戴维南等效电路

图 8-62　BJT 偏置电路

$$I_{BQ} = \frac{U_{CC} - U_{BE}}{R_B} \qquad (8\text{-}77)$$

对硅管而言，U_{BE} 约为 0.7V，对锗管而言，约为 0.2V。若 $U_{CC} \gg U_{BE}$，则

$$I_{BQ} \approx \frac{U_{CC}}{R_B} \qquad (8\text{-}78)$$

可见，在 U_{CC}、R_B 已确定的前提下，I_{BQ} 就基本上是固定的，故称此偏置电路为固定基流偏置电路。又根据 BJT 共发电流传输方程可求得静态集电极电流为 $I_{CQ} \approx \beta I_{BQ}$。而静态集电极与发射极间管压降则为

$$U_{CEQ} = U_{CC} - R_C I_{CQ}$$

2. 分压式偏置电路

图 8-62(b)为分压式偏置电路，一般下列条件成立

$$I_1 \approx I_2 \gg I_B \qquad (8\text{-}79)$$

所以

$$U_B \approx \frac{R_{B2} U_{CC}}{R_{B1} + R_{B2}} \qquad (8\text{-}80)$$

$$I_{CQ} \approx I_{EQ} = \frac{U_E}{R_E} = \frac{U_B - U_{BE}}{R_E} \qquad (8\text{-}81)$$

或者对图 8-62(b)所示电路进行精确分析，将图 8-62(b)的电路进行戴维南等效为图 8-62(c)，然后列写 KVL 方程

$$U = I_B R_B + U_{BE} + I_E R_E$$

其中

$$U = \frac{R_{B2} U_{CC}}{R_{B1} + R_{B2}}, \quad R_B = R_{B1} \ /\!/ \ R_{B2} = \frac{R_{B1} R_{B2}}{R_{B1} + R_{B2}}$$

又因为 $I_E = (1 + \beta) I_B$，综合上述条件，即可求出各极的静态电流。

无论何种方法，求出静态电流后，可以求解 U_{CEQ} 为

$$U_{CEQ} \approx U_{CC} - (R_C + R_E) I_{CQ} \qquad (8\text{-}82)$$

通过上面的分析可知，若 U_{CC}、R_{B1}、R_{B2} 及 R_E 均已确定，则 I_{EQ} 基本上是常值。故分压式偏置电路又可称为固定射极电流的偏置电路。这种分压式偏置电路具有稳定静态工作点的作用，下面进一步说明稳定静态工作点的机理、稳定条件和设计方法。

当温度升高时，I_{CQ}、I_{EQ} 会随之升高，从而使 $U_E=I_{EQ}R_E$ 增大。在 $I_1 \approx I_2 \gg I_{BQ}$ 条件下，U_B 基本是常数，于是 U_E 的增大就导致 BE 结正偏电压 $U_{BE}(=U_B-U_E)$ 的减小，从而使 I_{CQ} 回降，稳定了静态工作点。

电阻 R_E 两端的电压反映了 I_{CQ} 的变化，并进而通过 U_{BE} 来控制 I_{CQ} 向相反方向变化。所以 $R_E \neq 0$ 是该电路稳定静态工作点所需条件之一。显然，R_E 越大，U_E 对 I_{CQ} 变化的反应便越灵敏。稳定 Q 点的另一个条件是要求 U_B 稳定，这样，就可使 $\Delta U_{BE} \approx -\Delta U_E$，即可使 U_E 的变化量几乎全部反映到 U_{BE} 的变化中去，使其自动调节作用更加有效。U_B 稳定的条件则是式(8-79)，即 $I_1 \approx I_2 \gg I_{BQ}$。

设计电路时，不应片面追求 Q 点的稳定而导致其他性能的恶化。从稳定 Q 点考虑，R_E 越大，R_{B1}、R_{B2} 越小(即 I_1、I_2 越大)越好。但是，R_E 过大，会导致电源利用率太低，输出信号的动态范围过小；而 R_{B1}、R_{B2} 过小，不仅增加直流功率的损耗，而且使得输入电阻过小，对信号的分流作用过大，降低了增益。因此，设计的原则是要保证放大电路的各项指标都达到要求，而不能片面追求某一方面的性能。工程上，一般按下列经验公式确定分压式偏置电路的参数

$$\begin{cases} I_1 \approx I_2 = (5 \sim 10)I_{BQ} \\ U_{EQ} = (0.1 \sim 0.2)U_{CC} \end{cases} \tag{8-83}$$

8.5.3　BJT 放大电路的动态分析

1. BJT 的小信号等效电路

BJT 的三个电极在电路中可连接为一个二端口网络，以共射连接为例，如图 8-63(a)所示。BJT 在静态工作点附近的伏安特性曲线近似线性，因此可用线性模型等效。图 8-63(b)所示的电流控制电流源就是 BJT 的一种小信号等效模型。

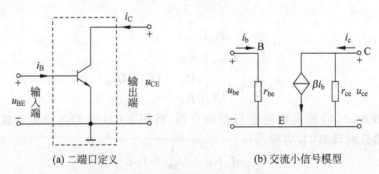

(a) 二端口定义　　　　　　　　　　(b) 交流小信号模型

图 8-63　BJT 管 CCCS 小信号等效电路

1) 电流控制电流源模型

由于基区很薄，具有阻碍载流子通过的作用，呈现出体电阻效应。假想基区内部有一个内基极点 B′，用 $r_{bb'}$ 表示基区体电阻。从内基极 B′ 到发射极之间 PN 结正偏时等效为一个电阻 $r_{b'e}$。由前面章节的知识可知，正偏二极管的小信号等效模型为一个电阻，其值与静态工作点有关。类似的，正偏 EB′ 结等效为一个结电阻 $r_{b'e}$。根据正偏 PN 结的伏安方程 $i_B \approx I_{BS}e^{u_{B'E}/U_T}$ 可以推导出 $r_{b'e}$。是静态工作点 Q 处斜率的倒数，如图 8-64 所示，即

$$r_{b'e} = \frac{\partial u_{B'E}}{\partial i_B}\bigg|_Q = \frac{1}{\dfrac{I_{BS}e^{U_{BEQ}/U_T}}{U_T}} = \frac{U_T}{I_{BQ}} = (1+\beta)\frac{U_T}{I_{EQ}} \tag{8-84}$$

因此从基极观测的总电阻为

$$r_{be} = r_{bb'} + r_{b'e}$$

对于小功率的 BJT，$r_{bb'}$ 约为几十到几百欧，在低频时可以忽略，即 $r_{be} \approx r_{b'e}$。又由于集电极电流受基极电流控制，所以 BJT 的电流控制电流源模型如图 8-63(b)所示。

2) 电压控制电流源模型

BJT 的另一种小信号等效模型为电压控制电流源模型。当 BJT 偏置在放大状态，其发射结是正偏的。如果此时给电路加入输入信号，输入信号作用在正偏发射结上将产生交流分量 $u_{b'e}$，进而产生变化的集电极电流 i_c。由于

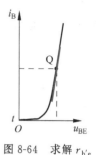

图 8-64 求解 $r_{b'e}$

$$i_C = \beta I_{BS} e^{\frac{U_{BE}+u_{b'e}}{U_T}} = I_C e^{\frac{u_{b'e}}{U_T}} \tag{8-85}$$

将指数函数用级数展开

$$e^{\frac{u_{b'e}}{U_T}} \approx 1 + \frac{u_{b'e}}{U_T} + \frac{1}{2}\left(\frac{u_{b'e}}{U_T}\right)^2 + \frac{1}{3!}\left(\frac{u_{b'e}}{U_T}\right)^3 + \cdots + \frac{1}{n!}\left(\frac{u_{b'e}}{U_T}\right)^n \tag{8-86}$$

其中，如果满足 $u_{b'e} \ll U_T$，则高阶项很小，可以忽略不计，则有

$$i_C \approx I_C\left(1 + \frac{u_{b'e}}{U_T}\right) = I_C + \frac{I_C}{U_T}u_{b'e} = I_C + g_m u_{b'e} = I_C + i_c \tag{8-87}$$

其中

$$g_m = \frac{I_C}{U_T} \tag{8-88}$$

最终得到

$$i_c = g_m u_{b'e} \tag{8-89}$$

说明集电极电流 i_c 受 $u_{b'e}$ 控制，BJT 的电压控制电流源模型如图 8-65(a)所示。当不考虑基区体电阻时，$u_{be} = u_{b'e}$，等效电路如图 8-65(b)所示。

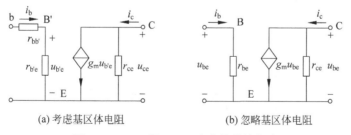

(a) 考虑基区体电阻   (b) 忽略基区体电阻

图 8-65 NPN 管 VCCS 小信号等效电路

式(8-89)表明电压 $u_{b'e}$ 线性控制集电极电流 i_c 的产生，g_m 反映了这种电压控制电流作用的强弱，称为跨导，其大小体现了 BJT 放大能力的强弱。而且 g_m 是一个与静态工作点有关的常数，比较 $r_{b'e}$ 的表达式，可知 g_m 与 β 的关系为

$$\beta \approx g_{\mathrm{m}} r_{\mathrm{b'e}} \tag{8-90}$$

另外，根据推导过程可知，$u_{\mathrm{b'e}} \ll U_{\mathrm{T}}$ 是线性放大的前提条件。

前面讲述的输出伏安特性未考虑 u_{CE} 的变化对集电极电流 i_{C} 的影响。实际上，当 u_{CE} 增大时，i_{C} 也会有略微增大，反映在输出特性曲线上就如图 8-66 所示。将各条线反向延长可交于一点，该点电压值用 U_{A} 表示。U_{A} 的大小反映了曲线上扬的程度，或者说 i_{C} 受 u_{CE} 控制作用的强弱。BJT 用 r_{ce} 描述 i_{C} 受 u_{CE} 的控制作用。r_{ce} 为工作点处斜率的倒数，其值较大，一般为几十千到几百千欧姆。如果与它并联的外部电阻比它小得多，可视其为开路

$$r_{\mathrm{ce}} = \left(\frac{\partial i_{\mathrm{C}}}{\partial u_{\mathrm{CE}}}\right)^{-1} \Bigg|_{i_{\mathrm{B}}} \approx \frac{U_{\mathrm{A}}}{I_{\mathrm{CQ}}}$$

$C_{\mathrm{b'e}}$ 和 $C_{\mathrm{b'c}}$ 和分别为发射结以及集电结的结电容。对小功率管，$C_{\mathrm{b'e}}$ 一般为几皮法，$C_{\mathrm{b'c}}$ 一般为几十至几百皮法，这些电容在高频时不能忽略。

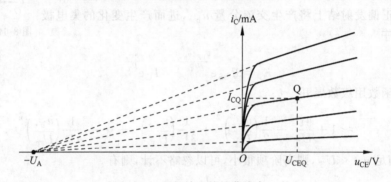

图 8-66 根据输出特性曲线求 r_{ce}

综上，BJT 的小信号高频等效电路如图 8-67 所示。

2. 三种组态放大电路的动态分析

1）共射放大电路

图 8-60(b) 中共射放大电路的小信号等效电路如图 8-68 所示，其中 $R_{\mathrm{B}} = R_{\mathrm{B1}} // R_{\mathrm{B2}}$，$R_{\mathrm{L}}' = R_{\mathrm{L}} // R_{\mathrm{C}}$。根据等效电路，可估算出以下指标。

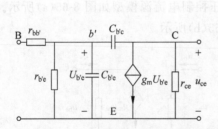

图 8-67 NPN 管高频小信号等效模型

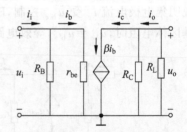

图 8-68 共射放大电路的小信号等效电路

电压增益为

$$A_{\mathrm{u}} = \frac{u_{\mathrm{o}}}{u_{\mathrm{i}}} = -\frac{\beta i_{\mathrm{b}} R_{\mathrm{L}}'}{i_{\mathrm{b}} r_{\mathrm{be}}} = -\frac{\beta R_{\mathrm{L}}'}{r_{\mathrm{be}}} \approx -\frac{I_{\mathrm{CQ}}}{U_{\mathrm{T}}} R_{\mathrm{L}}' \tag{8-91}$$

式(8-91)忽略了基区体电阻的 $r_{\mathrm{bb'}}$ 的影响。A_{u} 中的负号表示共射放大电路的输出电压与输入电压反相，所以是反相放大器；A_{u} 几乎与 β 无关，而与静态集电极电流 I_{CQ} 成正比。

加大交流负载 R'_L 可以提高电压放大能力,但增大 R_C 将受到 Q 点制约。如图 8-69 所示,当静点位置过高,比如图中的 Q_1,在输入小信号后,BJT 容易进入饱和区,产生饱和失真,此时的 u_{CE} 为 $u_{CE(sat)}$;当静点位置过低,如图 8-69 中的点 Q_2,在输入小信号后,BJT 容易进入截止区,产生截止失真。

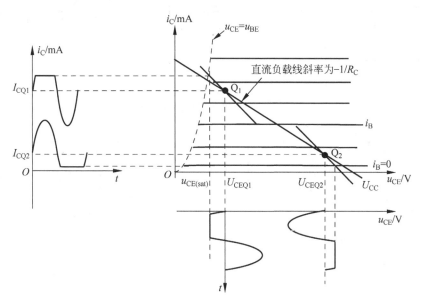

图 8-69 饱和失真和截止失真

输出电压的 $U_{om(max)}$ 应为

$$\min\left[(U_{CEQ}-u_{CE(sat)});I_{CQ}R'_L\right] \tag{8-92}$$

如果忽略输入端电阻 R_B 和输出端电阻 R_C 和 r_{ce} 的分流作用,共射放大电路输出电流为集电极电流,输入为基极电流,则电流放大倍数为

$$A_i=\frac{i_o}{i_i}\approx\beta \tag{8-93}$$

输入电阻为

$$R_i=R_B/\!/r_{be} \tag{8-94}$$

如果 $R_B\gg r_{be}$,则 $R_i\approx r_{be}$。

估算输出电阻 R_o 的电路如图 8-70 所示,则有

$$R_o=\frac{u_t}{i_t}=R_C/\!/r_{ce} \tag{8-95}$$

如果 $R_C\ll r_{ce}$,则 $R_o\approx R_C$。

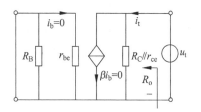

图 8-70 求共射放大电路的输出电阻 R_o

2) 射随器

图 8-71(a)中的电路是共集放大电路,又称射极跟随器,简称射随器。图 8-71(b)为其直流通路,图 8-71(c)是其交流通路。

如果用小信号等效电路取代晶体管,则如图 8-72(a)所示。

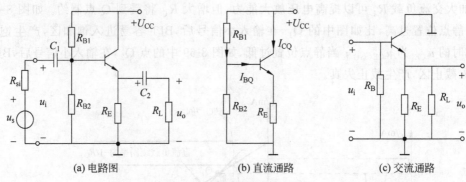

(a) 电路图　　　　　(b) 直流通路　　　　(c) 交流通路

图 8-71　共集电极放大电路

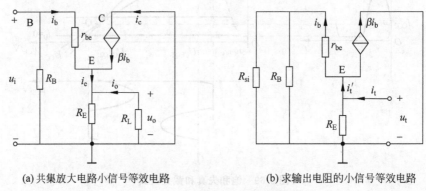

(a) 共集放大电路小信号等效电路　　　　(b) 求输出电阻的小信号等效电路

图 8-72　共集放大电路的微变等效电路

电压增益为

$$A_u = \frac{u_o}{u_i} = \frac{(1+\beta)i_b(R_E /\!/ R_L)}{u_{be} + u_o} = \frac{(1+\beta)i_b(R_E /\!/ R_L)}{i_b r_{be} + (1+\beta)i_b(R_E /\!/ R_L)}$$

$$= \frac{(1+\beta)(R_E /\!/ R_L)}{r_{be} + (1+\beta)(R_E /\!/ R_L)} \tag{8-96}$$

源增益为

$$A_{us} = \frac{u_o}{u_s} = A_u \frac{R_i}{R_i + R_s} \tag{8-97}$$

其中, R_i 见下面的分析。A_u 为正表示射随器的输出电压与输入电压同相。A_u 小于且接近于 1,说明输出电压接近于输入电压,即射极电压跟随输入电压变化,故称为射随器。

如果忽略输入端电阻和输出端电阻的分流作用,共集放大电路输出电流为发射极电流,输入为基极电流,则电流放大倍数为

$$A_i = \frac{i_o}{i_i} \approx -(1+\beta) \tag{8-98}$$

输入电阻为

$$R_i = R_{B1} /\!/ R_{B2} /\!/ R_i' \tag{8-99}$$

其中

$$R_i' = \frac{i_b r_{be} + (1+\beta) i_b (R_E /\!/ R_L)}{i_b} = r_{be} + (1+\beta)(R_E /\!/ R_L)$$

为了获得输出电阻，首先将负载开路，独立电压信号源短路，然后在输出端外加电压源 u_t，在其作用下产生电流 i_t，输出电阻 $R_o = u_t / i_t$。求输出电阻的电路见图 8-72(b)。

$$R_o = R_E /\!/ R_o' \tag{8-100}$$

其中

$$R_o' = \frac{u_t}{i_t'} = \frac{i_b (r_{be} + R_{B1} /\!/ R_{B2} /\!/ R_{si})}{i_b + \beta i_b} = \frac{r_{be} + R_{B1} /\!/ R_{B2} /\!/ R_{si}}{1+\beta}$$

如果信号源内阻 $R_{si} = 0$，则有

$$R_o' = \frac{r_{be}}{1+\beta} \tag{8-101}$$

3）共基放大电路

共基极放大电路的组成如图 8-73(a)所示，其直流通路如图 8-73(b)所示。

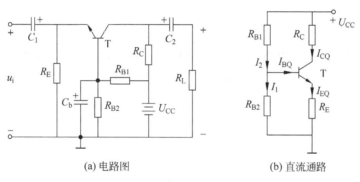

(a) 电路图   (b) 直流通路

图 8-73　共基极放大电路

共基极放大电路的交流通路如图 8-74(a)所示，小信号等效电路如图 8-74(b)所示。

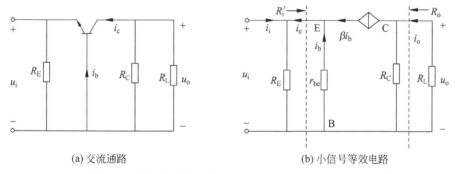

(a) 交流通路   (b) 小信号等效电路

图 8-74　共基极放大电路的交流通路和小信号等效电路

共基极放大电路电压放大倍数为

$$\begin{cases} A_u = \dfrac{u_o}{u_i} = \dfrac{-\beta i_b (R_c /\!/ R_L)}{-i_b r_{be}} = \dfrac{\beta R_L'}{r_{be}} \\ A_{us} = \dfrac{u_o}{u_s} = A_u \dfrac{R_i}{R_i + R_{si}} \end{cases} \tag{8-102}$$

如果忽略输入端电阻和输出端电阻的分流作用,共基放大电路输出电流为集电极电流,输入为发射极电流,则电流放大倍数为

$$A_i = \frac{i_o}{i_i} \approx \frac{i_c}{i_e} = -\alpha \tag{8-103}$$

电路的输入电阻为

$$R_i = \frac{u_i}{i_i} = R_E /\!/ R_i' \tag{8-104}$$

其中 R_i' 如图 8-74(b)所示,则有

$$R_i' = \frac{u_i}{-i_e} = \frac{-i_b r_{be}}{-(i_b + \beta i_b)} = \frac{r_{be}}{1+\beta} \tag{8-105}$$

电路的输出电阻为

$$R_o = R_C \tag{8-106}$$

【例 8-3】 图 8-75(a)中的电路参数为 $U_{CC} = 25\text{V}$,$R_{B1} = 150\text{k}\Omega$,$R_{B2} = 47\text{k}\Omega$,$R_{E1} = 0.1\text{k}\Omega$,$R_{E2} = 4.7\text{k}\Omega$,$R_C = 10\text{k}\Omega$,$R_L = 10\text{k}\Omega$,$R_{si} = 0.5\text{k}\Omega$,BJT 的参数为 $\beta = 50$,$r_{ce} = 100\text{k}\Omega$,$r_{bb'} = 0\Omega$。设电容 C_1、C_2 和 C_E 对交流信号视为短路。

(1) 估算静态工作点 I_{CQ}、U_{CEQ}。

(2) 计算 A_u、A_{us}、R_i 和 R_o。

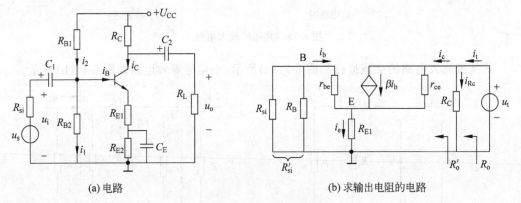

(a) 电路 (b) 求输出电阻的电路

图 8-75 例 8-3 图

解:(1) $U_B \approx \dfrac{R_{B2} U_{CC}}{R_{B1} + R_{B2}} = \dfrac{47}{(150+47)} \times 25\text{V} \approx 5.96\text{V}$

$$I_{CQ} \approx I_{EQ} = \frac{U_E}{R_{E1} + R_{E2}} = \frac{5.96 - 0.7}{4.7 + 0.1} = 1.1(\text{mA})$$

$$U_{CEQ} = U_{CC} - (R_C + R_{E1} + R_{E2}) I_{CQ} = 25 - 1.1 \times (10 + 0.1 + 4.7) \approx 8.72(\text{V})$$

（2）先计算发射结电阻：

$$r_{be} = r_{bb'} + r_{b'e} = (1+\beta)\frac{U_T}{I_{EQ}} = (1+50) \times \frac{26}{1.1} \approx 1.2(k\Omega)$$

$$A_u = -\frac{\beta R'_L}{r_{be} + (1+\beta)R_{E1}} = -\frac{50 \times (10//10)}{1.2 + (1+50) \times 0.1} \approx -39.7$$

$$R_i = R_{B1}//R_{B2}//(r_{be} + (1+\beta)R_{E1}) = 150//47//[1.2 + (1+50) \times 0.1] = 5.36(k\Omega)$$

$$A_{us} = \frac{u_o}{u_s} = -39.7 \times \frac{5.36}{5.36 + 0.5} \approx -36.3$$

关于输出电阻 R_o 的计算，参见图 8-75（b），图中的 $R_B = R_{B1}//R_{B2} = 150//47 = 35k\Omega$。为了简化分析，可先求出 R'_o，然后根据 $R_o = R_C//R'_o$，再求出 R_o。

在基极回路列写 KVL 方程

$$i_b(r_{be} + R'_{si}) + (i_b + i_c)R_{E1} = 0$$

$$R'_{si} = R_{si}//R_B = 0.5//35.8 \approx 0.5(k\Omega)$$

推导出

$$i_b = -\frac{R_{E1}}{r_{be} + R'_{si} + R_{E1}}i_c \tag{8-107}$$

在集电极回路列写 KVL 方程

$$u_t - (i_c - \beta i_b)r_{ce} - (i_b + i_c)R_{E1} = 0 \tag{8-108}$$

将式（8-107）代入式（8-108）后得

$$u_t = i_c\left[r_{ce} + R_{E1} + \frac{R_{E1}}{r_{be} + R'_{si} + R_{E1}}(\beta r_{ce} - R_{E1})\right]$$

考虑实际情况下，$r_{ce} \gg R_{E1}$，因此

$$R'_o = \frac{u_t}{i_c} = r_{ce}\left(1 + \frac{\beta R_{E1}}{r_{be} + R'_{si} + R_{E1}}\right) \tag{8-109}$$

式（8-109）说明 R'_o 是 r_{ce} 被放大的结果，一般 $R'_o \gg R_C$，所以

$$R_o = R_C \parallel R'_o \approx R_C = 10k\Omega$$

8.5.4 三种组态的比较

晶体管三种组态放大电路的特点总结如下。

（1）共射放大电路具有电压和电流放大能力，输入电阻在三种组态中居中，输出电阻较大，频带较窄。常作多级放大电路的中间级。

（2）共集放大电路只能放大电流不能放大电压，输入电阻是三种组态中最大，输出电阻是最小的，并且具有电压跟随的特点。常用于多级电压放大电路的输入级和输出级，并充当中间级的缓冲级电路。

（3）共基电路只能放大电压不能放大电流，输入电阻小，电压放大倍数和输出电阻都与共射组态相当，频率响应是三种中最好的，常用于宽带放大器中。

具体的，BJT 三种组态放大电路的比较如表 8-6 所示。

表 8-6 BJT 三种组态放大电路的比较

	共发射极电路	共集电极电路	共基极电路
电路结构			
工作点	$I_{BQ} = \dfrac{U_{CC} - U_{BEQ}}{R_B}$ $I_{CQ} \approx \beta I_{BQ}$ $U_{CEQ} = U_{CC} - I_{CQ} R_C$	$I_{BQ} = \dfrac{U_{CC} - U_{BEQ}}{R_B + (1+\beta)R_E}$ $I_{CQ} = \beta I_{BQ} \approx I_{EQ}$ $U_{CEQ} = U_{CC} - I_{EQ} \cdot R_E$	$U_{BQ} \approx \dfrac{R_{B1}}{R_{B1}+R_{B2}} \cdot U_{CC}$ $I_{CQ} \approx I_{EQ} = \dfrac{U_{BQ} - U_{BEQ}}{R_E}$ $I_{BQ} \approx \dfrac{I_{CQ}}{\beta}$ $U_{CEQ} = U_{CC} - I_{CQ}(R_C + R_E)$
微变等效电路			
A_u	$A_u = -\dfrac{\beta R_L'}{r_{be}}$ 大	$A_u = \dfrac{(1+\beta)R_L'}{r_{be} + (1+\beta)R_L'}$ 小	$A_u = \dfrac{\beta R_L'}{r_{be}}$ 大
R_i	$R_i = R_B // r_{be}$ 中	$R_i = R_B // [r_{be} + (1+\beta)R_L']$ 大	$R_i = R_E // \dfrac{r_{be}}{1+\beta}$ 小
R_o	$R_o \approx R_C$ 中	$R_o \approx R_E // \dfrac{r_{be}}{1+\beta}$ 小	$R_o \approx R_C$ 大

8.5.5 MOSFET 与 BJT 的比较

MOSFET 和 BJT 的特性有以下异同。

（1）MOSFET 和 BJT 都具有开关和受控源特性，有类似的应用场合。例如，利用开关特性都可构成数字电路中的逻辑门电路等，或者利用受控源特性构成模拟电路中的基本放大电路等。MOSFET 的栅极、源极和漏极分别对应 BJT 的基极、发射极和集电极，作用类似。相比 BJT，由于 MOSFET 具有易于集成、低功耗、热稳定性好等优点被广泛应用于大规模和超大规模集成电路中。

（2）MOSFET 和 BJT 的受控特性都是利用两端电压控制第三端电流的器件。MOSFET 是用栅极和源极间电压 u_{GS} 控制漏极电流 i_D，而 BJT 是用基极和发射极间电压 u_{BE} 控制集电极电流 i_C，因而这两类器件的小信号模型类似。不同的是 MOSFET 是绝缘栅，栅极电流 $i_G = 0$，其 u_{GS} 控制漏极电流 i_D，所以 MOSFET 为电压控制器件；而 BJT 的基极电流 $i_B \neq 0$，电压 u_{BE} 先控制 i_B 和 i_E，进而通过 i_B 和 i_E 控制集电极电流 i_C，所以 BJT 为电流控制器件。由于 BJT 的 $i_B \neq 0$，而 MOSFET 的 $i_G = 0$，MOSFET 的栅极输入电阻高于 BJT 的基极输入电阻，更适合于信号源额定电流小的情况。

（3）MOSFET 是多子导电，BJT 是多子和少子都参与导电，由于少子受温度、辐射影响大，相比之下 MOSFET 的温度稳定性好，抗辐射能力强。

8.6 多级放大电路

实际电子系统中，常需要放大非常微弱的信号，当一个晶体管构成的放大电路的放大能力不够，又或者对输入、输出阻抗有特殊要求时，需要将多个放大电路连接起来，组成多级放大电路。由单级放大电路构成多级放大电路时，单级电路与整体放大电路之间需要考虑若干问题，比如耦合问题和电路类型选择问题等。

8.6.1 耦合方式

多级放大电路中前一级的输出信号通过一定的方式输送到后级放大电路，这种连接方式称为级间耦合。常用的耦合方式有直接耦合、阻容耦合和变压器耦合。

1. 直接耦合

如果前一级的输出端直接（或者经过电阻）与下一级电路的输入端相连接，这种连接方式称为直接耦合，特点是电路中没有电容、电感，如图 8-76 所示。这种耦合方式通常用在集成电路中。

直接耦合方式的优点：由于电路中没有电容、感，只有三极管和电阻，易于将全部元器件以及连接线集成在一个硅片上，因此广泛应用在集成电路中；低频响应好，可以放大直流以及缓慢变化的信号。

直接耦合方式中，各级放大器的静态工作点会互相影响。图 8-76（a）所示的电路，假设各晶体管均为硅管，可以看到，为保证 T_2 工作在放大区，$U_{BE2} = 0.7V$。由于是直接耦合，$U_{C1} = U_{B2} = 0.7V$，会导致第一个晶体管 T_1 的静态工作点非常靠近饱和区，有输入信号作用时，管子很容易进入饱和区，从而产生饱和失真。可以通过抬高 T_2 的基极电位解决这一

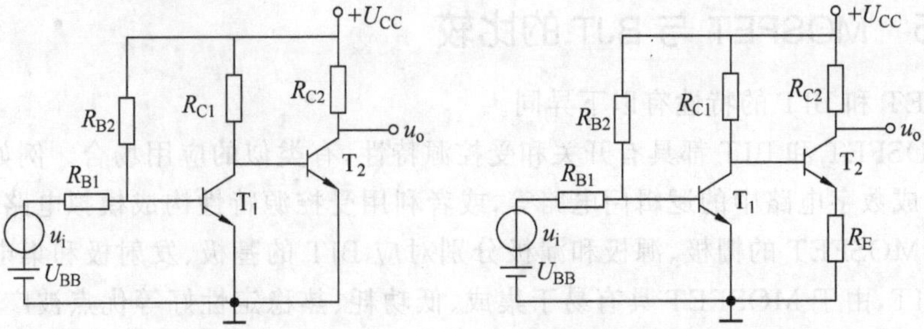

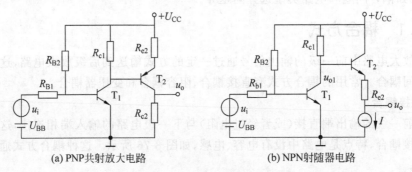

图 8-76 (a) 直接耦合 & (b) 接入电阻抬高T₂基极电位

(a) 直接耦合　　　　　　(b) 接入电阻抬高T₂基极电位

图 8-76　直接耦合放大电路

问题,比如给 T_2 的射极接入电阻 R_E,如图 8-76(b)所示。该方法带来的一个问题是信号加在 T_2 发射结上的幅度降低,导致第二级放大倍数下降。另一个问题是,如果各级均采用 NPN 管构成的共射放大电路,随着级数的增多,各级的信号幅度会逐级增大,为了不失真放大信号,应保证后级的动态范围,即 I_{CQ} 和 U_{CEQ} 要逐级增大。而采用加入 R_E 抬高前级电位的方法,各级的 $U_{CQ}=U_{CEQ}+I_E R_E$,使得集电极电位将非常接近 U_{CC},当 U_{CC} 固定时,R_c 就越来越小。因此,在直接耦合放大电路中,要在某些级加入电平移动电路(Level Shifting Circuit)。

　　所谓电平移动电路是指能改变电路的静态电位,但又不影响信号传输的电路。例如在由 NPN 构成的各级放大电路中加入一级 PNP 共射放大电路,如图 8-77(a)所示。由于 PNP 管与 NPN 管反型,其射极电位最高,这种连接对静态对位而言,能将前面几级已经抬高的集电极电位降下来;对信号而言,该电路还具有放大能力。或者采用 NPN 射随器电路进行电平移动,电路如图 8-77(b)所示,对静态电位而言,电位下移到 $U_{CQ1}-U_{BEQ2}-IR_{e2}$;对信号而言,由于电流源内阻远大于电阻 R_{e2},T_2 构成的射随器电路使得 $u_o \approx u_{o1}$,不影响信号传输。直接耦合电路中的某些级通常要加入电平移动电路。

(a) PNP共射放大电路　　　　　　(b) NPN射随器电路

图 8-77　电平移动电路

　　直接耦合方式易发生零点漂移现象。零点是指当放大电路的输入端信号为零时的输出电压 U_o。理想情况下,该电压应该是恒定的。实际放大电路,任何参数的变化,比如温度、电源电压以及元件的老化,都会使已设计好的静态工作点发生变动,即输出极电位偏离工作点缓慢地上下漂动,这种现象就叫零点漂移。

　　零点漂移相当于在原静点基础上叠加了一个缓慢变化的虚假"信号",在多级放大电路中,如果采用阻容耦合,这种漂动很难传到下一级。如果是直接耦合,这一假信号会被以后各级所放大,以致在输出端累积到相当可观的数值,造成输出零点的明显漂动。当漂移电压大到一定程度,会使后级放大电路进入饱和或者截止状态。

因温度变动产生的漂移称为温度漂移,简称温漂;因电源电压变动产生的漂移叫电源漂移;因时间变化使元、器件逐渐老化而产生的零点漂移就称为时间漂移等。直接耦合电路中,应选择温漂小的放大电路,尤其是第一级的温漂要小。

图 8-78 是在某段时间范围内记录下的某放大器零点漂移情况。零点漂移具有"缓慢性"和"随机性"。也就是说,零点漂移是变化极其缓慢而又毫无规律可循的一种信号。

2. 阻容耦合

各级放大电路之间用电容或者电阻电容进行连接,如图 8-79 所示。阻容耦合的优点:各级的静态工作点相互独立,互不影响;耦合电容很大,使得前级信号几乎无损失地传递到下一级。

阻容耦合方式的缺点:集成工艺很难制作大电容,因此这种耦合方式不适用于集成电路;低频特性差,不能放大直流以及缓慢变化的信号。

3. 变压器耦合

将放大电路前级输出端通过变压器连接到后级电路的输入端,就是变压器耦合。这种耦合方式的优点是可以根据需要选择合适的变化,实现阻抗匹配,使信号功率的传输达到最大;缺点是变压器的体积大、重量重、价格昂贵,不能集成,且其频率响应较差,所以目前已很少使用。只有需要输出特别大功率或实现高频功率放大时,才考虑使用变压器耦合电路。本书重点讨论前两种耦合方式。

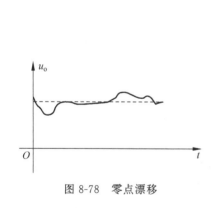

图 8-78 零点漂移　　　　　　图 8-79 阻容耦合电路

8.6.2　电路类型的选择

这里所述的电路类型包含管子类型和组态两方面。

FET 和 BJT 相比,最显著的特点是 FET 输入电阻远远大于 BJT。此外,FET 的 g_m 比 BJT 小,且在放大区的控制特性为平方律。故它主要用于要求高输入阻抗的小信号放大场合。

组态的选择应根据某级电路在多级电路中的地位考虑。输入级应考虑与信号源的配合问题,例如,若希望吸取信号源电流尽可能小(大多数场合都有此要求),或者说希望放大器获得尽可能大的输入信号电压,则应选择输入电阻大的共集组态。

中间级的主要任务是提供尽可能大的增益,所以通常选用共源或共射组态的级联电路

（中间级不一定只有一级）。

　　输出级主要考虑与负载的配合问题，一般要求它具有较强的带负载能力，即当负载在大范围内变动时，它仍能正常运转。在很多场合，希望向负载提供稳定的电压，此时输出级一般较多采用输出电阻小的共漏、共集组态。

8.6.3　多级放大电路的分析

　　分析多级放大电路依然遵循先静态后动态的原则，也就是要先分析静态工作点，然后估算放大器的各项指标。对于直接耦合电路，要注意前后级的静态工作点互相牵制，而对于阻容耦合放大电路，可以独立地分析每级电路的静态工作点。

　　动态分析时，一个 n 级放大电路的框图如图 8-80 所示，注意，多级放大电路中，

　　（1）前级的输出电压是后级的输入电压，即 $u_{o1}=u_{i2}$，$u_{o2}=u_{i3}$，$\cdots$，$u_{o(n-1)}=u_{in}$。

　　（2）前级的负载是后级的输入电阻。

　　（3）前级相当于后级的信号源，前级的输出电阻是后级的信号源内阻。

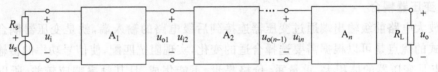

图 8-80　多级放大电路示意框图

　　n 级放大电路的电压放大倍数为

$$A_u=\frac{u_o}{u_i}=\frac{u_{o1}}{u_i}\cdot\frac{u_{o2}}{u_{i2}}\cdot\cdots\cdot\frac{u_o}{u_{in}}=A_{u1}A_{u2}\cdots A_{un} \tag{8-110}$$

或者 $A_u=\prod\limits_{i=1}^{n}A_{ui}$。

　　根据输入电阻的定义，多级放大电路的输入电阻为第一级放大电路的输入电阻 R_{i1}，即

$$R_i=R_{i1} \tag{8-111}$$

　　输出电阻就是最后一级（第 n 级）的输出电阻 R_{on}，即

$$R_o=R_{on} \tag{8-112}$$

　　【例 8-4】　以图 8-81 所示的多级放大电路为例，说明多级放大电路的分析。已知电阻 $R_1=100\text{k}\Omega$，$R_2=20\text{k}\Omega$，$R_g=2\text{M}\Omega$，$R_3=2\text{k}\Omega$，$R_4=3.3\text{k}\Omega$，$R_5=47\text{k}\Omega$，$R_6=13\text{k}\Omega$，$R_7=3.3\text{k}\Omega$，$R_8=1\text{k}\Omega$，$R_9=160\text{k}\Omega$，$U_{DC}=12\text{V}$，$R_{10}=3\text{k}\Omega$，$R_L=6\text{k}\Omega$，所有电容均为 $10\mu\text{F}$。已知耗尽型 MOS 管的参数为 $I_{DSS}=2\text{mA}$，$U_{pn}=-3\text{V}$，$r_{ds}=\infty$，BJT 的参数为 $\beta=60$，$U_{BE}=0.7\text{V}$，$r_{bb'}=80\Omega$，$r_{ce}=\infty$。试求总的电压增益和输入、输出电阻。

　　解：因为静点会影响微变等效电路中的参数，尽管题目中未求静点，也应先求出各级静点。由于是阻容耦合电路，静点估算可以分级进行。

　　（1）静态分析。第一级静点：

$$\begin{cases} U_{GS}=\dfrac{R_2}{R_1+R_2}\cdot U_{DC}-R_3I_D=2-2I_D \\[2mm] I_D=I_{DSS}\left(1-\dfrac{U_{GS}}{U_{pn}}\right)^2=2\left(1+\dfrac{U_{GS}}{3}\right)^2 \end{cases}$$

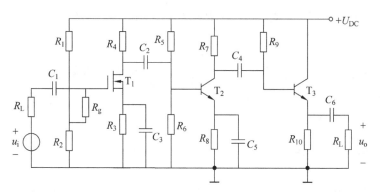

图 8-81 例 8-4 电路

方程组求解得到 $I_{DQ}=1.29\text{mA},U_{GSQ}\approx-0.59\text{V}$。第二级和第三级的静态工作点为

$$I_{CQ2}\approx I_{EQ2}\approx\frac{\dfrac{R_6 U_{DC}}{R_5+R_6}-U_{BE}}{R_8}\approx1.9(\text{mA})$$

$$I_{CQ3}\approx I_{EQ3}\approx\frac{(U_{DC}-U_{BE})(1+\beta)}{R_9+(1+\beta)R_{10}}\approx2(\text{mA})$$

（2）动态分析。根据静点，分别可得

$$g_m=-\frac{2I_{DSS}}{U_{pn}}\left(1-\frac{U_{GSQ}}{U_{pn}}\right)\approx1(\text{ms})$$

$$r_{be2}=r_{bb'}+r_{b'e}=r_{bb'}+(1+\beta)\frac{U_T}{I_{EQ2}}=80+61\times\frac{26}{1.9}\approx915(\Omega)$$

$$r_{be3}=r_{bb'}+r_{b'e}=r_{bb'}+(1+\beta)\frac{U_T}{I_{EQ3}}\approx873(\Omega)$$

第三级电压增益为

$$A_{u3}=\frac{(1+\beta)R_L'}{r_{be3}+(1+\beta)R_L'}\approx0.99\approx1$$

其中，$R_L'=R_{10}/\!/R_L$。

第二级电压增益为

$$A_{u2}=-\frac{\beta R_{L2}'}{r_{be2}}\approx-206.6$$

其中

$$R_{L2}'=R_7/\!/R_{i3},\quad R_{i3}=R_9/\!/[r_{be3}+(1+\beta)(R_{10}/\!/R_L)]\approx69.5(\text{k}\Omega)$$

第一级电压增益为

$$A_{u1}=-g_m R_{L1}'\approx-0.67$$

其中

$$R_{L1}'=R_4/\!/R_{i2},\quad R_{i2}=R_5/\!/R_6/\!/r_{be2}\approx0.84(\text{k}\Omega)$$

因此总电压增益为

$$A_u=A_{u1}\cdot A_{u2}\cdot A_{u3}\approx139.6$$

输入电阻

$$R_i = R_{i1} = R_g + R_1 /\!/ R_2 \approx R_g = 2(\text{M}\Omega)$$

输出电阻

$$R_o = R_{o3} = R_{10} /\!/ \frac{R_{o2} /\!/ R_9 + r_{be3}}{1 + \beta} \approx 0.0658(\text{k}\Omega) \approx 66(\Omega)$$

其中，$R_{o2} = R_7$。

8.7 差动放大电路

差动放大电路又称为差分放大电路，简称为差放。当信号带有噪声时，直接使用普通的放大电路会同时放大信号与噪声，而差放对信号的增益远高于对噪声的增益，很适合处理微小信号，被广泛应用于模拟信号处理中，是运算放大器的输入级。

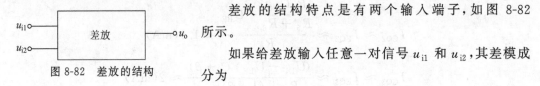

差放的结构特点是有两个输入端子，如图 8-82

图 8-82 差放的结构

所示。

如果给差放输入任意一对信号 u_{i1} 和 u_{i2}，其差模成分为

$$u_{id} = u_{i1} - u_{i2} \tag{8-113}$$

共模成分为

$$u_{ic} = \frac{1}{2}(u_{i1} + u_{i2}) \tag{8-114}$$

输出电压 u_o 是差模成分和共模成分的叠加

$$u_o = u_{od} + u_{oc} = A_{ud} u_{id} + A_{uc} u_{ic} \tag{8-115}$$

其中，A_{ud} 为差模增益；A_{uc} 为共模增益。差放的功能是放大差模信号 u_{id}、抑制共模信号 u_{ic}，即 $|A_{ud}| \gg |A_{uc}|$。如果将信号以差模成分输入，而噪声以共模成分输入差放，则可起到抑制噪声、放大信号的效果。比如两根输入线上引入的干扰噪声电压的幅度和相位几乎相同，这一干扰噪声电压就是输入的共模信号，真正需要放大的弱信号构造成差模信号，经过差分放大就可以有效抵消掉干扰噪声影响，实现对弱信号的放大。通常还用共模抑制比 (Common Mode Rejection Ratio，CMRR)描述抑制噪声的能力，共模抑制比 CMRR 定义为

$$\text{CMRR} = \left| \frac{A_{ud}}{A_{uc}} \right| \tag{8-116}$$

具体的差放电路具有对称的电路结构，图 8-83 是由 MOSFET 组成的差放，从电路结构上看，差放的构成简言之就是"对称"加"长尾"。对称是指两个晶体管相互匹配，两个电阻 R_D 相同。图 8-83(a)的长尾是电阻，称为电阻长尾式差放；图 8-83(b)的长尾是恒流源，称为恒流源式差放。假如把图 8-83(a)中的长尾电阻 R_{SS} 看成负电源的 U_{SS} 的内阻，而且 R_{SS} 很大，那么电阻式长尾也就成了恒流源式长尾。

与单管构成的放大电路相同，差放也有三种组态：共源(共射)差放、共漏(共集)差放和共栅(共基)差放。判断方法是看长尾连接在三极的哪一个极，如图 8-83 中，长尾连接在源极就是共源差放。

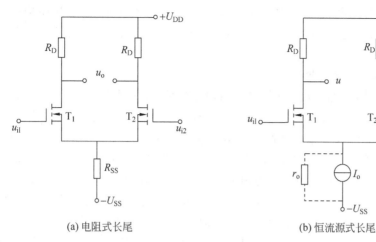

(a) 电阻式长尾   (b) 恒流源式长尾

图 8-83   差动放大电路

8.7.1   MOS 差动放大电路的工作原理

与单管构成的放大电路不同的是,单管放大器只有一个输入端子,而 MOS 差动放大电路中有两个输入端子,如图 8-83 所示。差放的输出分为双端输出或单端输出。对于共源差放,如果输出取自 T_1 漏极和 T_2 漏极之间,称为双端输出,如图 8-83(a)所示。如果输出取自 MOSFET 的漏极,比如取自 T_1 的漏极,如图 8-83(b)所示,称为单端输出。当然,单端输出也可取自 T_2 的漏极。

根据前面差模和共模成分的定义,可知

$$u_{id} = u_{i1} - u_{i2}$$

$$u_{ic} = \frac{1}{2}(u_{i1} + u_{i2})$$

因此,输入信号 u_{i1} 和 u_{i2} 可以用 u_{id} 和 u_{ic} 表示为

$$u_{i1} = \frac{1}{2}u_{id} + u_{ic} \tag{8-117}$$

$$u_{i2} = -\frac{1}{2}u_{id} + u_{ic} \tag{8-118}$$

可见,输入信号可以表示为差模信号和共模信号的叠加。由于任意输入信号都可以看作差模和共模的叠加,差放电路的分析转换为仅有差模成分输入时差放的响应和只有共模成分时的响应。

对于图 8-83(a)所示的差放,在电路对称的条件下,静态(即 $u_{i1} = u_{i2} = 0$)时,两管的 Q 点是相同的,单端输出电压 $u_{o1} = u_{o2} = U_{D1Q} = U_{D2Q}$,如果取双端输出电压则 $u_o = 0$。

1. 差放电路放大差模信号

仅有差模信号输入时,即 $u_{i1} = -u_{i2}$ 时,两管电流增量的绝对值相同,但变化方向相反,这将产生两个结果:一是两个管子漏极的电压增量也是大小相等而方向相反的一对差模信号,所以双端输出电压增量则是单端输出电压增量的两倍;二是通过长尾 R_{SS} 的电流增量为零,从而导致长尾上的电压增量皆为零,这意味着长尾对差模信号而言是短路的。因为直

流电压源可视为信号地电位,所以对差模而言,两管的源极均为地电位,从而构成了共源组态放大电路,也正因为此,称这种差放为共源组态的差放。综上,差放对差模信号具有放大作用。

2. 差放电路抑制共模信号

当输入共模信号时,$u_{i1} = u_{i2}$,如果电路结构完全对称,则两管电流的增量无论大小还是方向均相同,因此输出电压增量的大小方向也相同,双端输出时的 $u_o = u_{o1} - u_{o2} = 0$。可见,双端输出时,共模信号被完全抑制了。值得注意的是,如果电路参数不严格匹配,导致 $u_{o1} \neq u_{o2}$,又或者在单端输出的情况,差放是否具有共模抑制能力?实际上差放依然具有抑制共模的能力。这是因为长尾电流源电阻 R_{SS} 的作用,由于 T_1 管和 T_2 管的漏极电流量增量大小相同、方向相同,共同作用在长尾电阻上,使得长尾电流增量为单管增量的 2 倍,所以在长尾电阻 R_{ss} 上产生的电压增量很大,它将降低栅源电压。例如,设输入共模电压为正,长尾上的压降将提高源极电位,栅源间电压为: $u_{gs} = u_i - 2i_d R_{SS}$。由于 R_{SS} 很大,u_{gs} 将很小,从而导致漏极电流增量 i_d 很小,使得 u_{o1} 和 u_{o2} 都很小,这种作用也称为长尾电阻的共模负反馈(关于负反馈的概念,将在后面章节介绍)。

电路的匹配精度越高,长尾电阻越大,差放抑制共模信号的能力就越强。由于恒流源的动态内阻远大于电阻长尾差放的长尾电阻,所以恒流源式差放具有更强的抑制共模信号的能力。

在周围环境中存在各种干扰(如各种电气设备产生的干扰),常常干扰着放大器的正常工作。特别是在放大微弱信号时,这种干扰的危害就更大。但对于差放而言,外界的这种干扰将同时作用于它的两个输入端子,相当于输入了共模信号。如果将有用信号以差模形式输入,那么上述的干扰将被抑制得很小。

此外,在电路对称条件下,两管的零点漂移电压折算到输入端后也完全相同,也相当于输入了共模信号。因此差放也能充分地抑制零点漂移,是直接耦合放大电路和集成运放第一级采用的主要电路形式。

8.7.2 MOS 差动放大电路的静态分析

与单管放大电路的分析步骤相同,差放电路也是先进行静态分析,再进行动态分析。静态分析通常是从估算两管的源极电流之和即通过长尾的静态电流 I_o 入手。

由于静态工作点是在输入信号为零的条件下求出的,因此求静点时应让信号源置零。如果信号源为电压源应将其短路,如果信号源为电流源应将其开路,但都应保留信号源的直流内阻,如果未给出直流内阻,可以认为直流内阻为零。

对于图 8-83(a)中的差放,应注意长尾电阻流过的是两个管子的电流,因此电阻 R_{ss} 两端电压应为 $2I_{DQ}R_{SS}$。如图 8-84 所示,画出求静点的直流通路,由于电路的对称性,这里只画出一半电路即可列写方程求出静点,需要注意的是一半直流通路中的电阻 R_{ss} 要加倍。接下来,联立下面的两个方程即可求出 I_{DQ} 和 U_{GSQ}。

$$I_{DQ} = K_n (U_{GS} - U_{thn})^2 \tag{8-119}$$

$$U_{GS} = U_{SS} - 2I_{DQ}R_{SS} \tag{8-120}$$

求出 I_{DQ} 后,则 U_{DSQ} 为

$$U_{DSQ} = U_{DD} - (-U_{ss}) - I_{DQ}R_D - 2I_{DQ}R_{SS} \tag{8-121}$$

图 8-85(a)中差放采用的是恒流源式长尾,这里的恒流源是基本镜像电流源也称电流镜电路,由电阻 R、晶体管 T_3 和 T_4 构成,如图 8-85(b)所示,为差放对管提供的电流 I_o 是 T_3 的漏极电流。由于 T_4 的漏极与栅极连接在一起,满足 $U_{DS4} > U_{GS4} - U_{thn}$,所以管子始终工作在恒流区。又因为 T_3 和 T_4 完全匹配,电路中 $U_{GS3} = U_{GS4}$,所以 $I_o \approx I_{REF}$ 呈现镜像关系,因此称为电流镜。

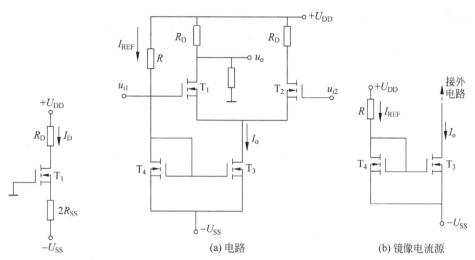

图 8-84 求静点的半边电路　　　　图 8-85 带电流源长尾的差放

根据电路,可以列写 KVL 方程

$$U_{DD} = I_{REF}R + U_{GS4} - U_{SS} \tag{8-122}$$

又由于 T_4 工作在恒流区,可得

$$I_{REF} = I_{D4} = K_{n4}(U_{GS4} - U_{thn4})^2 \tag{8-123}$$

联立式(8-122)和式(8-123),可求出 I_{REF},最终,$I_o \approx I_{REF}$。

求出长尾电流 I_o 之后,由于 T_1 和 T_2 两个管子的电流和为 I_o,且电路对称,可知

$$I_{DQ1} = I_{DQ2} = \frac{1}{2}I_o \tag{8-124}$$

而

$$U_S = U_G - U_{GS} = 0 - U_{GS} = -U_{GS} \tag{8-125}$$

$$U_D = U_{DD} - I_D R_D \tag{8-126}$$

则 U_{DS} 为

$$U_{DS} = U_D - U_S = U_{DD} - I_D R_D + U_{GS} \tag{8-127}$$

差放的主要性能是放大差模信号,抑制共模信号,因此要对差放在差模和共模输入时的性能分别分析。

8.7.3　MOS 差放的差模特性

仅有差模输入时,输入的是一对大小相同、方向相反的信号。注意图 8-86(a)和(b)中的电路都是差模输入形式,图 8-86(b)中的 u_i 是两个输入端的电压差,由差模信号的定义可知 $u_i = u_{id}$。图 8-86 中的两个电路的输出形式不同,图 8-86(a)为双端输出,图 8-86(b)为单

端输出。因此分两种输出方式分析差放的差模特性。

1. 双端输出的差模特性

双端输出的图 8-86(a)电路,由于电路完全对称,两个晶体管参数完全相同,这样在某瞬时一个晶体管的漏极电流增加 ΔI,另一个晶体管漏极电流就要减小 ΔI,导致产生的增量电流为 0,因此流过电流源内阻的电流始终为 0,源端可视为差模地端。两管输出端电位变化时,一端升高,一端降低,但增多量与降低量相同,因此双端输出时,负载电阻 R_L 的中点电位保持不变,也可以视为差模地,因此可以画出该电路的差模交流通路如图 8-87 所示。u_{od} 中的下标"d"强调输出是在差模输入下产生的,后面讨论的差模输入的单端输出电压也同理表示。

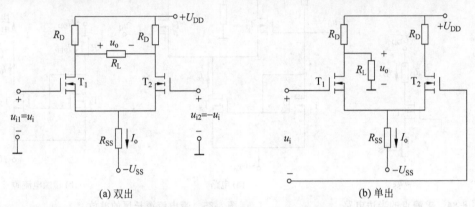

(a) 双出　　　　　　　　　　　　(b) 单出

图 8-86　差模输入、双出以及单出的差放

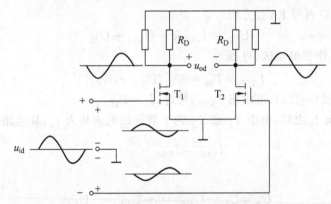

图 8-87　差模输入双端输出的交流通路

图 8-87 电路的半边小信号等效电路如图 8-88 所示。

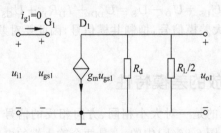

图 8-88　差模输入双端输出的半边小信号等效电路

差模电压增益定义为输出电压 u_{od} 与差模信号 u_{id} 的比。可知差模电压放大倍数为

$$A_{ud} = \frac{u_{od}}{u_{id}} = \frac{u_{o1} - u_{o2}}{u_{i1} - u_{i2}} = \frac{2u_{o1}}{2u_{i1}} = \frac{u_{o1}}{u_{i1}} = -\frac{i_d(R_D /\!/ R_L/2)}{U_{gs}}$$

$$= -\frac{g_m u_{gs}(R_D /\!/ R_L/2)}{u_{gs}} = -g_m(R_D /\!/ R_L/2) \qquad (8\text{-}128)$$

差模输入电阻 $R_i = \infty$；差模输出电阻 $R_o = 2R_D$。

2. 单端输出的差模特性

图 8-89 电路是图 8-86(b)单端输出差放的差模交流通路,则有

$$A_{ud} = \frac{u_{od}}{u_{id}} = \frac{u_o}{u_i} = \frac{u_o}{2u_{i1}} = -\frac{i_d(R_D /\!/ R_L)}{2u_{gs}}$$

$$= -\frac{g_m u_{gs}(R_D /\!/ R_L)}{2u_{gs}} = -\frac{g_m(R_D /\!/ R_L)}{2}$$

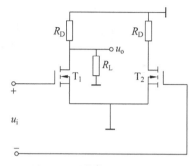

图 8-89　差模输入单出的差放交流通路

$$(8\text{-}129)$$

式(8-129)表明,单出差放的差模增益等于单管放大电路增益的一半。可见,差动放大电路以牺牲差模增益换取了对共模信号的抑制能力。另外,如果负载接在 T_2 的漏极,上述公式中的负号应去掉。

单端输出的差模输出电阻为 $R_o = R_D$。

8.7.4　MOS 差放的共模特性

1. 双端输出的共模特性

图 8-90 是共模输入时的差放电路。由于是共模形式输入,则有 $u_{i1} = u_{i2}$,此时的 $u_{ic} = u_{i1} = u_{i2}$,这时在两个晶体管中会产生大小和方向都相同的电流增量,从而引起两个输出端也输出大小、方向相同的信号,如果输出电压取自两输出端,如图 8-90(a) 所示,则 $u_{o1} = u_{o2}$,因此 $u_{oc} = u_{o1} - u_{o2} = 0$。

共模增益定义为输出电压 u_{oc} 与共模信号 u_{ic} 的比,因此双出时的共模增益为

$$A_{uc} = \frac{u_{oc}}{u_{ic}} = \frac{u_{o1} - u_{o2}}{u_{ic}} = 0 \qquad (8\text{-}130)$$

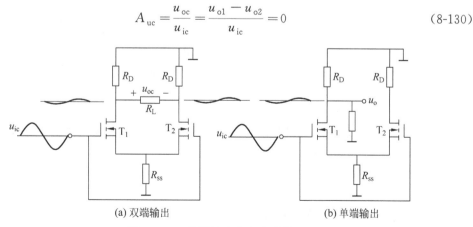

(a) 双端输出　　　　　　　　　　　(b) 单端输出

图 8-90　　共模输入的交流通路

2. 单端输出的共模特性

如果输出电压取自一个输出端,如图 8-90(b) 所示,$u_{oc}=u_{o1}$。如果只画出 T_1 管的半等效电路如图 8-91 所示。应注意的是,在半等效电路中长尾电阻 R_{ss} 应加倍。根据共模增益的定义以及等效电路可知 $A_{uc}=\dfrac{u_{oc}}{u_{ic}}=\dfrac{u_{o1}}{u_{i1}}$,因此共模增益与 T_1 管的增益相同。

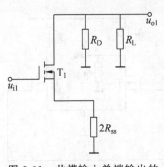

图 8-91　共模输入单端输出的半交流通路

如果差放采用电流源长尾,如图 8-85 中的差放,长尾电阻 R_{ss} 应为电流源内阻。将电流源内阻记作 r_o,有 $R_{ss}=r_o$,如图 8-92(a) 所示。为求出内阻 r_o,画出电流源的小信号等效电路,将独立源置零,假设外加电压源 u_t,产生电流 i_t,电路见图 8-92(b)。根据电路可求得:$r_o = u_t/i_t = r_{ds3}$,因此,$R_{ss}=r_{ds3}$。

$$A_{uc}=\frac{u_{oc}}{u_{ic}}=\frac{u_{o1}}{u_{i1}}=-\frac{-i_d(R_D/\!\!/R_L)}{u_{gs}+2i_dR_{ss}}$$

$$=-\frac{-g_mu_{gs}(R_D/\!\!/R_L)}{u_{gs}+2g_mu_{gs}R_{ss}}=-\frac{-g_m(R_D/\!\!/R_L)}{1+2g_mR_{ss}}$$

$$\tag{8-131}$$

由于长尾电阻 R_{ss} 很大,式(8-131)可以近似为

$$A_{uc}\approx-\frac{R_D/\!\!/R_L}{2R_{ss}} \tag{8-132}$$

该结果很小,所以即使是单端输出的差放对共模信号依然有抑制的作用。注意如果是电流源做长尾,则式(8-132)中的 R_{ss} 为电流源的动态电阻 r_o。

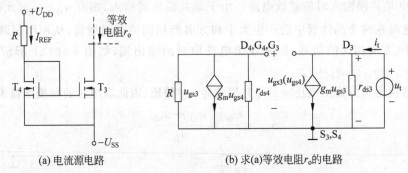

(a) 电流源电路　　　　　(b) 求(a)等效电阻r_o的电路

图 8-92　求电流源内阻 r_o

3. 共模抑制比

为了同时衡量差动放大电路对差模信号的放大作用和对共模信号的抑制作用,引入共模抑制比(Common Mode Rejection Ratio,CMRR)这一指标

$$\text{CMRR}=\left|\frac{A_{ud}}{A_{uc}}\right| \tag{8-133}$$

共模抑制比通常用 dB 数表示,即

$$\text{CMRR}=20\lg\left|\frac{A_{ud}}{A_{uc}}\right| \qquad (\text{dB})$$

双端输出时,由于 $A_{uc}=0$,因此共模抑制比为无穷大。单端输出时,

$$\text{CMRR} = \left| \frac{A_{ud}}{A_{uc}} \right| = \left| \frac{-\dfrac{g_m(R_D \text{ // } R_L)}{2}}{-\dfrac{g_m(R_D \text{ // } R_L)}{1+2g_mR_{ss}}} \right| = \frac{1+2g_mR_{ss}}{2} \approx g_mR_{ss} \tag{8-134}$$

8.7.5 任意输入模式下的 MOS 差放

对任意情况下的输入,即输入既不是差模也不是共模信号,欲求解输出电压 u_o,可以将 u_o 分解成差模和共模两部分,其中的差模成分由差模输入电压和差模增益确定,而共模成分由共模输入电压和共模增益确定。因此,输出电压 u_o 可以写成通式

$$u_o = u_{od} + u_{oc} = A_{ud}u_{id} + A_{uc}u_{ic} \tag{8-135}$$

其中,$A_{ud} = \dfrac{u_{od}}{u_{id}}$,$A_{uc} = \dfrac{u_{oc}}{u_{ic}}$。

如果是双出形式,对于对称差放,可知 $A_{uc}=0$,无共模输出。因此,双出的对称差放的输出电压只有差模成分没有共模成分。如果是单出形式,就可根据式(8-128)求出 u_o。如图 8-93 所示的电路是一种单入单出形式,即输入信号中的差模信号是 $u_{id}=u_i$,共模信号为 $u_{ic}=0.5u_i$。

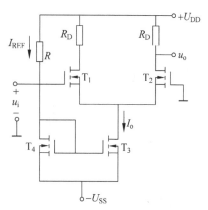

【例 8-5】 电路如图 8-93 所示,MOSFET $T_1 \sim$ T_4 的 $K_n'=50\mu A/V^2$,$\dfrac{W}{L}=30$,T_1 和 T_2 匹配,参数为 $\lambda_1=\lambda_2=0$,$U_{thn1}=U_{thn2}=1.2V$,T_3 和 T_4 匹配,参数为 $\lambda_3=\lambda_4=0.01V^{-1}$,$U_{thn3}=U_{thn4}=1V$,$U_{DD}=U_{SS}=5V$,$R=5.5k\Omega$,$R_D=5k\Omega$。试求:

图 8-93 单入单出的差动放大电路

(1) 电流镜提供的电流 I_o 以及电路的静态工作点。

(2) 差模电压增益,差模输入电阻 R_{id},输出电阻 R_o 和单端输出差模电压增益 A_{ud}、共模电压增益 A_{uc}、共模抑制比 CMRR。

(3) 输入 $u_{i1}=0.1V$,$u_{i2}=0$ 时,求输出电压 u_o。

解:(1) $K_n = \dfrac{k_n'}{2}\left(\dfrac{W}{L}\right) = \dfrac{50}{2} \times 30 = 0.75(mA/V^2)$

根据式(8-122)和式(8-123),可得

$$\begin{cases} U_{DD} = I_{REF}R + U_{GS4} - U_{SS} \\ I_{REF} = I_{D4} = K_{n4}(U_{GS4} - U_{thn4})^2 \end{cases}$$

代入数值:

$$\begin{cases} 5 = I_{REF}5.5 + U_{GS4} - 5 \\ I_{REF} = 0.75(U_{GS4} - 1)^2 \end{cases}$$

联立求出 $I_{REF}=1.39mA$,$U_{GS4}=2.36V$。从而可得 $I_o \approx I_{REF} \approx 1.39mA$。

求出长尾电流 I_o 之后,由于 T_1 和 T_2 两个管子的电流和为 I_o,且电路对称,可知

$$I_{DQ1} = I_{DQ2} = \frac{1}{2}I_o = 0.695(\text{mA})$$

$$U_{D1} = U_{D2} = U_{DD} - I_D R_D = (5 - 0.685 \times 5) = 1.525(\text{V})$$

假设 T_1 和 T_2 工作在恒流区,由 $I_{DQ1} = K_n(U_{GSQ1} - U_{thn1})^2$ 得 $U_{GSQ1} \approx 2.16\text{V}$。因而

$$U_{DSQ1} = U_{D1} - U_{S1} = U_{DD} - I_{D1}R_D + U_{GS1} = 5 - 0.695 \times 5 + 2.16 = 3.69(\text{V})$$

可知 $U_{DS} > U_{GS} - U_{thn}$,工作在恒流区的假设成立。

(2) A_{ud}、R_{id} 和 R_o 由于 $\lambda_1 = \lambda_2 = 0$,所以 $r_{ds1} = r_{ds2} = \infty$。单端输出差模电压增益为

$$A_{ud} = \frac{g_m(R_D /\!/ r_{ds})}{2} = \frac{g_m R_D}{2}$$

其中

$$g_m = \sqrt{2k_n'\left(\frac{W}{L}\right)I_D} = \sqrt{2 \times 50 \times 10^{-3} \times 30 \times 0.695} = 1.44(\text{mS})$$

$$A_{ud} = \frac{g_m R_D}{2} = \frac{1.44 \times 5}{2} = 3.61$$

$$R_{id} = \infty$$

$$R_o = R_D = 5(\text{k}\Omega)$$

$$r_{ds3} = r_{o3} = \frac{1}{\lambda_3 I_o} = \frac{1}{0.01 \times 1.39} = 71.94(\text{k}\Omega)$$

共模电压增益为

$$A_{uc} = -\frac{g_{m2}R_D}{1 + 2g_{m2}r_{o3}} = -\frac{7.2}{1 + 2 \times 1.44 \times 71.94} = -0.0346$$

共模抑制比为

$$\text{CMRR} = 20\lg\left|\frac{A_{ud}}{A_{uc}}\right| = 20\lg\left|\frac{3.61}{0.0346}\right| = 20\lg104.34 = 40.37(\text{dB})$$

(3) 当输入 $u_{i1} = 0.1\text{V}$,$u_{i2} = 0$,可得到差模成分 $u_{id} = u_{i1} - u_{i2} = 0.1\text{V}$。共模成分

$$u_{ic} = \frac{u_{i1} + u_{i2}}{2} = 0.05(\text{V})$$

由输入 u_{i1} 引起的 u_o 为

$$u_o' = u_{od} + u_{oc} = A_{ud}u_{id} + A_{uc}u_{ic} = 3.61 \times 0.1 - 0.0346 \times 0.05 = 0.359(\text{V})$$

还需要考虑静态 U_{D2},所以

$$u_o = U_{D2} + u_o' = 1.525 + 0.359 = 1.884(\text{V})$$

8.7.6 带有源负载的 CMOS 差放

集成电路中经常用有源电路取代电阻,如果用有源电路作为放大电路的负载,称为有源负载。集成运放中的有源负载大多是由电流源电路组成的。

图 8-94 的差放电路中 T_1、T_2 为差分对管,T_3、T_4 为镜像电流源做差放的长尾,T_5、T_6 为镜像电流源做有源负载。这里的差分对管 T_1、T_2 为 NMOS,而负载 T_5、T_6 为 PMOS,是一种 NMOS 和 PMOS 互补工作的差放电路,称为 CMOS(Complementary MOS)差放。

由图 8-94 可知,该电路是单端输出形式。由前面的分析可知,单端输出的差放在差模增益小于双端输出,并且共模抑制能力差于双端输出,但如果采用电流源负载,则可以在单端输出的情况下完成双端输出的效果,即差模电压增益是普通单端输出的两倍;其抑制共模信号的能力也相当于双端输出的效果。在图 8-94(a)中,在差模输入信号作用下,T_1、T_2 的电流增量 i_d 大小相等方向相反,由于 T_6 是 T_5 的镜像,所以在 T_5 的电流(即 T_1 的电流)产生一个增量 i_d 时,T_6 的电流也会产生相同的增量 i_d,进入负载 R_L 的电流增量将是单管电流增量的两倍,换句话说,该电路的差模电压增量与双端输出相同

$$A_{ud} = g_m(r_{ds2} /\!/ r_{ds6} /\!/ R_L) \tag{8-136}$$

当输入共模信号时,见图 8-94(b),T_1、T_2 的电流增量 i_d 大小与方向均相同,T_6 的电流增量 i_d 也与 T_1(即 T_5)电流增量相同,所以进入负载的信号电流为零,也就是说,与双端输出一样,共模信号几乎被完全抑制掉了,所以共模增益近似为 0。

综上,虽然图 8-94 差放是单端输出形式,但由于采用了有源负载,其性能与双端输出一致,此时的单端输出相当于双端输出的效果。

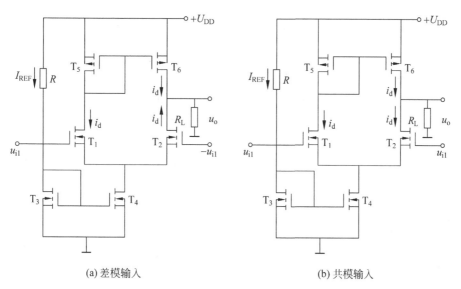

(a) 差模输入   (b) 共模输入

图 8-94 带有源负载的差动放大电路

BJT 构成的差放分析与 MOSFET 差放类似,这里通过例 8-6 说明 BJT 差放的分析。

【例 8-6】 图 8-95 为 BJT 差放电路,T_1 和 T_2 完全匹配,T_3 和 T_4 完全匹配。电路参数为 $U_{CC} = U_{EE} = 10V$, $R_c = 10k\Omega$, $R = 20k\Omega$。晶体管参数: $r_{bb'1} = r_{bb'2} = 140\Omega$, $r_{bb'3} = r_{bb'4} = 0$, $r_{ce1} = r_{ce2} = \infty$, $r_{ce3} = r_{ce4} = 30k\Omega$, 4 个 BJT 的 $\beta = 50$, $U_{BE} = 0.7V$。试估算

(1) T_1 和 T_2 的静态工作点 I_{CQ1} 和 I_{CQ2}、U_{CEQ1} 和 U_{CEQ2}。

(2) A_{ud}、R_{id} 和共模抑制比 CMRR。

解:(1) 该差放电路中的恒流源式长尾是 BJT 电

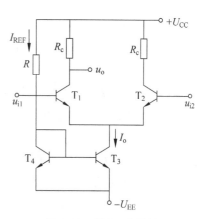

图 8-95 例 8-6 电路图

流镜,由电阻 R、晶体管 T_3 和 T_4 构成,所提供的电流 I_o 为 T_3 的集电极电流。T_4 的集电极与基极连接在一起,管子始终工作在饱和区。由于 T_3 和 T_4 完全匹配,且电路中 $U_{BE3} = U_{BE4}$,所以 $I_o \approx I_{REF}$,呈现镜像关系,因此称为 BJT 电流镜。可得

$$I_{REF} = \frac{U_{CC} - (-U_{EE}) - U_{BE}}{R} = \frac{10 - (-10) - 0.7}{20} \approx 1(\text{mA})$$

所以 $I_o = I_{REF} = 1\text{mA}$。

由 T_1 和 T_2 两个管子的发射极电流和为 I_o,且电路对称,可知 $I_{CQ1} = I_{CQ2} \approx \frac{1}{2}I_o = 0.5\text{mA}$。

$$U_{CEQ1} = U_{CEQ2} = U_{C1} - U_{E1} = U_{CC} - I_{CQ1}R_c - (-U_{BE1}) = 10 - 0.5 \times 10 + 0.7 = 5.7(\text{V})$$

(2) $r_{be1} = r_{be2} = 0.14 + (1+\beta)\dfrac{U_T}{I_{EQ1}} = 0.14 + 51 \times \dfrac{26}{0.5} \times 10^{-3} \approx 2.8(\text{k}\Omega)$

$$r_{be3} = (1+\beta)\frac{U_T}{I_{EQ3}} = 51 \times \frac{26}{1} \times 10^{-3} \approx 1.35(\text{k}\Omega)$$

从 T_3 集电极到地之间的等效电阻约为 r_{ce3}(读者可以自行画出等效电路推导):

$$R_{SS} \approx r_{ce3} = 30(\text{k}\Omega)$$

$$R_{id} = 2r_{be} = 2 \times 2.8 = 5.6(\text{k}\Omega)$$

$$A_{ud} = \frac{u_{od}}{u_{id}} = \frac{u_{o1}}{u_{i1} - u_{i2}} = \frac{u_{o1}}{2u_{i1}} = -\frac{\beta R_c}{2r_{be}} = -\frac{50 \times 10}{2 \times 2.8} \approx -89.29$$

$$A_{uc} = \frac{u_{oc}}{u_{ic}} = \frac{u_{o1}}{u_{i1}} = \frac{-i_c R_c}{i_b[r_{be1} + 2(1+\beta)r_{ce3}]} = -\frac{\beta R_c}{r_{be1} + 2(1+\beta)r_{ce3}} \approx -\frac{R_c}{2r_{ce3}}$$

$$\text{CMRR} = \left| \frac{A_{ud}}{A_{uc}} \right| = \left| \frac{-\dfrac{\beta R_c}{2r_{be}}}{-\dfrac{R_c}{2r_{ce3}}} \right| \approx \frac{\beta r_{ce3}}{r_{be}}$$

因此,代入数值后可得到

$$\text{CMRR} = 20\lg\frac{\beta r_{ce3}}{r_{be}} \approx 20\lg\frac{50 \times 30}{2.8} = 54.58(\text{dB})$$

8.8 互补推挽功率放大电路

8.8.1 功率放大电路的一般问题

1. 功率放大电路的特点

放大电路有时需要输出一定的功率以驱动扬声器、电机的绕组等装置工作,这种能够向负载提供足够大功率的电路称为功率放大电路。前面介绍的放大电路主要用于电压或电流放大,强调的是使输出端获得放大的电压或电流量,输出的功率并不一定大,而功率放大电路需要提供足够大的输出功率。但无论何种放大电路,从能量转换的观点来看无本质的区别,负载上都存在输出电压、电流和功率,只是强调所放大的物理量不同,衡量电路性能的指

标不同。

功率放大电路的特点如下。

(1) 提供尽可能大的输出功率。功率是电压与电流的乘积,为了提供足够大的输出功率,晶体管的电压和电流幅度都要大,此时应采用能在大电压和大电流情况下工作的功率晶体管。对于正弦信号,输出功率为

$$P_{\text{o}} = \frac{1}{2} I_{\text{om}} U_{\text{om}} \tag{8-137}$$

其中,I_{om} 和 U_{om} 分别为输出电流的峰值以及输出电压的峰值。由于功率管是在大信号范围工作,不适合再采用小信号等效电路的分析方法,一般用图解法进行分析。

(2) 具有高的效率。负载上获得的功率是通过晶体管将直流电源提供的直流功率转换而来的。为了提供大的输出功率,直流电源就需要消耗更大的功率。设直流电源提供的直流功率为 P_{dc},输出功率为 P_{o},效率定义为

$$\eta = \frac{P_{\text{o}}}{P_{\text{dc}}} \tag{8-138}$$

功率放大电路应注意提高效率,减少功率浪费。

(3) 小的非线性失真。功率放大电路通常在大信号下工作,因此会出现非线性失真,如何减小非线性失真,也是功率放大电路的一大问题。

(4) 散热问题。功率放大电路中,有很大的功率消耗在功放管的集电结,将使功放管的结温和管壳温度升高,需要考虑器件的散热问题。而且,必须施加适当的过流、过压保护措施。

2. 功率放大电路的类型

根据晶体管的导通时间不同,功率管工作在以下几种状态。

(1) 甲类。晶体管在信号的整个周期都处于导通状态称为甲类状态。如果放大电路中的晶体管工作在甲类状态,该放大电路就是甲类放大电路。前面介绍的都是甲类放大电路,为了获得较大的动态范围,静态工作点设置在交流负载线的中点,静态电流不为零,如图 8-96(a)所示。因此,即使无信号输入时,直流电源也必须向放大器提供电流,消耗功率,故甲类放大器的效率最低。

(2) 乙类放大。晶体管仅在信号的半个周期处于导通状态称为乙类状态,相应的电路为乙类放大电路。乙类状态的晶体管的静态电流为 0,即 $I_{\text{CQ}} = 0$,如图 8-96(b)所示。在没有信号输入时,电源就不输送功率,因此效率较高。

(3) 甲乙类。晶体管的导通时间略大于输入信号的半个周期的状态为甲乙类,相应的电路为甲乙类放大电路。甲乙类状态的晶体管的静态工作点略高于乙类,如图 8-96(c)所示。在没有信号输入时,晶体管处于弱导通状态。这种电路具有甲类电路非线性失真小以及乙类电路效率较高的优点,是多数功放采用的电路。

(4) 丙类。晶体管的导通时间小于输入信号的半个周期的电路为丙类电路,如图 8-96(d)所示。

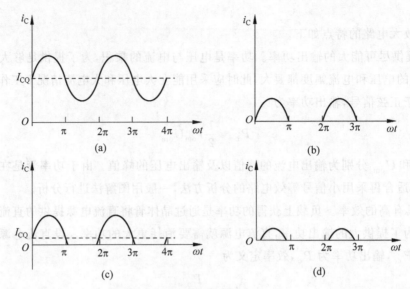

图 8-96 晶体管的不同工作状态

8.8.2 乙类互补推挽功率放大电路

1. 电路结构与原理

乙类功放效率高是因为静态电流为零,直流电源在无信号输入时不输送功率。但此时晶体管只在半个周期导通,使得输出信号的半个周期波形被削掉了。为了让负载获得完整的信号,可以采用两个特性相同的异型晶体管(NPN 型和 PNP 型)构成电路。一个管子在正半周导通,另一个在负半周导通,最终负载上获取完整的波形。同时,在每半周期内,晶体管的工作范围从临界截止到临界饱和的整个线性放大区,故乙类放大器也具有较大的动态范围。

在放大电路组态选择上采用的是共集组态,这是因为在三种基本组态放大电路中,射随器具有输入电阻高、输出电阻小和带负载能力强等特点,最适宜作输出级。互补推挽电路如图 8-97(a)所示,NPN 型管和 PNP 型管相互匹配,也都构成射随器电路,两个管子的基极连接在一起接输入信号,发射极连接在一起接负载。

乙类互补推挽电路工作时,当 $u_i = 0$ 时,两个管子均截止,$I_{CQ1} = I_{CQ2} = 0$。当 $u_i > 0$ 时,为输入信号的正半周,T_1 管的发射结因加正电压而导通,T_2 管截止。T_1 管的集电极电流 i_{C1} 流过负载 R_L,向负载"推"电流,负载获得正半周的波形,如图 8-97(b)所示。当 $u_i < 0$ 时,为输入信号的负半周,T_2 管导通而 T_1 管截止。T_2 管的集电极电流 i_{C2} 流过负载 R_L,从负载"拉"电流,负载获得负半周的波形,如图 8-97(c)所示。因此这类电路称为乙类互补推挽(拉)电路,最终负载上得到了完整周期的信号波形。

2. 分析计算

为了便于分析,画出图 8-97(a)所示互补推挽电路中 T_1 的 u_{CE1} 与 i_{C1} 坐标系,并将 T_2 的 u_{EC2} 与 i_{C2} 坐标系倒置画在 T_1 的右下方,如图 8-98 所示。两个坐标系在 Q 点,也就是 $u_{CE1} = u_{EC1} = U_{CC}$,$i_{C1} = i_{C2} = 0$ 的点重合,负载线通过 Q 点形成一条线,斜率为 $-1/R_L$。当忽略饱和压降 $u_{CE(sat)}$ 时,负载上的电流的最大变化范围为 $(-U_{CC}/R_L, U_{CC}/R_L)$,电压的

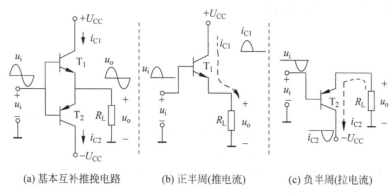

(a) 基本互补推挽电路　　　　(b) 正半周(推电流)　　　　(c) 负半周(拉电流)

图 8-97　乙类互补推挽电路

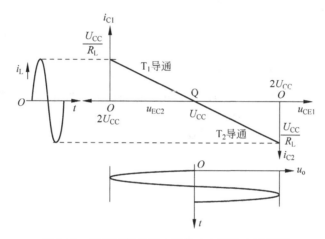

图 8-98　乙类互补推挽电路输出电压和电流范围

最大变化范围为$(-U_{CC}, U_{CC})$。

（1）输出功率为

$$P_o = I_{o(有效值)} U_{o(有效值)} = \frac{U_{om}^2}{2R_L} \qquad (8\text{-}139)$$

由于乙类互补推挽电路的两个 BJT 管都构成射随器，因此 $A_u \approx 1$。如果输入信号的幅度足够大，使得 $U_{im} = U_{om} = U_{CC} - u_{CE(sat)}$，其中 U_{im} 为输入电压的峰值。则输出功率最大为

$$P_{o(max)} = \frac{1}{2} \frac{(U_{CC} - u_{CE(sat)})^2}{R_L} \qquad (8\text{-}140)$$

当不考虑 $u_{CE(sat)}$ 时，则有

$$P_{o(max)} \approx \frac{1}{2} \frac{U_{CC}^2}{R_L} \qquad (8\text{-}141)$$

（2）直流电源提供的功率 P_{dc}。图 8-97(a)电路中有两个电源，晶体管只在半个周期导通，而且电路对称，因此两个直流电源提供的总平均功率是一个直流电源提供的平均功率的两倍，

$$P_{dc} = 2 \times \frac{1}{2\pi} \int_0^\pi U_{CC} I_{cm} \sin\omega t \, \mathrm{d}\omega t = \frac{2}{\pi} \cdot U_{CC} I_{cm} \qquad (8\text{-}142)$$

其中 I_{cm} 为集电极电流的峰值，且

$$I_{cm} = \frac{U_{om}}{R_L} \tag{8-143}$$

代入式(8-142)，可得

$$P_{dc} = \frac{2U_{CC}U_{om}}{\pi R_L} \tag{8-144}$$

（3）管耗 P_T 由于电路对称，两个管子的管耗相同，总管耗为

$$P_T = P_{T1} + P_{T2} \tag{8-145}$$

其中，P_{T1} 和 P_{T2} 分别为 T_1 和 T_2 管的管耗。由于直流电源提供的功率一部分转化为输出功率 P_o，另一部分中的绝大多数被晶体管所消耗，如果略去电路中的其他损耗，则有

$$P_T = P_{dc} - P_o = \frac{2U_{CC}U_{om}}{\pi R_L} - \frac{U_{om}^2}{2R_L} = \frac{2}{R_L} \cdot \left(\frac{U_{CC}U_{om}}{\pi} - \frac{U_{om}^2}{4} \right) \tag{8-146}$$

也即管耗为

$$P_{T1} = P_{T2} = \frac{1}{R_L} \cdot \left(\frac{U_{CC}U_{om}}{\pi} - \frac{U_{om}^2}{4} \right) \tag{8-147}$$

管耗 P_{T1} 是输出电压幅值 U_{om} 的函数，可以用求极值的方法推导出何时管耗最大，即

$$\frac{dP_{T1}}{dU_{om}} = \frac{1}{R_L} \cdot \left(\frac{U_{CC}}{\pi} - \frac{U_{om}}{2} \right) \tag{8-148}$$

令 $\frac{dP_{T1}}{dU_{om}} = 0$，可以推导出 $U_{om} = \frac{2U_{CC}}{\pi} \approx 0.6U_{CC}$ 时管耗最大，将该取值代入式(8-147)，可得最大管耗为

$$P_{T1(max)} = P_{T2(max)} = \frac{1}{R_L} \cdot \left(\frac{U_{CC}\frac{2U_{CC}}{\pi}}{\pi} - \frac{\left(\frac{2U_{CC}}{\pi}\right)^2}{4} \right) = \frac{1}{\pi^2} \cdot \frac{U_{CC}^2}{R_L} \tag{8-149}$$

又因为最大输出功率为 $P_{o(max)} \approx \frac{1}{2}\frac{U_{CC}^2}{R_L}$，则每个管子的最大管耗与电路的最大输出功率间的关系为

$$P_{T1(max)} = P_{T2(max)} = \frac{1}{\pi^2} \cdot \frac{U_{CC}^2}{R_L} = 0.2P_{o(max)} \tag{8-150}$$

（4）效率 η 求解公式如下

$$\eta = \frac{P_o}{P_{dc}} = \frac{\frac{U_{om}^2}{2R_L}}{\frac{2U_{CC}U_{om}}{\pi R_L}} = \frac{\pi}{4} \cdot \frac{U_{om}}{U_{CC}} \tag{8-151}$$

当 $U_{om} \approx U_{CC}$ 时，效率最高，为

$$\eta_{max} = \frac{\pi}{4} \approx 78.5\% \tag{8-152}$$

3. 选择功率管的依据

为保证功率管安全工作以及达到输出功率的要求，选择功率管时，有如下要求。

（1）管子允许的最大管耗

$$P_{C(max)} \geqslant P_{T(max)} \approx 0.2 P_{omax} \tag{8-153}$$

（2）当信号达到正最大时，T_1 管趋于饱和，假设管子饱和压降为零，而此时 T_2 管截止，T_2 管所承受的最大反压为 $2U_{CC}$，因此选择功率管的最大耐压 $U_{(BR)CEO}$ 应满足

$$U_{(BR)CEO} \geqslant 2U_{CC} \tag{8-154}$$

（3）功率管允许的最大集电极电流 I_{CM}。假设管子饱和压降为零，则图 8-91 中 T_1 管导通且接近饱和时，通过 T_1 管的最大电流则是 U_{CC}/R_L，因此管子的最大集电极电流应满足

$$I_{CM} \geqslant \frac{U_{CC}}{R_L} \tag{8-155}$$

【例 8-7】 图 8-99 所示的功率放大电路，已知 $U_{CC}=16V$，$R_L=8\Omega$，$U_{CE(sat)}=1V$，

（1）若输入信号为正弦波，其幅度为 8V，求输出功率 P_o，效率以及单管的管耗。

（2）输入信号幅值达到多大才可能输出最大输出功率 $P_{o(max)}$？并求出 $P_{o(max)}$。

（3）输入幅值达到多大时，单管的管耗最大？并求出单管的最大管耗。

（4）二极管与电阻 R_2 的作用是什么？如果二极管开路，可能发生何种问题？

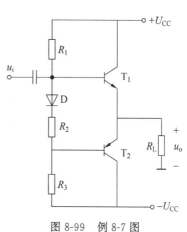

图 8-99 例 8-7 图

解：（1）由于输入信号的峰值为 8V，又因为功放管构成射随器电路，电压增益为 1，所以输出电压的幅值 $U_{om}=8V$。根据式（8-131）可知

$$P_o = \frac{U_{om}^2}{2R_L} = \frac{8^2}{2 \times 8} \approx 4(W)$$

根据式（8-152），则有

$$\eta = \frac{\pi}{4} \cdot \frac{U_{om}}{U_{CC}} = \frac{\pi}{4} \cdot \frac{8}{16} = 39.25\%$$

根据式（8-146）可知

$$P_{T1} = P_{T2} = \frac{1}{R_L} \cdot \left(\frac{U_{CC}U_{om}}{\pi} - \frac{U_{om}^2}{4} \right) = \frac{1}{8} \cdot \left(\frac{16 \times 8}{\pi} - \frac{8^2}{4} \right) = 3.09(W)$$

（2）功率最大发生在 $U_{im}=U_{om}=U_{CC}-u_{CE(sat)}$ 时，则有

$$P_{o(max)} = \frac{1}{2} \frac{(U_{CC}-u_{CE(sat)})^2}{R_L} = \frac{1}{2} \frac{(16-1)^2}{8} = 14(W)$$

（3）当输入 $U_{im} \approx 0.6U_{CC} = 0.6 \times 16 = 9.6V$ 时，管耗达到最大

$$P_{T1(max)} = P_{T2(max)} = \frac{1}{\pi^2} \cdot \frac{U_{CC}^2}{R_L} = 3.24(W)$$

（4）二极管与电阻 R_2 是为了让功放管 T_1 和 T_2 工作在甲乙类状态，克服交越失真。当二极管开路时，流过电阻 R_1 的静态电流全部流进功放管的基极，这将使得基极电流过

大,可能烧坏功率管。

8.8.3　甲乙类互补推挽功率放大电路

1. 双电源供电的甲乙类互补推挽电路

8.8.2 节介绍的乙类互补推挽电路的静态工作点位于基极电流为 0 的位置,而 BJT 管的发射结需要大于一定的门限电压才有基极电流出现,因此当输入信号低于该门限电压时,图 8-97 中的 NPN 管以及 PNP 管都为截止状态,导致负载上无电流通过,这种现象为交越失真。如图 8-100 所示,两个管子输出波形在 0 附近的交界处产生一种特殊的非线性失真,称为交越失真。信号越小,弯曲部分所占比例就越大,交越失真也就越明显。

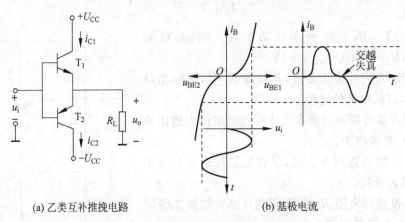

(a) 乙类互补推挽电路　　　　　　　　(b) 基极电流

图 8-100　乙类互补推挽电路的交越失真

为了消除交越失真,可以在静态时给两个管子稍加一定的正偏电压,让两个管子静态就处于导通状态。这样一来,当有输入信号进入时,是叠加该偏置电压之上的,即使输入信号幅度很小管子也时导通的,可以产生输出电压,就消除了交越失真,如图 8-101 所示。图 8-101(a)电路中,晶体管 T_3 为前置放大电路,用以驱动功率管工作。两个二极管串联在功率管 T_1 以及 T_2 的基极之间,静态时正向导通,使得 T_1 以及 T_2 的基极间电压约为 2 倍 U_{BE},从而使两个功率管在没有输入信号时就能够微导通。当有输入信号时,输出信号在交界处不会产生交越失真。同时,为了使电路仍具有效率较高的优点,在足以克服交越失真的前提下,两管的静态电流应尽可能小,使其接近于乙类状态。这样每个功率管的导通时间就略大于信号的半个周期。

图 8-101(b)中电路采用 U_{BE} 倍增器取代图 8-101(a)中的两个二极管为功率管提供微导通的偏置,U_{BE} 倍增器由晶体管 T_4 和电阻 R_1 和 R_2 构成,若略去 T_4 的基流,则

$$U_{AB} = U_{CE4} = \left(1 + \frac{R_1}{R_2}\right) U_{BE} \tag{8-156}$$

当 $R_1 \approx R_2$ 时,T_1 和 T_2 基极间电压就约等于 U_{BE} 的 2 倍,为输出级提供正偏电压,从而构成甲乙类电路。

对于双电源供电的甲乙类放大电路,其功率、效率计算以及选管依据,都近似按照前面的乙类电路完成。

2. 单电源甲乙类互补推挽电路

如果只有一个电源,采用单电源供电的互补推挽电路,如图 8-102 所示。此时,互补电

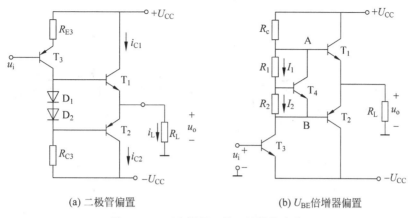

(a) 二极管偏置　　　　　　　(b) U_{BE}倍增器偏置

图 8-101　双电源甲乙类互补推挽电路

路的输出端静态电压就不再为零,而是电源电压的一
半。为了使负载中没有直流成分,就必须在输出端与
负载之间串接一隔直流电容。单电源互补推挽电路
区别于双电源电路的重要特征是输出端接有大容量
电容C。

这样的互补推挽电路又称为无输出变压器
(Output Transformer Less,OTL)电路,即放大电路
不是通过变压器与负载耦合的。图 8-102 电路在静态
时,节点 E 电位为 $U_{CC}/2$,大容量的隔直流电容 C 被
充电至 $U_{CC}/2$。动态时,在输入信号 u_i 的正半周,T_1
截止和 T_2 导通时,电容 C 被当作电源使用,向 T_2 提
供电流,因为电容 C 很大,在此期间,电容 C 放掉的电
荷只占 C 存贮的总电荷中很少一部分,因此电容 C 上
压降基本上维持不变。u_i 的负半周信号使 T_1 导通、
T_2 截止时,C 将补充已失去的电荷。

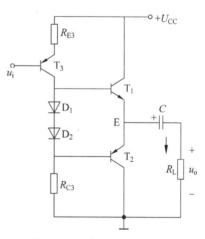

图 8-102　单电源甲乙类互补
推挽电路

单电源的互补推挽功放,每个功放管的工作电压为 $U_{CC}/2$,对于单电源供电的甲乙类放
大电路,其功率、效率计算以及选管依据,将乙类电路公式中的 U_{CC} 替换为 $U_{CC}/2$ 即可。

8.8.4　复合管与准互补推挽功率放大电路

准互补推挽电路是指由复合管构成的推挽放大电路。复合管又叫达林顿管,就是由两
个或三个晶体管按照一定规则组成的新的三端器件,如图 8-103 所示。为使其能正常工作,
连接时,应满足以下条件。

(1) 串接点,电流应连续。

(2) 在并接点,两管电流必须都流入或都流出该节点,使总电流为两管电流的算术和。

由于复合管的基极电流等于输入管子的基极电流,类型就是输入管子的类型。如
图 8-103(a)所示,复合管的基极电流为输入管 NPN 型管的基极电流,因此复合管的类型也
是 NPN。

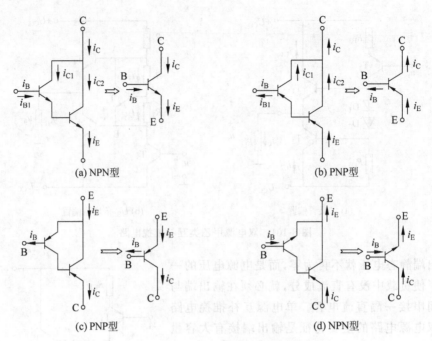

图 8-103 几种复合管(达林顿管)

这里以图 8-103(a)为例,说明复合管的电流放大倍数。

$$i_B = i_{B1}$$
$$i_{B2} = i_{E1} = (1 + \beta_1) i_{B1}$$
$$i_C = i_{C1} + i_{C2} = \beta_1 i_{B1} + \beta_2 (1 + \beta_1) i_{B1}$$
$$\beta = \frac{i_C}{i_B} = \frac{i_C}{i_{B1}} = \frac{\beta_1 i_{B1} + \beta_2 (1 + \beta_1) i_{B1}}{i_{B1}} = \beta_1 + \beta_2 + \beta_1 \beta_2 \approx \beta_1 \beta_2$$

可见,复合管的电流放大倍数近似等于两管电流放大倍数的乘积,比单管大很多。

由于互补推挽电路输出功率大,必须选择大功率且匹配的 NPN 和 PNP 管。但是特性匹配的大功率管很难挑选,而且大功率管的 β 值较小,若前置放大电路输出的电流小,经过功率管放大的电流就达不到输出电流的所需值。此时就可引入复合管,用容易配对的小功率管推动大功率管工作。推挽电路使用复合管时,要求复合管中的输出管必须是同一类型的,两个复合管总的特性要尽可能相互匹配,但不要求一一对应的匹配,也不要求上、下两组复合管的管子数目相等。

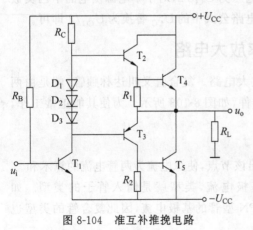

图 8-104 准互补推挽电路

图 8-104 是准互补推挽电路,T_1 构成前置放大电路,T_2 和 T_4 构成复合管,类型为 NPN 型,T_3 和 T_5 构成的复合管类型为 PNP 型,电阻 R_1 和 R_2 是分流复合管反向饱和电流的电阻,可以提高功放管的温度稳定性,阻值一般为几百欧姆。

8.8.5 MOS 输出级

图 8-105 为 CMOS 乙类推挽输出级，T_1 和 T_2 分别为 NMOS 和 PMOS，均构成源极跟随器。与前面介绍的 BJT 乙类推挽输出级的工作原理类似，假设输入为正弦波，当 $u_i = 0$ 时，两个管子均截止，$I_{DQ1} = I_{DQ2} = 0$。当 $u_i \geqslant U_{thn}$ 时，T_1 管导通，输出电压跟随输入电压变化。当 $u_i \leqslant U_{thp}$ 时，T_2 管导通，输出电压跟随输入电压变化。在 $U_{thn} > u_i > U_{thp}$ 的时刻，两个管子均截止，这段时间输出电压出现交越失真。

图 8-105(b) 为 CMOS 甲乙类互补推挽输出级，其中 T_1、T_2 为互补输出级，T_6 为共源推动放大级，T_5 是 T_6 的有源负载，T_3、T_4 是两个有源电阻，为 T_1、T_2 提供偏置，使其工作在导通的准乙类状态。

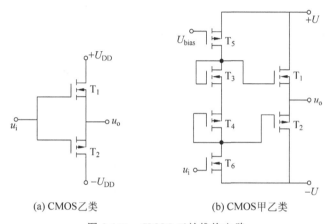

(a) CMOS乙类   (b) CMOS甲乙类

图 8-105 CMOS互补推挽电路

8.9 简化的集成运放内部电路

集成运算放大器(Operational Amplifier，Op-Amp)简称集成运放，实质上是一种高增益的多级直接耦合集成放大电路，因其可实现模拟运算功能而被称为运算放大电路，电路符号如图 8-106(a) 所示，一般运放有两个输入端和一个输出端，输入端分为同相端和反相端，记作 u_P 和 u_N，下标 P 为 Positive 的首字母，表示输出 u_o 与从该端输入的信号同相；下标 N 为 Negative 的首字母，表示输出与该端输入的信号反相。运放的功能是放大两个输入信号的差值，输出 u_o 与输入的关系为

$$u_o = A_{ud}(u_P - u_N)$$

其中，A_{ud} 是差模增益，理想运放的 A_{ud} 为无穷大，实际的通用运放 A_{ud} 约为 10^5。

集成运放的内部电路由输入级、中间级、输出级和偏置电路组成。输入级采用有两个输入端子的差分放大电路；中间级主要提供增益，通常是共源或者共射组态的放大电路；输出级则通常是由有较强带负载能力的共漏或者共集组态演变来的互补推挽电路；偏置电路大多是由恒流源电路组成，有的级(如输出级)有时也采用恒压源电路。

集成运放内部电路较复杂，这里用两个简化的原理电路说明其构成，图 8-106(b) 为 3

级 CMOS 管构成的运放。

输入级为 CMOS 差放，T_1 和 T_2 差分对管，差放的有源负载为 T_3 和 T_4，输入级的偏置电流由 T_{10} 以及 T_{11} 构成的电流源提供。

中间级为 T_5 构成的共源放大电路，电流 T_9 提供偏置电流 I_{Q2}，并作为共源电路有源负载。

输出级为 T_6 和 T_7 构成的甲乙类互补推挽电路，T_8 的栅极与漏极连接，作为电阻使用，为 T_6 和 T_7 提供偏置，构成甲乙类电路，克服交越失真。

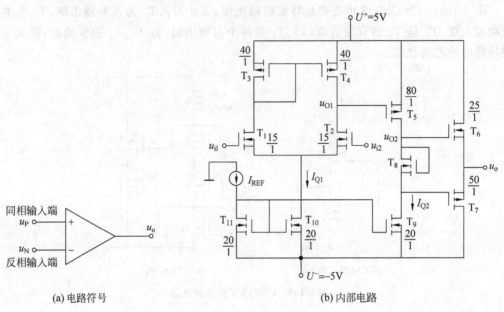

(a) 电路符号　　　　　　　　　　　　(b) 内部电路

图 8-106　CMOS 运放

【例 8-8】　图 8-106 所示的 CMOS 运放电路中所有的 NMOS 参数为 $U_{thn} = 0.7\text{V}$，$k'_p = 80\mu\text{A/V}^2$，$\lambda_n = 0.01\text{V}^{-1}$，所有的 PMOS 参数为 $U_{thp} = -0.7\text{V}$，$k'_p = 40\mu\text{A/V}^2$，$\lambda_p = 0.015\text{V}^{-1}$，$T_1$ 和 T_2 匹配，T_9、T_{10} 和 T_{11} 匹配，T_3 和 T_4 匹配，T_6 和 T_7 匹配，除 T_8 外的各个管子宽长比如图所示，如 T_1 的宽长比 $\left(\dfrac{W}{L}\right)_1 = \dfrac{15}{1} = 15$，假设电流源提供的电流 $I_{REF} = 160\mu\text{A}$，$U_{GS6} = U_{SG7} = 0.85\text{V}$。

(1) 求 CMOS 运放各级的静态工作点以及 T_8 的宽长比。

(2) 求差模电压增益。

(3) 分析哪个输入端为同相输入端？

解：(1) 静态分析。由于 T_9、T_{10} 和 T_{11} 匹配，可知静态时电流

$$I_{Q1} = I_{Q2} = I_{REF} = 160\mu\text{A}$$

T_1 和 T_2 匹配

$$I_{D1} = I_{D2} = \frac{1}{2}I_{Q1} = \frac{160}{2} = 80\mu\text{A}$$

T_3 和 T_4 匹配

$$I_{D3} = I_{D4} = I_{D1} = I_{D2} = 80\mu\text{A}$$

$$I_{D5} = I_{D8} = I_{Q2} = 160\mu A$$

由于 T_5 的漏极电流是 T_4 的两倍,为了使 $U_{GS6} = U_{SG7} = 0.85V$,$T_6$ 和 T_7 的静态电流应为

$$I_{D6} = I_{D7} = \frac{k'_n}{2}\left(\frac{W}{L}\right)_6 (U_{GS6} - U_{thn})^2 = \left(\frac{80}{2}\right) \times 25 \times (0.85 - 0.7)^2 = 22.5(\mu A)$$

为了克服交越失真,T_8 的电压为 $U_{DS8} = 2 \times 0.85 = 1.7V$。由于 T_8 电流为

$$I_{D8} = I_{Q2} = 160 = \left(\frac{80}{2}\right)\left(\frac{W}{L}\right)_8 (1.7 - 0.7)^2$$

得到的 T_8 的宽长比 $(W/L)_8 = 4$。

(2) 动态分析。总的差模电压增益为 $A_{ud} = A_{d1}A_2A_3$,其中 A_{d1}、A_2 和 A_3 分别是各级的电压增益。由于第 3 级输出级为源极跟随器,其电压增益近似为 $A_3 \approx 1$。第一级差模电压增益为

$$A_{d1} = \frac{u_{od}}{u_{id}} = g_{m1}(r_{o2} /\!/ r_{o4})$$

其中

$$g_{m1} = 2\sqrt{K'_n I_{D1}} = 2\sqrt{\left(\frac{k'_n}{2}\right)\left(\frac{W}{L}\right)_1 I_{D1}} = 2\sqrt{\frac{0.08}{2} \times 15 \times 80} = 0.438(mA/V)$$

$$r_{o2} = \frac{1}{\lambda_n I_{D1}} = \frac{1}{0.01 \times 0.08} = 1250(k\Omega)$$

$$r_{o4} = \frac{1}{\lambda_p I_{D4}} = \frac{1}{0.015 \times 0.08} = 833.3(k\Omega)$$

因此

$$A_{d1} = 0.438 \times (1250 /\!/ 833.3) = 219$$

相比于电流源电阻而言,当作电阻用的 T_8 可以忽略不计,第二级的电压增益为

$$A_2 = -g_{m5}(r_{o5} /\!/ r_{o9})$$

其中

$$g_{m5} = 2\sqrt{\left(\frac{k'_p}{2}\right)\left(\frac{W}{L}\right)_5 I_{Q2}} = 2\sqrt{\frac{0.04}{2} \times 80 \times 0.16} = 1.012(mA/V)$$

$$r_{o5} = \frac{1}{\lambda_p I_{Q2}} = \frac{1}{0.015 \times 0.16} = 416.7(k\Omega)$$

$$r_{o9} = \frac{1}{\lambda_n I_{Q2}} = \frac{1}{0.01 \times 0.16} = 625(k\Omega)$$

可得

$$A_2 = -1.012 \times (416.7 /\!/ 625) = -253$$

3 级运放的差模电压增益为

$$A_{ud} = A_{d1}A_2 = 219 \times (-253) = -55407$$

可见,3 级运放提供即可提供可观的差模增益。

(3) 由于(2)求出的差模电压为负,说明 u_o 与 $(u_{i1} - u_{i2})$ 反相,即 u_o 与 u_{i1} 反相;u_o 与 u_{i2} 同相,因此 u_{i1} 为反相输入端,而 u_{i2} 为同相输入端。

由 BJT 构成的差放电路如图 8-107 所示,第一级是差放电路,T_1 和 T_2 构成差放对,T_4

作为参考电流臂,带了两路电流输出,一个是 T_3、R_2 构成微电流源,充当差放的长尾,为其提供微小电流。另一路为 T_9、R_3 构成微电流源,作为 T_8 的有源负载。T_5、T_6 构成镜像电流源作为差放的有源负载,使得单端输出具有双端输出的效果。T_7、T_8 为复合管,构成共射组态作为中间放大级,输出级为 T_{10}、T_{11} 为互补功率管,二极管 D_1 和 D_2 是其偏置,让其工作在甲乙类状态。

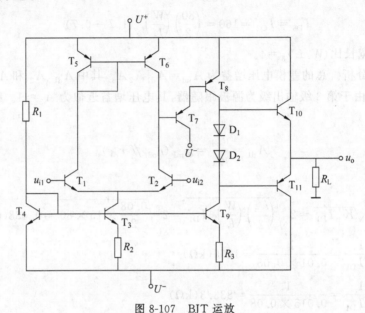

图 8-107　BJT 运放

实际运放 F007 的内部电路见 8.11 节。

*8.10　晶体管的内在工作原理

8.10.1　MOSFET

这里以 N 沟道增强型 MOSFET 为例说明。

1. u_{GS} 对沟道的影响

当 $u_{GS}=0$,而漏源间加正电压时($u_{DS}>0$),漏极与衬底之间的 PN 结处于反偏,如图 8-108(a)所示。若改变漏源间电压极性,即加负电压时($u_{DS}<0$),源与衬底间的 PN 结处于反偏。当栅极零偏时,无论漏源之间加何种极性的电压,由于漏源之间没有导电沟道,因而没有电流通过(只有极微小的反向电流)。增强型 MOSFET 在栅极零偏时不导电是个重要特征。

如果栅源间外加可调的正栅极($u_{GS}>0$),且令漏源电压为零($u_{DS}=0$),如图 8-108(b)所示。金属栅极与 P 型衬底之间,相当于一个平板电容器,根据前面叙述的 MOS 电容结构在正栅压所用下的情况,可知,正栅压会产生一个垂直于衬底表面的电场,这个电场是排斥空穴并吸引电子的,当栅压较低时($u_{GS}<U_{thn}$),该电场首先赶跑表面层的空穴,使得表面层变成耗尽层。这时,两个 N+ 区之间是耗尽层,所以源漏间尚不能导电。

当正栅压足够大时,即 $u_{GS}>U_{thn}$ 时,在较强电场的作用下,开始将深层的电子吸引到表面层来,形成 N 型半导体结构的反型层。这个反型层把两个 N+区连通起来,形成一条从源极到漏极的 N 型导电沟道,简称 N 沟道。这种靠增强栅源电压而形成导电沟道的 MOSFET,称为增强型 MOSFET,开始形成导电沟道的最小栅源电压,称为开启电压,记作 U_{thn}。见图 8-108(c)。

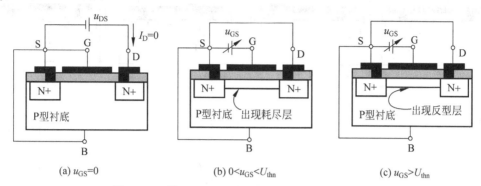

(a) $u_{GS}=0$ (b) $0<u_{GS}<U_{thn}$ (c) $u_{GS}>U_{thn}$

图 8-108 增强型 MOS 在不同栅极偏置下的示意图

因为栅极必须施加电压才能产生反型层电荷,所以这种 MOS 晶体管成为增强型 MOSFET;同时因为反型层为 N 型半导体,所以这种器件也称为 N 沟道 MOSFET (NMOS)。

当导电沟道形成之后,如果进一步增大 u_{GS},P 型半导体表面的电荷量越多,导电能力越强,沟道电阻越小。栅源电压 u_{GS} 的变化,不仅可以形成沟道,还可对沟道的导电能力进行控制。

2. u_{DS} 对沟道的影响

以上只讨论了 u_{GS} 单独对沟道的影响,下面再讨论 u_{DS} 对沟道的影响。

将栅源之间的电压 u_{GS} 固定为大于 U_{thn} 的一个值,然后再加上漏源电压 u_{DS},并让 u_{DS} 从 0 逐渐增大。由于此时导电沟道已经形成,逐渐增大的 u_{DS} 使漏极电流 i_D 从 0 逐渐增大,由于此时 u_{DS} 很小,对沟道影响很小,i_D 随 u_{DS} 近似呈线性增长,如图 8-109 (a)所示。

逐渐增大 u_{DS},且 $u_{DS}<u_{GS}-U_{thn}$ 时,由于 u_{DS} 的作用,使得沟道从源端到漏端的电位分布是逐渐升高的。源端基本上不变,而漏端电位抬高(因加正电压),所以靠近漏极的氧化物上的电压降减小($u_{GD}<u_{GS}$),这意味着漏极附近感应的反型层电荷减少,致使沟道在漏端较窄而源端较宽,靠近漏极的沟道电阻增加,导致 i_D 相对于 u_{DS} 变化曲线的斜率逐渐减小,如图 8-109(b)所示。

进一步增大 u_{DS} 到 $u_{DS}=u_{GS}-U_{thn}$,即 $u_{GD}=U_{thn}$,在漏极感应的反型电荷密度为零,沟道恰好在漏端开始被夹断,称为预夹断。记此时的 u_{DS} 为 $u_{DS(sat)}$,为在漏极产生预夹断时的漏源电压,即 $u_{DS(sat)}=u_{GS}-U_{thn}$。沟道和电流变化情况如图 8-109(c)所示。

继续增大 u_{DS},使得 $u_{DS}>u_{DS(sat)}$,沟道反型电荷密度刚好为零的点(夹断点)向源极移动。在此情况下,从源极进入沟道的电子穿过沟道向漏极移动,电子从夹断点注入空间电荷区后,在电场的作用下被推到漏极。当预夹断发生以后,再增加 u_{DS},i_D 也不再增加,这是因为 u_{DS} 的增加部分,将全部降在高阻的夹断区,而从源端到夹断点之间的电场基本不变,所以 i_D 也基本不变,如图 8-109(d)所示。

在理想的 MOSFET 中,漏极电流在 $u_{DS}>u_{DS(sat)}$ 时是恒定的。i_D 相对于 u_{DS} 的关系

曲线在这段区域称为恒流区,如图 8-109(d)虚线右端所示。

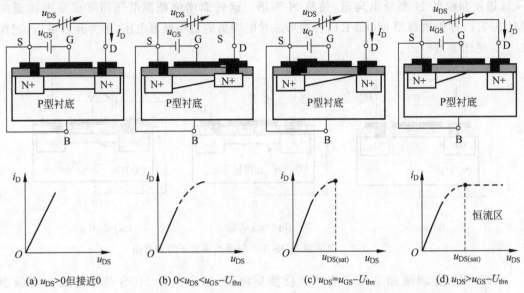

图 8-109 当 u_{GS} 固定,N 沟道增强型 MOSFET 在不同 u_{DS} 作用下的沟道以及电流 i_D 变化

8.10.2 BJT

如果外加合适的直流电压使得三极管的发射结正偏,集电结反偏,此时的三极管具有放大作用,称其工作在放大状态。图 8-110 所示为一个处于放大状态下的 NPN 型三极管,电压源 U_{BB} 使发射结正偏,U_{CC} 使集电结反偏,下面分别讨论三极管在此偏置下内部载流子的传输过程、电流的分配关系,并在此基础上分析三极管的放大原理。

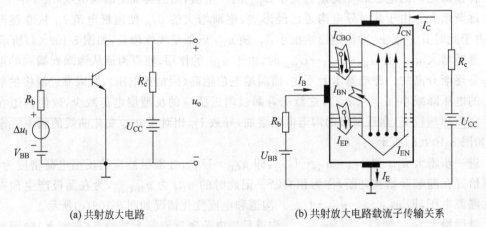

(a) 共射放大电路 (b) 共射放大电路载流子传输关系

图 8-110 双极型晶体管工作原理示意图

1. 载流子的传输过程

载流子的定向运动基本分为以下三个阶段。

(1) 发射区向基区注入电子。由于发射结正偏,使势垒降低,于是扩散电流增加。即发射区的多子(电子)源源不断地越过发射结,扩散到基区,形成如图中的电子注入电流 I_{EN}。

与此同时,基区的多子空穴也会扩散到发射区,形成空穴注入电流 I_{EP}。这两部分电流的方向相同,所以发射极的总电流为

$$I_E = I_{EN} + I_{EP}$$

由于发射区为高掺杂,一般掺杂浓度比基区高出百倍以上,所以 $I_E \approx I_{EN}$。三极管发射区重掺杂的目的,就是为了提高 I_{EN}/I_E 的比值,因为 I_{EP} 对放大是没有贡献的。

（2）电子在基区的扩散与复合。自由电子从发射区注入基区后,成为基区中的非平衡少子。这些电子在基区的发射结边缘浓度最大,而在反偏的集电结边缘处浓度几乎为 0,从而出现电子浓度差,这个浓度差使电子继续向集电结方向扩散。在扩散途中,有些电子因与空穴相遇而复合,形成基极电流 I_{BN}。因为基区很薄又是低掺杂,所以被复合的电子很少,大多数电子都能扩散到集电结的边缘。

（3）集电区收集电子。反偏集电结内部较强的电场使得扩散过来的电子发生漂移运动,这些基区的非平衡少子（电子）迅速地漂移到集电区,形成收集电流,即图 8-110(b)中的 I_{CN}。另外,基区自身本征激发产生的少子电子和集电区的少子空穴也参与漂移运动,形成反向饱和电流 I_{CBO}。I_{CBO} 是少子漂移产生的,因此数值很小,受温度影响很大。

根据图 8-110(b),可知内部载流子电流的分布以及方向,从而得到 BJT 三个电极的电流与内部载流子形成的电流之间的关系

$$I_B = I_{BN} + I_{EP} - I_{CBO}$$

$$I_C = I_{CN} + I_{CBO}$$

$$I_E = I_B + I_C$$

由以上分析可知,在 BJT 内电子和空穴都参与导电,所以称为双极型晶体管。

2. 电流分配关系

与场效应构成放大电路类似,BJT 构成放大电路时,有一个极作为输入和输出的公共参考端。因此也有三种组态,分别是共基、共射和共集组态。如果公共端是基极,就称为共基放大电路。共基接法的三极管,输入端电流为 I_E,输出端电流为 I_C,电流传输比为 I_C/I_E。要使输入电流 I_E 尽可能多地转化为输出电流 I_C,就要求增大 I_C 中的受控电流 I_{CN} 在 I_E 中的比例,将该比值记作 $\bar{\alpha}$,即

$$\bar{\alpha} = \frac{I_{CN}}{I_E} = \frac{I_C - I_{CBO}}{I_E} \tag{8-157}$$

式(8-157)还可以写成

$$I_C = \bar{\alpha} I_E + I_{CBO} \tag{8-158}$$

其中,I_E 受发射结正向偏压的控制;I_C 几乎与 I_E 成正比例变化;I_{CBO} 与发射结正偏大小无关,而只与温度有关。通常满足 $I_C \gg I_{CBO}$,尤其是硅管 I_{CBO} 甚小可略,因此式(8-158)可近似为

$$\bar{\alpha} \approx \frac{I_C}{I_E} \tag{8-159}$$

由于 I_C/I_E 是共基放大电路的输出电流与输入电流比,所以式(8-159)也是共基放大电路的电流放大倍数表达式,因此称 $\bar{\alpha}$ 为共基电流放大系数,一般 $\bar{\alpha}$ 范围为 0.95~0.99,此值越大,表征管子的放大能力越强。

将式 $I_E = I_B + I_C$ 代入式(8-157),并整理得到

$$I_C = \frac{\bar{\alpha}}{1-\bar{\alpha}}I_B + \frac{1}{1-\bar{\alpha}}I_{CBO}$$

令 $\dfrac{\bar{\alpha}}{1-\bar{\alpha}}=\bar{\beta}$，则电流 I_C 可以写为

$$I_C = \bar{\beta}I_B + (1+\bar{\beta})I_{CBO} = \bar{\beta}I_B + I_{CEO}$$

其中

$$I_{CEO} = (1+\bar{\beta})I_{CBO}$$

I_{CEO} 称为穿透电流，由于 $I_{CEO} \ll I_C$，因此有 $I_C \approx \bar{\beta}I_B$ 或者 $\bar{\beta} \approx \dfrac{I_C}{I_B}$。

对于共射放大电路，由于输入电流为基极 I_B，输出电流为集电极 I_C，I_C/I_B 为共射放大电路的电流放大倍数，故称为 $\bar{\beta}$ 共射放大电路的放大系数，其值一般在 20～200，可见共射接法的放大电路有很强的电流放大作用。

I_{CEO} 是当基极开路时（$I_B = 0$）贯穿集电极与发射极之间的电流，称为穿透电流。它比共基接法的漏电流 I_{CBO} 大 $(1+\bar{\beta})$ 倍，即 $I_{CEO} = (1+\bar{\beta})I_{CBO}$。尽管如此，优质的晶体管 I_{CEO} 可以做得很小，尤其是硅管则更小（在 $1\mu A$ 以下）。但是，I_{CEO} 对温度很敏感，在高温运行时要注意。

*8.11　集成运算放大器 F007 内部电路

集成运算放大器内部电路较复杂，前面已经给出了运放的原理电路，这里用通用运放F007 的电路来进一步说明。

F007 是通用型集成运放，其电路如图 8-111 所示，它由 ±15V 两路电源供电。从图 8-111 中可以看出，从 $+U_{CC}$ 经 T_{12}、R_5 和 T_{11} 到 $-U_{CC}$ 所构成的回路的电流能够直接估算出来，因而 R_5 中的电流为偏置电路的基准电流。T_{10} 与 T_{11} 构成微电流源，而且 T_{10} 的集电极电流 I_{C10} 等于 T_9 管集电极电流 I_{C9} 与 T_3、T_4 的基极电流 I_{B3}、I_{B4} 之和，即 $I_{C10} = I_{C9} + I_{B3} + I_{B4}$；$T_8$ 与 T_9 为镜像关系，为第一级提供静态电流；T_{13} 与 T_{12} 为镜像关系，为第二、三级提供静态电流。F007 的偏置电路如图 8-111 中所标注。根据信号的流通方向可将其分为三级，下面就各级进行具体分析。

1. 输入级

输入信号 u_i 加在 T_1 和 T_2 管的基极，而从 T_4 管与 T_6 管的集电极输出信号，故输入级是双端输入、单端输出的差分放大电路。T_1 与 T_2、T_3 与 T_4 管两两特性对称，构成共集-共基电路，从而提高了电路的输入电阻，并改善了频率响应。T_1 与 T_2 管为纵向管，电流放大倍数 β 比较大；T_3 与 T_4 管为横向管，β 小但耐压高；T_5、T_6 与 T_7 管构成的电流源电路作为差分放大电路的有源负载；因此输入级可承受较高的输入电压并具有较高的放大能力。

T_5、T_6 与 T_7 构成的电流源电路（即加射极输出器的电流源电路）不但作为有源负载，而且将 T_3 管集电极动态电流转换为输出电流 Δi_{B16} 的一部分。由于电路的对称性，有差模信号输入时，$\Delta i_{C3} = -\Delta i_{C4}$，$\Delta i_{C5} \approx \Delta i_{C3}$（忽略 T_7 管的基极电流），$\Delta i_{C5} = \Delta i_{C6}$（因为 $R_1 = R_3$），因而 $\Delta i_{C6} \approx -\Delta i_{C4}$，所以 $\Delta i_{B16} = \Delta i_{C4} - \Delta i_{C6} \approx 2\Delta i_{C4}$，输出电流加倍，使电压放大倍数

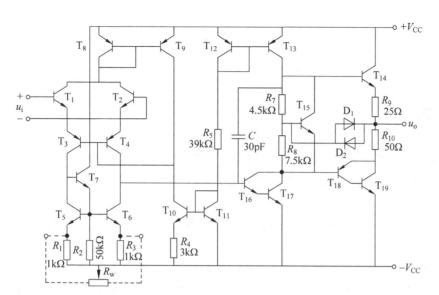

图 8-111 F007 内部电路

增大。电流源电路还对共模信号起抑制作用,当共模信号输入时,$\Delta i_{C3} = \Delta i_{C4}$;由于 $R_1 = R_3$,$\Delta i_{C6} = \Delta i_{C5} \approx \Delta i_{C3}$(忽略 T_7 管的基极电流);$\Delta i_{B16} = \Delta i_{C4} - \Delta i_{C6} \approx 0$,可见,共模信号基本不传递到下一级,提高了整个电路的共模抑制比。

此外,当某种原因使输入级静态电流增大时,T_8 与 T_9 管集电极电流会相应增大,但因为 $I_{C10} = I_{C9} + I_{B3} + I_{B4}$,且 I_{C10} 基本恒定,所以 I_{C9} 的增大势必使 I_{B3}、I_{B4} 减小,从而导致输入级静态电流 I_{C1}、I_{C2}、I_{C3}、I_{C4} 减小。当某种原因使输入级静态电流减小时,各电流的变化与上述过程相反。

综上所述,输入级是一个输入电阻大、输入端耐压高、对温漂和共模信号抑制能力强、有较大差模放大倍数的双端输入、单端输出差分放大电路。

2. 中间级

中间级是以 T_{16} 和 T_{17} 组成的复合管为放大管,以电流源为集电极负载的共射放大电路,具有很强的放大能力。

3. 输出级

输出级是准互补电路,T_{18} 和 T_{19} 复合而成的 PNP 型管与 NPN 型管 T_{14} 构成互补形式,为了弥补它们的非对称性,在发射极加了两个阻值不同的电阻 R_9 和 R_{10}。R_7、R_8 和 T_{15} 构成 U_{BE} 倍增电路,为输出级设置合适的静态工作点,以消除交越失真。R_9 和 R_{10} 还作为输出电流(发射极电流)的采样电阻与 D_1、D_2 共同构成过流保护电路,这是因为 T_{14} 导通时 R_7 上电压与二极管 D_1 上电压之和等于 T_{14} 管 b-e 间电压与 R_9 上电压之和,即

$$u_{R7} + u_{D1} = u_{BE14} + i_o R_9$$

当 i_o 未超过额定值时,$u_{D1} < U_{on}$,D_1 截止;而当 i_o 过大时,R_9 上电压变大,使 D_1 导通,为 T_{14} 的基极分流,从而限制了 T_{14} 的发射极电流,保护了 T_{14} 管。D_2 在 T_{18} 和 T_{19} 导通时起保护作用。

在图 8-111 所示电路中,电容 C 的作用是相位补偿,外接电位器 R_w 起调零作用,改变其滑动端,可改变 T_5 和 T_6 管的发射极电阻,可以调整输入级的对称程度,使电路输入为零

时输出为零。

对电路的输入电阻、输出电阻和电压放大倍数进行分析可知，F007 的电压放大倍数可达几十万倍，输入电阻可达 $2M\Omega$ 以上。

小结

本章介绍了 MOSFET 和 BJT 的工作特性，重点介绍了由其构成的各种基本放大电路。

MOSFET 是一种电场控制器件，有增强型和耗尽型两种类型，每一种类型又有 N 沟道和 P 沟道之分。

MOSFET 的工作区域有可变电阻区、截止区和恒流区（饱和区）。以增强型 NMOS 为例，工作在恒流区的条件为 $u_{DS} \geqslant u_{GS} - U_{thn}$，$u_{GS} \geqslant U_{thn}$；工作在截止区的条件为 $u_{GS} < U_{thn}$；工作在可变电阻区的条件为 $u_{DS} < u_{GS} - U_{thn}$，$u_{GS} \geqslant U_{thn}$。

MOSFET 具有受控源特性与开关特性。开关特性是指 MOSFET 工作在可变电阻区相当于开关闭合，工作在截止区相当于开关断开。利用开关特性可以构成数字电路中的逻辑门电路，利用受控源特性可以构成放大电路。

BJT 是一种电流控制器件，包括 NPN 和 PNP 两种类型。工作区域有饱和区、截止区和放大区。工作在饱和区的条件为发射结正偏，集电结反偏；工作在截止区的条件为发射结反偏；工作在可变电阻区的条件为发射结正偏，集电结正偏。

BJT 具有受控源特性与开关特性。开关特性是指 BJT 工作在饱和区相当于开关闭合，工作在截止区相当于开关断开。利用开关特性可以构成数字电路中的逻辑门电路，利用受控源特性可以构成放大电路。

构成 MOS(BJT)放大电路的应满足：①给 MOSFET(BJT)设置合适的静态工作点；②输入信号应加载在栅极和源极（基极和发射极）构成的回路以控制 $u_{GS}(u_{BE}, i_B)$；③信号耦合进放大电路并输出给负载的通路畅通。

分析 MOS(BJT)放大电路的步骤先静态分析后动态分析，静态分析的目的是得到静态工作点，可以用图解法或者估算法。估算法要使用 MOSFET(BJT)直流分析模型；动态分析的目的是估算放大电路的性能指标，可以用图解法或者等效电路法，用等效电路法求指标时应使用 MOSFET(BJT)的小信号等效模型。

单管 MOSFET(BJT)构成的单级放大电路分为共源（共射）、共漏（共集）和共栅（共基）三种组态，①共源（共射）是三种里唯一的反相放大电路，输入和输出电阻适中。②共漏（共集）又名源极跟随器（射随器），具有输入电阻大、输出电阻小、电压增益小于 1 且接近于 1 的特点，适合充当输入级、缓冲隔离以及输出级。③共栅（共基）电路的输入电阻小。

为提高增益或者改善电路的其他性能需要用到多级放大电路。多级电路中的每一级不是独立存在的，与其前后级存在相互影响，它的信号源就是前级电路，负载为后一级放大电路。多级放大电路的分析与单级相同，先静态分析后动态分析。多级放大电路的输入电阻为第一级的输入电阻，输出电阻为最后一级的输出电阻，增益为各级增益的乘积。

差放是由差分对管加长尾构成的放大电路，功能是放大差模信号抑制共模信号。静态分析时从长尾电流入手估计静态工作点;动态分析时,按照差模输入和共模输入分别估算差放的性能指标。在差模信号的作用下,差放两个输出端的电压大小相等,相位相反。共模信号作用时,差放两个输出端的电压大小相等,相位也相同。差放的对称程度越高,长尾电阻越大,则差放的共模抑制比越高。

功率放大电路的功能是输出足够大的功率给负载,按照晶体管处于导通状态的时间占正弦输入信号一个周期的比例可以分为不同类型,甲类放大电路用单管即可构成,但效率低;乙类互补推挽放大电路由匹配的对管构成,效率高于甲类,但有交越失真;甲乙类互补推挽放大电路能克服交越失真,并且其工作状态接近乙类,因此效率较高。

运放是放大差模信号的集成电路,其内部是多级放大电路。由输入级、中间级、输出级以及偏置电路组成。输入级由差放构成,中间是共源(共射)放大电路,输出级为甲乙类互补推挽电路,偏置电路为电流源电路。

习题

8.1 MOSFET 的转移特性曲线如图 8-112 所示,判断晶体管是 N 沟道还是 P 沟道?是增强型还是耗尽型?是增强型的指出开启电压;是耗尽型的指出夹断电压。

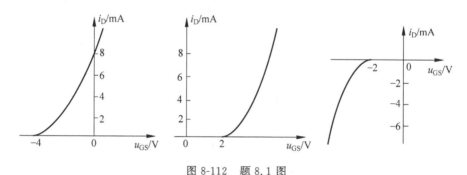

图 8-112 题 8.1 图

8.2 已知 MOSFET 的参数以及其在电路中的电压如下,试判断晶体管的工作区域。

(1) $U_{GS} = 3V, U_{DS} = 4V, U_{thn} = 2V$。

(2) $U_{GS} = 4V, U_{DS} = 2V, U_{thn} = 1.5V$。

(3) $U_{GS} = -3V, U_{DS} = -4V, U_{thp} = -1V$。

(4) $U_{GS} = 0V, U_{DS} = 2V, U_{pn} = -4V$。

(5) $U_{GS} = -2V, U_{DS} = 3V, U_{pn} = -3V$。

8.3 MOSFET 电路以及管子的输出特性如图 8-113 所示,其中 $R_D = 3k\Omega$。分析当 U_{GG} 分别为 3V、7V 和 10V 时,场效应管的工作区域。

8.4 MOSFET 电路如图 8-114 所示,已知 $U_{thn} = 0.5V, \mu_n C_{ox} = 0.4mA/V^2, W/L = 4, \lambda = 0$。求能让 $U_D = 0.8V$ 的电阻 R 的值。

8.5 判断图 8-115 所示电路能否对小信号正弦电压进行放大。如不能,指出错误之处。

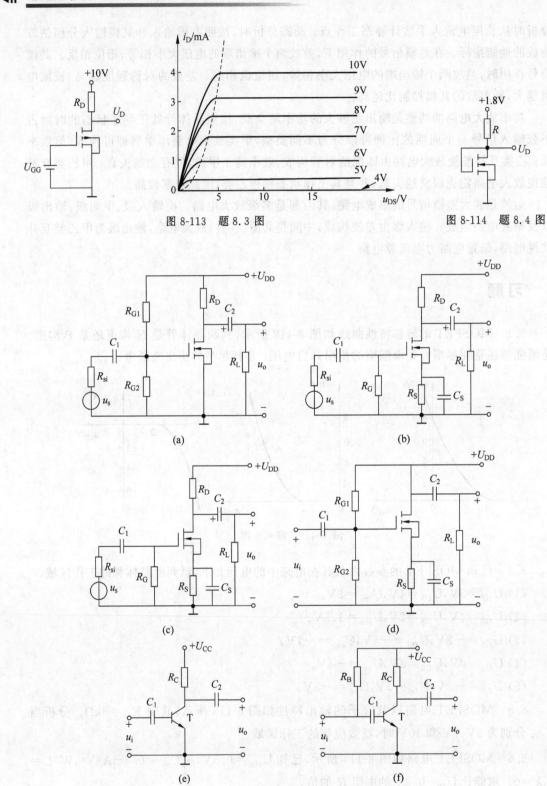

图 8-113 题 8.3 图

图 8-114 题 8.4 图

(a)

(b)

(c)

(d)

(e)

(f)

图 8-115 题 8.5 图

8.6　图 8-116 为共源放大电路,已知:$U_{DD}=10V,R_D=1k\Omega,R_{G1}=210k\Omega,R_{G2}=70k\Omega,R_L=10k\Omega$。其中 MOSFET 的参数为 $U_{thn}=0.8V,K_n=1mA/V^2,\lambda=0$。若输入为正弦波,求电路最大不失真输出电压的幅值 $U_{om(max)}$。

8.7　图 8-117 为共源放大电路,已知:$U_{DD}=15V,R_{si}=1k\Omega,R_D=10k\Omega,R_S=2k\Omega,R_{G1}=100k\Omega,R_{G2}=50k\Omega,R_L=10k\Omega$。其中 MOSFET 的参数为 $U_{thn}=2V,\mu_nC_{ox}=0.2mA/V^2,W/L=2.5,\lambda=0$。试求:静态工作点 I_{DQ}、U_{DSQ};端电压增益 A_u;源电压增益 A_{us};输入电阻 R_i;输出电阻 R_o。

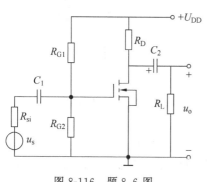

图 8-116　题 8.6 图

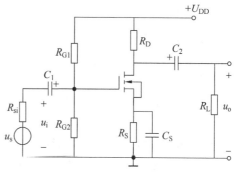

图 8-117　题 8.7 图

8.8　电路及参数同题 8.7,如果 MOSFET 的 W/L 提高 10 倍,则端与源电压增益有什么变化?

8.9　由 NMOS 构成的共源放大电路如图 8-118 所示,晶体管参数为 $U_{thn}=0.8V$,$K_n=0.85mA/V^2,\lambda=0.02V^{-1}$。求:使电流 $I_{DQ}=0.1mA,U_{DSQ}=5.5V$ 的电阻 R_S 和电阻 R_D 的值;端电压增益 A_u。

8.10　由耗尽型 MOSFET 构成的共源放大电路如图 8-119 所示,晶体管参数为 $U_{pn}=-2V,I_{DSS}=2mA,r_{ds}=100k\Omega$。$R_D=10k\Omega,R_{G1}=100k\Omega,R_{G2}=10k\Omega,R_L=10k\Omega$。求:使电流 $I_{DQ}=1mA$ 的电阻 R_S 值;端电压增益 A_u;输入电阻 R_i;输出电阻 R_o。

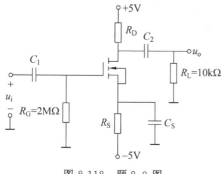

图 8-118　题 8.9 图

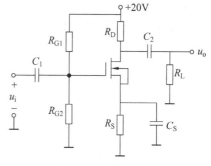

图 8-119　题 8.10 图

8.11　图 8-120 中的 MOSFET 源极跟随器电路,放大电路参数为 $U_{DD}=10V,R_{G1}=350k\Omega,R_{G2}=850k\Omega,R_S=R_L=4k\Omega$,MOSFET 的参数为 $U_{thn}=1.2V,\mu_nC_{ox}=0.04mA/V^2,W/L=80,\lambda=0.01$。求:静态工作点 I_{DQ},U_{DSQ};端电压增益 A_u;输出电

阻 R_o。

8.12 P 沟道增强型 MOSFET 构成的源极跟随器如图 8-121 所示。放大电路参数为 $R_{G1}=R_{G2}=350\text{k}\Omega,R_S=R_L=1\text{k}\Omega,R_{si}=0.75\text{k}\Omega$，MOS 晶体管的参数为 $g_m=10\text{mA/V}$。估算：源电压增益 A_{us}；输入电阻 R_{in}；输出电阻 R_o。

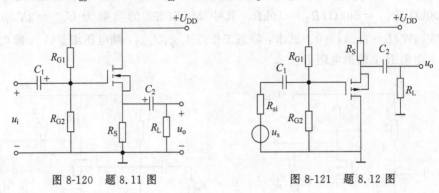

图 8-120 题 8.11 图   图 8-121 题 8.12 图

8.13 由 MOSFET 构成的共栅放大电路如图 8-122 所示，$U_{DD}=U_{SS}=5\text{V},R_{si}=1\text{k}\Omega$，$R_G=50\text{k}\Omega,R_D=4\text{k}\Omega,R_S=8\text{k}\Omega,R_L=4\text{k}\Omega$。MOS 晶体管的参数为 $U_{thn}=1\text{V},K_n=3\text{mA/V}^2$，$\lambda=0$。

试求：静态工作点 I_{DQ}、U_{DSQ}；端电压增益 A_u；源电压增益 A_{us}；输入电阻 R_i；输出电阻 R_o。

8.14 已知放大电路中的双极型晶体管的三个电极的电位 U_1、U_2、U_3 分别如下列值，判断各个晶体管为 PNP 管还是 NPN 管，是硅管还是锗管？并确定 E、B、C 极。

(1) $U_1=3.5\text{V},U_2=2.8\text{V},U_3=9\text{V}$；

(2) $U_1=2.5\text{V},U_2=2.3\text{V},U_3=9\text{V}$；

(3) $U_1=2.5\text{V},U_2=8.3\text{V},U_3=9\text{V}$；

(4) $U_1=2.5\text{V},U_2=8.8\text{V},U_3=9\text{V}$。

8.15 某放大电路中晶体三极管三个电极 1、2、3 的电流如图 8-123 所示，用万用表直流挡测得 $I_1=-3\text{mA},I_2=-0.05\text{mA},I_3=3.05\text{mA}$，试分析 1、2、3 中哪个是基极、发射极、集电极，并说明此管是 NPN 管还是 PNP 管，并求解其 β。

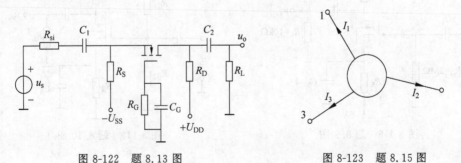

图 8-122 题 8.13 图   图 8-123 题 8.15 图

8.16 电路如图 8-124 所示，已知 $U_{CC}=9\text{V},U_{BE}=0.7\text{V}$。放大区中 $\beta=100,I_{CBO}=0$，当管子进入饱和区时，$U_{CE}=0.2\text{V}$，当电阻为下面各组值时，分别出求 I_B、I_C 和 U_{CE}，并指

出晶体管工作在哪个工作区。

(1) $R_B = 200\text{k}\Omega, R_C = 1\text{k}\Omega$。

(2) $R_B = 20\text{k}\Omega, R_C = 1\text{k}\Omega$。

(3) $R_B = 200\text{k}\Omega, R_C = 10\text{k}\Omega$。

(4) $R_B \rightarrow \infty, R_C = 10\text{k}\Omega$。

8.17 电路如图 8-125 所示,在下列条件下:$\beta = 50$、$\beta = 120$、电源反接,分别判断 BJT 的工作区域。

图 8-124 题 8.16 图   图 8-125 题 8.17 图

8.18 用直流电压表测得晶体管的各个电极的电位如图 8-126 所示,判断这些晶体管分别处于什么工作区。

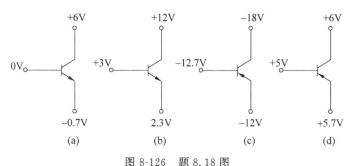

图 8-126 题 8.18 图

8.19 某晶体三极管极限参数为 $I_{CM} = 20\text{mA}, U_{(BR)CEO} = 20\text{V}, P_{CM} = 100\text{mW}$。判定下列各情况中哪种情况工作正常。为什么?

(1) $U_{CE} = 5\text{V}, I_C = 8\text{mA}$; (2) $U_{CE} = 2\text{V}, I_C = 30\text{mA}$; (3) $U_{CE} = 10\text{V}, I_C = 12\text{mA}$; (4) $U_{CE} = 25\text{V}, I_C = 1\mu\text{A}$。

8.20 在图 8-127 所示的电路中,已知 $U_{CC} = 10\text{V}, R_{B1} = 56\text{k}\Omega, R_{B2} = 12\text{k}\Omega, R_C = R_L = 2\text{k}\Omega, R_{E1} = 0.1\text{k}\Omega, R_{E2} = 0.3\text{k}\Omega, \beta = 100$。晶体管参数为 $r_{bb'} = 0\Omega, r_{ce} = \infty, U_{BEQ} = 0.7\text{V}$。计算电路电压增益 A_u,输入电阻 R_i,输出电阻 R_o。

8.21 电路如图 8-128 所示,电路参数为 $R_{B1} = 20\text{k}\Omega, R_{B2} = 5.1\text{k}\Omega, R_E = 1\text{k}\Omega, R_C = 3\text{k}\Omega, R_L = 3.6\text{k}\Omega, U_{CC} = 15\text{V}, R_{si} = 1\text{k}\Omega$。晶体管的 $U_{BE} = 0.7\text{V}, \beta = 50, r_{bb'} = 100\Omega, r_{ce} = 54\text{k}\Omega$。试求其中频区的 A_u、A_{us}、A_i、R_i 和 R_o。

8.22 电路如图 8-129 所示,电路参数为 $R_1 = 14.4\text{k}\Omega, R_2 = 110\text{k}\Omega, R_E = 0.3\text{k}\Omega, R_C = 4\text{k}\Omega, R_L = 10\text{k}\Omega$。晶体管的 $U_{EB} = 0.7\text{V}, \beta = 100, r_{bb'} = 0, r_{ce} = \infty$。试求:静态工作点 I_{CQ} 和 U_{ECQ};A_u、R_i 和 R_o。

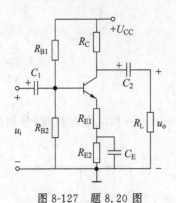

图 8-127 题 8.20 图

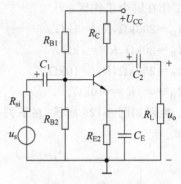

图 8-128 题 8.21 图

8.23 射随器电路及元件参数如图 8-130 所示,已知电路参数 $R_1 = 43\text{k}\Omega$, $R_2 = 100\text{k}\Omega$, $R_3 = 30\text{k}\Omega$, $R_4 = 4\text{k}\Omega$, $R_L = 4\text{k}\Omega$, $R_s = 1\text{k}\Omega$, $U_{CC} = 12\text{V}$。晶体管参数为 $U_{BE} = 0.7\text{V}$, $I_{CBO} \approx 0$, $\beta = 50$, $r_{bb'} = 100\Omega$, $r_{b'c}$ 和 r_{ce} 的影响可以忽略。求其静态工作点 I_{CQ}、U_{CEQ} 和中频区的 R_i、A_u、A_i 及 R_o。

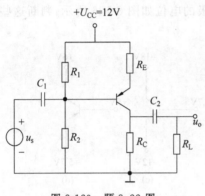

图 8-129 题 8.22 图

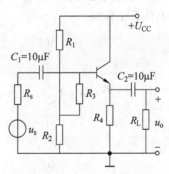

图 8-130 题 8.23 图

8.24 分相器电路如图 8-131 所示,设晶体管的参数为 $\beta = 100$, $r_{bb'} = 0$,各个电容对信号可视为短路,静态时 $I_{CQ} = 2.6\text{mA}$,输入信号 $u_i = 0.5\sin 2\pi \times 10^3 t(\text{V})$。求 u_{o1} 和 u_{o2},并画出波形。

8.25 在图 8-132 所示的放大电路中,已知 $U_{CC} = 15\text{V}$, $R_{si} = 1\text{k}\Omega$, $R_C = R_L = 3\text{k}\Omega$, $R_E = 1\text{k}\Omega$, $R_{B1} = 20\text{k}\Omega$, $R_{B2} = 5.1\text{k}\Omega$, $u_{CE(sat)} = 1\text{V}$。电位器总电阻 $R_P = 1\text{M}\Omega$,晶体三极管的电流放大倍数 $\beta = 50$, $U_{BEQ} = 0.7\text{V}$。试估算输出电压的动态范围。

8.26 放大电路如图 8-133 所示,设晶体管的参数 $U_{BE} = 0.7\text{V}$, $I_{CBO} \approx 0$, $\beta = 50$, $r_{bb'} = 50\Omega$, $r_{ce} = 60\text{k}\Omega$,求 I_{CQ}、U_{CEQ},再求其中频区的 R_i、A_i 及 R_o。

8.27 多级放大电路如图 8-134 所示,$\beta = 120$, $U_A = \infty$。求:I_{CQ1}、I_{CQ2};电压增益;输入电阻 R_{in};输出电阻 R_o。

8.28 两级放大电路如图 8-135 所示,参数为 $U_{DD} = 5\text{V}$, $R_{in} = 400\text{k}\Omega$。MOS 晶体管的参数为 $U_{thn} = 0.6\text{V}$, $k_{n1} = 0.2\text{mA/V}^2$, $U_{thp} = -0.6\text{V}$, $k_{n2} = 1\text{mA/V}^2$, $\lambda_1 = \lambda_2 = 0$。

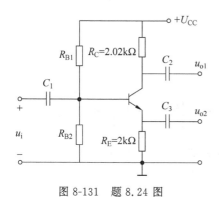

图 8-131 题 8.24 图

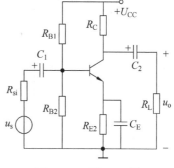

图 8-132 题 8.25 图

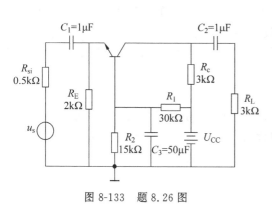

图 8-133 题 8.26 图

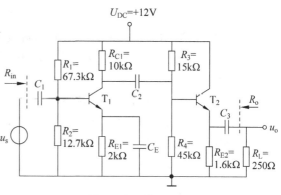

图 8-134 题 8.27 图

(1) 设计电路使得静态电流 $I_{D1}=0.2\text{mA}$, $I_{D2}=0.5\text{mA}$, $U_{DSQ1}=2\text{V}$, $U_{SDQ2}=3\text{V}$, 电阻 R_{S1} 两端电压为 0.6V。

(2) 求中频电压增益 A_u。

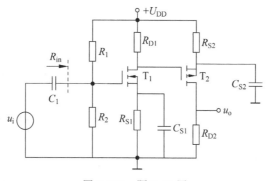

图 8-135 题 8.28 图

8.29 两级放大电路如图 8-136 所示, MOSFET 的参数为 $U_{thn1}=U_{thn2}=2\text{V}$, $k_{n1}=k_{n2}=4\text{mA/V}^2$, $\lambda_1=\lambda_2=0$。

(1) 求静态工作点 I_{D1}、I_{D2}、U_{DSQ1}、U_{DSQ2}。

(2) 确定 g_{m1} 和 g_{m2}。

（3）求中频电压增益 A_u。

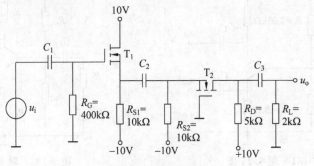

图 8-136　题 8.29 图

8.30　图 8-137 所示的差放电路中，$R_1 = 50\text{k}\Omega$，$R_d = 24\text{k}\Omega$，各个 MOSFET 参数相同，$K_n = 0.25\text{mA/V}^2$，$U_{thn} = 2\text{V}$，$\lambda = 0$。恒流源内阻 $R_o = 10\text{k}\Omega$。

（1）在输入为零（$u_{i1} = u_{i2} = 0$）时，确定电流 I_1、I_o 和 I_{D2}，电压 U_{DSQ4} 和 U_{DSQ1}；

（2）估算差模电压增益 A_{ud}；

（3）估算最大和最小的共模输入电压。

8.31　差放电路如图 8-138 所示，设场效应管 T_1、T_2 参数相同，且 $g_m = 1\text{ms}$，$r_{ds} = \infty$，试估算差模电压放大倍数 A_{ud}，共模电压放大倍数 A_{uc} 以及共模抑制比 CMRR。

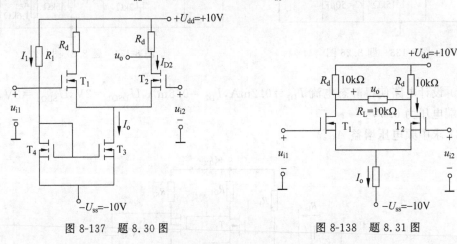

图 8-137　题 8.30 图　　　　　　　　图 8-138　题 8.31 图

8.32　差放电路如图 8-139 所示，电阻 $R_d = 40\text{k}\Omega$，$R_1 = 55\text{k}\Omega$，参数 $K_n = 0.2\text{mA/V}^2$，$U_{thn} = 2\text{V}$，$\lambda = 0.02\text{V}^{-1}$。

（1）求差模电压增益 A_{ud} 和共模电压增益 A_{uc}；

（2）输入信号为 $u_{i1} = 2.15\sin\omega t\,(\text{V})$，$u_{i2} = 1.85\sin\omega t\,(\text{V})$，确定输出电压，并与共模抑制比 CMRR $= \infty$ 时的输出进行比较。

8.33　MOS 差放电路如图 8-140 所示，已知 $U_{pn} = -1\text{V}$，$I_{DSS} = 0.5\text{mA}$，电容 C 对交流短路，$u_i = 10\sin\omega t\,(\text{mV})$，试求 I_o、A_{ud}、A_{uc}、CMRR 和输出电压 u_o。

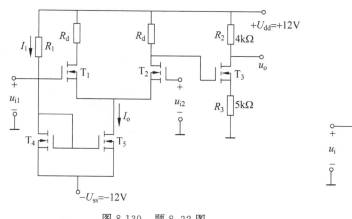

图 8-139 题 8.32 图

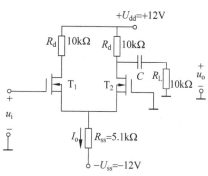

图 8-140 题 8.33 图

8.34 电路如图 8-141 所示,所有场效应管的参数相同,均为 $K_n = 0.2\mathrm{mA/V^2}$,$U_{thn} = 0.8\mathrm{V}$,$\lambda = 0$。恒流源内阻 $R_o = 10\mathrm{k\Omega}$。

(1) 在输入为 0 时($u_{i1} = u_{i2} = 0$),设计出电路中的各电阻,使得 $u_{o2} = 2\mathrm{V}$,$u_{o3} = 3\mathrm{V}$,$u_o = 0\mathrm{V}$,$I_{DQ3} = 0.25\mathrm{mA}$,$I_{DQ4} = 2\mathrm{mA}$。

(2) 计算电路的差模电压增益 A_{ud}、共模电压增益 A_{uc} 以及共模抑制比 CMRR。

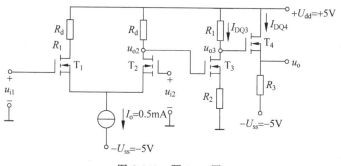

图 8-141 题 8.34 图

8.35 图 8-142 所示电路中三个管子的参数均为 $\beta = 80$,$r_{bb'} = 200\Omega$,$U_{BE} = 0.6\mathrm{V}$,$r_{ce} = 50\mathrm{k\Omega}$。二极管的管压降静态 $U_D = 0.6\mathrm{V}$,动态内阻可以忽略不计。试求该电路的差模输入电阻,差模电压增益,以及共模输入电阻。

8.36 图 8-143 电路中所有晶体管的 $\beta = 100$,$U_{BE} = 0.7\mathrm{V}$,T_1 和 T_2 的厄利电压 $U_A = \infty$,T_3 和 T_4 管的 $U_A = 50\mathrm{V}$。

(1) 设计电路中的电阻 R_1 和 R_C 使得 $I_3 = 400\mu\mathrm{A}$,$U_{CE1} = U_{CE2} = 10\mathrm{V}$。

(2) 计算电路的差模电压增益 A_{ud},共模电压增益 A_{uc},以及共模抑制比 CMRR。

(3) 计算差模输入电阻和共模输入电阻。

8.37 图 8-144 中各晶体管的参数为 $\beta = 80$,$r_{bb'} = 200\Omega$,$U_{BE} = 0.7\mathrm{V}$,$U_A = 80\mathrm{V}$。

(1) 确定差模增益 $A_{ud} = \dfrac{u_o}{u_{id}}$,共模增益 $A_{uc} = \dfrac{u_o}{u_{ic}}$。

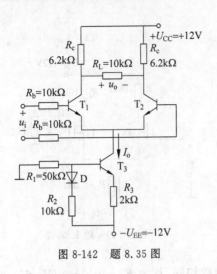

图 8-142　题 8.35 图

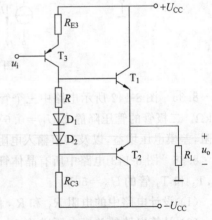

图 8-143　题 8.36 图

（2）求输入信号分别为 $u_{i1} = 2.015\sin\omega t$（V），$u_{i2} = 1.985\sin\omega t$（V）时的输出电压 u_o；$A_{uc} = 0$ 时的输出 u_o。

（3）求差模输入电阻和共模输入电阻。

8.38　互补推挽电路如图 8-145 所示，T_1 和 T_2 完全对称，电路的参数为 $U_{CC} = +12V$，负载 $R_L = 8\Omega$。

（1）动态时，若输出电压 u_o 出现交越失真，应调整哪个电阻？

（2）T_3 构成的放大电路提供的电压增益为 -10，若输入电压有效值为 $0.5V$，计算电路的输出功率 P_o、电源提供的功率 P_{dc} 及效率 η。

（3）提出选择 T_1 和 T_2 管的依据。

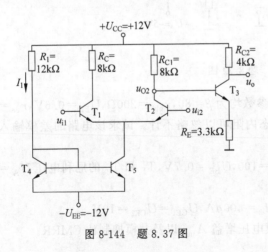

图 8-144　题 8.37 图

图 8-145　题 8.38 图

8.39　运放电路如图 8-146 所示。

（1）识别电路中的各个子电路，并说明功能。

（2）确定输入端 A 是同相输入端还是反相输入端。

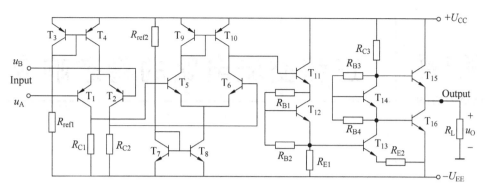

图 8-146 题 8.39 图

第9章
CHAPTER 9

正弦交流电路的稳态响应

时间最不偏私,给任何人都是二十四小时,时间也最偏私,给任何人都不是二十四小时。

——赫胥黎

如果线性时不变电路中所含的激励都是按正弦(或余弦)规律变化的交流激励,则称该电路为正弦交流电路。即使周期激励不是按正弦规律变化的,也可通过傅里叶级数把周期激励分解为多项甚至无穷项正弦交流激励之和,在一定条件下仍可按正弦交流电路处理。因此正弦交流电路的研究具有重要的代表意义,它在电子工程、电气工程、控制工程等领域具有重要的理论意义和工程应用价值。在线性时不变电路中,稳态响应与激励的形式相同,正弦交流激励的稳态响应也是与激励同频的同形式的正弦量,即输出响应中不会产生输入激励中没有的频率成分。在时域中求解正弦稳态响应涉及非齐次微分方程的特解求取和正弦函数的三角运算,计算比较复杂。1893 年,德国科学家、IEEE 前主席斯坦梅茨(Charles Proteus Steinmetz,1865—1923)创立相量法作为分析正弦稳态电路的工具,使得正弦稳态电路的分析变得如同分析电阻电路一般简单、高效,是电路理论发展的一个重要的里程碑。

本章首先回顾正弦量并介绍相量的基本概念,继而引入正弦稳态电路的相量模型,给出两类约束的相量形式,从而可采用与电阻电路分析相类似的方法分析正弦稳态电路的相量模型。之后讨论正弦稳态电路的功率、频率响应和多频正弦稳态的叠加。

9.1 正弦交流电路的瞬态和稳态

正弦交流电易于产生,交流电机也比直流电机结构简单、成本低、效率高,因此正弦交流电在电路理论和实际生活中都占有极其重要的地位。本节首先简单回顾正弦量的基本概念,强调正弦量的三个重要参数,并以一阶电路为例分析正弦激励作用下动态电路在时域的瞬态和稳态响应特点。

9.1.1 正弦量的基本概念

随时间按正弦规律变化的电压和电流称为正弦量。设在给定参考方向下,某支路两端的正弦电压波形如图 9-1 所示。该正弦电压可表示为

$$u(t) = U_m \cos(\omega t + \varphi) \tag{9-1}$$

引入有效值后,正弦量也可表示为

$$u(t) = U_m \cos(\omega t + \varphi) = \sqrt{2} U \cos(\omega t + \varphi)$$

$$(9-2)$$

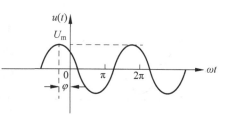

图 9-1　正弦电压波形

下面讨论两个正弦量的相位差问题。在比较两正弦量的相位时,需要注意以下三点。

(1) 只有同频率的正弦量才有不随时间变化的相位差,否则没有意义。

(2) 正弦量的表示函数要统一,本章均采用余弦函数表示。

(3) 正弦量表达式前的符号要统一,如均取正号。因为符号不同,则相位相差 $\pm\pi$。

设有两个同频率的正弦电压和电流,表达式分别为

$$u(t) = U_m \cos(\omega t + \varphi_u), \quad i(t) = I_m \cos(\omega t + \varphi_i)$$

则电压和电流之间的相位差为

$$\psi = (\omega t + \varphi_u) - (\omega t + \varphi_i) = \varphi_u - \varphi_i$$

可见,频率相同的正弦电压和电流的相位差是一个常数,为初相位之差。若 $\psi > 0$,称在相位上电压超前电流 ψ 角度,或者称电流滞后 ψ 角度,反之亦然。特殊地,当 $\psi = 0$ 时,称这两个正弦量同相;当 $\psi = \pm\pi$ 时,称这两个正弦量反相;当 $\psi = \pm\dfrac{\pi}{2}$ 时,称这两个正弦量正交。

9.1.2　正弦激励作用下一阶电路的瞬态和稳态

第 6 章分析了直流激励作用下一阶电路和二阶电路的响应,它们的响应一般是经过指数形式的变化或振荡之后,在直流激励的强制作用下达到直流稳态。如果激励换为正弦量,电路响应具有什么形式呢? 下面以一阶 RC 电路为例来分析正弦交流电路的瞬态和稳态响应。

电路如图 9-2 所示,正弦电压源 $u_s(t) = 17\cos 16t$ (V) 于 $t=0$ 时接入电路,$u(0) = 0$,求电容电压 $u(t)$,$t \geqslant 0$。

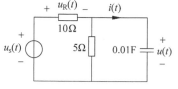

图 9-2　正弦电压作用下的 RC 电路

由电路图可列微分方程

$$u(t) + 10\left[0.01\frac{\mathrm{d}u}{\mathrm{d}t} + \frac{u(t)}{5}\right] = 17\cos 16t \quad (9-3)$$

整理可得

$$\frac{\mathrm{d}u}{\mathrm{d}t} + 30u(t) = 170\cos 16t \quad (9-4)$$

由相应的齐次微分方程可确定齐次解应具有 $K\mathrm{e}^{-t/\tau}$ 的形式,其中时间常数 $\tau = RC = (5//10) \times 0.01 = \dfrac{1}{30}$ (s),K 为待定常数;由激励类型可知其特解应具有 $A\cos(16t+B)$ 形式,把此特解代入式(9-4)可得待定常数 $A=5$,$B=-28°$,则原方程通解形式为

$$u(t) = K\mathrm{e}^{-30t} + 5\cos(16t - 28°) \quad (9-5)$$

将初始值 $u(0)=0$ 代入式(9-5)可得 $K=-4.41$,因此所求电容电压为

$$u(t) = -4.41\mathrm{e}^{-30t} + 5\cos(16t - 28°), \quad t \geqslant 0$$

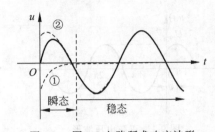

图 9-3　图 9-2 电路所求响应波形

图 9-3 给出了电容电压全响应的波形,其中,虚线 ① 为电路的瞬态响应分量 $-4.41\mathrm{e}^{-30t}$,虚线② 为电路的稳态响应分量 $5\cos(16t-28°)$,实线为全响应 $u(t)$ 的波形。由图 9-3 可见,在 $t=(0\sim5)\tau$ 期间,电路处于过渡过程,此期间响应 $u(t)$ 不是按正弦方式变化的;当电路进入稳态后,瞬态响应分量几乎为零,电路的响应将以与正弦激励频率一致的正弦方式变化,这一响应称为正弦稳态响应,这种在正弦激励下达到稳定状态后的电路称为正弦稳态电路。

求出电容电压的稳态响应后,相应地,易得电路其他变量的正弦稳态响应为

$$i(t)=C\frac{\mathrm{d}u(t)}{\mathrm{d}t}=-0.05\times16\sin(16t-28°)=0.8\cos(16t+62°)\,(\mathrm{A})$$

$$u_{\mathrm{R}}(t)=10\times\left[i(t)+\frac{u(t)}{5}\right]=8\cos(16t+62°)+10\cos(16t-28°)=12.8\cos(16t+15°)\,(\mathrm{V})$$

可见,正弦稳态电路中,各个支路电压或电流的响应均为与激励同频率的正弦量,不同的仅是它们的振幅和初相位。

不论在实际应用中还是在理论分析中,正弦稳态分析都是极其重要的。如国家电网就是在正弦稳态下运行的,许多电气设备的设计、性能指标也是按正弦稳态考虑的。本章研究正弦稳态电路,讨论正弦稳态响应及其分析方法。

9.2　正弦量的相量表示法及其线性性质

在正弦稳态电路中,各个支路电压或电流的响应均为与激励同频率的正弦量,不同的仅是它们的振幅和初相位。因此,在已知频率的情况下,可用振幅和初相来表征正弦量,即为正弦量的相量表示法。

9.2.1　相量和相量图

设正弦电压为 $u(t)=U_{\mathrm{m}}\cos(\omega t+\varphi)$,根据欧拉恒等式 $\mathrm{e}^{\mathrm{j}\theta}=\cos\theta+\mathrm{j}\sin\theta$,可把 $u(t)$ 写为

$$u(t)=\mathrm{Re}\left[U_{\mathrm{m}}\mathrm{e}^{\mathrm{j}(\omega t+\varphi)}\right]=\mathrm{Re}(U_{\mathrm{m}}\mathrm{e}^{\mathrm{j}\varphi}\mathrm{e}^{\mathrm{j}\omega t}) \tag{9-6}$$

在电路理论中字母 i 一般用于表示电流。因此,这里用 j 表示虚数单位。由于正弦稳态电路中正弦量可用振幅和初相来表征,故引入复数

$$\dot{U}_{\mathrm{m}}=U_{\mathrm{m}}\mathrm{e}^{\mathrm{j}\varphi}=U_{\mathrm{m}}\angle\varphi \tag{9-7}$$

$\dot{U}_{\mathrm{m}}$ 是一个与时间无关的复值常数,称为电压振幅相量(phase vector,phasor),其模为正弦电压的振幅,辐角为该正弦电压的初相。振幅相量用大写字母加下标 m 表示,且大写字母上端加一个点,以示与一般复数区别。工程上一般用 $U_{\mathrm{m}}\angle\varphi$ 来表示振幅相量,读作 U_{m} 在 φ 角度上。若不加下标 m,则一般表示有效值相量,如 $\dot{U}$ 表示电压有效值相量,$\dot{U}=\dfrac{1}{\sqrt{2}}\dot{U}_{\mathrm{m}}$。

在不致混淆的情况下,振幅相量可简称为相量。由式(9-6)与式(9-7)可得

$$u(t) = \mathrm{Re}(\dot{U}_{\mathrm{m}} \mathrm{e}^{\mathrm{j}\omega t}) = \mathrm{Re}(\dot{U}_{\mathrm{m}} \angle \omega t) \qquad (9\text{-}8)$$

因此正弦量与相量是一一对应的。例如,若已知 $u(t) = 10\cos(5t + 30°)\mathrm{V}$,则该电压的振幅相量为 $\dot{U}_{\mathrm{m}} = 10 \angle 30°\mathrm{V}$。反之,若已知电流有效值相量 $\dot{I} = 5 \angle 60°\mathrm{A}$,且已知 $\omega = 12\mathrm{rad/s}$,则对应的正弦电流为 $i(t) = 5\sqrt{2}\cos(12t + 60°)\mathrm{V}$。注意:相量属于复数域,而正弦量属于时域,二者不能直接画等号。

作为一个复数,相量可以用复平面上的有向线段表示,称为相量图。图 9-4 绘制了振幅为 U_{m}、初相为 φ 的电压相量 $\dot{U}_{\mathrm{m}}$。由于相量隐去了频率信息,要注意当有多个相量时,只有同频率的正弦量所对应的相量才能画在同一相量图上。

【例 9-1】 设两个正弦电压分别为 $u_1(t) = 10\sin(314t + 120°)\mathrm{V}$,$u_2(t) = -5\cos(314t - 60°)\mathrm{V}$,试分别写出各自对应的振幅相量,求这两个正弦电压的相位差,并绘相量图。

分析:由于本章选择余弦函数作为正弦量,以正弦函数表示的正弦量应变换为余弦函数,才能进行相位的正确比较。另外正弦量表达式前面的符号也要取为正号,将负号用相位 π 表示。

解:两个电压均需先转化为事先约定的函数形式

$$u_1(t) = 10\sin(314t + 120°)\mathrm{V} = 10\cos(314t + 120° - 90°)\mathrm{V} = 10\cos(314t + 30°)\mathrm{V}$$

则正弦电压 u_1 所对应的振幅相量为 $\dot{U}_{1\mathrm{m}} = 10 \angle 30°\mathrm{V}$。

$$u_2(t) = -5\cos(314t - 60°)\mathrm{V} = 5\cos(314t - 60° + 180°)\mathrm{V} = 5\cos(314t + 120°)\mathrm{V}$$

则正弦电压 u_2 所对应的振幅相量为 $\dot{U}_{2\mathrm{m}} = 5 \angle 120°\mathrm{V}$。两电压的相位差为 $\varphi_{12} = \varphi_1 - \varphi_2 = 30° - 120° = -90°$,即电压 u_1 的相位滞后 u_2 的相位 90°,它们的相量图如图 9-5 所示。

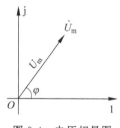

图 9-4 电压相量图

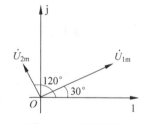

图 9-5 电压相量图

9.2.2 相量的线性性质

首先看下面的例子。

【例 9-2】 已知 $i_1(t) = 100\cos(\omega t + 45°)\mathrm{A}$,$i_2(t) = 60\cos(\omega t - 30°)\mathrm{A}$,求 $i(t) = i_1(t) + i_2(t)$。

可利用三角函数公式进行求和化简,即

$$i_1(t) = 100\cos(\omega t)\cos45° - 100\sin(\omega t)\sin45°$$

$$i_2(t) = 60\cos(\omega t)\cos30° + 60\sin(\omega t)\sin30°$$

$$i_1(t) + i_2(t) = (100\cos45° + 60\cos30°)\cos(\omega t) + (60\sin30° - 100\sin45°)\sin(\omega t)$$

$$= 122.7\cos(\omega t) - 40.7\sin(\omega t) = 129\cos(\omega t + 18.35°)$$

可见,两同频率正弦量之和仍为同一频率的正弦量。这一性质启发我们可用相量解决上述的求和问题,即先把正弦量变换为相应的相量,然后在变换后的复数域把两个相量相加,最后再反变换回时间域。根据这一思路可得

$$\dot{I}_m = \dot{I}_{1m} + \dot{I}_{2m}$$
$$= 100\angle 45° + 60\angle -30°$$
$$= 100(\cos 45° + \mathrm{j}\sin 45°) + 60[\cos(-30°) + \mathrm{j}\sin(-30°)]$$
$$= (70.7 + \mathrm{j}70.7) + (52 - \mathrm{j}30)$$
$$= 122.7 + \mathrm{j}40.7$$
$$= 129\angle 18.35°(\mathrm{A})$$

反变换得 $i(t) = 129\cos(\omega t + 18.35°)\mathrm{A}$。显然相量的四则运算比三角运算简便得多。

上面的例子反映了相量的线性性质,即同频率正弦量经过实系数线性组合后对应的相量等于各个正弦量对应相量的同一线性组合。

以两个正弦电流为例。设两个正弦电流 $i_1(t)$ 和 $i_2(t)$ 经实系数 k_1、k_2 线性组合后为电流 $i(t)$,即

$$i(t) = k_1 i_1(t) + k_2 i_2(t)$$

根据相量的线性性质可知,$i(t)$ 对应的相量 $\dot{I}_m$ 满足同一线性组合,即

$$\dot{I}_m = k_1 \dot{I}_{1m} + k_2 \dot{I}_{2m} \tag{9-9}$$

上面的例子提供了一种变换的思路,即把原来比较难解决的问题变换到一个新的域,在此域中求解该问题变得较容易处理,最后再把处理结果进行反变换,从而得到原来问题的解。这是很多科学与工程领域常使用的方法。

9.3　正弦稳态电路的相量模型

引入了正弦量的相量表示形式并论证了其线性性质后,本节讨论基尔霍夫定律的相量形式以及电路三种基本元件 VCR 的相量形式,将其统一成相量形式的欧姆定律,进而提出正弦稳态电路的相量模型。

9.3.1　基尔霍夫定律的相量形式

由 9.1.2 节可知,在正弦稳态线性电路中,各个支路电压或电流均为与激励同频率的正弦量,则由相量的线性性质易得基尔霍夫定律的相量形式。KCL 和 KVL 的时域形式为

$$\sum_{k=1}^{K} i_k(t) = \sum_{k=1}^{K} I_{km}\cos(\omega t + \varphi_k) = 0$$
$$\sum_{n=1}^{N} u_n(t) = \sum_{n=1}^{N} U_{nm}\cos(\omega t + \varphi_n) = 0$$

由相量的线性性质易得 KCL 和 KVL 的相量形式

$$\sum_{k=1}^{K} \dot{I}_{km} = 0 \quad \text{或} \quad \sum_{k=1}^{K} \dot{I}_k = 0$$

$$\sum_{n=1}^{N}\dot{U}_{n\mathrm{m}}=0 \quad 或 \quad \sum_{n=1}^{N}\dot{U}_{n}=0$$

其中，$\dot{I}_{k\mathrm{m}}$ 和 $\dot{I}_{k}$ 分别表示与某节点连接的第 k 条支路的正弦电流 i_{k} 对应的振幅相量和有效值相量，K 为汇集于该节点的支路数；$\dot{U}_{n\mathrm{m}}$ 和 $\dot{U}_{n}$ 分别表示某回路中第 n 条支路的正弦电压 u_{n} 对应的振幅相量和有效值相量，N 为该回路包含的支路数。

9.3.2　基本元件 VCR 的相量形式

本节讨论正弦稳态电路中线性电阻、电容和电感元件的 VCR 的相量形式。

1. 电阻元件

正弦稳态电路的电阻支路如图 9-6(a)所示。设流经电阻的电流为 $i(t)=I_{\mathrm{m}}\cos(\omega t+\varphi_{i})$，则由欧姆定律得电阻两端的电压为

$$u(t)=Ri(t)=RI_{\mathrm{m}}\cos(\omega t+\varphi_{i})=U_{\mathrm{m}}\cos(\omega t+\varphi_{u})$$

则电阻元件上的电压与电流关系如下。

(1) 电压与电流振幅关系为 $U_{\mathrm{m}}=RI_{\mathrm{m}}$。

(2) 电压与电流相位相同，即 $\varphi_{u}=\psi_{i}$。

电压和电流时域波形如图 9-6(b)所示。使用相应的振幅相量来表示上述时域的电压和电流，即 $\dot{U}_{\mathrm{m}}=U_{\mathrm{m}}\angle\varphi_{u}$，$\dot{I}_{\mathrm{m}}=I_{\mathrm{m}}\angle\varphi_{i}$，则

$$\dot{U}_{\mathrm{m}}=R\dot{I}_{\mathrm{m}} \tag{9-10}$$

式(9-10)同时包含了电阻元件上电压与电流的时域特征，即

$$U_{\mathrm{m}}=RI_{\mathrm{m}}, \quad \varphi_{u}=\varphi_{i}$$

因此采用相量来表示更为简便。电压和电流的相量图如图 9-6(c)所示，电压相量和电流相量由于相位相同（$\varphi=\varphi_{u}=\varphi_{i}$）而重叠在一条直线上，仅大小不同。

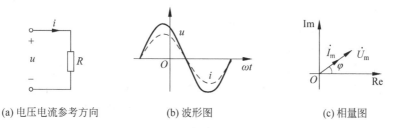

(a) 电压电流参考方向　　　　(b) 波形图　　　　(c) 相量图

图 9-6　电阻元件电压电流关系

2. 电容元件

正弦稳态电路的电容支路如图 9-7(a)所示。设电容两端的电压为 $u(t)=U_{\mathrm{m}}\cos(\omega t+\varphi_{u})$，则由电容时域的 VCR 得电流为

$$i(t)=C\frac{\mathrm{d}u}{\mathrm{d}t}=C[-U_{\mathrm{m}}\omega\sin(\omega t+\varphi_{u})]=\omega CU_{\mathrm{m}}\cos(\omega t+\varphi_{u}+90°)=I_{\mathrm{m}}\cos(\omega t+\varphi_{i})$$

则电容元件上的电压与电流的关系如下。

(1) 电压与电流振幅关系为 $I_{\mathrm{m}}=\omega CU_{\mathrm{m}}$。

(2) 电压的相位滞后电流 90°，即 $\varphi_{i}=\varphi_{u}+90°$。

可见,电压与电流振幅关系不仅与电容参数 C 有关,而且还与正弦稳态电路的角频率 ω 有关。当 C 值一定时,对确定的 U_m,频率 ω 越高则电流振幅 I_m 越大,表明电容元件对电流的阻碍作用越小,电流越易通过;反之,频率 ω 越低则电流振幅 I_m 越小,表明电容元件对电流的阻碍作用越大,电流越难通过。极端情况下,当 $\omega = 0$(直流激励)时,$I_m = 0$,电容相当于开路,这与第 6 章中的分析结果是一致的,正是直流稳态时电容应有的表现。电容元件电压与电流的时域波形如图 9-7(b)所示,电流相位超前电压 $90°$。

使用相应的相量来表示上述时域的电压和电流,即 $\dot{U}_m = U_m \angle \varphi_u$,$\dot{I}_m = I_m \angle \varphi_i$,则

$$\dot{I}_m = \omega C U_m \angle (\varphi_u + 90°) = \omega C (U_m \angle \varphi_u) \angle 90° = j\omega C \dot{U}_m \tag{9-11}$$

其中使用欧拉公式巧妙地将 $90°$ 相位差转换成因子 j,即 $1 \angle 90° = \cos 90° + j\sin 90° = j$。式(9-11)同时包含了电容元件上电压与电流的时域特征,即 $I_m = \omega C U_m$,$\varphi_i = \varphi_u + 90°$。电压和电流的相量图如图 9-7(c)所示,电压相量滞后电流相量 $90°$(逆时针方向为正)。

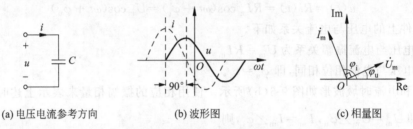

(a) 电压电流参考方向　　　(b) 波形图　　　(c) 相量图

图 9-7　电容元件电压电流关系

3. 电感元件

正弦稳态电路的电感支路如图 9-8(a)所示,设流过电感的电流为 $i(t) = I_m \cos(\omega t + \varphi_i)$,则由电感时域的 VCR 得其两端电压为

$$u(t) = L\frac{\mathrm{d}i}{\mathrm{d}t} = L[-I_m\omega\sin(\omega t + \varphi_i)] = \omega L I_m \cos(\omega t + \varphi_i + 90°) = U_m \cos(\omega t + \varphi_u)$$

则电感元件上的电压与电流的关系如下。

(1) 电压与电流振幅关系为 $U_m = \omega L I_m$。

(2) 电压的相位超前电流 $90°$,即 $\varphi_u = \varphi_i + 90°$。

可见电压与电流振幅关系不仅与电感参数 L 有关,而且还与正弦稳态电路的角频率 ω 有关。当 L 值一定时,对确定的 I_m,频率 ω 越高则电感两端的电压 U_m 越高;反之,频率 ω 越低则电感两端的电压 U_m 越低。极端情况下,当 $\omega = 0$(直流激励)时,$U_m = 0$,电感相当于短路,这与第 6 章中的分析结果是一致的,正是直流稳态时电感应有的表现。电感元件电压与电流的时域波形如图 9-8(b)所示。可见,电压超前电流 $90°$。

使用相应的相量来表示上述时域的电压和电流,即 $\dot{U}_m = U_m \angle \varphi_u$,$\dot{I}_m = I_m \angle \varphi_i$,则

$$\dot{U}_m = \omega L I_m \angle (\varphi_i + 90°) = \omega L (I_m \angle \varphi_i) \angle 90° = j\omega L \dot{I}_m \tag{9-12}$$

式(9-12)同时包含了电感元件上电压与电流的时域特征,即 $U_m = \omega L I_m$,$\varphi_u = \varphi_i + 90°$。电压和电流的相量图如图 9-8(c)所示,电压相量超前电流相量 $90°$。

电感与电容为一对对偶量,在得到电容元件的相量形式 VCR 后,把其中各量用其对偶量替换亦可得到电感元件的相量形式 VCR,即 $\dot{I}_m$ 用 $\dot{U}_m$ 替换,C 用 L 替换,$\dot{U}_m$ 用 $\dot{I}_m$ 替

(a) 电压电流参考方向

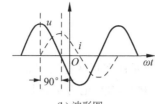
(b) 波形图

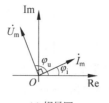
(c) 相量图

图 9-8 电感元件电压电流关系

换,则由电容 VCR: $\dot{I}_m = j\omega C \dot{U}_m$ 可得电感 VCR: $\dot{U}_m = j\omega L \dot{I}_m$。

由于振幅相量与有效值相量仅在大小上存在 $\sqrt{2}$ 倍差异,其他都相同,因此前述推导的电路三种基本元件 VCR 的振幅相量形式均可直接改写成相应的有效值相量,即

(1) 电阻元件: $\dot{U} = R\dot{I}$。

(2) 电容元件: $\dot{I} = j\omega C \dot{U}$。

(3) 电感元件: $\dot{U} = j\omega L \dot{I}$。

【例 9-3】 电路如图 9-9 所示,已知电源 $u(t) = 220\sqrt{2}\cos(314t + 45°)$V,$R = 20\Omega$,$L = 88$mH,$C = 80\mu$F,求各元件电流的有效值相量,画出相量图。

解:如图 9-10 所示,电源电压的有效值相量为 $\dot{U} = 220\angle 45°$V,则根据 3 种元件相量形式的 VCR 有

$$\dot{I}_R = \frac{\dot{U}}{R} = \frac{220\angle 45°}{20} = 11\angle 45°(A)$$

$$\dot{I}_C = j\omega C\dot{U} = \angle 90° \times 314 \times 80 \times 10^{-6} \times 220\angle 45° = 5.52\angle 135°(A)$$

$$\dot{I}_L = \frac{\dot{U}}{j\omega L} = \frac{220\angle 45°}{\angle 90° \times 314 \times 88 \times 10^{-3}} = 7.96\angle -45°(A)$$

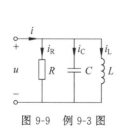
图 9-9 例 9-3 图

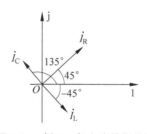
图 9-10 例 9-3 各电流的相量图

9.3.3 欧姆定律的相量形式——阻抗和导纳的引入

在电压电流取关联参考方向下,9.3.2 节得到的电路三种基本元件相量形式的 VCR 可重写如下。

(1) 电阻元件: $\dot{U}_m = R\dot{I}_m$。

（2）电容元件：$\dot{U}_\mathrm{m}=\dfrac{1}{\mathrm{j}\omega C}\dot{I}_\mathrm{m}$。

（3）电感元件：$\dot{U}_\mathrm{m}=\mathrm{j}\omega L\dot{I}_\mathrm{m}$。

三种形式有相似之处，如果把元件在正弦稳态时的电压相量与电流相量之比定义为该元件的阻抗（impedance），单位为欧姆（Ω），记为 Z，即

$$Z=\frac{\dot{U}_\mathrm{m}}{\dot{I}_\mathrm{m}} \tag{9-13}$$

则三种基本元件的相量形式 VCR 可归结为以下统一形式

$$\dot{U}_\mathrm{m}=Z\dot{I}_\mathrm{m} \tag{9-14}$$

式（9-14）称为欧姆定律的相量形式，其中电压相量与电流相量取关联参考方向。令电压电流的相位差为 $\varphi=\varphi_\mathrm{u}-\varphi_\mathrm{i}$，则阻抗 $Z=\dfrac{\dot{U}_\mathrm{m}}{\dot{I}_\mathrm{m}}=\dfrac{U_\mathrm{m}}{I_\mathrm{m}}\angle\varphi=|Z|\angle\varphi$，称 $|Z|$ 为阻抗模，角 φ 为阻抗角。

三种基本电路元件的阻抗分别为

$$Z_\mathrm{R}=R$$

$$Z_\mathrm{C}=\frac{1}{\mathrm{j}\omega C}=-\mathrm{j}\frac{1}{\omega C}$$

$$Z_\mathrm{L}=\mathrm{j}\omega L$$

其中，电容和电感的阻抗均为虚数，其虚部称为电抗（reactance），记为 X，即

$$X=\mathrm{Im}(Z)$$

电容的电抗为 $X_\mathrm{C}=\mathrm{Im}(Z_\mathrm{C})=-\dfrac{1}{\omega C}$，简称为容抗，电感的电抗为 $X_\mathrm{L}=\mathrm{Im}(Z_\mathrm{L})=\omega L$，简称为感抗。

阻抗的倒数定义为导纳（admittance），记为 Y，单位为西门子（S），即

$$Y=\frac{1}{Z}=\frac{\dot{I}_\mathrm{m}}{\dot{U}_\mathrm{m}}$$

三种基本电路元件的导纳分别为

$$Y_\mathrm{R}=\frac{1}{R}=G$$

$$Y_\mathrm{C}=\mathrm{j}\omega C$$

$$Y_\mathrm{L}=\frac{1}{\mathrm{j}\omega L}=-\mathrm{j}\frac{1}{\omega L}$$

其中，电容和电感的导纳均为虚数，其虚部称为电纳（susceptance），记为 B，即

$$B=\mathrm{Im}(Y)$$

电容的电纳为 $B_\mathrm{C}=\mathrm{Im}(Y_\mathrm{C})=\omega C$，简称为容纳，电感的电纳为 $B_\mathrm{L}=\mathrm{Im}(Y_\mathrm{L})=-\dfrac{1}{\omega L}$，简称为感纳。

在应用上述动态元件的参数时要注意：阻抗和导纳是复数，而电抗和电纳是实数。

9.3.4 正弦稳态电路的相量模型

在正弦稳态电路中，若电流和电压采用相量形式，三种基本电路元件的 VCR 均呈代数关系，且引入阻抗或导纳作为三种元件在正弦稳态电路中的元件参数后，三者的 VCR 具有统一的形式，即相量形式的欧姆定律。这使得动态元件的 VCR 也具有类似电阻一样简单的代数表达式，不再需要进行微分或积分运算。因此运用相量并引入阻抗或导纳，正弦稳态电路的分析和计算就可以采用类似电阻电路的分析和计算方法来进行，从而将正弦稳态电路的相量分析与电阻电路的时域分析类比起来。为此，引入一个新的电路模型——相量模型，相应地，把以前所用的电路模型（以 R、L、C 等元件参数来表征元件）称为时域模型。

相量模型是为了简化正弦稳态电路的分析和计算而提出的一种模型，它和原正弦稳态电路具有相同的拓扑结构，电压、电流（包括电压源、电流源）用相量表示，电路元件的参数用阻抗表示，即进行下列相应的变换

$$i \leftrightarrow \dot{I}, \quad u \leftrightarrow \dot{U}$$

$$R \leftrightarrow R, \quad L \leftrightarrow j\omega L, \quad C \leftrightarrow -j\frac{1}{\omega C}$$

正弦稳态电路的时域模型变换成相应的相量模型后，相量模型就可以与电阻电路模型进行类比，从而利用电阻电路分析方法分析正弦稳态动态电路。但是要清楚，实际上并不存在用复数来计量的电压和电流，也没有一个元件的参数是虚数，因此相量模型是一种假想的模型，是一种分析正弦稳态电路的工具。相量模型的引入是电路理论发展的一个重要的里程碑。

9.4 正弦稳态电路的相量分析法

对正弦稳态电路，当将电路从时域模型转换成对应的相量模型后，就可以利用相量形式的基尔霍夫定律和相量形式的欧姆定律如同分析电阻电路一样分析相量模型，电阻电路中的各种分析方法和定理等均可应用到相量模型，此种分析方法称为正弦稳态电路的相量分析法。其一般步骤如下。

（1）将电路的时域模型转换成相应的相量模型。

（2）以相量为待求解变量，利用电阻电路中各种分析方法列电路方程，包括 KCL、KVL、VCR、分压、分流、支路分析、网孔分析、节点分析、叠加定理、戴维南定理、诺顿定理、电路等效、置换定理等。

（3）解相量电路方程，求得相应的相量。

（4）根据要求，将相量转换为相应的时域量。

下面举例说明电阻电路的各种分析方法如何向相量分析法"搬移"。

【例 9-4】 RLC 串联电路如图 9-11 所示，已知 $R=30\Omega$，$L=127\text{mH}$，$C=40\mu\text{F}$，电源电压 $u_S(t)=220\sqrt{2}\cos(314t+45°)\text{V}$，求：

（1）感抗、容抗及阻抗。

（2）电流的有效值和瞬时值表达式。

（3）各元件两端电压的瞬时值表达式。

解：首先写出正弦量对应的相量，代入已知量，计算各元件的阻抗，画出原时域电路对应的相量模型，如图 9-12 所示。其中

$$Z_R = R = 30\Omega$$

$$Z_C = -j\frac{1}{\omega C} = -j\frac{1}{314 \times 40 \times 10^{-6}} = -j80(\Omega)$$

$$Z_L = j\omega L = j \times 314 \times 127 \times 10^{-3} = j40(\Omega)$$

（1）感抗 $X_L = \omega L = 40\Omega$。容抗 $X_C = -\frac{1}{\omega C} = -80\Omega$。阻抗 $Z = Z_R + Z_C + Z_L = 30 - j80 + j40 = (30 - j40)(\Omega)$。

（2）$\dot{I} = \dfrac{\dot{U}_S}{Z} = \dfrac{220\angle 45°}{30 - j40} = \dfrac{220\angle 45°}{50\angle -53°} = 4.4\angle 98°(A)$

电流的有效值为 $I = 4.4A$，瞬时值为 $i(t) = 4.4\sqrt{2}\cos(314t + 98°)(A)$。

（3）由相量形式的欧姆定律有

$$\dot{U}_R = R\dot{I} = 30 \times 4.4\angle 98° = 132\angle 98°(V)$$

$$\dot{U}_C = \left(-j\frac{1}{\omega C}\right)\dot{I} = 80\angle -90° \times 4.4\angle 98° = 352\angle 8°(V)$$

$$\dot{U}_L = j\omega L\dot{I} = 40\angle 90° \times 4.4\angle 98° = 176\angle -172°(V)$$

根据求得的各电压相量写出对应的瞬时值表达式为

$$u_R(t) = 132\sqrt{2}\cos(314t + 98°)(V)$$

$$u_C(t) = 352\sqrt{2}\cos(314t + 8°)(V)$$

$$u_L(t) = 176\sqrt{2}\cos(314t - 172°)(V)$$

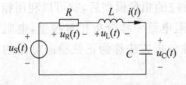

图 9-11 例 9-4 时域模型

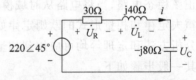

图 9-12 例 9-4 相量模型

【**例 9-5**】 **分流电路**：正弦稳态电路的相量模型如图 9-13 所示，求 $\dot{I}_1$、$\dot{I}_2$。

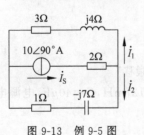

图 9-13 例 9-5 图

解：令图中 3Ω 电阻和电感串联支路的阻抗为 Z_1，1Ω 电阻和电容串联支路的阻抗为 Z_2，则可类比电阻电路中两并联电阻的分流公式，得到

$$\dot{I}_1 = \frac{Z_2\dot{I}_S}{Z_1 + Z_2} = \frac{(1-j7)\times j10}{3+j4+1-j7} = \frac{70+j10}{4-j3} = \frac{50\sqrt{2}\angle 8.13°}{5\angle -36.87°}$$

$$= 10\sqrt{2}\angle 45°(A)$$

$$\dot{I}_2=\frac{Z_1\dot{I}_S}{Z_1+Z_2}=\frac{(3+j4)\times j10}{3+j4+1-j7}=\frac{10(-4+j3)}{4-j3}=-10A=10\angle180°(A)$$

【例 9-6】　节点分析法：电路如图 9-14(a)所示,采用节点分析法计算该电路,试列出所需方程组。

解：如图 9-14(b)所示,选择两个电压源公共的负极性端为电路的参考节点,则两电压源的正极性端电压为已知,仅需列节点 1 和 2 的节点方程

$$\left(\frac{1}{3}+\frac{1}{j3}+\frac{1}{-j2}\right)\dot{U}_1-\frac{1}{-j2}\dot{U}_2=\frac{10\angle30°}{3}$$

$$-\frac{1}{-j2}\dot{U}_1+\left(\frac{1}{2}+\frac{1}{-j2}+\frac{1}{-j}\right)\dot{U}_2=\frac{5\dot{I}}{-j}$$

由于存在受控源,还需补充一个关于控制量的方程

$$\dot{I}=\frac{\dot{U}_1}{j3}$$

解此 3 个联立方程可得到 $\dot{U}_1$ 和 $\dot{U}_2$。

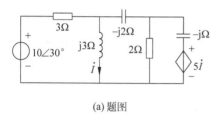

(a) 题图　　　　　　　　　　　　(b) 图解

图 9-14　例 9-6 题图和图解

【例 9-7】　单口网络的等效：图 9-15(a)所示电路中,设 $i(t)=\cos(3t+45°)A$,求 $u(t)$。

解：根据已知将电路的时域模型转换为相应的相量模型,如图 9-15(b)所示,则正弦稳态单口网络 a-b 可等效为

$$Z_{ab}=j+\frac{(2-j)\times j\frac{5}{2}}{(2-j)+j\frac{5}{2}}=2+j2=2\sqrt{2}\angle45°(\Omega)$$

则端口电压

$$\dot{U}_m=Z_{ab}\dot{I}_m=2\sqrt{2}\angle45°\times1\angle45°=2\sqrt{2}\angle90°(V)$$

因此

$$u(t)=2\sqrt{2}\cos(3t+90°)(V)$$

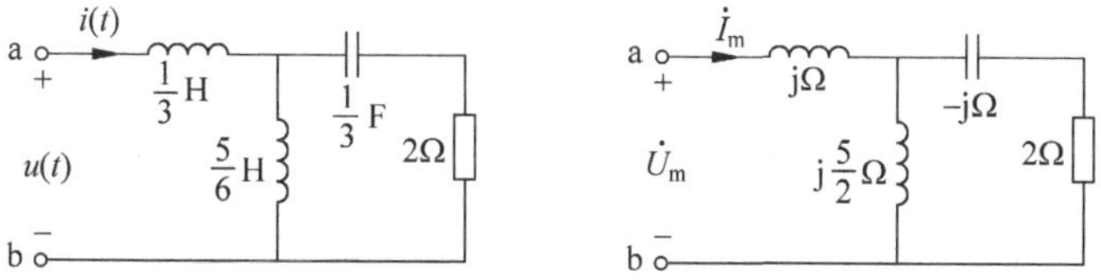

(a)时域模型　　　　　　　　　　(b)相量模型

图 9-15　例 9-7 图和图解

注意：若电路激励的频率变化，则此单口网络的等效阻抗 Z_{ab} 的值也将随之变化，这与电阻电路单口网络的等效不同。

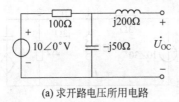

图 9-16 例 9-8 图

【例 9-8】 正弦稳态电路的相量模型如图 9-16 所示，用戴维南定理求电流 $\dot{I}_{2m}$。

解：先求除 100Ω 电阻之外单口网络的戴维南等效电路。求其开路电压所用电路如图 9-17(a)所示，则开路电压为

$$\dot{U}_{OC} = 10\angle 0° \times \frac{-j50}{100 - j50} = 4.47\angle -63.4°(V)$$

从端口看过去的等效阻抗为

$$Z_0 = \left[j200 + \frac{100(-j50)}{100 - j50}\right]\Omega = (20 + j160)(\Omega)$$

因此图 9-16 所示电路可等效为图 9-17(b)所示电路，则所求电流为

$$\dot{I} = \frac{4.47\angle -63.4°}{20 + j160 + 100} = 0.0224\angle -116.53°(A)$$

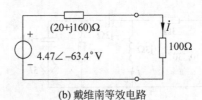

(a) 求开路电压所用电路   (b) 戴维南等效电路

图 9-17 例 9-8 图解电路

【例 9-9】 图 9-18 所示正弦稳态电路中，电流表 A_1、A_2 的指示均为有效值，求电流表 A 的读数。

分析：如果直接认为 A 的读数是 $10 + 10 = 20$，那就错了！因为正弦稳态电路在节点处电流的有效值一般是不满足 KCL 的，满足 KCL 的是有效值相量。

解：画出图 9-18 所示电路的相量模型，如图 9-19(a)所示。设并联电压相量 $\dot{U}$ 为零相位的基准相量，根据电阻元件和电容

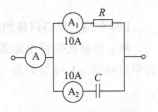

图 9-18 例 9-9 图

元件电压电流关系可画出相量图，如图 9-19(b)所示，其中电阻电流相量 $\dot{I}_1$ 与电压相量 $\dot{U}$ 同相且模为 10A，电容电流相量 $\dot{I}_2$ 超前电压相量 $\dot{U}$ 90°且模为 10A，根据 KCL 有 $\dot{I} = \dot{I}_1 +$

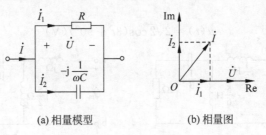

(a) 相量模型   (b) 相量图

图 9-19 例 9-9 图解

$\dot{I}_2$,则由图 9-19(b)可知

$$I=\sqrt{I_1^2+I_2^2}=10\sqrt{2}=14.1(\text{A})$$

9.5 正弦稳态电路的功率

相量分析法使我们可以像分析电阻电路一样分析正弦稳态电路的电压或电流响应。但是,由于电阻元件是耗能元件,而电容和电感元件是储能元件,这使得正弦稳态电路的功率问题比电阻电路复杂,需要引入新的概念,如复功率、无功功率和视在功率。本节讨论正弦稳态电路的各种功率。

9.5.1 单口网络的瞬时功率

设正弦稳态二端网络 N_ω 的端口电压和端口电流为关联的参考方向,如图 9-20 所示,以电压的初相位为参考零相位,设 $u(t)=\sqrt{2}U\cos(\omega t)$,$i(t)=\sqrt{2}I\cos(\omega t+\varphi)$,则网络 N_ω 在任一时刻吸收的功率,即瞬时功率为

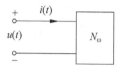

图 9-20 正弦稳态二端网络

$$p(t)=u(t)i(t)=2UI\cos(\omega t+\varphi)\cos(\omega t)=UI\cos\varphi+UI\cos(2\omega t+\varphi) \qquad (9\text{-}15)$$

式(9-15)中第一项不随时间变化,为一常量;另一项以两倍的角频率(2ω)随时间做余弦变化。因此,瞬时功率随时间做周期变化。若初相位 $\varphi\neq0$ 且 $\varphi\neq\pm\pi$,则 $p(t)$ 的值会呈现出正负交替的现象。当 u、i 符号相同时,p 为正值,表明此单口网络从外电路吸收功率;当 u、i 符号相异时,p 为负值,表明此单口网络是在向外电路提供功率。单口网络瞬时功率的这种变化表明网络 N_ω 与外部电路之间有能量交换的现象。如果二端网络内部不含有独立源和受控源,那么这种能量交换的现象就是由网络内部的储能元件引起的。

若把三种基本元件各自当作一个单口网络,由式(9-15)可知三种基本元件的瞬时功率分别为

$$p_R(t)=UI+UI\cos(2\omega t)$$
$$p_C(t)=UI\cos90°+UI\cos(2\omega t+90°)=-UI\sin(2\omega t)$$
$$p_L(t)=UI\cos(-90°)+UI\cos(2\omega t-90°)=UI\sin(2\omega t)$$

由于正弦稳态单口网络的瞬时功率随时间不停变化,因此讨论某个时刻的瞬时功率意义不大,且其也不便于测量。为了衡量正弦稳态电路的做功情况,引入平均功率(有功功率)的概念。

9.5.2 单口网络的有功功率

瞬时功率在一个周期内的平均值,称为平均功率(average power),又称为有功功率(active power),即为通常所说的功率,用大写字母 P 表示,单位为瓦特(W)。对式(9-15)所示瞬时功率在一个周期内取平均即可获得平均功率

$$P=\frac{1}{T}\int_0^T p(t)\mathrm{d}t=\frac{1}{T}\int_0^T UI\cos\varphi+UI\cos(2\omega t+\varphi)\mathrm{d}t=UI\cos\varphi \qquad (9\text{-}16)$$

由式(9-16)可见,平均功率不再与时间相关,而与电压、电流的有效值及它们之间的相

位差 φ 有关。

由式(9-16)易得三种基本电路元件的平均功率分别为

$$P_R(t) = UI\cos 0° = UI$$

$$P_C(t) = UI\cos 90° = 0$$

$$P_L(t) = UI\cos(-90°) = 0$$

为什么电容和电感元件的平均功率都为零呢？实际上，平均功率从平均意义上描述了电路实际消耗电能而对外做功的速率。理想的电容和电感元件是储能元件，不消耗电能，仅在电路内部进行能量的转换，即它们不对外做功，因此有功功率为零。从是否对外做功理解为什么平均功率又称为有功功率会更容易。电阻元件是耗能元件，把电路吸收的能量转化为其他形式的能量，其有功功率总是大于零的。若使用有效值来计算，从 $P_R(t) = UI$ 可见，从电阻在正弦稳态电路中消耗的有功功率的计算公式与直流电阻电路中的公式完全相同。另一方面，对一个无源单口网络来说，由于电感和电容元件不消耗功率，因此网络消耗的有功功率全部由电阻元件确定，等于网络内部各电阻消耗的有功功率的总和，即

$$P = \sum P_k \tag{9-17}$$

其中，P_k 为第 k 个电阻消耗的有功功率。式(9-17)称为有功功率守恒。

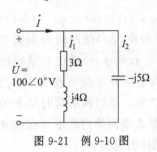

图 9-21 例 9-10 图

【例 9-10】 已知图 9-21 所示电路中 $\dot{I} = 12.65\angle 18.5° \text{A}$，$\dot{I}_1 = 20\angle -53.1° \text{A}$，$\dot{I}_2 = 20\angle 90° \text{A}$，求单口网络的功率 P。

解：本题有以下 4 种解法。

(1) 方法 1：由单口网络有功功率 P 的计算公式，有

$$P = UI\cos(\varphi_u - \varphi_i) = 100 \times 12.65\cos(-18.5°) = 1200(\text{W})$$

(2) 方法 2：由单口网络有功功率 P 等于网络内部所有电阻有功功率的和，有

$$P = I_1^2 R = 20^2 \times 3 = 1200(\text{W})$$

(3) 方法 3：由单口网络有功功率 P 等于等效阻抗的电阻分量的有功功率，有

$$Z = \frac{(3+j4)(-j5)}{3+j4-j5} = (7.5 - j2.5)(\Omega)$$

$$P = I^2 \text{Re}[Z] = 12.65^2 \times 7.5 = 1200(\text{W})$$

(4) 方法 4：由单口网络有功功率 P 等于等效导纳的电导分量的有功功率，有

$$Y = j0.2 + \frac{1}{3+j4} = \left(\frac{3}{25} + j\frac{1}{25}\right)(\text{S})$$

$$P = U^2 \text{Re}[Y] = 100^2 \times \frac{3}{25} = 1200(\text{W})$$

9.5.3 单口网络的复功率

前面在时间域分析了如图 9-20 所示正弦稳态二端网络的瞬时功率和平均功率，下面在相量域利用图 9-22 所示的相量模型来分析网络的平均功率，并引入复功率的概念，可以简化功率的计算。

设相量 $\dot{U} = U\angle\varphi_u$，$\dot{I} = I\angle\varphi_i$，$\varphi = \varphi_u - \varphi_i$，根据式(9-16)采用相量来表示单口网络的平

均功率为

$$P = UI\cos\varphi = UI\cos(\varphi_u - \varphi_i) = UI\,\mathrm{Re}\left[\mathrm{e}^{\mathrm{j}(\varphi_u - \varphi_i)}\right]$$

$$= \mathrm{Re}\left[U\mathrm{e}^{\mathrm{j}\varphi_u}I\mathrm{e}^{-\mathrm{j}\varphi_i}\right] = \mathrm{Re}\left[\dot{U}\dot{I}^{*}\right] \tag{9-18}$$

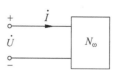

图 9-22　正弦稳态单口网络的相量模型

这里 $\dot{I}^{*} = I\mathrm{e}^{-\mathrm{j}\varphi_i}$ 是电流相量的共轭相量。式（9-18）表明单口网络吸收的平均功率是复数 $\dot{U}\dot{I}^{*}$ 的实部。记复数 $\dot{U}\dot{I}^{*}$ 为 $\tilde{S}$，即 $\tilde{S} = \dot{U}\dot{I}^{*}$，称 $\tilde{S}$ 为正弦稳态单口网络的复功率（complex power）或功率相量。复功率取模 $|\tilde{S}| = |\dot{U}\dot{I}^{*}| = UI$，记之为 S，即 $S = UI$，称为该网络的视在功率（apparent power）。视在功率为有功功率的最大值，反映了电气设备的容量。为区别于有功功率，视在功率不用瓦特（W）为单位，而用伏安（V·A）为单位。视在功率是复功率的特例，因此复功率也使用伏安（V·A）作为单位。

平均功率（$P = UI\cos\varphi$）一般小于视在功率（$S = UI$），也就是说要在视在功率上打一个折扣才等于平均功率。这个折扣就是 $\cos\varphi$，称为功率因数（power factor），记为 λ，即 $\lambda = \dfrac{P}{S} = \cos\varphi$。因此，阻抗角 φ 又称为功率因数角。

9.5.4　单口网络的无功功率

由复功率 $\tilde{S} = \dot{U}\dot{I}^{*}$ 可得

$$\tilde{S} = \dot{U}\dot{I}^{*} = UI\mathrm{e}^{\mathrm{j}\varphi} = UI\cos\varphi + \mathrm{j}UI\sin\varphi \tag{9-19}$$

复功率的实部 $UI\cos\varphi$ 即为单口网络的有功功率 P，是单口网络实际消耗的功率。虚部与实部正交，相对于实部的有功功率，称虚部为无功功率，表示单口网络内电抗与网络外部电源之间能量交换速率的一种度量。记无功功率为 Q，即 $Q = UI\sin\varphi$。

对无功功率和有功功率可以如下理解。观察图 9-23（a）所示无源二端网络端口电压和电流相量图，一般情况下，单口网络的端口电压和端口电流之间存在着相位差，假设电压相位超前电流相位 φ，即这是一个感性单口网络，可等效为图 9-23（b）所示串联电路，则电阻上的分压 $\dot{U}_R$ 与电流 $\dot{I}$ 同相，其大小为 $U\cos\varphi$，电阻消耗的功率 $P = UI\cos\varphi$ 即为单口网络的有功功率，因此称 $U\cos\varphi$ 为电压的有功分量。电感上的分压 $\dot{U}_L$ 超前电流 $\dot{I}$ 90°，大小为 $U\sin\varphi$，其与电流大小的乘积 $UI\sin\varphi$ 具有功率的含义，应为电感的"某个"功率，因 $U\sin\varphi$ 位于虚轴，$U\cos\varphi$ 位于实轴，$UI\cos\varphi$ 被称为有功功率，则将 $UI\sin\varphi$ 称为无功功率。无功功率是由电路中的储能元件引起的，由于储能元件不消耗能量，但其瞬时功率也是周期变化的正弦量（频率为激励的 2 倍），它不断地与外电路进行能量交换，而无功功率就描述了单口网络中储能元件与外部电路之间能量交换的速率。无功功率虽然具有功率的量纲，但它实际上没有消耗功率，它的单位也应与有功功率有所区别。无功功率的单位为乏（var），可表示电抗的功率。

对三种基本元件，无功功率分别为

$$Q_R(t) = UI\sin 0° = 0$$

$$Q_C(t) = UI\sin(-90°) = -UI$$

$$Q_L(t) = UI\sin 90° = UI$$

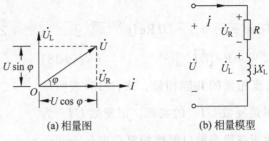

(a) 相量图　　　　　　　(b) 相量模型

图 9-23　有功功率与无功功率

电阻元件的无功功率为零,实际上电阻元件一般都是消耗有功功率的,一般不提及电阻的无功功率;电容元件的无功功率为其瞬时功率 $p_C(t) = -UI\sin(2\omega t)$ 的最大值,吸收负的无功功率,即提供功率;电感元件的无功功率也为其瞬时功率 $p_L(t) = UI\sin(2\omega t)$ 的最大值,吸收正的无功功率。由于电感和电容的平均功率为零,不足以表明电感和电容能量的往返情况,无功功率弥补了这一点,它描述了电感和电容与外电路间能量交换的规模。

这里电感元件无功功率取正,电容取负是由于取了相位差 $\varphi = \varphi_u - \varphi_i$ 的缘故,若取 $\varphi = \varphi_i - \varphi_u$,就会有相反的结果。总之,二者总是相反的,因此电感和电容的无功功率具有互相补偿的作用。两种储能在网络内部可自行交换,与外电路往返的能量为两种动态元件平均储能的差额。因此,无源单口网络的无功功率为所有动态元件无功功率的代数和,即

$$Q = \sum Q_k \tag{9-20}$$

其中,Q_k 为第 k 个电感或电容的无功功率,且电感无功功率取正,电容无功功率取负。式(9-20)称为无功功率守恒,与式(9-17)所示的有功功率守恒,同为正弦交流电路功率分析的重要关系。

定义了无功功率后,复功率可写成

$$\widetilde{S} = \dot{U}\dot{I}^* = UI\cos\varphi + jUI\sin\varphi = P + jQ$$

视在功率满足

$$S = \sqrt{P^2 + Q^2}$$

功率因数满足

$$\lambda = \cos\varphi = \frac{P}{S}, \quad \varphi = \arctan\frac{Q}{P}$$

功率因数是电力系统的一个重要的技术数据,是衡量电气设备效率高低的一个指标。功率因数低,说明电路用于电源与负载间能量交换的无功功率大,不能充分利用电源设备的容量,且增加了输电线路和发电机绕组的功率损耗。功率因数低的原因通常是由于存在电感性负载。为了提高功率因数,可在负载处并联储能性质相反的元件,成为负载的一个组成部分,使能量在负载与并联元件间自行交换。例如将适当的电容与电感性负载并联,并联电容后,由于电容本身不消耗功率,因而并不改变电源提供的平均功率,也不影响电感性负载的工作状态,但减小了电源电压与电路中总电流的相位差角,从而提高了整个电路的功率因数。

【例 9-11】　如图 9-11 所示,220V、50Hz、50kW 的电动机(电感性负载),功率因数为0.5。

（1）电源提供的电流是多少？无功功率是多少？

（2）如果并联电容使功率因数提高到 0.9，所需电容是多大？此时电源提供的电流是多少？

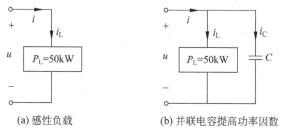

(a) 感性负载   (b) 并联电容提高功率因数

图 9-24 例 9-11 图

解：（1）电源提供的电流

$$I = I_L = \frac{P_L}{U\cos\varphi_L} = \frac{5 \times 10^4}{220 \times 0.5} = 455(\text{A})$$

电感性负载且功率因数为 0.5，则功率因数角 $\varphi_L = 60°$，则电源提供的无功功率为

$$Q_1 = P_L \tan\varphi_L = 5 \times 10^4 \cdot \tan 60° = 86.7(\text{kvar})$$

（2）并联电容后仍为电感性负载，功率因数 $\cos\varphi = 0.9$，可得 $\varphi = 25.84°$，电源提供的无功功率为

$$Q_2 = P_L \times \tan 25.84° = 5 \times 10^4 \times 0.48 = 24.2(\text{kvar})$$

电容无功功率为

$$Q_C = Q_2 - Q_1 = 24.2 - 86.7 = -62.5(\text{kvar})$$

因此电容容量为

$$C = \frac{-Q_C}{\omega U^2} = \frac{62.5 \times 10^3}{2\pi \times 50 \times 220^2} = 4103(\mu\text{F})$$

此时电源电流为

$$I = \frac{P_L}{U\cos\varphi} = \frac{50 \times 10^3}{220 \times 0.9} = 252(\text{A})$$

可见并联电容后电源电流减小，可减小输电线路损耗。

9.5.5 正弦稳态最大功率传输定理

本节讨论正弦稳态电路中可变负载从电源获得最大功率的条件。可利用戴维南定理将除负载 Z_L 以外的线性正弦稳态电路等效为一个正弦电压源 $\dot{U}_S$ 和内阻抗 $Z_0 = R_0 + jX_0$ 的串联电路。设等效的正弦稳态电路如图 9-25 所示，电源及其内阻抗已定，负载阻抗 Z_L 可变，求负载获得的最大功率。由于负载为一阻抗，根据负载变化的不同情况，下面分两类进行分析。

1. 负载 $Z_L = R_L + jX_L$，其中 R_L 和 X_L 都可变

此时，电路电流为

$$\dot{I} = \frac{\dot{U}_S}{(R_0 + R_L) + j(X_0 + X_L)}$$

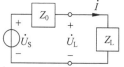

图 9-25 功率传输等效电路

利用电流有效值可得负载吸收的有功功率为

$$P = R_L I^2 = R_L \frac{U_S^2}{(R_0 + R_L)^2 + (X_0 + X_L)^2}$$

欲使 P 最大应使分母项最小,不论 R_L 为何值,子项 $(X_0 + X_L)^2$ 当且仅当 $X_L = -X_0$ 时最小,则在此条件下,功率 P 变为

$$P = R_L \frac{U_S^2}{(R_0 + R_L)^2}$$

此为单变量极值问题,可对等式两边同时对 R_L 求导,并令之为零,即

$$\frac{dP}{dR_L} = U_S^2 \frac{(R_0 + R_L)^2 - 2(R_0 + R_L)R_L}{(R_0 + R_L)^4} = 0$$

由此可得

$$R_L = R_0$$

综合负载实部和虚部,得到负载获得最大功率的条件是 $R_L = R_0$ 且 $X_L = -X_0$,即负载为电源内阻抗的共轭复数,即

$$Z_L = Z_0^*$$

此时最大功率为

$$P_{max} = \frac{U_S^2}{4R_0}$$

满足上述条件时,称负载与电源处于最大功率匹配状态,称负载与电源内阻抗共轭匹配。此为负载电阻分量和电抗分量各自能独立自由变化的情况。负载电抗部分与电源电抗部分抵消,电路无功功率为零,即无功功率仅在动态元件之间进行互相传递,整体表现为零。因无功功率为零,当电路达到最大功率匹配状态时,功率因数达到最大,即 $\lambda = \cos 0° = 1$。

2. 负载 Z_L 的阻抗角固定而模可改变

设负载阻抗 $Z_L = |Z_L|\cos\varphi + j|Z_L|\sin\varphi$,则负载吸收功率为

$$P_L = \frac{U_S^2 |Z_L| \cos\varphi}{(R_0 + |Z_L|\cos\varphi)^2 + (X_0 + |Z_L|\sin\varphi)^2}$$

由于负载阻抗角 φ 固定,因此上式右边仅负载阻抗模 $|Z_L|$ 一个变量,等式两边同时对 $|Z_L|$ 求导并令之等于零,可得

$$(R_0 + |Z_L|\cos\varphi)^2 + (X_0 + |Z_L|\sin\varphi)^2 - 2|Z_L|\cos\varphi(R_0 + |Z_L|\cos\varphi) - 2|Z_L|\sin\varphi(X_0 + |Z_L|\sin\varphi) = 0$$

因此获得最大功率的条件为

$$|Z_L| = \sqrt{R_0^2 + X_0^2}$$

即负载阻抗的模应与电源内阻抗的模相等,称为模匹配。此时电源传递给负载的最大功率为

$$P_{max} = \frac{\cos\varphi U_S^2}{2|Z_0| + 2(R_0\cos\varphi + X_0\sin\varphi)}$$

【例 9-12】 电路如图 9-26(a)所示。

(1) Z_L 为何值时能获得最大功率? 最大功率值为多少?

（2）若 Z_L 为纯电阻，Z_L 获得的最大功率是多少？

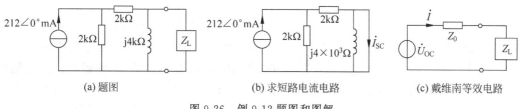

（a）题图　　　　　　（b）求短路电流电路　　　　（c）戴维南等效电路

图 9-26　例 9-12 题图和图解

解：先求除了负载外剩余电路的戴维南等效电路。在图 9-26（b）中求短路电流，由于 $j4\times10^3$ 电感被短路，则易得

$$\dot{I}_{SC} = \frac{212\angle0°}{2} = 106\angle0°\text{(mA)}$$

等效内阻抗为

$$Z_0 = (2\times10^3 + 2\times10^3) // j4\times10^3 = 2\times10^3 + j2\times10^3 = 2\sqrt{2}\angle45°\text{(kΩ)}$$

则开路电压为 $\dot{U}_{OC} = \dot{I}_{SC}Z_0 = 212\sqrt{2}\angle45°\text{V}$，戴维南等效电路如图 9-26（c）所示。

（1）当负载与内阻抗共轭匹配时，即 $Z_L = Z_0^* = (2\times10^3 - j2\times10^3)\,\Omega$，负载可获得最大功率，其值为

$$P_{\max} = \frac{U_{OC}^2}{4R_0} = \frac{(212\sqrt{2})^2}{4\times2\times10^3} = 11.24\text{(W)}$$

（2）若 Z_L 为纯电阻，则满足模匹配时，$Z_L = |Z_0| = 2\sqrt{2}\,\text{kΩ} = 2.83\text{kΩ}$，负载可获得最大功率，此时图 9-26（c）所示戴维南等效电路中电流为

$$\dot{I} = \frac{\dot{U}_{OC}}{Z_0 + Z_L} = \frac{212\sqrt{2}\angle45°}{2\times10^3 + j2\times10^3 + 2.83\times10^3} = 57.34\angle22.51°\text{(mA)}$$

$$P_{\max} = I^2 Z_L = (57.34\times10^{-3})^2 \times 2.83\times10^3 = 9.3\text{(W)}$$

可见，模匹配状态时获得的最大功率比共轭匹配状态时要小，是由于其阻抗角被限定的缘故。

9.6　正弦稳态电路的频率响应

前面讨论了在单一频率正弦激励作用下电路的稳态响应和功率问题。当激励频率变化或有多个不同频率的正弦激励同时作用于电路时，电路的响应具有不同的特性。本节讨论电路的频率特性，并分析一种特殊的电路现象——谐振，最后讨论多频正弦稳态的叠加。

9.6.1　网络函数的频率响应

内部不含独立源的线性电路，称为线性无源电路（网络）。在该电路的某一端口（输入端）施加一正弦激励，观察电路内部某一支路（输出端）的正弦稳态响应，其相量模型如图 9-27 所示，则相应的线性时不变网络函数为

$$H(j\omega) = \frac{\text{响应相量}}{\text{激励相量}}$$

根据网络函数,可以得到任意激励情况下输出端的响应,即

$$响应相量 = H(j\omega) \times 激励相量$$

图 9-27　单一激励正弦稳态电路相量模型

若线性无源网络为电阻性网络,则网络函数 $H(j\omega)$ 为一实常数;若线性无源网络为动态电路,则网络函数 $H(j\omega)$ 为 $j\omega$ 的函数。正弦激励的频率不同时,网络函数的值不同,因而响应也会有所不同。频率的量变可能引起电路的质变,这是动态电路与电阻电路重要区别之一。因此,动态电路可以完成电阻电路不能完成的任务,如滤波、选频等。

网络函数可表示为

$$H(j\omega) = |H(j\omega)| \angle \varphi(\omega)$$

其中,$|H(j\omega)|$ 为网络函数的模,表示响应与激励的振幅比与频率 ω 的关系,称为网络函数的幅频响应;$\varphi(\omega)$ 为网络函数的辐角,表示响应与激励的相位差与频率 ω 的关系,称为网络函数的相频响应。幅频响应和相频响应一起统称为网络函数的频率响应,它与网络的结构、参数以及激励与响应所在端口位置有关。

【例 9-13】 RC 低通滤波电路如图 9-28 所示,求其电压转移函数 $H_u(j\omega) = \dfrac{\dot{U}_2}{\dot{U}_1}$,分析并画出其幅频特性曲线和相频特性曲线。若 $RC = 10^{-3}\,\text{s}$,输入电压 $u_1(t) = \sqrt{2}\cos(500\pi t + 40°)\,\text{V}$,试求输出电压 $u_2(t)$。

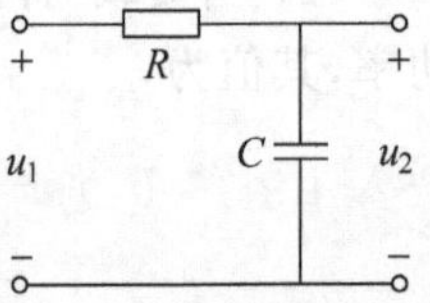

图 9-28　例 9-13 图

解:根据分压关系,有

$$H_u(j\omega) = \frac{\dot{U}_2}{\dot{U}_1} = \frac{\dfrac{1}{j\omega C}}{R + \dfrac{1}{j\omega C}} = \frac{1}{\sqrt{1 + \omega^2 R^2 C^2}} \angle -\arctan(\omega RC)$$

幅频特性

$$|H_u(j\omega)| = \frac{U_2}{U_1} = \frac{1}{\sqrt{1 + \omega^2 R^2 C^2}}$$

相频特性

$$\varphi(\omega) = -\arctan(\omega RC)$$

分别取 $\omega = 0$(直流)、$\omega = 1/RC$ 和 $\omega \to \infty$ 这三个具有代表意义的频率点,表 9-1 列出了幅频特性和相频特性在这些频率点的取值。图 9-29 分别绘出了幅频特性曲线和相频特性曲线。

表 9-1　幅频特性和相频特性

频　率	$\omega = 0$	$\omega = 1/RC$	$\omega \to \infty$
幅频特性	1	0.707	$\to 0$
相频特性	0	$-45°$	$\to -90°$

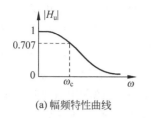
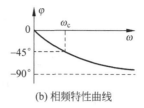

(a) 幅频特性曲线　　　　　(b) 相频特性曲线

图 9-29　RC 低通滤波电路的频率响应

由图 9-29(a)可知,对同样大小的输入电压来说,频率越高,输出电压就越小。在直流时输出电压最大,恰等于输入电压,在频率趋于无穷大时,输出电压趋于零。因此该电路可使低频正弦信号较容易通过,同时抑制高频正弦信号通过,相当于滤除了高频信号,因此称该电路为 RC 低通滤波(low pass filter)电路。

由图 9-29(b)可知,随着输入电压频率的增大,相移角由零单调地趋向 $-90°$。相移角总为负,表明输出电压总是滞后于输入电压的,因此该电路又称为滞后电路。

当 $\omega = \dfrac{1}{RC} = \dfrac{1}{\tau}$ 时,输出电压降低到最大输出电压的 0.707 即 $\dfrac{1}{\sqrt{2}}$。由于功率与电压平方成正比,此时功率将降低到最大输出功率的 $\dfrac{1}{2}$,因此 $\omega = \dfrac{1}{\tau}$ 称为半功率点频率,记为 $\omega_c = \dfrac{1}{\tau}$。频率范围 $[0,\omega_c]$ 称为该 RC 低通滤波电路的通频带(band width),ω_c 称为截止频率(cut-off frequency)。

当输入电压频率 $\omega = 500\pi \text{rad/s}$ 时,$|H_u(\text{j}500\pi)| \approx 0.54$,$\varphi(500\pi) \approx -58°$,因此输出电压相量为

$$\dot{U}_2 = H_u\dot{U}_1 = (0.54\angle -58°)(1\angle 40°) = 0.54\angle -18° (\text{V})$$

因此,输出电压为

$$u_2(t) = 0.54\sqrt{2}\cos(500t - 18°)(\text{V})$$

9.6.2　RLC 谐振电路

在含有电感和电容两种不同储能性质元件的二端网络中,端口电压和端口电流的相位关系与频率有关。调节二端网络的参数或激励的频率,使端口的输入阻抗为纯电阻,即端口电压与电流同相位,称电路发生了谐振现象。这时激励的频率恰与二端网络固有频率相等。例如,无线电技术中,信号源频率(接收信号的载波频率)已知,调整电路的参数使电路的固有频率等于欲接收信号频率,使电路产生谐振的过程称为电路调谐。收音机就是通过调节电容值使输入回路在需要收听的电台载波频率发生谐振,从而"选中"相应电台节目。

根据电路中电感与电容不同的连接方式,谐振电路可分为串联谐振和并联谐振。

1. RLC 串联谐振

在图 9-30(a)所示 RLC 串联电路中,输入阻抗 $Z = R + \text{j}(X_L + X_C)$。在激励 $\dot{U}$ 的作用下,若 $X_L = -X_C$,则输入阻抗 $Z = R$,电路呈现纯电阻性,端口电压与电流同相位,称电路发生串联谐振。串联谐振时,电路中电流相量及各电压相量的相量图如图 9-30(b)所示。

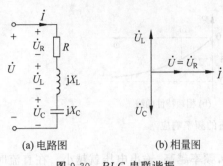

(a) 电路图   (b) 相量图

图 9-30 *RLC* 串联谐振

串联电路一般设电流相量为零相位的参考相量，则电感电压相量的相位超前电流 90°，电容电压相量的相位滞后电流 90°。由于容抗和感抗大小相等，电容电压和电感电压因大小相等、方向相反而相互抵消，电感和电容串联一起的总电压为零，此时串联的电感和电容对外电路来说，可用短路来等效。

电路发生谐振时的频率称为谐振频率。发生串联谐振时，$X_L = -X_C$，即 $\omega L = \dfrac{1}{\omega C}$，可得串联谐振频率为

$$\omega_0 = \frac{1}{\sqrt{LC}} \quad \text{或} \quad f_0 = \frac{1}{2\pi\sqrt{LC}}$$

可见，串联谐振频率由动态元件参数决定。可通过两种途径使电路达到谐振状态：当动态元件参数确定时，改变激励的频率，使之等于谐振频率；当激励频率一定时，调整动态元件 L 或 C 的值，也能使电路发生谐振。

【例 9-14】 如图 9-30(a)所示的 *RLC* 串联电路中，已知 $R = 2\Omega, L = 25\,\text{mH}, C = 10\,\mu\text{F}$，电源电压 $u_S(t) = 10\sqrt{2}\cos(\omega t)\,\text{V}$，求电路谐振频率及谐振时电容、电感电压的有效值。

解：电路的谐振频率为

$$\omega_0 = \frac{1}{\sqrt{LC}} = \frac{1}{\sqrt{25 \times 10^{-3} \times 10 \times 10^{-6}}} = 2000(\text{rad/s})$$

串联电路电流为

$$I = \frac{U}{R} = \frac{10}{2} = 5(\text{A})$$

电感和电容上电压的有效值分别为

$$U_L = \omega_0 LI = 250(\text{V}), \quad U_C = \frac{1}{\omega_0 C}I = 250(\text{V})$$

两电压有效值均为 250V，远高于外施电源电压有效值 10V，即会出现支路电压高于总电压（电源电压）的超高压现象，这种现象有利也有弊。在无线电通信技术中，常将接收到的微弱信号输入到串联谐振回路中，从电容或电感两端便可获得比输入电压高得多的电压；而在电力系统中，则须避免因串联谐振而引起过高的电压，破坏系统的正常工作，甚至导致电气设备的损坏。

串联谐振电路具有以下特点。

(1) 电路的阻抗模最小，电流最大。*RLC* 串联电路的总阻抗的模为 $|Z| = \sqrt{R^2 + (\omega L - 1/\omega C)^2}$。发生谐振($\omega = \omega_0$)时，阻抗模最小，为 $|Z| = |Z_0| = R$，电路表现为纯电阻特性，此时串联电路的电流最大，为 $I = I_0 = \dfrac{U}{R}$；当 $\omega < \omega_0$ 时，$\omega L < \dfrac{1}{\omega C}$，$|Z| > |Z_0|$，电路表现为容性；当 $\omega > \omega_0$ 时，$\omega L > \dfrac{1}{\omega C}$，$|Z| > |Z_0|$，电路表现为感性。

（2）电感和电容两端电压大小相等，相位相反。电感和电容串联相当于短路，串联谐振又称为电压谐振。当 $X_L = |X_C| > R$ 时，电感或电容上的分电压大于总电压，甚至会出现超高压现象。

（3）电路的有功功率最大，为 $P = UI = U^2/R$，总的无功功率 Q 最小且为零。动态元件与电源之间不发生能量交换，动态元件之间进行能量交换。

谐振时电感或电容的无功功率的大小与电路的有功功率之比称为电路的品质因数，用 Q 表示（与无功功率符号相同，注意区分），用于表明电路谐振的程度，无量纲。串联谐振电路的品质因数为

$$Q = \frac{Q_L}{P} = \frac{|Q_C|}{P} = \frac{U_L}{U} = \frac{U_C}{U} = \frac{\omega_0 L}{R} = \frac{1}{\omega_0 CR} = \frac{1}{R}\sqrt{\frac{L}{C}}$$

可见，串联谐振电路的品质因数还等于电感或电容上电压与总电压之比。该品质因数还可表示为 $Q = \frac{1}{R}\sqrt{\frac{L}{C}}$，可见品质因数 Q 完全由电路的元件参数决定。

RLC 串联电路中，电流有效值为

$$I = \frac{U}{\sqrt{R^2 + \left(\omega L - \frac{1}{\omega C}\right)^2}} \tag{9-21}$$

根据式（9-21）画出的电路电流与频率的关系曲线，称为电流幅频特性曲线。图 9-31 画出了具有不同品质因数但谐振频率相同的两个 RLC 串联电路电流的幅频特性曲线。可见，Q 越大，幅频特性曲线越尖锐，这样就能更好地选择谐振频率 ω_0 而抑制其他频率成分，这种性质称为电路的选择性。Q 值越高，选择性越强。可以据此来选定想要的频率信号，即改变电路参数使电路在所需频率上发生谐振，品质因数 Q 值越大，此时所需频率信号在电容或电感两端上的电压就越高，同时使其他频率信号在电容或电感上的电压变得越小，因此电路的选频特性越好。收音机就是利用 RLC 电路的这一性质选择需要收听的电台。

从图 9-31 还可看出 RLC 串联电路的电流幅频特性曲线具有带通滤波的性质，其通频带可由半功率点频率确定，即电流下降至最大电流的 $\frac{1}{\sqrt{2}}$ 时所对应的频率。由图 9-31 可见，由于电流幅频特性曲线具有带通性质，因此存在两个半功率点频率 ω_1 和 ω_2，分别称为下截止频率和上截止频率。定义通频带为

$$BW = \omega_2 - \omega_1$$

根据半功率点频率的定义可得

$$\omega_1 = -\frac{R}{2L} + \sqrt{\left(\frac{R}{2L}\right)^2 + \frac{1}{LC}}, \quad \omega_2 = \frac{R}{2L} + \sqrt{\left(\frac{R}{2L}\right)^2 + \frac{1}{LC}}$$

因此

$$BW = \omega_2 - \omega_1 = \frac{R}{L} \approx \frac{\omega_0}{Q}$$

可见通频带与电路参数 R、L 有关，且对一定的谐振频率 ω_0 来说，品质因数越高，通频带越窄。但是通频带越宽，对不同频率信号的适应能力越强，因此实际中要综合考虑选择性和通频带。例如对收音机，品质因数越大，选择性越强，但选择性强的同时会使通频带变窄，而收

音机要想获得好的音质需要较宽的通频带,因此要折中考虑选择性和通频带。

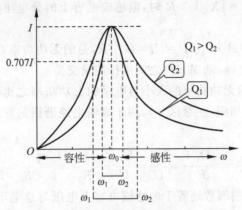

图 9-31   RLC 串联电路的品质因数与通频带

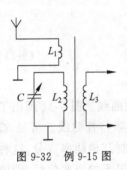

图 9-32   例 9-15 图

【例 9-15】   图 9-32 所示电路中,电感 $L_2 = 250\mu H$,其导线电阻 $R = 20\Omega$。如果天线 L_1 上接收的信号有三个,频率分别为 $f_1 = 820\text{kHz}$,$f_2 = 620\text{kHz}$,$f_3 = 1200\text{kHz}$。要收到 $f_1 = 820\text{kHz}$ 的信号节目,电容器的电容 C 应调节到多大? 如果接收的三个信号幅值均为 $10\mu V$,在电容调变到对 f_1 发生谐振时,在 L_2 中产生的三个信号电流各是多少毫安? 在电感 L_2 上产生的电压各是多少伏?

解:要收听频率为 $f_1 = 820\text{kHz}$ 信号的节目,应该使谐振电路对 f_1 发生串联谐振,即

$$\omega_1 L_2 = \frac{1}{\omega_1 C}$$

因此

$$C = \frac{1}{\omega_1^2 L_2} = \frac{1}{(2\pi f_1)^2 L_2} = \frac{1}{(2\pi \times 820 \times 10^3)^2 \times 250 \times 10^{-6}} = 150 \times 10^{-12} = 150(\text{pF})$$

当 $C = 150\text{pF}$,$L_2 = 250\mu H$ 时,以频率为 f_1 的信号为例,计算 $L_2 C$ 回路中的感抗、容抗、电流和电感 L_2 上的电压有效值如下

$$X_L = \omega_1 L_2 = 2\pi f_1 L_2 = 2\pi \times 820 \times 10^3 \times 250 \times 10^{-6} \approx 1290(\Omega)$$

$$X_C = -\frac{1}{\omega_1 C} = -\frac{1}{2\pi f_1 C} = -\frac{1}{2\pi \times 820 \times 10^3 \times 150 \times 10^{-12}} \approx -1290(\Omega)$$

$$|Z| = |R + \text{j}(X_L + X_C)| = 20(\Omega)$$

$$I = \frac{U}{|Z|} = \frac{10}{20} = 0.5(\mu A)$$

$$U_L = X_L I = 1290 \times 0.5 = 645(\mu V)$$

其他两个频率的信号在 $L_2 C$ 回路的响应情况也可按上述方法计算出来。表 9-2 列出了三种不同频率信号输入电路时,$L_2 C$ 回路中的响应情况。

由表 9-2 可见,接收的三个信号幅值均为 $10\mu V$,频率为 f_2 和 f_3 的信号在电感上的电压不到 $20\mu V$,放大倍数低于 2 倍,而对频率为 f_1 的信号则放大了 64.5 倍。

表 9-2　L_2C 回路对三种不同频率信号的响应

f/kHz	$f_1=820$	$f_2=620$	$f_3=1200$
X_L/Ω	1290	973	1884
X_C/Ω	-1290	-1772	-885
$\mid Z\mid/\Omega$	20	739	999
$I=\dfrac{U}{\mid Z\mid}/\mu\mathrm{A}$	0.5	0.014	0.01
$U_\mathrm{L}=X_\mathrm{L}I/\mu\mathrm{V}$	645	13.6	18.8

2. GCL 并联谐振

在图 9-33(a)所示 GCL 并联电路中,输入导纳 $Y=G+\mathrm{j}(B_\mathrm{L}+B_\mathrm{C})$。在激励 $\dot{I}$ 的作用下,若 $B_\mathrm{C}=-B_\mathrm{L}$,则输入导纳 $Y=G$,电路呈现纯电阻性,端口电压与电流同相位,称电路发生并联谐振。在实际的通信电路系统中,使用得较多的是 GCL 并联谐振电路。并联谐振时,电路中电压相量及各电流相量的相量图如图 9-33(b)所示。并联电路一般以电压相量作为零相位的参考相量,则电容电流相量的相位超前电压 $90°$,电感电流相量的相位滞后电压 $90°$,由于容纳和感纳大小相等,因此电容电流和电感电流因大小相等、方向相反而相互抵消,电感和电容并联一起的总电流为零,此时并联的电感和电容对外电路来说,等效于开路。

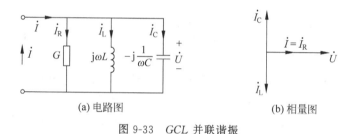

(a) 电路图　　　　　　　　　(b) 相量图

图 9-33　GCL 并联谐振

发生并联谐振时,$B_\mathrm{C}=-B_\mathrm{L}$,即 $\omega C=\dfrac{1}{\omega L}$,可得并联谐振频率

$$\omega_0=\frac{1}{\sqrt{LC}}\quad\text{或}\quad f_0=\frac{1}{2\pi\sqrt{LC}}$$

可见,并联谐振频率由动态元件参数决定。

并联谐振电路具有以下特点。

(1) 电路导纳的模最小,电压最大。GCL 并联电路总导纳的模为 $\mid Y\mid=\sqrt{G^2+(\omega C-1/\omega L)^2}$。发生谐振($\omega=\omega_0$)时,导纳模最小,为 $\mid Y\mid=\mid Y_0\mid=G$,电路表现为纯电阻特性,此时并联电路的电压最大,$U=U_0=\dfrac{I}{G}$。

(2) 电感和电容的电流大小相等,相位相反。电感和电容并联相当于开路,并联谐振又称为电流谐振。当 $B_\mathrm{C}=\mid B_\mathrm{L}\mid>G$ 时,电感或电容上的支路电流大于总电流,甚至会出现超大电流现象。

(3) 电路的有功功率最大,为 $P=UI=I^2/G$,总的无功功率 Q 最小且为零。动态元件与电源之间无能量交换,动态元件之间存在能量交换现象。

并联谐振电路的品质因数为

$$Q = \frac{Q_L}{P} = \frac{|Q_C|}{P} = \frac{I_L}{I} = \frac{I_C}{I} = \frac{\omega_0 C}{G} = \frac{1}{\omega_0 LG} = \frac{1}{G}\sqrt{\frac{C}{L}}$$

类似于串联谐振电路,Q 值越高,电路的选择性越强。同样,根据半功率点频率可计算通频带为

$$BW = \omega_2 - \omega_1 = \frac{G}{C} = \frac{\omega_0}{Q}$$

可见在谐振频率一定的情况下,通频带宽度与品质因数之间存在反比关系,实际中要综合考虑选择性和通频带。

9.6.3 多频正弦稳态的叠加

多频正弦激励包含两种情况。一种是激励本身由多个不同频率的正弦波构成。如双音频拨号电话机。另一种是激励为非正弦周期信号,如方波、三角波等,这类激励一般都可分解为傅里叶级数。设周期激励可用函数 $f(\omega t)$ 表示,其角频率为 ω,若该周期函数满足狄利克雷条件,则可以展开成一个收敛的傅里叶级数

$$f(\omega t) = A_0 + A_{1m}\cos(\omega t + \varphi_1) + A_{2m}\cos(2\omega t + \varphi_2) + \cdots$$

$$= A_0 + \sum_{k=1}^{\infty} A_{km}\cos(k\omega t + \varphi_k)$$

其中,A_0 为直流分量;$A_{1m}\cos(\omega t + \varphi_1)$ 为基波或一次谐波;A_{1m} 为基波的振幅;$A_{km}\cos(k\omega t + \varphi_k)$ 为 k 次谐波;A_{km} 为 k 次谐波的振幅。

上述周期激励的作用等同于一个直流激励及一系列整数倍基频的正弦激励串联起来共同作用于电路。例如,在图 9-34 中,非正弦周期激励 u 作用于 RLC 串联电路,相当于用直流电压源 U_0、基频正弦电压源 u_1 和 2 倍基频正弦电压源 u_2 等一系列整数倍基频的正弦电压源串联起来共同作用于 RLC 串联电路。

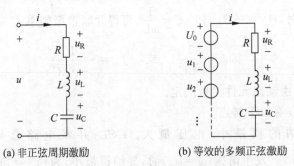

(a) 非正弦周期激励　　　　　　(b) 等效的多频正弦激励

图 9-34　非正弦周期激励的等效

1. 多频正弦稳态电路的叠加原理

由多个正弦电源和线性元件组成的线性时不变电路中,任一元件的电流或电压的稳态响应可以看成是每一个独立源单独作用于电路时,在该元件上产生的响应之和。

在应用上述叠加原理时需注意,每一个独立源单独作用于电路时,可利用单一频率正弦

稳态电路的相量分析法求解响应；若独立源频率不同,则电路中动态元件对应的电抗值也不同,相应的相量模型也不同,应区别对待;在叠加不同频率的独立源单独作用产生的响应时,应在时域利用瞬时值叠加,不能将各响应相量直接叠加。只有同频率的相量才能叠加,不同频率的相量不能叠加。

【例 9-16】 已知图 9-35(a)所示方波周期电压 $u(t)$ 的幅值 $U_{\mathrm{m}}=20\mathrm{V}$,频率 $f=50\mathrm{Hz}$,试求图 9-35(b)所示电路中电阻上电压 $u_{\mathrm{R}}(t)$。

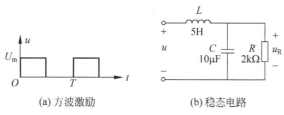

(a) 方波激励　　　　　(b) 稳态电路

图 9-35　例 9-16 图

解：方波周期电压 $u(t)$ 的傅里叶级数展开式为

$$u(t)=10+12.73\sin\omega t+4.24\sin 3\omega t+\cdots$$
$$=10+12.73\cos(\omega t+90°)+4.24\cos(3\omega t+90°)+\cdots$$
$$=U_0+u_1+u_2+\cdots$$

其中,$\omega=2\pi f=314\mathrm{rad/s}$。

(1) 直流分量 $U_0=10\mathrm{V}$ 单独作用时,电感 L 视为短路,电容 C 视为开路

$$u_{\mathrm{R0}}(t)=U_0=10\mathrm{V}$$

(2) 基波分量 $u_1=12.73\cos(\omega t+90°)$ 单独作用时

$$\mathrm{j}\omega L=\mathrm{j}314\times 5=\mathrm{j}1570(\Omega)$$
$$Z_{\mathrm{RC1}}=\frac{R/\mathrm{j}\omega C}{R+1/\mathrm{j}\omega C}=\frac{R}{1+\mathrm{j}\omega CR}=314.5\angle-80.95°(\Omega)$$
$$\dot{U}_{\mathrm{R1m}}=\frac{Z_{\mathrm{RC1}}\dot{U}_{\mathrm{1m}}}{Z_{\mathrm{RC1}}+\mathrm{j}\omega L}=\frac{314.5\angle-80.95°}{1260\angle 87.75°}\times\mathrm{j}12.73=3.18\angle-78.7°(\mathrm{V})$$
$$u_{\mathrm{R1}}(t)=3.18\cos(314t-78.7°)\ (\mathrm{V})$$

(3) 三次谐波分量 $u_2=4.24\cos(3\omega t+90°)$ 单独作用时

$$\mathrm{j}3\omega L=\mathrm{j}3\times 314\times 5=\mathrm{j}4710(\Omega)$$
$$Z_{\mathrm{RC2}}=\frac{R/\mathrm{j}3\omega C}{R+1/\mathrm{j}3\omega C}=\frac{R}{1+\mathrm{j}3\omega CR}=106\angle-86.96°(\Omega)$$
$$\dot{U}_{\mathrm{R2m}}=\frac{Z_{\mathrm{RC2}}\dot{U}_{\mathrm{2m}}}{Z_{\mathrm{RC2}}+\mathrm{j}3\omega L}=\frac{106\angle-86.96°}{4604\angle 89.93°}\times\mathrm{j}4.24=0.1\angle-86.9°(\mathrm{V})$$
$$u_{\mathrm{R2}}(t)=0.1\cos(942t-86.9°)(\mathrm{V})$$

以此类推,可计算其他谐波分量单独作用时产生的电压分量。

因此电阻上电压瞬时值为

$$u_{\mathrm{R}}(t)=u_{\mathrm{R0}}(t)+u_{\mathrm{R1}}(t)+u_{\mathrm{R2}}(t)+\cdots$$
$$=10+3.18\cos(314t-78.7°)+0.1\cos(942t-86.9°)+\cdots$$

2. 非正弦周期信号的有效值

依据周期量有效值的定义,周期为 T 的非正弦周期信号 $x(t)$ 的有效值为

$$X = \sqrt{\frac{1}{T}\int_0^T \left[x(t)\right]^2 dt}$$

下面以非正弦周期电流为例推导有效值的计算方法。设某一非正弦周期电流可分解成傅里叶级数

$$i(t) = I_0 + \sum_{k=1}^{\infty} I_{km}\cos(k\omega t + \varphi_k)$$

则

$$I = \sqrt{\frac{1}{T}\int_0^T \left[I_0 + \sum_{k=1}^{\infty} I_{km}\cos(k\omega t + \varphi_k)\right]^2 dt}$$

由于

$$\frac{1}{T}\int_0^T I_0^2 dt = I_0^2$$

$$\frac{1}{T}\int_0^T 2I_0 \sum_{k=1}^{\infty} I_{km}\cos(k\omega t + \varphi_k) dt = 0$$

$$\frac{1}{T}\int_0^T \sum_{k=1}^{\infty} I_{km}^2 \cos^2(k\omega t + \varphi_k) dt = \frac{1}{2}\sum_{k=1}^{\infty} I_{km}^2 = \sum_{k=1}^{\infty} I_k^2$$

$$\frac{1}{T}\int_0^T 2\sum_{\substack{k=1 \\ k \neq l}}^{\infty} \sum_{l=1}^{\infty} I_{km}I_{lm}\cos(k\omega t + \varphi_k)\cos(l\omega t + \varphi_l) dt = 0$$

所以非正弦周期电流 $i(t)$ 的有效值为

$$I = \sqrt{I_0^2 + I_1^2 + I_2^2 + \cdots}$$

同理,非正弦周期电压 $u(t)$ 的有效值为

$$U = \sqrt{U_0^2 + U_1^2 + U_2^2 + \cdots}$$

3. 多频正弦稳态电路的平均功率

当电路激励为多频正弦电源时,其平均功率仍定义为瞬时功率在一个周期内的平均值。此时的周期应理解为各个不同频率电源的最小公周期。下面以两个不同频率的正弦电压源电路为例,推导多频正弦稳态电路的平均功率的计算。

在图 9-36 所示电路中,设 u_{S1} 单独作用时,电路中电流 $i_1(t) = I_{1m}\cos(\omega_1 t + \varphi_1)$;$u_{S2}$ 单独作用时,电流 $i_2(t) = I_{2m}\cos(\omega_2 t + \varphi_2)$,则电阻消耗的瞬时功率为

$$p(t) = i^2 R = (i_1 + i_2)^2 R = [I_{1m}\cos(\omega_1 t + \varphi_1) + I_{2m}\cos(\omega_2 t + \varphi_2)]^2 R$$

若 $\omega_2 = r\omega_1$,r 为有理数,则 $p(t)$ 存在一个最小公周期 T,且 $T = mT_1 = nT_2$,m、n 均为正整数,则平均功率为

$$P = \frac{1}{T}\int_0^T [I_{1m}\cos(\omega_1 t + \varphi_1) + I_{2m}\cos(\omega_2 t + \varphi_2)]^2 R dt$$

$$= \frac{R}{T}\int_0^T \{[I_{1m}\cos(\omega_1 t + \varphi_1)]^2 + [I_{2m}\cos(\omega_2 t + \varphi_2)]^2 +$$

$$2I_{1m}\cos(\omega_1 t + \varphi_1)I_{2m}\cos(\omega_2 t + \varphi_2)\} dt$$

若 $\omega_1 \neq \omega_2$，则

$$P = \frac{1}{2} I_{1m}^2 R + \frac{1}{2} I_{2m}^2 R + 0 = I_1^2 R + I_2^2 R$$

若 $\omega_1 = \omega_2$，则

$$P = \frac{1}{2} I_{1m}^2 R + \frac{1}{2} I_{2m}^2 R + I_{1m} I_{2m} \cos(\varphi_1 - \varphi_2) R$$

由上可见，不同频率的正弦电流或电压产生的平均功率满足叠加原理，但相同频率的正弦电流或电压产生的平均功率一般不满足叠加原理（两两正交的正弦电流或电压除外）。这一结论可推广至满足狄利克雷条件的任意非正弦周期激励稳态单口网络，如图 9-37 所示。

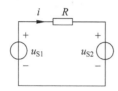

图 9-36 两电源正弦稳态电路

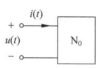

图 9-37 正弦周期激励稳态单口网络

设该单口网络的端口电压 $u(t)$ 可展开为傅里叶级数

$$u(t) = U_0 + \sum_{k=1}^{\infty} U_{km} \cos(k\omega t + \varphi_{uk})$$

相应地，设其关联参考方向上的电流为

$$i(t) = I_0 + \sum_{k=1}^{\infty} I_{km} \cos(k\omega t + \varphi_{ik})$$

由于各电压或电流的频率都不相同，则该非正弦周期激励稳态单口网络的平均功率可通过叠加得到

$$P = U_0 I_0 + \sum_{k=1}^{\infty} U_k I_k \cos(\varphi_{uk} - \varphi_{ik}) = P_0 + \sum_{k=1}^{\infty} P_k$$

因此，非正弦周期电源电路的平均功率等于直流分量和各正弦谐波分量的平均功率之和。

【例 9-17】 已知图 9-37 所示正弦稳态单口网络的端口电压为 $u(t) = 15 + 10\cos\omega t + 5\cos3\omega t(\text{V})$，端口电流为 $i(t) = 2 + 1.5\cos(\omega t - 30°)(\text{A})$，求：电路消耗的功率；电压、电流有效值。

解：电路中存在直流量和频率分别为 ω 和 3ω 的正弦量，它们频率各不相同，因此平均功率满足叠加原理，则有

$$P = P_0 + P_1 + P_3 = 15 \times 2 + \frac{1}{2} \times 10 \times 1.5 \times \cos30° + 0 = 36.5(\text{W})$$

$$U = \sqrt{U_0^2 + U_1^2 + U_3^2} = \sqrt{15^2 + \frac{1}{2} \times 10^2 + \frac{1}{2} \times 5^2} = 17(\text{V})$$

$$I = \sqrt{I_0^2 + I_1^2} = \sqrt{2^2 + \frac{1}{2} \times 1.5^2} = 2.26(\text{A})$$

小结

本章主要讨论单频和多频正弦交流电路的稳态响应。

(1) 首先引入正弦量的相量表示法,隐去频率信息,利用复数同时表示出正弦量的幅度和初相位信息。如 $u(t)=U_m\cos(\omega t+\varphi)\leftrightarrow \dot{U}_m=U_m\angle\varphi$。

(2) 给出基尔霍夫定律的相量形式,推导三种基本电路元件相量形式的 VCR,并通过引入阻抗和导纳的概念将三种相量形式的 VCR 统一为相量形式的欧姆定律,使得采用相量分析法计算单频正弦稳态电路如同分析电阻电路一般,可以使用电阻电路中的各种分析方法分析正弦稳态电路的支路电压和电流响应。

基尔霍夫定律的相量形式为

$$\sum_{k=1}^{K}\dot{I}_k=0, \quad \sum_{n=1}^{N}\dot{U}_n=0$$

欧姆定律的相量形式为

$$\dot{U}=Z\dot{I}$$

其中 $Z_R=R$, $Z_L=j\omega L$, $Z_C=\dfrac{1}{j\omega C}$。

(3) 讨论单频正弦稳态电路的功率。不同于电阻电路的功率分析,正弦稳态电路存在有功功率与无功功率之分,且可统一到复功率之中。令 $\varphi=\varphi_u-\varphi_i$,则

单口网络的瞬时功率

$$p(t)=UI\cos(\varphi)+UI\cos(2\omega t+\varphi)$$

单口网络的有功功率

$$P=UI\cos\varphi$$

单口网络的无功功率

$$Q=UI\sin\varphi$$

单口网络的复功率

$$\tilde{S}=\dot{U}\dot{I}^*=UI\cos\varphi+jUI\sin\varphi=P+jQ$$

单口网络的视在功率

$$S=|\tilde{S}|=UI=\sqrt{P^2+Q^2}$$

功率因数

$$\lambda=\cos\varphi=\frac{P}{S}$$

由于感性或容性设备中无功功率的存在,使得交流电源功率的利用率降低,可通过在设备上并联性质相反的元件来改善电路的功率因数。

(4) 讨论正弦稳态电路的频率响应。以 RC 低通滤波电路为例介绍截止频率、通频带等概念,分析动态电路中一种特殊现象——谐振,讨论串联谐振和并联谐振电路的特点,详见表 9-3。

表 9-3   串联谐振与并联谐振

特 性	串 联 谐 振	并 联 谐 振
谐振频率	$\omega_0 = 1/\sqrt{LC}$	$\omega_0 = 1/\sqrt{LC}$
谐振电路特征	阻抗模最小；电流最大；电感和电容电压大小相等，相位相反；串联的电感电容相当于短路	导纳模最小；电压最大；电感和电容电流大小相等，相位相反；并联的电感电容相当于开路
品质因数	$Q = \dfrac{\omega_0 L}{R} = \dfrac{1}{\omega_0 CR} = \dfrac{1}{R}\sqrt{\dfrac{L}{C}}$	$Q = \dfrac{R}{\omega_0 L} = \omega_0 CR = R\sqrt{\dfrac{C}{L}}$
通频带	$\mathrm{BW}_\omega = \dfrac{R}{L} = \dfrac{\omega_0}{Q}$	$\mathrm{BW}_\omega = \dfrac{G}{C} = \dfrac{\omega_0}{Q}$

（5）最后讨论了多频正弦稳态电路响应和功率的分析方法。多个不同频率的正弦电流激励或电压激励产生的平均功率满足叠加原理；同频则一般不满足叠加原理。

习题

9.1 已知图 9-38 所示正弦稳态电路的平均功率 $P=27\mathrm{W}$。试计算各电压表的读数。

9.2 电路如图 9-39 所示，已知 $i_S=8\mathrm{A}$，$u_S(t)=60+200\cos10t(\mathrm{V})$。求：电流瞬时值 $i(t)$；电流有效值 I；15Ω 电阻消耗的平均功率 P。

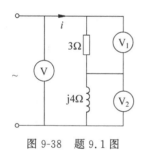

图 9-38 题 9.1 图   图 9-39 题 9.2 图

9.3 在图 9-40 所示正弦稳态电路中，已知 $u=100\cos10t(\mathrm{V})$，$i=5\cos(10t+30°)(\mathrm{A})$。

（1）求线性无源单口网络 $\mathrm{N_{0\omega}}$ 的等效阻抗 Z。

（2）求功率因数 λ。

（3）求 $\mathrm{N_{0\omega}}$ 的串联电路的时域模型（计算其 R、L 或 C 的参数）。

9.4 正弦稳态电路如图 9-41 所示，$u_S(t)=\cos t(\mathrm{V})$，$i_S(t)=\cos t(\mathrm{A})$。

（1）Z_L 为多少时获得最大功率？（Z_L 实部、虚部均可变），并求 $P_{L\max}$。

（2）若 $Z_L=R_L$（纯电阻），应如何实现功率匹配？再求 $P'_{L\max}$。

9.5 电路如图 9-42 所示，电路已处于稳态。已知电流源 $i_s(t)=5\cos(100t+30°)(\mathrm{A})$，$R_1=40\Omega$，$R_2=60\Omega$，$L=1\mathrm{H}$，$C=100\mu\mathrm{F}$，试求电流 $i(t)$ 和 $i_c(t)$。

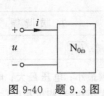

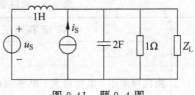

图 9-40　题 9.3 图　　　　　　　　　　图 9-41　题 9.4 图

9.6　正弦稳态电路如图 9-43 所示，已知电源角频率 $\omega = 3\,\text{rad/s}$，电流有效值 $I_R = 6\text{A}$，$I_L = 2\text{A}$，电阻 $R_1 = 2\Omega$，电源提供的有功功率为 92W，电路的无功功率为 -56var。试求：电流有效值 I_S；电阻 R_2、电感 L 和电容 C；电压源电压有效值 U_S。

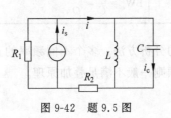

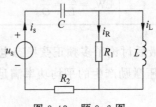

图 9-42　题 9.5 图　　　　　　　　　　图 9-43　题 9.6 图

9.7　电路如图 9-44 所示，已知电压源 $u_S(t) = 36 + 90\cos(\omega t + 60°) + 18\cos 2\omega t$ (V)，$R = 9\Omega$，$\omega L = 3\Omega$，$1/\omega C = 12\Omega$，电路已处于稳态。试求：电流 $i(t)$；电压源 $u_S(t)$ 提供的平均功率。

9.8　如图 9-45 所示正弦稳态电路。

(1) 若各交流电流表的示数分别为 A1：5A，A2：20A，A3：25A，求电流表 A 的示数。

(2) 若表 A1 的示数保持 5A 不变，而将电源 u_S 的频率提高一倍，再求电流表 A 的示数。

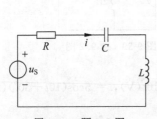

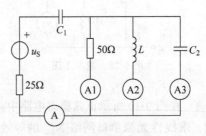

图 9-44　题 9.7 图　　　　　　　　　　图 9-45　题 9.8 图

9.9　无源二端网络 N_0 如图 9-46 所示，端口电压和电流分别为

$$u = 141\sin(\omega t - 90°) + 84.6\sin 2\omega t + 56.4\sin(3\omega t + 90°)\ \text{(V)}$$
$$i = 10 + 5.64\sin(\omega t - 30°) + 3\sin(3\omega t + 60°)\ \text{(A)}$$

试求：电压有效值 U、电流有效值 I；二端网络 N_0 的平均功率 P。

9.10　正弦稳态电路如图 9-47 所示，已知 $i_S(t) = 4\sqrt{2}\cos 10^4 t$ (A)，$R_1 = 60\Omega$，$R = 40\Omega$，$L = 1\text{mH}$，电路处于谐振状态。试求：电容 C；电容电压 $u_C(t)$；RLC 并联电路的品质因数 Q 和通频带 BW。

9.11 图 9-48 所示为 RLC 串联电路,且

$$u_S(t) = 10\sqrt{2}\cos(2500t + 15°)(\text{V})$$

当电容 $C = 8\mu\text{F}$ 时,电路发生谐振。试求电感 L 的值,求电阻 R 所消耗的平均功率和电路的品质因数 Q。

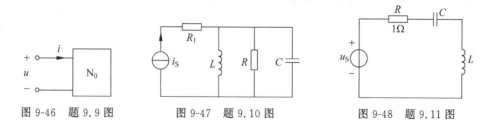

图 9-46 题 9.9 图　　图 9-47 题 9.10 图　　图 9-48 题 9.11 图

9.12 电路如图 9-49 所示,已知 $I_S = 5\text{mA}$,$u_s(t) = 10\sqrt{2}\cos10^4 t(\text{V})$,电路已处于稳态。求电流 $i(t)$ 及其有效值 I。

9.13 正弦稳态电路如图 9-50 所示,若 $\omega = 2\text{rad/s}$,求自 ab 端向右看的输入阻抗 Z_{ab},并用两个串联元件表示等效相量模型。

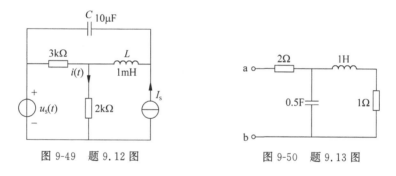

图 9-49 题 9.12 图　　　　图 9-50 题 9.13 图

9.14 正弦稳态电路如图 9-51 所示,已知 $u_S(t) = 10\sqrt{2}\cos\omega t(\text{V})$,$R = 5\Omega$,$L = 20\text{mH}$,$C = 8\mu\text{F}$,且 $u_S(t)$ 与 $i(t)$ 同相位。求:电压源 $u_S(t)$ 的角频率 ω;电流 $i(t)$ 的有效值 I;电压 $u_L(t)$ 和 $u_C(t)$ 的有效值 U_L 和 U_C。

9.15 电路如图 9-52 所示,已知 $u = 5 + 3\sqrt{2}\cos4t(\text{V})$,$R = 10\Omega$,$C = 0.025\text{F}$,求:电流 i;电压 u 的有效值 U。

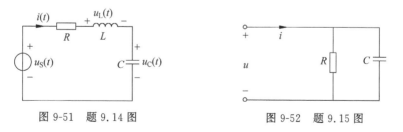

图 9-51 题 9.14 图　　　　图 9-52 题 9.15 图

9.16 图 9-53 所示为正弦稳态电路,已知 $u(t) = 48\cos2t(\text{V})$,$R_1 = 6\Omega$,$L = 3\text{H}$,$R_2 = 2\Omega$,$C = 0.25\text{F}$。

（1）画出图 9-53 所示电路的相量模型。

（2）求 $i_1(t)$、$i_2(t)$ 和 $i(t)$。

（3）试求电路的有功功率 P、无功功率 Q 和视在功率 S。

9.17　电路如图 9-54 所示，已知 $i_s = 4\sqrt{2}\cos10^4 t\,(\text{A})$，$R = 200\Omega$，$L = 1\text{mH}$，若使电路发生谐振。求：电容 C；电路的品质因数 Q；通频带 BW。

9.18　如图 9-55 所示正弦稳态电路中，已知 $u_S(t) = \sin t + 3\cos 2t\,(\text{V})$，求电流表读数（有效值）。

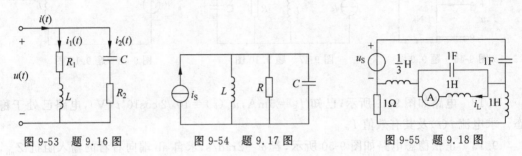

图 9-53　题 9.16 图　　　图 9-54　题 9.17 图　　　图 9-55　题 9.18 图

第 10 章

放大电路的频率响应

科学常是在千百次失败后最后一次成功的。
——徐特立

放大电路的目的是实现信号无失真放大,因此研究产生失真的原因十分必要。前面章节讨论了由于晶体管本身的非线性造成的失真,即非线性失真。本章讨论另一种失真,是由放大电路中存在的电抗性元件造成的,称为线性失真。这是因为实际的信号是由许多不同频率成分的信号组合而成的,含有丰富的频率分量。由于放大器中存在着储能元件,使得放大倍数与频率有关,对不同频率的正弦波有不同的放大能力,就会导致线性失真。本章将重点讨论放大电路中的电容和晶体管内部的电容所引起的频率响应,介绍放大电路的频率响应的分析方法以及改进方法。

10.1 基本概念和分析方法

10.1.1 基本概念

前面的章节在分析阻容耦合放大电路时,得到放大电路的增益都是常数。实际这一结论是基于我们对信号做出了如下假设:假设信号为单一频率正弦波,而且其频率足够高到耦合、旁路电容可视为短路;同时该频率也足够低到让晶体管的极间电容可以视为开路,因此所得的等效电路中无电抗存在,放大倍数为常数。本章将扩展信号频率的范围,分析放大电路在整个频率范围内的表现。

实际放大电路对不同频率的信号具有不同的放大能力,放大倍数为频率的函数。这种函数关系被称为放大电路的频率响应或频率特性,简称频响。分析放大电路频响的意义在于,可全面掌握含有动态元件的电路放大不同频率信号的能力。如图 10-1 所示,图中的横轴和纵轴都取对数进行量化,纵轴增益的单位为 dB,横轴频率取对数是为了覆盖更宽的频率范围。

图 10-1 的频响曲线可明显地分为 3 个频率段:低频区、中频区和高频区。其中有一段很宽的频率范围内增益保持恒定,正是第 8 章假设的频率所处的位置,称为中频区(或通频带)。将该恒定的增益记作 A_m,A_m 下降到 $A_m/\sqrt{2}$ 所对应的频率分别定义为下限截止频率 f_L 和上限截止频率 f_H,如图 10-1 所示。放大电路的带宽为 $f_{BW}=f_H-f_L$。在 $f<f_L$

的低频段,增益随着频率降低而减小。这是因为耦合电容和旁路电容的容抗随频率降低而增大,不能再视为短路,它们的作用会使信号传输受到阻碍,从而造成增益降低。$f > f_H$ 的高频段,增益随着频率升高而减小,这是由于晶体管内部电容的容抗随频率升高而减小,不能视为开路。只有中频区,耦合和旁路电容可视为短路,晶体管电容视为开路,增益为常数。

分析频率响应可以借助于 EDA 工具或者进行人工分析计算。虽然计算机软件可以获得比人工估计更精确的频率响应分析,但不能提供分析过程,因而不能确定影响频率响应关键点的因素。人工分析有利于我们在设计放大电路时,根据需要合理选择电路元器件的参数以得到适合的频率响应。

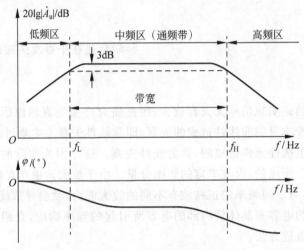

图 10-1 放大电路的频率响应

10.1.2 频率失真

由图 10-1 可知,通频带指的是放大电路增益基本相同的频率范围,而输入信号各频率分量的分布范围构成信号带宽,要等增益地放大输入信号各个频率分量,系统带宽必须大于信号带宽,否则放大电路的输出信号波形与输入信号波形产生差异,造成失真。

实际应用中常见的语音、图像信号等都是由很多频率成分组合而成的,具有一定的频谱范围或称信号带宽。比如音频信号的频率范围为 20Hz~20kHz,图像信号的带宽为 0~6MHz。放大电路的设计应使得信号的频谱范围都置于放大电路的中频段,比如放大音频信号时,放大电路的 $f_H > 20\text{kHz}$ 以及 $f_L < 20\text{Hz}$,否则会产生失真,这种因放大电路对不同频率信号放大倍数与延迟时间不同而引入的失真称为频率失真。

频率失真又分幅频失真和相频失真。如图 10-2 所示,输入信号 u_i 由 4 个不同频率的正弦波信号叠加而成:$u_i = u_1 + u_2 + u_3 + u_4$。将 u_i 输入到某放大电路,该放大电路对不同频率的信号放大倍数不同:$u_{o1} = 0.2u_1 + 2(u_2 + u_3) + 0.2u_4$,由图 10-2 可以看到输出 u_{o1} 出现明显失真,这种失真是由于放大电路对不同频率信号的放大倍数不同造成的,称为幅频失真。如果将 u_i 输入另一个放大电路,该电路对所有频率成分的放大倍数相同,但产生的延迟不同,从而造成 $u_{o2} = u_1 - (u_2 + u_3) + u_4$,也产生了明显失真,这种失真称为相频失真。

引起频率失真的原因与前面章节所介绍的非线性失真不同,非线性失真是由晶体管的非线性造成的,而频率失真是因电容器或晶体管等的电容特性造成的,属于线性元件引起的失真,为线性失真。线性失真和非线性失真另外一个不同点是,线性失真只是各个频率成分的占比关系发生变化,但不会引入其他频率成分;而非线性失真则会引入输入信号中没有的新的频率成分。比如输入单一频率正弦波,若产生非线失真如截止失真,输出信号中的频率成分除了基波,还会出现许多新的谐波成分。

放大电路的宗旨是无失真的放大,因此分析放大电路的频率响应非常重要。

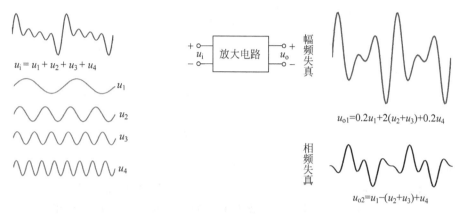

图 10-2 频率失真

10.1.3 分频段的分析方法

一个电路中可能包含若干电抗元件,如果全都一起分析势必增加问题的复杂程度。考虑到每个电容仅在一个频率段有作用,而在其他频率段可以视为短路或开路。因此为简化分析,采用分频段等效电路来分析放大电路的频率响应。即明确放大电路在低频段、中频段和高频段的等效电路,然后分别进行分析,最后合成整个频率范围的响应。

在具体分析放大电路的频率响应之前,先以简单电路为例说明分频段分析的思路。电路如图 10-3(a) 所示,耦合电容 C_S 串联在信号传输的路径中,电容值较大为 $10\mu F$,电容 C_P 为负载电容,并联在输出端,电容值较小为 $5pF$。电阻 R_S 和 R_P 分别为 $1k\Omega$ 和 $2k\Omega$。

在中频段,耦合电容 C_S 的电容值较大,容易满足容抗 $1/\omega C_S \ll R_S$,而 C_S 与 R_S 串联,C_S 的作用可忽略不计,因此可视为短路。而负载电容 C_P 电容值小,中频段容易满足 $1/\omega C_P \gg R_P$,而 C_P 与 R_P 并联,C_P 的作用可以忽略,因此可以视为开路。最终得到的等效电路如图 10-3(b) 所示,容易得到中频段的电压比 $A_{um} = R_P/(R_S + R_P)$。

在低频段,负载电容 C_P 的容抗相比中频段加大,更易满足 $1/\omega C_P \gg R_P$,所以视为开路。但耦合电容 C_S 的容抗减小,不满足远小于电阻 R_S 的条件,因此其分压作用不能忽略,等效电路如图 10-3(c) 所示。

在高频段,耦合电容 C_S 的容抗相比中频降低,更易满足 $1/\omega C_S \ll R_S$,所以视为短路。但负载电容 C_P 的容抗减小,不满足远大于电阻 R_P 的条件,因此其分流作用不能忽略,等效电路如图 10-3(d) 所示。

由于中频段的分析已经在前面章节讨论完毕,本章集中讨论放大电路低频段和高频段的频率响应。

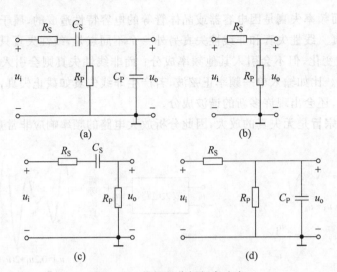

图 10-3 分频段分析频率响应

为描述放大电路的频响,一般采用的方式有:①函数表达式;②频率响应要素;③波特图。其中函数表达式的获取需要用到第 9 章所学方法;频率响应要素是指 f_L、f_H 和 A_m,有了这三个要素,就可以概括性地描述出放大电路的频率响应。波特图是用折线近似来描述增益如何随频率而变化的,优点是绘制方便、直观。波特图可以根据频率响应函数绘制,或简略地用三个要素绘制。

10.2 频率响应的表示

10.2.1 相量法推导频率响应函数

对含有电抗的电路应用相量法可推导出频率响应函数。电阻、电感和电容对相量法所呈现的阻抗分别为 R、$j\omega L$ 以及 $1/(j\omega C)$,根据电路的连接情况,就可推导出电路的频率响应函数。比如对于图 10-3(c)中的低频段等效电路,采用相量法推导频率响应函数,可列写方程

$$\dot{A}_u(j\omega) = \frac{\dot{U}_o(j\omega)}{\dot{U}_i(j\omega)} = \frac{R_P}{R_S + R_P + 1/(j\omega C_S)} = \frac{j\omega R_P C_S}{1 + j\omega(R_S + R_P)C_S} \tag{10-1}$$

从频率响应函数中可以获取中频增益以及上、下限频率,也可以绘制波特图。比如根据式(10-1)可以判断出电路为高通,中频增益为

$$A_{um} = \frac{R_P}{R_S + R_P}$$

下限频率为

$$\omega_L = \frac{1}{(R_S + R_P)C_S}$$

对于图 10-3(d)中的高频段电路,采用相量法推导频率响应函数,可列写方程

$$\dot{A}_{u}(j\omega) = \frac{\dot{U}_{o}(j\omega)}{\dot{U}_{i}(j\omega)} = \frac{R_{P} \; /\!/ \; (1/j\omega C_{P})}{R_{S} + R_{P} \; /\!/ \; (1/j\omega C_{P})} = \left(\frac{R_{P}}{R_{S} + R_{P}}\right) \frac{1}{1 + j\omega(R_{P} \; /\!/ \; R_{S})C_{P}}$$

(10-2)

根据式(10-2)可以判断出电路为低通,中频增益为

$$A_{um} = \frac{R_{P}}{R_{S} + R_{P}}$$

上限频率为

$$\omega_{H} = \frac{1}{(R_{S} \; /\!/ \; R_{P})C_{S}}$$

10.2.2 波特图

根据频率响应函数式,可以逐点固定频率值,求出对应的幅度和相位,从而绘制出幅度和相位随频率变化的曲线。然而这种方法的绘制因过程耗时而烦琐,波特图是用渐近线近似法绘制频率特性曲线,所以能快速绘制出频响特性曲线。

波特图包括幅频波特图和相频波特图。两幅图的横坐标均采用对数分度表示频率,目的是将频率轴进行对数压缩,扩大所能绘制的频率范围。幅频波特图的纵坐标采用线性分度,以分贝为单位表示增益,可将模值相乘变为模值相加;相频波特图的纵轴为相角的度数,也采用线性分度。波特图采用渐近线的近似对于估算频响特性已足够,在要求精确的场合,对上述渐近线作简单修正也很容易。

频率响应函数可分解为不同因子的乘积,以下为几种常见的因子

$$K, j\omega, \frac{1}{j\omega}, 1 + j\omega/\omega_{z}, \frac{1}{1 + j\omega/\omega_{p}}$$

下面将分别介绍这5种因子的波特图,然后介绍如何由各个因子的波特图合成整体的波特图。

1. 常数因子 K

常数项 K 的用分贝可表示为 $20\lg|K|$,常数项 K 的幅频波特图是一条水平线。相频特性也没有贡献,如图10-4(a)所示。如果 $K > 0$,相移为 0;如果 $K < 0$,相移为 $180°$。

2. $j\omega$

该因子的模值为 $20\lg|j\omega| = 20\lg\omega$,与频率 ω 的关系如表10-1所示,从表可见,$20\lg|j\omega|$ 之值随 ω 而增加,频率每增加 10 倍,$20\lg|j\omega|$ 增加 $20\mathrm{dB}$,而且当 $\omega = 1$ 时,$20\lg|j\omega| = 0$。因此,可以得到其幅频波特图是一条通过点 $(1,0)$,斜率为 $20\mathrm{dB}/$十倍频($20\mathrm{dB/dec}$)的一条直线。相频图为一条平行横轴的线,$\varphi = 90°$,见图10-4(b)。

表 10-1 $j\omega$、$1/(j\omega)$ 因子模与 ω 的关系

ω	$20\lg\|j\omega\|/\mathrm{dB}$	$20\lg\|1/(j\omega)\|/\mathrm{dB}$
0.1	-20	20
1	0	0
10	20	-20
100	40	-40

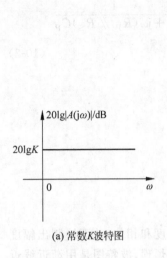

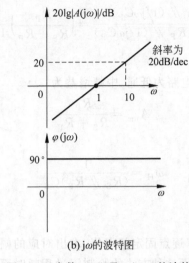

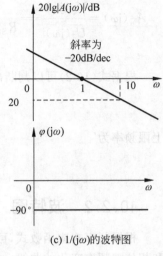

(a) 常数K波特图　　　　　　(b) jω的波特图　　　　　　(c) 1/(jω)的波特图

图 10-4　常数、jω 以及 1/(jω)的波特图

3. 1/(jω)

该因子的模值为 $20\lg|1/(j\omega)|$，与频率 ω 的关系如表 10-1 所示。从表可见，$20\lg|1/(j\omega)|$之值随 ω 而减小，频率每增加 10 倍，$20\lg|-j\omega|$减小 20dB，而且当 $\omega=1$ 时，$20\lg|1/(j\omega)|=0$。因此，可以得到其幅频波特图是一条通过点$(1,0)$，斜率为 -20dB/dec 的一条直线。相频图为一条平行横轴的线，具体见图 10-4(b)。

4. $1+j\omega/\omega_z$

该因子的模值为 $20\lg\sqrt{1+(\omega/\omega_z)^2}$，表 10-2 列出了频率变化时模值的大小。其中 ω_z 称为转折频率，当频率小于 ω_z 时，幅频波特图基本上无贡献，当频率高于 ω_z 时，每高 10 倍，$20\lg\sqrt{1+(\omega/\omega_z)^2}$ 增加 20dB。因而得到作图规则："幅频波特图是一折线，低于转折频率 ω_z 时为水平线，高于 ω_z 时，是以 $+20$dB/十倍频为斜率的斜线"。具体如图 10-5(a)所示。

表 10-2　因子$(1+j\omega/\omega_z)$模与 ω 的关系

ω	$20\lg\sqrt{1+(\omega/\omega_z)^2}$/dB
$0.1\omega_z$	$0.04\approx0$
ω_z	$3\approx0$
$10\omega_z$	≈20
$100\omega_z$	≈40

相移为 $\arctan(\omega/\omega_z)$，表 10-3 列出了相移的随频率变化的情况。表明$(1+j\omega/\omega_z)$的相频波特图，在转角频率$\omega=\omega_z$前、后十倍频程的范围内，即从$\omega=0.1\omega_z\sim10\omega_z$，相角按$+45°$/dec 的斜率增加。当$\omega=\omega_z$时，相角为 45°。作图规则："相频波特图是一折线，低于转折频率 $0.1\omega_z$ 以及高于 $10\omega_z$ 时为水平线，当$\omega=0.1\omega_z\sim10\omega_z$ 时，是以 $+45°$/dec 为斜率的斜线"，如图 10-5(b)所示。

表 10-3　因子(1＋jω/ω_z)的相移与 ω 的关系

ω	0	0.01ω_z	0.1ω_z	ω_z	10ω_z	100ω_z
arctan(ω/ω_z)	0°	0.57°	5.7°	45°	84.3°	89.4°
近似值	0°	0°	0°	45°	90°	90°

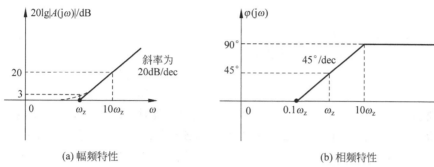

(a) 幅频特性　　　　　　　　　　　(b) 相频特性

图 10-5　(1＋jω/ω_z)的波特图

5. $1/(1+j\omega/\omega_p)$

该因子的幅频波特图是以 ω_p 为转折频率,当频率小于 ω_p 时,对幅频波特图基本上无贡献;当频率高于 ω_p 时,每高 10 倍,幅度降低 20dB。因而得到作图规则:"幅频波特图是一折线,低于转折频率 ω_p 时为水平线,高于 ω_p 时,是以－20dB/十频倍为斜率的斜线",如图 10-6(a)所示。注意当 $\omega=\omega_p$ 时,波特图中的幅值为 0,而实际的幅度值为－3dB。

相移的随频率变化的情况:在转角频率 $\omega=\omega_p$ 前、后十倍频程的范围内,即从 $\omega=0.1\omega_p\sim10\omega_p$,相角按－45°/dec 的斜率递减。当 $\omega=\omega_p$ 时,相角为－45°,如图 10-6(a)所示。作图规则:"相频波特图是一折线,低于转折频率 $0.1\omega_p$ 以及高于 $10\omega_p$ 时为水平线,$\omega=0.1\omega_p\sim10\omega_p$ 时,是以－45°/dec 为斜率的斜线",如图 10-6(b)所示。

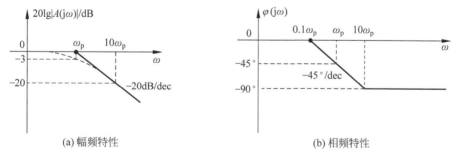

(a) 幅频特性　　　　　　　　　　　(b) 相频特性

图 10-6　$1/(1+j\omega/\omega_p)$的波特图

当完成各个因子的波特图之后,要汇总所有因子的贡献。由于波特图的纵轴单位是dB,将因子间的相乘关系转换为相加,因此用叠加的方式进行各因子波特图的汇总。为方便起见,将常数项 K 的 dB 值 $20\lg K$ 为横轴,然后以此为基准画出其他各个因子的贡献。

绘制幅频波特图步骤如下。

(1) 首先将各因子进行标准化,转化为前面介绍因子的标准形式。

(2) 选常数项 K 的 dB 值 $20\lg K$ 为幅频波特图的横轴。

（3）将每个因子的贡献用辅助线表示。

（4）用叠加的方法确定各个折线段的斜率。

【例 10-1】 试绘出传输函数为

$$\dot{A}(j\omega) = \frac{10^7 \cdot j\omega}{(j\omega + 100)(j\omega + 10^4)}$$

的渐近波特图。

解：幅频波特图绘制步骤如下。

（1）将函数改写为画波特图的标准形式为

$$\dot{A}(j\omega) = \frac{10^7 \cdot j\omega}{(j\omega + 100)(j\omega + 10^4)} = 10 \times \frac{j\omega}{(1 + j\omega/10^2)(1 + j\omega/10^4)}$$

（2）选常数项 10 的 dB 值 20lg10＝20dB 为幅频波特图的横轴，并将每个因子的贡献用虚线表示。例如，$j\omega$ 因子对幅频特性的贡献覆盖整体频率范围，是一条通过点（1,20），并以＋20dB/十倍频为斜率的直线。而 $1/(1 + j\omega/10^2)$ 因子的幅频波特图以 $\omega = 10^2$ 为转角频率，点（10^2,20dB）的左侧无贡献，右侧为以－20dB/十倍频为斜率的直线。因 $1/(1 + j\omega/10^4)$ 子的幅频波特图以 $\omega = 10^4$ 为转角频率，点（10^4,20dB）的左侧无贡献，右侧为以－20dB/十倍频为斜率的直线。

（3）确定各个折线段的斜率，并用实线画出。函数里有两个转角频率：10^2 和 10^4，因此整个频段划分为 3 段：$\omega < 10^2$，$10^2 \leqslant \omega < 10^4$ 以及 $\omega \geqslant 10^4$。当 $\omega < 10^2$，只有 $j\omega$ 因子的贡献，斜率为 20dB/dec。当 $10^2 \leqslant \omega < 10^4$，有 $j\omega$ 因子和 $1/(1 + j\omega/10^2)$ 两个因子的贡献，将它们的斜率相加后为 0，所以为水平线，当 $\omega \geqslant 10^4$，叠加后的斜率为－20dB/dec。

最终得到幅频波特图如图 10-7 所示。

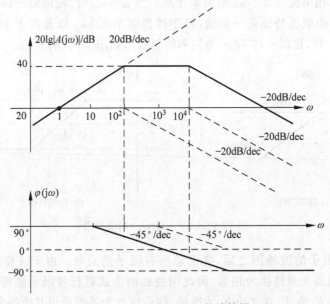

图 10-7　$1/(1 + j\omega/\omega_p)$ 的波特图

相频波特图绘制步骤如下。

（1）选常数 90°为相频波特图的横轴，并将每个因子的贡献用虚线表示。$1/(1 + j\omega/10^2)$

因子的相频波特图以 $\omega=0.1\times10^2=10$ 以及 $\omega=10\times10^2=10^3$ 为转角频率,点(10,90°)的左侧无贡献,$(10^3,0°)$ 右侧为 0°,在 $\omega=10\sim10^3$ 时,是一条以 $-45°/\mathrm{dec}$ 为斜率的直线。同理可画出 $1/(1+\mathrm{j}\omega/10^4)$ 的相频波特图。

(2) 确定各个折线段的斜率,并用实线画出。当 $\omega<10$,相角为 90°,$\omega=10\sim10^5$,相频波特图是一条以 $-45°/\mathrm{dec}$ 为斜率的直线,$\omega>10^5$,相角为 $-90°$。

10.2.3　时间常数法求解上、下限截止频率

当频率响应函数已知,可以根据上、下限截止频率的定义计算出 f_L 和 f_H。这里要介绍的是一种由电路本身出发,不用推导传函,直接估计上、下限频率的方法。

1. 电路中只有一个电容

如果电路只有一个电容,且该电路是高通电路,则其下限截止频率为该电容时间常数的倒数。如图 10-3(c)所示,其下限截止频率 $f_\mathrm{L}=1/2\pi\tau$,其中 $\tau=(R_\mathrm{P}+R_\mathrm{S})C_\mathrm{S}$。

如果电路只有一个电容,且该电路是低通电路,则其上限截止频率为该电容时间常数的倒数。如图 10-3(d)所示,其上限截止频率 $f_\mathrm{H}=1/2\pi\tau$,其中 $\tau=(R_\mathrm{P}/\!/R_\mathrm{S})C_\mathrm{S}$。

2. 短路时间常数法求解下限截止频率

针对已经是分频段后的低频等效电路的分析。若影响低频响应的有 M 个电容,即低频等效电路中有 M 个电容。每次只考虑一个电容的影响,将其他 $M-1$ 个电容视为短路的情况下,求解出该电容的时间常数,称为短路时间常数,$\tau_{sm}=R_{sm}C_m$。依次求出 M 个电容的短路时间常数,对所有短路时间常数的倒数求和,最终得到对电路下限截止频率 ω_L 的估计为

$$\omega_\mathrm{L}=\sum_m^M\frac{1}{\tau_{sm}} \tag{10-3}$$

或者

$$f_\mathrm{L}=\frac{1}{2\pi\tau_{s1}}+\frac{1}{2\pi\tau_{s2}}+\cdots+\frac{1}{2\pi\tau_{sM}}=f_\mathrm{L1}+f_\mathrm{L2}+\cdots+f_\mathrm{LM} \tag{10-4}$$

式(10-4)中如果某个电容的短路时间常数远小于其他电容的短路时间常数,对下限频率的贡献最大,则其他项可以忽略。因此常常对每个电容计算短路时间常数后求其倒数,得到对应的频率 $f_{\mathrm{L}m}$,如果其中最大的一个远大于其他电容对应的频率值,下限频率就为这个电容所对应的频率值。关于求解下限频率的实例见后面章节放大电路的低频响应部分。

短路时间常数法的优点:能快捷地找到每个电容对低频响应的影响,确定对下限截止频率影响最大的元件,从而在设计电路或优化电路时做出合理的选择。

3. 开路时间常数法求解上限截止频率

针对已经是分频段后的高频等效电路的分析。若高频等效电路中 N 个电容,$N\geqslant2$,每次只考虑一个电容的影响,将其他电容视为开路,求解出该电容的时间常数,称为开路时间常数。$\tau_{on}=R_{on}C_n$。依次求出 N 个电容的开路时间常数,最终得到对电路上限截止频率 ω_H 的估计为

$$\omega_\mathrm{H}=\frac{1}{\displaystyle\sum_n^N\tau_{on}}=\frac{1}{\displaystyle\sum_n^N R_{on}C_n} \tag{10-5}$$

$$f_H = \frac{1}{2\pi(\tau_{o1} + \tau_{o2} + \cdots + \tau_{oN})} \quad\quad (10\text{-}6)$$

观察式(10-5)，如果开路时间常数中存在最大值，且远远大于其他电容的开路时间常数，则上限截止频率取决于该时间常数，具体实例见后面章节放大电路的高频响应部分。

10.3 放大电路的低频响应

以图 10-8(a)所示的共源放大电路为例，说明如何获取频率响应的三种表示形式。由于低频时晶体管的小电容视为开路，而耦合电容 C 的作用不能忽略，所以电路低频段的等效电路为图 10-8(b)，其中电阻 $R_G = R_{G1} // R_{G2}$。

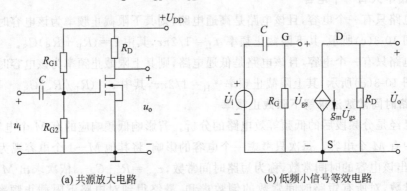

(a) 共源放大电路 (b) 低频小信号等效电路

图 10-8 共源放大电路以及其低频段等效电路

1. 低频响应函数

然后用相量法推导出

$$\dot{A}_u(j\omega) = \frac{\dot{U}_o(j\omega)}{\dot{U}_i(j\omega)} = \frac{\dot{U}_o(j\omega)}{\dot{U}_{gs}(j\omega)} \cdot \frac{\dot{U}_{gs}(j\omega)}{\dot{U}_i(j\omega)} = \frac{-g_m\dot{U}_{gs}(j\omega)R_D}{\dot{U}_{gs}(j\omega)} \cdot \frac{R_G}{R_G + 1/(j\omega C)}$$

$$= -g_m R_D \frac{j\omega R_G C}{1 + j\omega R_G C}$$

2. 波特图

根据上述传递函数，可以给出波特图，如图 10-9 所示。

3. 求出 f_L 和 A_{um}

中频电压增益 A_{um} 与频率无关，具体分析见第 8 章，结果为 $A_{um} = -g_m R_D$。由于电路中影响低频响应的电容只有一个，则可以直接求得电路的下限频率为

$$f_L = 1/2\pi\tau$$

其中，$\tau = R_G C$。

图 10-10 所示也为共源放大电路，影响低频响应的电容有三个，可以用相量法求出传递函数，进而得到下限频率，但过程复杂。如果用短路时间常数法可以快捷地估计出下限频率的近似值。求 C_1 和 C_2 短路时间常数中电阻的电路如图 10-11 所示。

仅考虑电容 C_1 的作用，假设电容 C_2 和 C_S 短路，如图 10-11(a)所示，则 C_1 的短路时间常数为

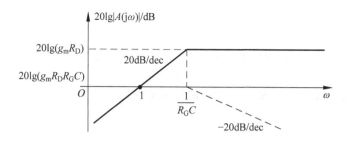

图 10-9　共源放大电路低频响应的波特图

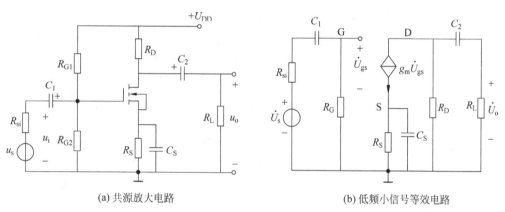

(a) 共源放大电路　　　　　　　　　　　　(b) 低频小信号等效电路

图 10-10　共源放大电路以及其低频段等效电路

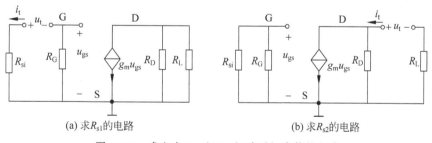

(a) 求 R_{s1} 的电路　　　　　　　　　　(b) 求 R_{s2} 的电路

图 10-11　求电容 C_1 和 C_2 短路时间常数的电路

$$\tau_{s1} = R_{s1}C_1 \qquad (10\text{-}7)$$

其中，$R_{s1} = R_G + R_{si}$。

仅考虑电容 C_2 的作用，假设电容 C_1 和 C_S 短路，如图 10-11(b)所示，则 C_2 的短路时间常数为

$$\tau_{s2} = R_{s2}C_2 \tag{10-8}$$

其中，$R_{s2} = R_D + R_L$。

仅考虑电容 C_S 的作用，假设电容 C_1 和 C_2 短路，则 C_S 的短路时间常数为

$$\tau_{s3} = R_{s3}C_2 \tag{10-9}$$

其中，求解 R_{s3} 的等效电路见图 10-12，在节点 S 列写 KCL 方程

$$i_t = \frac{u_t}{R_S} - g_m u_{gs} \tag{10-10}$$

因为 $u_{gs} = -u_t$，代入式 (10-10) 有

$$i_t = \frac{u_t}{R_S} + \frac{u_t}{1/g_m} = u_t \left(\frac{1}{R_S} + \frac{1}{1/g_m} \right)$$

因此可得

$$R_{s3} = \frac{u_t}{i_t} = R_S \mathbin{/\mkern-5mu/} (1/g_m)$$

根据以上 3 个时间常数，近似估计出放大电路的下限截止频率为

$$f_L = \frac{1}{2\pi} \sum_{m}^{M} \frac{1}{\tau_{sm}} = \frac{1}{2\pi\tau_{s1}} + \frac{1}{2\pi\tau_{s2}} + \frac{1}{2\pi\tau_{s3}} = f_{L1} + f_{L2} + f_{L3} \tag{10-11}$$

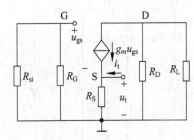

图 10-12　求解 R_{s3} 的电路

在这 3 个时间常数中，一般 τ_{s3} 最小。这是因为通常 $R_{s3} < R_{s2} < R_{s1}$，当耦合电容 C_1、C_2 与旁路电容 C_S 的电容值相当时，由旁路电容 C_S 对下限截止频率的贡献最大，如果 $f_{L3} \gg f_{L1}$ 以及 $f_{L3} \gg f_{L2}$，则 $f_L \approx f_{L3}$。

可以看到，电容越大，下限频率越低。由于 C_S 的短路时间常数最小，要想获取低的下限频率，C_S 就应选择大的电容值，所以 C_S 的取值常常比 C_1 大得多。

另外，如果是直接耦合的放大电路，没有耦合旁路大电容，因此低频段等效电路中也没有电容存在，下限频率为 0，无须求解。

类似地，对于 BJT 构成的共射放大电路也用短路时间常数法求解出下限截止频率。图 10-13(a) 为共射放大电路，图 10-13(b) 为其低频段等效电路。

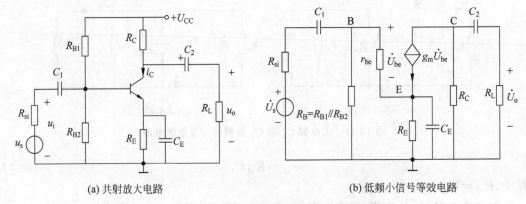

(a) 共射放大电路　　　　　　　　　　　(b) 低频小信号等效电路

图 10-13　共射放大电路以及低频段等效电路

根据图 10-13(b)，可算出 R_{s1}、R_{s2} 和 R_{s3} 分别为

$$R_{s1} = (R_{si} + R_B /\!/ r_{be}), \quad R_{s2} = R_C + R_L, \quad R_{s3} = \left(\frac{R_{si} /\!/ R_B + r_{be}}{1 + \beta}\right) /\!/ R_E$$

短路时间常数分别为

$$\tau_{s1} = C_1(R_{si} + R_B /\!/ r_{be}), \quad \tau_{s2} = C_2(R_C + R_L), \quad \tau_{s3} = C_E\left[\left(\frac{R_{si} /\!/ R_B + r_{be}}{1 + \beta}\right) /\!/ R_E\right]$$

由短路时间常数可求出下限频率为

$$
\begin{aligned}
\omega_L &= \sum_m^M \frac{1}{\tau_{sm}} \\
&= \left\{\frac{1}{C_1(R_{si} + R_B /\!/ r_{be})} + \frac{1}{C_2(R_C + R_L)} + \frac{1}{C_E\left[\left(\dfrac{R_{si} /\!/ R_B + r_{be}}{1 + \beta}\right) /\!/ R_E\right]}\right\}
\end{aligned} \tag{10-12}
$$

【例 10-2】 共射放大电路如图 10-13(a)所示,已知 $R_{si} = 100\Omega, R_C = 3.3\mathrm{k}\Omega, R_L = 5.1\mathrm{k}\Omega, R_E = 1\mathrm{k}\Omega, C_1 = C_2 = 10\mu\mathrm{F}, C_E = 50\mu\mathrm{F}$,电阻 R_{B1}、R_{B2} 对低频响应的影响可以忽略。BJT 的参数为 $\beta = 60, r_{be} = 1.3\mathrm{k}\Omega, r_{ce} \to \infty$。试用短路时间常数法求下限频率 ω_L。

解:将参数代入式(10-12),可得

$$
\begin{aligned}
\omega_L &= \frac{1}{10 \times 10^{-6} \times 1.4 \times 10^3} + \frac{1}{10 \times 10^{-6} \times 8.4 \times 10^3} + \frac{1}{50 \times 10^{-6} \times 22} \\
&= 71.4 + 11.9 + 909 = 992(\mathrm{rad/s})
\end{aligned}
$$

10.4 放大电路的高频响应

10.4.1 高频小信号模型及参数

1. MOSFET 高频小信号模型及参数

晶体管在高频工作时,内部的电容效应不能忽略。MOSFET 的高频小信号模型如图 10-14(a)所示。

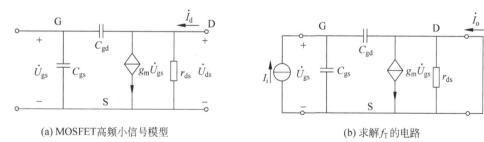

(a) MOSFET高频小信号模型   (b) 求解f_T的电路

图 10-14 MOSFET 高频小信号模型与求解 f_T 的电路

单位增益频率 f_T 或称为特征频率是反映 MOSFET 高频特性的频率参数。f_T 定义为共源组态的短路电流增益为 1 时的频率值,如图 10-14(b)所示,在输出短路时,输出电流 $\dot{I}_o$ 为

$$\dot{I}_o = g_m \dot{U}_{gs} - \mathrm{j}\omega C_{gd} \dot{U}_{gs} \tag{10-13}$$

由于电容 C_{gd} 很小，因此式(10-13)中的第二项可以忽略，则有

$$\dot{I}_o \approx g_m \dot{U}_{gs}$$

由图 10-14(b)中的电路，可得

$$\dot{U}_{gs} = \frac{\dot{I}_i}{j\omega(C_{gs} + C_{gd})} \tag{10-14}$$

因此，可得

$$\frac{\dot{I}_o}{\dot{I}_i} = \frac{g_m \dot{U}_{gs}}{j\omega(C_{gs} + C_{gd})\dot{U}_{gs}} = \frac{g_m}{j\omega(C_{gs} + C_{gd})} \tag{10-15}$$

计算电流增益的模为 1 时的频率为

$$\omega_T = \frac{g_m}{C_{gs} + C_{gd}} \tag{10-16}$$

或者

$$f_T = \frac{g_m}{2\pi(C_{gs} + C_{gd})} \tag{10-17}$$

由于 f_T 与电容成反比，典型值从 100MHz 到几吉赫。

2. BJT 的高频小信号模型以及参数

在高频段，BJT 极间电容的影响不容忽略。高频段的混合 π 型等效电路如图 10-15(a)所示。由于电容 $C_{b'e}$ 的影响，电流放大系数 β 为频率的函数。由于 β 的定义是集电极和发射极交流短路时的电流增益。根据图 10-15(b)，可得

$$\dot{I}_c = g_m \dot{U}_{b'e} - j\omega C_{b'c} \dot{U}_{b'e} \tag{10-18}$$

$$\dot{U}_{b'e} = \dot{I}_b \left(r_{b'e} \ // \ \frac{1}{j\omega C_{b'e}} \ // \ \frac{1}{j\omega C_{b'c}} \right) = \frac{\dot{I}_b}{1/r_{b'e} + j\omega C_{b'e} + j\omega C_{b'c}} \tag{10-19}$$

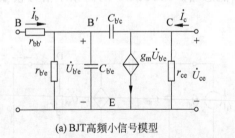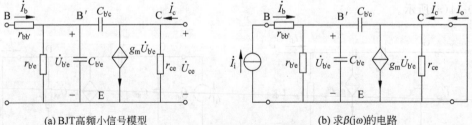

(a) BJT高频小信号模型　　　　　　　　　(b) 求 $\beta(j\omega)$ 的电路

图 10-15　BJT 高频等效电路以及求 $\beta(j\omega)$ 的电路

由式(10-18)和式(10-19)，可以推导出 $\beta(j\omega)$ 的表达式为

$$\dot{\beta}(j\omega) = \frac{\dot{I}_c}{\dot{I}_b} = \frac{g_m - j\omega C_{b'c}}{1/r_{b'e} + j\omega(C_{b'c} + C_{b'e})} \tag{10-20}$$

因为 $C_{b'c}$ 很小，容易满足 $\omega C_{b'c} \ll g_m$，则可忽略式(10-20)分子的第二项，得到

$$\dot{\beta}(j\omega) \approx \frac{g_m r_{b'e}}{1 + j\omega(C_{b'c} + C_{b'e})r_{b'e}} = \frac{\beta_0}{1 + j\omega(C_{b'c} + C_{b'e})r_{b'e}} \tag{10-21}$$

其中，β_0 是低频段的 β，画出 $\beta(j\omega)$ 的波特图见图 10-16。

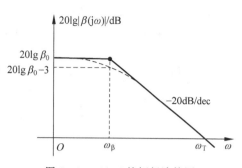

图 10-16 $\beta(j\omega)$ 的幅频波特图

上限截止频率为 ω_β，即

$$\omega_\beta = \frac{1}{(C_{b'c} + C_{b'e})r_{b'e}} \tag{10-22}$$

随着频率上升，电流增益下降到 1 或 0dB 时的频率为单位增益带宽，记作 ω_T，也称为特征频率

$$\omega_T = \beta_0 \omega_\beta \tag{10-23}$$

将式(10-22)代入式(10-23)，则有

$$\omega_T = \frac{g_m}{C_{b'c} + C_{b'e}} \tag{10-24}$$

比较式(10-16)和式(10-24)可知，MOSFET 与 BJT 的特征频率有相似的表达式，只是将电容 $C_{b'c}$ 换为 C_{gd}，将 $C_{b'c}$ 换为 C_{gs}，f_T 的值可在 BJT 的器件手册里查到。

10.4.2 共源和共射放大电路的高频响应

1. 共源放大电路的高频响应

图 10-8 中电路在高频段工作时，耦合电容 C_1、C_2 以及旁路电容 C_S 的容抗很小，可视为短路，而晶体管本身的电容效应不可忽略，因此得到该电路高频小信号等效电路如图 10-17 所示。

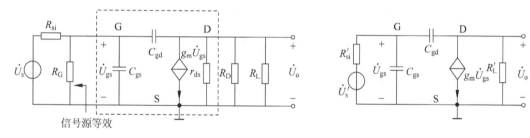

(a) 图10-8(a)的高频等效电路 　　　　　　　(b) 简化电路

图 10-17 图 10-8 电路的高频等效电路及其简化电路

为简化分析，将偏置电阻 R_G 的作用放入信号源，对电容 C_{gs} 的左侧进行戴维南等效，可以得到如图 10-17(b)的电路，其中

$$\dot{U}'_s = \dot{U}_s \cdot \frac{R_G}{R_{si} + R_G}, \quad R'_{si} = R_{si} /\!/ R_G, \quad R'_L = r_{ds} /\!/ R_D /\!/ R_L$$

图 10-17(b)中的电容 C_{gd} 跨接在输入和输出端之间，直接分析比较复杂。对于这种连接方式，应用密勒定理可以将其等效为并接在输入端以及输出端的电容，从而简化分析。

密勒定理给出了网络的等效变换关系。图 10-18 所示电路框图中，阻抗 Z 跨接在网络的输入端与输出端之间。密勒定理指出，阻抗 Z 可以等效为并接在输入端的阻抗 Z_1 以及并接在输出端的阻抗 Z_2。

图 10-18(a)的电路中输出电压为 $\dot{U}_2 = \dot{A}_u \dot{U}_1$，则电流 $\dot{I}$ 为

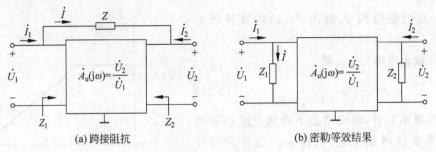

图 10-18　密勒定理

$$I = \frac{\dot{U}_1 - \dot{U}_2}{Z} = \frac{\dot{U}_1 - \dot{A}_u \dot{U}_1}{Z} \tag{10-25}$$

如果图 10-18(b)中输入端阻抗 Z_1 对输入端的分流作用与 Z 相同,则 Z 折算到输入端就为 Z_1。对于图 10-18(b)的电流 $\dot{I}$,有

$$\dot{I} = \frac{\dot{U}_1}{Z_1} \tag{10-26}$$

二者等价,即有

$$\dot{I} = \frac{\dot{U}_1 - \dot{U}_2}{Z} = \frac{\dot{U}_1}{Z_1} \tag{10-27}$$

因此,可得到

$$Z_1 = \frac{\dot{U}_1}{\dot{U}_1 - \dot{U}_2}Z = \frac{1}{1 - \dfrac{\dot{U}_2}{\dot{U}_1}}Z = \frac{1}{1 - \dot{A}_u(j\omega)}Z \tag{10-28}$$

Z_1 为折算到输入端的密勒电容。同理,可得到输出端的密勒电容 Z_2 为

$$Z_2 = \frac{1}{1 - \dfrac{1}{\dot{A}_u(j\omega)}}Z \tag{10-29}$$

应用密勒定理将电容 C_{gd} 等效到输入端口(栅源)和输出端口(漏源),根据图 10-17,密勒等效中的电压增益为 $\dot{A}_u = \dfrac{\dot{U}_o}{\dot{U}_{gs}}$,由于

$$Z = \frac{1}{j\omega C_{gd}} \tag{10-30}$$

将式(10-30)代入式(10-28),得到

$$Z_1 = \frac{Z}{1 - \dot{A}_u} = \frac{1}{j\omega C_{gd}(1 - \dot{A}_u)} = \frac{1}{j\omega C_{M1}} \tag{10-31}$$

将式(10-30)代入式(10-29),得到

$$Z_2 = \frac{Z}{1 - \dfrac{1}{\dot{A}_u}} = \frac{1}{j\omega C_{gd}\left(1 - \dfrac{1}{\dot{A}_u}\right)} = \frac{1}{j\omega C_{M2}} \tag{10-32}$$

根据图 10-17(b),输出电压为

$$\dot{U}_{\mathrm{o}}=[(\dot{U}_{\mathrm{gs}}-\dot{U}_{\mathrm{o}})\mathrm{j}\omega C_{\mathrm{gd}}-g_{\mathrm{m}}\dot{U}_{\mathrm{gs}}]R_{\mathrm{L}}'=(\dot{U}_{\mathrm{gs}}-\dot{U}_{\mathrm{o}})\mathrm{j}\omega C_{\mathrm{gd}}R_{\mathrm{L}}'-g_{\mathrm{m}}\dot{U}_{\mathrm{gs}}R_{\mathrm{L}}' \quad (10\text{-}33)$$

通常情况下,由于 C_{gd} 很小,满足 $\omega C_{\mathrm{gd}}R_{\mathrm{L}}'\ll1$。因此,可以忽略式(10-33)中第一项的影响,得到 $\dot{U}_{\mathrm{o}}\approx-g_{\mathrm{m}}\dot{U}_{\mathrm{gs}}R_{\mathrm{L}}'$,从而可得

$$\dot{A}_{\mathrm{u}}=\frac{\dot{U}_{\mathrm{o}}}{\dot{U}_{\mathrm{gs}}}\approx\frac{-g_{\mathrm{m}}\dot{U}_{\mathrm{gs}}R_{\mathrm{L}}'}{\dot{U}_{\mathrm{gs}}}=-g_{\mathrm{m}}R_{\mathrm{L}}' \quad (10\text{-}34)$$

最终根据式(10-31)和式(10-32)可得密勒电容 C_{M1} 和 C_{M2} 为

$$C_{\mathrm{M1}}=C_{\mathrm{gd}}(1-\dot{A}_{\mathrm{u}})\approx C_{\mathrm{gd}}(1+g_{\mathrm{m}}R_{\mathrm{L}}') \quad (10\text{-}35)$$

$$C_{\mathrm{M2}}=C_{\mathrm{gd}}\left(1-\frac{1}{\dot{A}_{\mathrm{u}}}\right)\approx C_{\mathrm{gd}}\left(1+\frac{1}{g_{\mathrm{m}}R_{\mathrm{L}}'}\right)\approx C_{\mathrm{gd}} \quad (10\text{-}36)$$

电路进行密勒等效后,可以方便地得到频率响应的表示形式。

(1) 高频响应函数。图 10-19(a)为图 10-17(b)电路密勒等效后的电路,其中

$$\dot{U}_{\mathrm{s}}'=\dot{U}_{\mathrm{s}}\cdot\frac{R_{\mathrm{G}}}{R_{\mathrm{si}}+R_{\mathrm{G}}},\quad R_{\mathrm{si}}'=R_{\mathrm{si}}/\!/R_{\mathrm{G}},\quad R_{\mathrm{L}}'=r_{\mathrm{ds}}/\!/R_{\mathrm{D}}/\!/R_{\mathrm{L}}$$

由于 C_{gd} 很小,通常有 $R_{\mathrm{L}}'\ll\dfrac{1}{\omega C_{\mathrm{gd}}}$,因此简化的等效电路如图 10-19(b)所示,其中的 $C_{\Sigma}=C_{\mathrm{gs}}+C_{\mathrm{M1}}$。根据图 10-19(b),由相量法可推导出增益在高频段的频率响应函数为

$$\dot{A}_{\mathrm{us}}(\mathrm{j}\omega)=\frac{\dot{U}_{\mathrm{o}}}{\dot{U}_{\mathrm{s}}}=\frac{\dot{U}_{\mathrm{o}}}{\dot{U}_{\mathrm{gs}}}\cdot\frac{\dot{U}_{\mathrm{gs}}}{\dot{U}_{\mathrm{s}}'}\cdot\frac{\dot{U}_{\mathrm{s}}'}{\dot{U}_{\mathrm{s}}}=-g_{\mathrm{m}}R_{\mathrm{L}}'\cdot\frac{1}{1+\mathrm{j}\omega R_{\mathrm{si}}'C_{\Sigma}}\cdot\frac{R_{\mathrm{G}}}{R_{\mathrm{si}}+R_{\mathrm{G}}}$$

进一步写为

$$\dot{A}_{\mathrm{us}}(\mathrm{j}\omega)=A_{\mathrm{usm}}\cdot\frac{1}{1+\mathrm{j}\omega R_{\mathrm{si}}'C_{\Sigma}} \quad (10\text{-}37)$$

其中,中频源电压增益为

$$A_{\mathrm{usm}}=-g_{\mathrm{m}}R_{\mathrm{L}}'\cdot\frac{R_{\mathrm{G}}}{R_{\mathrm{si}}+R_{\mathrm{G}}} \quad (10\text{-}38)$$

从传递函数可以看出为低通网络,上限频率为

$$\omega_{\mathrm{H}}=\frac{1}{R_{\mathrm{si}}'C_{\Sigma}} \quad (10\text{-}39)$$

如果要提高放大电路的上限频率,必须减小 $R_{\mathrm{si}}'C_{\Sigma}$,其中 $C_{\Sigma}=C_{\mathrm{gs}}+C_{\mathrm{gd}}(1+g_{\mathrm{m}}R_{\mathrm{L}}')$,所以在选择晶体管时,要选择 C_{gd} 和 C_{gs} 小即 f_{T} 高的晶体管。

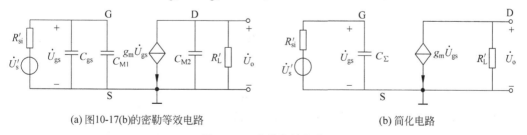

(a) 图10-17(b)的密勒等效电路　　　　　　　　　　　(b) 简化电路

图 10-19 密勒等效电路

（2）波特图。根据频响表达式（10-37），可以画出波特图如图 10-20 所示。

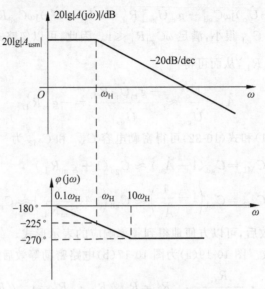

图 10-20　高频响应的波特图

（3）开路时间常数法求上限频率。可以从响应函数按照上限频率定义求出 ω_{H}，或从波特图中读出 ω_{H}，再就是用开路时间常数法求得上限截止频率。

（4）开路时间常数法无须求密勒电容，也无须推导频率响应函数，直接由高频小信号等效电路求出。根据图 10-17（a）中的电路，令电容 C_{gs} 开路，可求出 C_{gd} 的开路时间常数，此时需要计算电容 C_{gd} 两端看出去的等效电阻 R_{o1}，首先看图 10-21（a）

$$u_{\mathrm{t}} = i_{\mathrm{t}}(R_{\mathrm{si}} \mathbin{/\mkern-5mu/} R_{\mathrm{G}}) + (g_{\mathrm{m}}u_{\mathrm{gs}} + i_{\mathrm{t}})R_{\mathrm{L}}' \tag{10-40}$$

其中，$R_{\mathrm{L}}' = R_{\mathrm{D}} \mathbin{/\mkern-5mu/} R_{\mathrm{L}} \mathbin{/\mkern-5mu/} r_{\mathrm{ds}}$。由于 $u_{\mathrm{gs}} = i_{\mathrm{t}}(R_{\mathrm{si}} \mathbin{/\mkern-5mu/} R_{\mathrm{G}})$，代入式（10-40）可得

$$u_{\mathrm{t}} = i_{\mathrm{t}}(R_{\mathrm{si}} \mathbin{/\mkern-5mu/} R_{\mathrm{G}}) + [g_{\mathrm{m}}(R_{\mathrm{si}} \mathbin{/\mkern-5mu/} R_{\mathrm{G}}) + 1]i_{\mathrm{t}}R_{\mathrm{L}}' \tag{10-41}$$

整理可得

$$R_{\mathrm{o1}} = \frac{u_{\mathrm{t}}}{i_{\mathrm{t}}} = (R_{\mathrm{si}} \mathbin{/\mkern-5mu/} R_{\mathrm{G}})(1 + g_{\mathrm{m}}R_{\mathrm{L}}') + R_{\mathrm{L}}' \tag{10-42}$$

最终求得

$$\tau_{\mathrm{o1}} = R_{\mathrm{o1}}C_{\mathrm{gd}} = \left[(R_{\mathrm{si}} \mathbin{/\mkern-5mu/} R_{\mathrm{G}})(1 + g_{\mathrm{m}}R_{\mathrm{L}}') + R_{\mathrm{L}}'\right]C_{\mathrm{gd}} \tag{10-43}$$

根据图 10-17（a）中的电路，令电容 C_{gd} 开路，可求出 C_{gs} 的开路时间常数。为求电容 C_{gs} 两端的等效电阻 R_{o2} 所用的电路如图 10-21（b）所示，容易得到

$$R_{\mathrm{o2}} = R_{\mathrm{si}} \mathbin{/\mkern-5mu/} R_{\mathrm{G}} \tag{10-44}$$

进而求得

$$\tau_{\mathrm{o2}} = R_{\mathrm{o2}}C_{\mathrm{gs}} = (R_{\mathrm{si}} \mathbin{/\mkern-5mu/} R_{\mathrm{G}})C_{\mathrm{gs}} \tag{10-45}$$

对上限截止频率的近似估算为

$$\omega_{\mathrm{H}} \approx \frac{1}{\tau_{\mathrm{o1}} + \tau_{\mathrm{o2}}}$$

【例 10-3】　图 10-8（a）中的共源 MOSFET 放大器，信号源内阻为 $R_{\mathrm{si}} = 100\mathrm{k\Omega}$，$R_{\mathrm{G}} = 420\mathrm{k\Omega}$，$C_{\mathrm{gs}} = C_{\mathrm{gd}} = 1\mathrm{pF}$，$g_{\mathrm{m}} = 4\mathrm{mA/V^2}$，交流负载 $R_{\mathrm{L}}' = 3.33\mathrm{k\Omega}$。

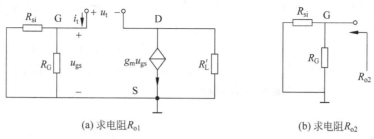

(a) 求电阻R_{o1}　　　　　　　　　(b) 求电阻R_{o2}

图 10-21　求开路时常数的等效电路

（1）用密勒等效求电路的上限频率 f_H。

（2）用开路时间常数法求上限截止频率 f_H。

解：（1）由密勒等效后，再进一步简化的高频小信号等效电路只有一个电容，根据式（10-39）可得

$$\omega_H = \frac{1}{\tau} = \frac{1}{R'_{si} C_\Sigma} = \frac{1}{(R_{si} \ // \ R_G)(C_{gs} + C_{M1})}$$

其中

$$C_{M1} = C_{gd}(1 + g_m R'_L) = 1 \times 10^{-12}(1 + 4 \times 3.33) = 14.3 \text{(pF)}$$

代入

$$\omega_H = \frac{1}{(R_{si} \ // \ R_G)(C_{gs} + C_{M1})} = \frac{1}{(100 \ // \ 420) \times 10^3 \times (1 + 14.3) \times 10^{-12}}$$
$$= 808 \times 10^3 \text{(rad/s)}$$

$$f_H = \frac{\omega_H}{2\pi} = \frac{808 \times 10^3}{2\pi} = 128.67 \text{(kHz)}$$

（2）用开路时间常数法求解上限截止频率。首先求出电容C_{gd}的开路时间常数。根据式（10-42）可得：

$$R_{o1} = (R_{si} \ // \ R_G)(1 + g_m R'_L) + R'_L = 1.16 \text{(M}\Omega)$$

进而求得电容C_{gd}的开路时间常数为

$$\tau_{o1} = R_{o1} C_{gd} = 1 \times 10^{-12} \times 1.16 \times 10^6 = 1160 \text{(ns)}$$

根据式（10-44），可得

$$R_{o2} = R_{si} \ // \ R_G = 420 \ // \ 100 = 80.8 \text{(k}\Omega)$$

电容C_{gs}的开路时间常数为

$$\tau_{o2} = R_{o2} C_{gs} = 80.8 \times 10^3 \times 1 \times 10^{-12} = 80.8 \text{(ns)}$$

则近似估计出该放大电路的上限截止频率 ω_H 为

$$\omega_H \approx \frac{1}{\tau_{o1} + \tau_{o2}} = \frac{1}{(1160 + 80.8) \times 10^{-9}} = 806 \text{(krad/s)}$$

因此

$$f_H = \frac{\omega_H}{2\pi} = \frac{806}{2\pi} = 128.3 \text{(kHz)}$$

例 10-3 说明，密勒等效估计的上限频率与开路时间常数法的估计值比较接近。

开路时常数法能确定出哪个电容在确定上限频率中起到关键作用。例如，例 10-3 中电

容 C_{gd} 的时间常数远大于电容 C_{gs} 的时间常数,说明 C_{gd} 是确定上限频率的主要电容。实际中,如果要提高上限频率,要使用 C_{gd} 小的 MOSFET。对于给定晶体管的情况,可以想办法减小 R'_{si} 或 R'_L 以减小 R_{o1}。当 R'_{si} 固定时,只能通过减小 R'_L 提升带宽,但这样一来中频增益又会下降,这是增益与带宽难以同时提升的原因,需要在二者间进行折中。常用的综合评价指标为增益带宽的乘积,简称增益带宽积,

$$G \cdot f_{BW} \approx |A_{usm} \cdot f_H| = g_m R'_L \frac{R_G}{R_{si}+R_G} \cdot \frac{1}{(R_{si}//R_G)[C_{gs}+(1+g_m R'_L)C_{gd}]2\pi}$$

$$= \frac{g_m R'_L}{2\pi[C_{gs}+(1+g_m R'_L)C_{gd}]R_{si}}$$

$$\cong \frac{1}{2\pi C_{gd} R_{si}} \tag{10-46}$$

式(10-46)表明,要增加共源放大电路的增益带宽积,应选择 C_{gd} 小的 MOSFET,同时信号源内阻 R_{si} 要尽量小,最好采用恒压源。

2. BJT 放大电路的高频响应

图 10-13(a)为共射放大电路,其高频小信号等效电路如图 10-22 所示。为简化分析,对图 10-22 中电容 $C_{b'e}$ 的左侧部分进行戴维南等效,得到图 10-23 电路。其中

$$U'_s = U_s \cdot \frac{R_B}{R_{si}+R_B} \cdot \frac{r_{b'e}}{r_{bb'}+r_{b'e}+R_{si}//R_B}, \quad R'_L = r_{ce}//R_C//R_L, \quad R'_{si} = (R_{si}//R_B+r_{bb'})//r_{b'e}$$

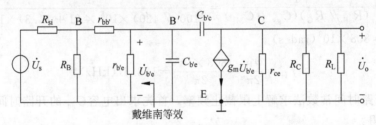

图 10-22 共射放大电路的高频小信号等效电路

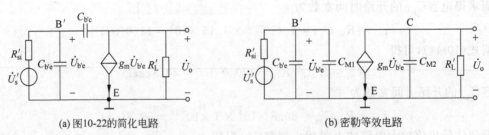

(a) 图10-22的简化电路 (b) 密勒等效电路

图 10-23 共射放大电路的高频小信号简化电路及其密勒等效电路

然后求密勒电容为

$$C_{M1} = C_{b'c}(1+g_m R'_L) \tag{10-47}$$

$$C_{M2} = C_{b'c}\left(1+\frac{1}{g_m R'_L}\right) \approx C_{b'c} \tag{10-48}$$

得到的密勒等效电路如图 10-23(b)所示。

由于 $C_{b'c}$ 很小，通常有 $R_L' \ll \dfrac{1}{\omega C_{b'c}}$，因此进一步简化的等效电路如图 10-24 所示，根据该电路可以推导出

$$\dot{A}_u(\mathrm{j}\omega) = A_{usm} \cdot \frac{1}{1 + \mathrm{j}\omega R_{si}' C_\Sigma} \tag{10-49}$$

其中，A_{usm} 为中频源电压增益

$$A_{usm} = -g_m R_L' \cdot \frac{r_{b'e}}{r_{bb'} + r_{b'e} + R_{si} /\!/ R_B} \cdot \frac{R_B}{R_{si} + R_B} \tag{10-50}$$

从传递函数可以看出为低通网络，上限频率为

$$\omega_H = \frac{1}{R_{si}' C_\Sigma} \tag{10-51}$$

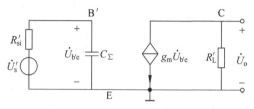

图 10-24 共射放大电路的高频小信号进一步简化电路

同理，也可以用开路时间常数法求上限频率。求开路时间常数中的电阻 R_{o1} 和 R_{o2} 的等效电路如图所示。根据图 10-25(a)，求 R_{o1} 要列出回路方程

$$u_t = i_t [(R_{si} /\!/ R_B + r_{bb'}) /\!/ r_{b'e}] + \{i_t [(R_{si} /\!/ R_B + r_{bb'}) /\!/ r_{b'e}] g_m + i_t\} R_L'$$

从而得到电阻 R_{o1} 为

$$R_{o1} = \frac{u_t}{i_t} = [(R_{si} /\!/ R_B + r_{bb'}) /\!/ r_{b'e}](1 + g_m R_L') + R_L' \tag{10-52}$$

根据图 10-25(b)，求得 R_{o2} 为

$$R_{o2} = (R_{si} /\!/ R_B + r_{bb'}) /\!/ r_{b'e} \tag{10-53}$$

得到相应的开路时间常数为

$$\tau_{o1} = C_{b'c} R_{o1} = C_{b'c} \{[(R_{si} /\!/ R_B + r_{bb'}) /\!/ r_{b'e}](1 + g_m R_L') + R_L'\} \tag{10-54}$$

$$\tau_{o2} = C_{b'e} R_{o2} = C_{b'e} [(R_{si} /\!/ R_B + r_{bb'}) /\!/ r_{b'e}] \tag{10-55}$$

最终开路时间常数法求上限频率 $\omega_H = \dfrac{1}{\tau_{o1} + \tau_{o2}}$。

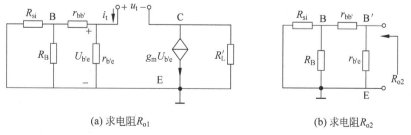

(a) 求电阻R_{o1} (b) 求电阻R_{o2}

图 10-25 求共射放大电路开路时间常数的等效电路

10.4.3 共栅和共基放大电路的高频响应

1. 共栅放大电路的高频响应

共栅电路如图 10-26(a)所示,其在高频段的电路如图 10-26(b)所示,没有电容是跨接在输入和输出端之间,因此没有电容会有密勒倍乘效果。由此,共栅放大电路的上限频率比共源高得多,或说带宽要宽得多。

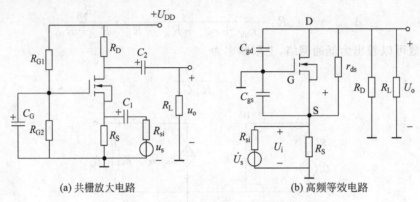

(a) 共栅放大电路　　　　　(b) 高频等效电路

图 10-26　共栅放大电路及其高频等效电路

忽略 r_{ds} 的影响,可以得到高频小信号等效电路如图 10-27(a)所示。求得 C_{gs} 的开路时间常数中的电阻 R_{o1} 的电路为图 10-27(b),可知

$$i_t = \frac{u_t}{R_{si} /\!/ R_S} - g_m u_{gs} = \frac{u_t}{R_{si} /\!/ R_S} + g_m u_t = u_t \left(\frac{1}{R_{si} /\!/ R_S} + \frac{1}{1/g_m} \right)$$

因此

$$R_{o1} = \frac{u_t}{i_t} = R_{si} /\!/ R_S /\!/ \frac{1}{g_m} \tag{10-56}$$

求得 C_{gs} 的开路时间常数为

$$\tau_{o1} = C_{gs} R_{o1} = C_{gs} \left(R_{si} /\!/ R_S /\!/ \frac{1}{g_m} \right) \tag{10-57}$$

容易求得 C_{gd} 的开路时间常数为

$$\tau_{o2} = C_{gd} R_{o2} = C_{gd} R'_L \tag{10-58}$$

上限频率为

$$\omega_H = \frac{1}{\tau_{o1} + \tau_{o2}}$$

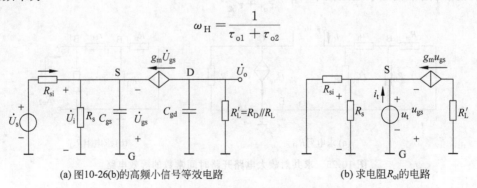

(a) 图10-26(b)的高频小信号等效电路　　　　　(b) 求电阻R_{o1}的电路

图 10-27　共栅放大电路及其高频等效电路

2. 共基放大电路的高频响应

共基放大电路的高频小信号等效电路如图 10-28 所示,可以将共栅放大电路高频响应的分析方法直接用于共基放大电路。

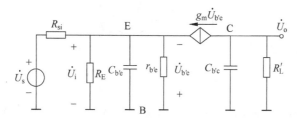

图 10-28　共基放大电路的高频小信号等效电路

求得开路时间常数为

$$\tau_{o1} = C_{b'e}\left(R_{si} /\!/ R_E /\!/ \frac{r_{b'e}}{1 + g_m r_{b'e}}\right) \tag{10-59}$$

$$\tau_{o2} = C_{b'c} R_L' \tag{10-60}$$

从而得到上限截止频率为

$$\omega_H = \frac{1}{\tau_{o1} + \tau_{o2}}$$

共基放大电路高频段也没有电容跨接在输入和输出端之间,因此没有电容会有共射放大电路中的密勒倍乘效果。由此,共基放大电路的上限频率比共射放大电路高得多,或说带宽要宽得多。

10.4.4　共漏和共集放大电路的高频响应

1. 共漏放大电路的高频响应

图 10-29(a)是源极跟随器,其高频小信号等效电路如图 10-29(b)所示。用开路时间常数法求上限截止频率。

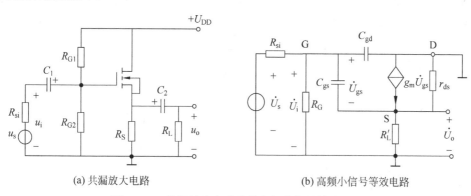

(a) 共漏放大电路　　　　　　　　(b) 高频小信号等效电路

图 10-29　共漏放大电路及其高频小信号等效电路

求电容 C_{gs} 的开路时间常数中的电阻 R_{o1} 的电路如图 10-30(a)所示,这里忽略了 r_{ds} 的影响,$R_L' = R_s /\!/ R_L$。根据图 10-30(a),求 R_{o1} 要列出回路方程

$$u_t = i_t(R_{si} /\!/ R_G) - (g_m u_{gs} - i_t)R_L' = i_t(R_{si} /\!/ R_G) + (i_t - g_m u_{gs})R_L'$$

由于 $u_{gs} = u_t$，而且一般都有电阻 $R_G \gg R_{si}$，则可整理后有

$$u_t(1 + g_m R_L') = i_t(R_{si} + R_L')$$

因而可得

$$R_{o1} = \frac{u_t}{i_t} = \frac{R_{si} + R_L'}{1 + g_m R_L'}$$

求得 C_{gs} 的开路时间常数为

$$\tau_{o1} = C_{gs} R_{o1} = C_{gs}\left(\frac{R_{si} + R_L'}{1 + g_m R_L'}\right) \tag{10-61}$$

求电容 C_{gd} 的开路时间常数中的电阻 R_{o2} 的电路见图 10-30(b)，根据图 10-30(b)，求得 C_{gd} 的开路时间常数为

$$\tau_{o2} = C_{gd} R_{o2} = C_{gd}(R_G \mathbin{/\mkern-5mu/} R_{si}) \approx C_{gd} R_{si} \tag{10-62}$$

从而得到上限截止频率为

$$\omega_H = \frac{1}{\tau_{o1} + \tau_{o2}}$$

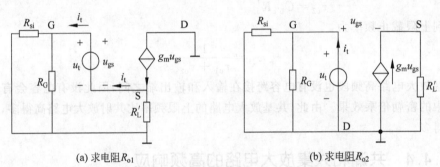

(a) 求电阻 R_{o1}　　　　　　(b) 求电阻 R_{o2}

图 10-30　求源极跟随器开路时间常数的等效电路

2. 共集放大电路的高频响应

图 10-31(a)为射随器，其高频小信号等效电路如图 10-31(b)所示，其中 $R_L' = R_E \mathbin{/\mkern-5mu/} R_L$，$R_B = R_{B1} \mathbin{/\mkern-5mu/} R_{B2}$，图 10-31(c)为求电容 $C_{b'e}$ 的开路时间常数中电阻 R_{o1} 的电路，图 10-31(d)为求电容 $C_{b'c}$ 的开路时间常数中电阻 R_{o2} 的电路。

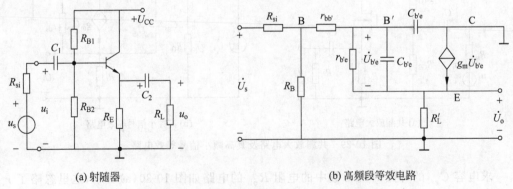

(a) 射随器　　　　　　　　(b) 高频段等效电路

图 10-31　射随器及其高频响应分析电路

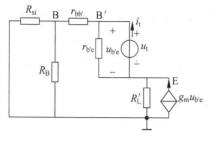

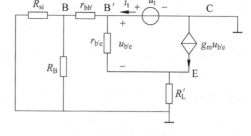

(c) 求电阻R_{o1}的电阻 　　　　　　(d) 求电阻R_{o2}的电阻

图 10-31 （续）

可求得 $C_{b'e}$ 的开路时间常数为

$$\tau_{o1} = C_{b'e} R_{o1} = C_{b'e} \frac{R_{si} /\!/ R_B + r_{bb'} + R'_L}{1 + \dfrac{R'_L + R_{si} /\!/ R_B + r_{bb'}}{r_{b'e}} + g_m R'_L} \tag{10-63}$$

$C_{b'c}$ 的开路时间常数为

$$\tau_{o2} = C_{b'c} R_{o2} = C_{b'c} \big[(r_{bb'} + R_B /\!/ R_{si}) /\!/ (r_{b'e} + (1 + g_m r_{b'e}) R'_L) \big] \tag{10-64}$$

从而得到上限截止频率为

$$\omega_H = \frac{1}{\tau_{o1} + \tau_{o2}}$$

没有共射放大电路中的密勒备乘效果。由此，共集放大电路的上限频率比共射放大电路高得多，或说带宽要宽得多。

10.5　扩展放大电路通频带的方法

扩展放大电路的带宽可以通过减小下限频率和提高上限频率实现。要降低下限频率，可选择大的耦合旁路电容，并增大这些电容两端的等效电阻。当采用直接耦合的放大电路时，下限频率可以降低为 0。提高上限频率的方法的基本原则是：选择 f_T 高的晶体管，并在电路设计上使晶体管的极间电容处在低阻的节点上。具体实施方法是采用负反馈和组合电路的方法，本节讨论组合电路法。由于带宽 $f_{BW} = f_H - f_L$，一般 $f_H \gg f_L$，所以扩展带宽一般是要提高上限频率。

10.5.1　共源-共栅和共射-共基组合电路

共源电路中存在跨接在输入和输出端的电容 C_{gd}，根据密勒定理，折算到输入端的密勒电容是 C_{gd} 被放大 $(1 + g_m R'_L)$ 的结果，这是造成共源放大电路上限频率低的重要原因。要想提高上限频率，除了要选择 f_T 高的晶体管，也可以通过降低 R'_L 来实现。但减小 R'_L 又使中频源电压增益降低。如果采用共源-共栅组合电路，将共栅放大电路插入到共源放大电路与负载 R_L 之间，如图 10-32 所示，共栅放大电路的输入

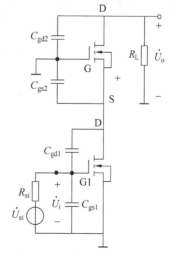

图 10-32　共源-共栅组合电路

电阻为前级共源电路的负载。由于共栅放大电路的输入电阻低,约为 $1/g_m$,能有效地降低共源电路中折算到输入端的密勒电容值,从而提高共源放大电路的上限频率。

具体地,可以分别求出各个电容的开路时间常数,进而求出上限频率。方法与前面介绍的相同,可自行分析。

共射-共基组合电路也是用同样的原理提高上限频率。

10.5.2 共漏-共源电路

由前面的分析可知,要提高共源(共射)放大电路的上限频率,除了尽可能减小密勒电容,信号源内阻也要尽可能小。如果信号源内阻较大,可在信号源与共源(共射)电路之间插入一个共漏(共集)放大电路,构成如图 10-33 所示的共漏(共集)-共源(共射)组合电路。利用共漏(共集)电路输出电阻小、高频特性好的特点,提高共源放大电路的上限频率。

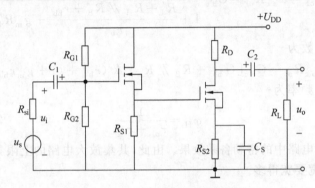

图 10-33 共漏-共源组合电路

10.6 多级放大电路的频率响应

多级放大电路的频率响应分析方法与单级类似,可以用短路时间常数法求下限频率,开路时间常数法求上限频率。相比单级电路,需要处理好各级之间的连接关系,后级充当前级的负载,前级相当于是后级的信号源。

如果推导频率响应函数,多级放大电路的频率响应函数是各级的乘积

$$\dot{A}_u(j\omega) = \frac{\dot{U}_{oN}(j\omega)}{\dot{U}_{i1}(j\omega)} = \frac{\dot{U}_{o1}(j\omega)}{\dot{U}_{i1}(j\omega)} \cdot \frac{\dot{U}_{o2}(j\omega)}{\dot{U}_{i2}(j\omega)} \cdot \cdots \cdot \frac{\dot{U}_{oN}(j\omega)}{\dot{U}_{o(N-1)}(j\omega)}$$

$$= \dot{A}_{u1}(j\omega)\dot{A}_{u2}(j\omega)\cdots\dot{A}_{uN} = \prod_{n=1}^{N}\dot{A}_{un}(j\omega) \tag{10-65}$$

为简化分析,假设每一级放大电路的频率响应为

$$\dot{A}_{un}(j\omega) = \frac{A_{unm}}{1 + j\dfrac{\omega}{\omega_{Hn}}} \tag{10-66}$$

其中，A_{unm} 为第 n 级的中频增益，则多级放大电路的频率响应为

$$\dot{A}_u(j\omega) = \frac{A_{u1m}}{1+j\dfrac{\omega}{\omega_{H1}}} \cdot \frac{A_{u2m}}{1+j\dfrac{\omega}{\omega_{H2}}} \cdot \cdots \cdot \frac{A_{uNm}}{1+j\dfrac{\omega}{\omega_{HN}}} \tag{10-67}$$

其模为

$$|\dot{A}_u(j\omega)| = \prod_{n=1}^{N} \frac{|A_{unm}|}{\sqrt{1+\left(\dfrac{\omega}{\omega_{Hn}}\right)^2}} \tag{10-68}$$

根据上限频率的定义，当 $\omega = \omega_H$ 时，根据式(10-68)有

$$|\dot{A}_u(j\omega_H)| = \frac{\displaystyle\prod_{n=1}^{N}|A_{unm}|}{\sqrt{2}}$$

因此可得

$$\prod_{n=1}^{N} \sqrt{1+\left(\frac{\omega_H}{\omega_{Hn}}\right)^2} = \sqrt{2} \tag{10-69}$$

对式(10-69)两边取平方可得

$$1 + \sum_{n=1}^{N} \left(\frac{\omega_H}{\omega_{Hn}}\right)^2 + 高次项 = 2$$

由于 $\dfrac{\omega_H}{\omega_{Hn}} < 1$，忽略高次项

$$\omega_H^2 \left(\frac{1}{\omega_{H1}^2} + \frac{1}{\omega_{H2}^2} + \cdots + \frac{1}{\omega_{HN}^2}\right) = 1$$

从而可得多级放大电路的上限频率近似为

$$\omega_H = \frac{1}{\sqrt{\dfrac{1}{\omega_{H1}^2} + \dfrac{1}{\omega_{H2}^2} + \cdots + \dfrac{1}{\omega_{HN}^2}}} \tag{10-70}$$

进一步假设各级放大电路的上限频率相等，都为 ω_{H1}，则式(10-69)转化为

$$\prod_{n=1}^{N} \sqrt{1+\left(\frac{\omega_H}{\omega_{H1}}\right)^2} = \sqrt{2} \tag{10-71}$$

对式(10-7)两边取 $1/N$ 次方，则有

$$\sqrt{1+\left(\frac{\omega_H}{\omega_{H1}}\right)^2} = (\sqrt{2})^{\frac{1}{N}}$$

从而解得

$$\omega_H = \sqrt{2^{\frac{1}{N}}-1}\,\omega_{H1} \tag{10-72}$$

可见多级放大电路的增益提高了，但通频带比组成它的任一级都要窄，级数越多，上限频率越低。

小结

放大电路的频率响应是放大电路的重要指标,体现了放大电路对不同频率的信号的放大能力。若放大电路的频响设置不当,输出信号将产生线性失真。

描述放大电路频响的方式有传递函数、波特图以及三个要素(上、下限频率和中频增益)。

为简化分析,一般采用分频带分析的方法分析频响。分别绘制电路的低、中和高三个频段的等效电路,然后进行分析。影响放大电路低频响应的是电路中的耦合、旁路电容,而影响放大电路高频响应的是晶体管的极间电容以及电路中的寄生电容。低频等效电路应包括耦合、旁路电容,求解下限频率可采用短路时间常数法。高频等效电路包括晶体管的极间电容和电路的寄生电容等,上限频率可采用开路时间常数法求得。

共源(共射)电路由于受到密勒电容效应的影响,导致其上限频率低于共栅(共基)和共漏(共集)的上限频率。组合放大电路可以扩展带宽,采用共源-共栅电路组合电路,利用共栅电路输入电阻小的特点,能有效减小密勒电容的影响,提高上限频率。采用共漏-共源电路组合,利用共漏放大电路输出电阻小的特点,有效减小信号源内阻对共源放大电路频率响应的影响,提高上限频率。

习题

10.1 设图 10-34 所示电路中的电阻 R_1 与 R_2 都是 $2k\Omega$,$C_1 = 1\mu F$,$C_2 = 5pF$,试画出该电路低频、中频和高频等效电路,并求出上、下限频率。

10.2 电路如图 10-35 所示,电阻 $R_1 = 2k\Omega$,$R_2 = 4k\Omega$,$C = 1\mu F$,试求该电路低频段传输函数的表达式,并画出幅频波特图。

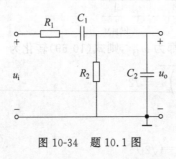

图 10-34 题 10.1 图

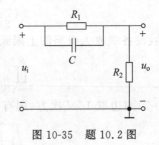

图 10-35 题 10.2 图

10.3 某放大电路的电压传输函数为

$$\dot{A}_u(j\omega) = \frac{A_{um}}{\left(1 + j\dfrac{\omega}{\omega_p}\right)^2}$$

(1) 画出幅频和相频波特图。

(2) 当 $\omega = \omega_p$ 时,幅频波特图中的增益与真实的增益间相差多少?

(3) 求该电路的上限频率。

10.4　某放大电路的幅频波特图如图 10-36 所示。

（1）试求该电路的中频电压增益以及上、下限频率。

（2）当信号频率 $f=f_L$ 或者 $f=f_H$ 时，幅频波特图中读取的电压增益与实际电压增益相同吗？分别是多少？

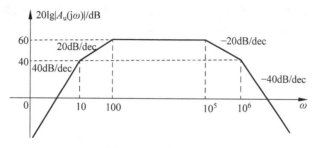

图 10-36　题 10.4 图

10.5　设放大器的电压增益函数为

$$\dot{A}_u(j\omega) = \frac{-10^{14}j\omega(j\omega + 20)}{(j\omega + 100)(j\omega + 10^3)(j\omega + 10^8)}$$

（1）试画出幅频和相频波特图。

（2）求放大电路的上、下限频率。

（3）求中频电压增益 A_{um}。

10.6　NMOSFET 构成的共源放大电路如图 10-37 所示，分别画出该电路的低频小信号等效电路和高频小信号等效电路。

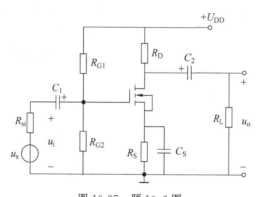

图 10-37　题 10.6 图

10.7　图 10-37 所示电路中，已知 NMOSFET 的参数为 $U_{thn}=1\text{V}$，$K_n=0.5\text{mA/V}^2$，$C_{gs}=5\text{pF}$，$f_T=10\text{MHz}$，$\lambda=0$。电路中 $U_{DD}=10\text{V}$，$R_{si}=4\text{k}\Omega$，$R_{G1}=150\text{k}\Omega$，$R_{G2}=47\text{k}\Omega$，$R_S=0.5\text{k}\Omega$，$R_D=10\text{k}\Omega$，$R_L=10\text{k}\Omega$，$C_1=C_2=1\mu\text{F}$，$C_S=10\mu\text{F}$。

（1）求放大电路的中频源电压增益。

（2）求电路的下限频率。

（3）求电路的上限频率。

（4）求电路的增益带宽积。

10.8　电路及参数如图 10-38 所示，NMOSFET 的参数为 $U_{thn}=1\text{V}$，$K_n=$

$0.4\text{mA/V}^2, C_{\text{gs}}=1\text{pF}, C_{\text{gd}}=0.5\text{pF}, \lambda=0$。电路中 $U_{\text{DD}}=5\text{V}, R_{\text{si}}=2\text{k}\Omega, R_{\text{G1}}=60\text{k}\Omega$，$R_{\text{G2}}=40\text{k}\Omega, R_{\text{D}}=5.1\text{k}\Omega, C=1\mu\text{F}$。求：放大电路的中频源电压增益；电路的上限频率。

10.9   BJT 放大电路如图 10-39 所示，BJT 的参数为 $\beta=60, r_{\text{bb}'}=80\Omega, r_{\text{b}'\text{e}}=1.2\text{k}\Omega$，$C_{\text{b}'\text{e}}=5\text{pF}, r_{\text{ce}}\rightarrow\infty, f_{\text{T}}=300\text{MHz}$。假设电阻 R_{B1} 和 R_{B2} 很大，影响可以忽略，$R_{\text{si}}=2\text{k}\Omega$，$R_{\text{C}}=2\text{k}\Omega, R_{\text{E}}=200\Omega, R_{\text{L}}=1\text{k}\Omega, C_1=C_2=1\mu\text{F}, C_{\text{E}}=50\mu\text{F}$。求：中频源电压增益；电路的下限频率；电路的上限频率；电路的增益带宽积。

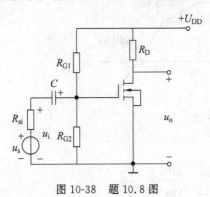

图 10-38 题 10.8 图   图 10-39 题 10.9 图

10.10   共漏放大电路如图 10-40 所示，MOSFET 的参数为 $U_{\text{thn}}=1.5\text{V}, K_{\text{n}}=4\text{mA/V}^2$，$C_{\text{gs}}=5\text{pF}, C_{\text{gd}}=1\text{pF}, \lambda=0$。电路参数为 $U_{\text{DD}}=12\text{V}, R_{\text{si}}=2\text{k}\Omega, R_{\text{G1}}=162\text{k}\Omega, R_{\text{G2}}=463\text{k}\Omega$，$R_{\text{S}}=0.75\text{k}\Omega, R_{\text{L}}=10\text{k}\Omega, C_1=C_2=1\mu\text{F}$。求：中频源电压增益；电路的下限频率；电路的上限频率。

10.11   共栅放大电路如图 10-41 所示，MOSFET 的参数为 $U_{\text{thn}}=1\text{V}, K_{\text{n}}=0.8\text{mA/V}^2, C_{\text{gs}}=5\text{pF}, C_{\text{gd}}=1\text{pF}, \lambda=0$。电路中 $U=5\text{V}, R_{\text{si}}=1\text{k}\Omega, R_{\text{G}}=60\text{M}\Omega, R_{\text{S}}=2\text{k}\Omega, R_{\text{D}}=2\text{k}\Omega, R_{\text{L}}=5.1\text{k}\Omega, C_{\text{c1}}=C_{\text{c2}}=C_{\text{G}}=1\mu\text{F}$。求：中频源电压增益；电路的下限频率；电路的上限频率。

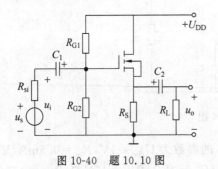

图 10-40 题 10.10 图   图 10-41 题 10.11 图

10.12   图 10-42 中的射随器电路，已知 BJT 的参数为 $\beta=60, r_{\text{bb}'}=100\Omega, C_{\text{b}'\text{e}}=6\text{pF}$，$C_{\text{b}'\text{c}}=2\text{pF}, r_{\text{b}'\text{e}}=1.2\text{k}\Omega, r_{\text{ce}}\rightarrow\infty$。电阻 $R_{\text{B}}=200\text{k}\Omega, R_{\text{si}}=1\text{k}\Omega, R_{\text{E}}=2\text{k}\Omega, R_{\text{L}}=75\text{k}\Omega$，$C_1=C_2=10\mu\text{F}$。求：中频源电压增益；上限频率。

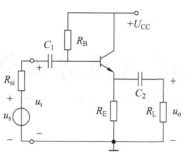

图 10-42 题 10.12 图

第 11 章　集成运算放大器及其应用

CHAPTER 11

旧书不厌百回读，熟读深思子自知。

——苏轼

集成运算放大器（Operational Amplifier，Op-Amp）简称集成运放，实质上是一种高增益、低漂移的多级直接耦合放大器，因为最初主要用作模拟计算机的运算放大器，故称为集成运算放大器。与使用分立元件构成的电路相比，集成运放具有体积小、稳定性好、成本低、易完成运算等很多优点，广泛地应用于运算、测量、控制以及信号的产生、处理和变换等领域。

需要注意的是，集成运放本身不能完成运算功能，只有在外部电路配合下引入负反馈才能实现各种运算。至今，信号的运算仍是集成运放一个重要而基本的应用领域。

第 8 章介绍了集成运放的内部电路，本章首先介绍集成运放的性能指标和分类，然后介绍负反馈的相关知识，最后介绍由集成运放组成的运算电路以及滤波电路。

11.1　集成运算放大器

在工业技术领域中，经常需要将非电量如声音、温度、转速、压力、流量、照度等用传感器转换为电信号，并将其放大。而这些电信号中很多是变化比较缓慢的信号。能够有效地放大缓慢变化的信号的最常用的器件就是集成运放。另外，集成运放也被广泛应用于模拟信号的运算和信号产生电路中。

11.1.1　集成运放的特性

集成运放具有两个输入端，一个输出端，其电路符号如图 11-1 所示。其中的一个输入端称为同相输入端，标记"＋"，表示由该输入端电压产生的输出电压与其同相。另一个为反相输入端，标记"－"，表示由该输入端电压产生的输出电压与其反相。集成运放具有很高的差模电压增益，其输出为

$$u_o = A_{od}(u_p - u_n)$$

集成运放的电压传输特性曲线如图 11-2 所示。由于其开环差模电压增益 A_{od} 很高，只要同相输入端与反相输入端之间有很小的差值电压，输出电压将达到正的最大或者是负的最大

值,这时输出电压 u_o 与输入差模电压(u_p-u_n)不再是线性关系,集成运放工作在非线性区。

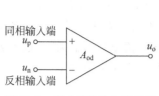

图 11-1　集成运放的电路符号

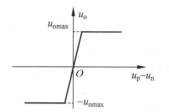

图 11-2　集成运放的电压传输特性曲线

11.1.2　集成运放的主要性能指标

集成运放的性能通常用以下参数描述。

1. 开环差模电压增益 A_{od}

开环差模电压增益为当运放工作于线性区时,运放输出电压与输入差模电压的比值。大多数运放的开环差模电压增益在数万倍或更大,常采用分贝表示。一般运放的 A_{od} 为 $80\sim120dB$。开环是指没有引入反馈,不构成环路,开环差模电压增益就是运放本身的差模电压增益。

2. 差模输入电阻 R_{id}

差模输入电阻 R_{id} 也称为输入电阻,是运放工作在线性区时,两输入端的差模电压变化量与对应的输入端电流变化量的比值。采用双极型晶体管做输入级的运放,其输入电阻不大于 $10M\Omega$。场效应管做输入级的运放的输入电阻一般大于 $10^9\Omega$。

3. 输出电阻 R_o

输出电阻为运放工作在线性区时的输出电阻,一般运放的 $R_o<200\Omega$。

4. 共模抑制比 CMRR

当运放工作于线性区时,运放差模增益与共模增益的比值称为共模抑制比(CMRR)。共模抑制比是一个极为重要的指标,大多数运放的共模抑制比为 $80\sim120dB$。

5. 最大共模输入电压 U_{icmax}

若不断加大共模电压,运放的共模抑制特性显著变差。当运放的共模抑制特性显著变差时的共模输入电压为最大共模输入电压 U_{icmax}。一般定义为当共模抑制比下降 $6dB$ 时的共模输入电压作为最大共模输入电压。

6. 最大差模输入电压 U_{idmax}

最大差模输入电压 U_{idmax} 为运放两输入端允许加的最大输入电压差。当运放两输入端的输入电压差超过 U_{idmax} 时,可能造成运放输入级损坏。

7. 共模输入电阻 R_{ic}

共模输入电阻 R_{ic} 为运放在共模输入时,共模输入电压的变化量与对应的输入电流变化量之比。通常运放的共模输入电阻比差模输入电阻高很多,典型值在 $10^8\Omega$ 以上。

8. 开环带宽 BW

开环带宽为将一个正弦小信号输入到运放的输入端,从运放的输出端测得开环电压增益从运放的直流增益下降 $3dB$(或是相当于运放的直流增益的 0.707)所对应的信号频率。

9. 单位增益带宽 BGW

单位增益带宽 BGW 为运放的闭环增益为 1 的条件下,将一个正弦小信号输入到运放的输入端,从运放的输出端测得闭环电压增益下降 3dB 所对应的信号频率。单位增益带宽是一个很重要的指标,对于正弦小信号放大时,单位增益带宽等于输入信号频率与该频率下的最大增益的乘积,即当知道要处理的信号频率和信号需要的增益后,可以计算出单位增益带宽,用以选择合适的运放。该参数主要用于小信号处理中运放选型。

10. 转换速率 S_R

运放转换速率 S_R(也称为压摆率)为运放闭环条件下,将一个大信号(如阶跃信号)输入到运放,从运放的输出端测得运放的输出上升速率。转换速率 S_R 表示在大信号工作时,运放输出电压的最大变换速率,即

$$S_R = \left| \frac{\mathrm{d}u_o}{\mathrm{d}t} \right|_{max} \tag{11-1}$$

由于在转换期间,运放的输入级处于开关状态,所以运放的反馈回路不起作用,也就是转换速率与闭环增益无关。转换速率对于大信号处理是一个很重要的指标,对于一般运放的 $S_R < 1\mathrm{V}/\mu\mathrm{s}$,高速运放的转换速率 $S_R > 30\mathrm{V}/\mu\mathrm{s}$。目前的超高速运放的 $S_R \geqslant 17\,000\mathrm{V}/\mu\mathrm{s}$。$S_R$ 用于大信号处理中运放选型。

11. 全功率带宽 BW_p

输入正弦信号时,若运放所产生的失真可忽略不计,则输出电压也是正弦波,即

$$u_o = U_{om} \sin\omega t \tag{11-2}$$

若信号使 U_{om} 达到最大摆幅 U_{omax},则

$$S_R = \omega U_{omax} \tag{11-3}$$

这时的频率就定义为全功率带宽 BW_p

$$BW_p = \frac{S_R}{2\pi U_{omax}} \tag{11-4}$$

全功率带宽是一个很重要的指标,用于大信号处理中运放选型。

12. 输入失调电压 U_{IO} 及其温漂 αU_{IO}

理想情况下,当输入电压为零时,集成运放的输出电压也应该为零。但实际中,由于集成运放的输入级电路很难做到完全对称,因而导致输入电压为零时,输出电压不为零。

输入失调电压 U_{IO} 指为了使集成运放输出端电压为零,在两个输入端之间所加的补偿电压。其数值是当 $u_i = 0$ 时,输出电压折合到输入端电压的负值。输入失调电压反映了运放内部的电路对称性,对称性越好,输入失调电压越小。

U_{IO} 与制造工艺有一定关系,其中双极型工艺的输入失调电压为 $\pm 1 \sim 10\mathrm{mV}$;采用场效应管做输入级的,输入失调电压会更大一些。对于超低失调运放,输入失调电压一般在 $0.5 \sim 20\mu\mathrm{V}$。输入失调电压越小,直流放大时零点偏移越小,越容易处理。所以输入失调电压对于精密运放是一个极为重要的指标。

温度变化会引起 U_{IO} 变化。输入失调电压的温度漂移(简称温漂)αU_{IO} 指在给定的温度范围内,U_{IO} 的变化与温度变化的比值。这个参数实际是输入失调电压的补充,便于计算在给定的工作范围内,放大电路由于温度变化造成的漂移大小。一般运放的输入失调电压温漂在 $\pm(10 \sim 20)\mu\mathrm{V}/℃$ 之间,精密运放的输入失调电压温漂小于 $\pm 1\mu\mathrm{V}/℃$。

13. 输入偏置电流 I_{IB}

输入偏置电流 I_{IB} 指运放输入电压为零时,两输入端的偏置电流平均值,即

$$I_{IB} = (I_{Bn} + I_{Bp})/2$$

I_{IB} 越小,信号源内阻变化引起的输出电压变化也越小。

输入偏置电流与制造工艺有一定关系,其中 BJT 做输入级的集成运放的 I_{IB} 在 $\pm 10\text{nA} \sim 1\mu\text{A}$;采用 MOSFET 作为输入级,输入偏置电流一般低于 1nA。

14. 输入失调电流 I_{IO} 及其温漂 αI_{IO}

输入失调电流 I_{IO} 指当运放的输入电压为零时,其两输入端偏置电流的差异值,即

$$I_{IO} = | I_{Bn} - I_{Bp} |$$

输入失调电流同样反映了运放内部的电路对称性,对称性越好,输入失调电流越小。I_{IO} 是运放的一个十分重要的指标,对于小信号精密放大或是直流放大有重要影响,特别是运放外部采用较大的电阻(例如 $10\text{k}\Omega$ 或更大)时,输入失调电流对精度的影响可能超过输入失调电压对精度的影响。输入失调电流越小,直流放大时零点偏移越小,越容易处理。

输入失调电流温漂 αI_{IO} 指在给定的温度范围内,输入 I_{IO} 变化与温度变化的比值。这个参数实际是输入失调电流的补充,便于计算在给定的工作范围内,放大电路由于温度变化造成的漂移大小。输入失调电流温漂一般只是在精密运放参数中给出,而且是在处理直流信号或交流小信号时才需要关注。

15. 电源电压抑制比 K_{SVR}

电源电压抑制比 K_{SVR} 是运放工作在线性区时,运放输入失调电压随电源电压的变化比值,见式(11-5)。反映了电源变化对运放输出的影响。所以运放用作直流信号处理或是小信号放大时,运放的电源需要做认真细致的处理。当然,共模抑制比高的运放,能够补偿一部分电源电压抑制比,另外,在使用双电源供电时,正负电源的电源电压抑制比可能不相同。

$$K_{SVR} = \left| \frac{\partial(U_{CC} + U_{EE})}{\partial U_{IO}} \right| \tag{11-5}$$

16. 静态功耗 P_D

静态功耗 P_D 是静态时电源所消耗的功率

$$P_D = U_{CC} I_C + U_{EE} I_E \tag{11-6}$$

17. 输出电压峰-峰值

输出电压峰-峰值是集成运放在当前供电电源电压以及指定的负载下,运放能够输出的最大电压幅度。一般运放的输出电压峰值不能达到电源电压,这是由运放输出级电路造成的。部分低压运放的输出级做了特殊处理,输出电压峰值与电源电压的差值在 50mV 以内,所以称为满幅输出运放,又称为轨到轨(rail-to-rail)运放。

需要注意的是,运放的输出电压峰-峰值与负载有关,负载不同,输出峰-峰值电压也不同;运放的正负输出电压摆幅不一定相同。对于实际应用,输出电压峰越接近电源电压越好,这样可以简化电源设计。但是现在的满幅输出运放只能工作在低压,而且成本较高。

11.1.3 集成运放的分类

集成运放可以按照不同准则分类,这里介绍按照性能指标进行分类,一般可分为通用运

放、低功耗运放、精密运放、高输入阻抗运放、高速运放、宽带运放、高压运放等。

(1) 通用运放就是具有最基本功能的最廉价的运放。这类运放用途广泛,使用量最大。

(2) 低功耗运算放大器在通用运放的基础上大大降低了功耗,可以用于对功耗有限制的场所,例如手持设备。它具有静态功耗低、工作电压可以低到接近电池电压、在低电压下还能保持良好的电气性能等优点。随着 MOS 技术的进步,低功耗运放已经不是个别现象。低功耗运放的静态功耗一般低于 1mW。

(3) 精密运放是指温漂和噪声非常低、差模增益和共模抑制比非常高的集成运放,也称作低漂移运放或低噪声运放。这类运放的温度漂移一般低于 $1\mu V/℃$。由于技术原因,早期部分运放的失调电压比较高,可能达到 1mV;现在精密运放的失调电压约为 0.1mV;采用斩波稳零技术的精密运放的失调电压约为 0.005mV。精密运算放大器主要用于对放大处理精度有要求的地方,例如自控仪表等。

(4) 高输入阻抗运放一般是指采用结型场效应管或是 MOSFET 做输入级的集成运放,这包括了全 MOSFET 的集成运放。高输入阻抗运放的输入阻抗一般大于 $10^9\,\Omega$。高输入阻抗运放的一个附带特性就是转换速度比较高。高输入阻抗运放用途十分广泛,例如采样保持电路、积分器、对数放大器、测量放大器、带通滤波器等。

(5) 高速运放是指转换速度较高的运放。一般转换速度在 $100V/\mu s$ 以上。高速运放用于高速 AD/DA 转换器、高速滤波器、高速采样保持、锁相环电路、模拟乘法器、视频电路中。目前最高转换速度已经可以达到 $6000V/\mu s$。

(6) 宽带运放是指-3dB 带宽(BW)比通用运放宽得多的集成运放。很多高速运放都具有较宽的带宽,也可以称作高速宽带运放。这个分类是相对的,同一个运放在不同使用条件下的分类可能有所不同。宽带运放主要用于处理输入信号的带宽较宽的电路。

(7) 高压运放是为了解决高输出电压或高输出功率的要求而设计的。在设计中,主要解决电路的耐压、动态范围和功耗的问题。高压运放的电源电压可以高于 $\pm20V$,输出电压可以高于 $\pm20V$。当然,高压运放可以在通用运放输出后面外扩晶体管代替。

通常在设计集成运放应用电路时不用研究运放的内部电路,主要根据设计需求选择有相应性能指标的集成运放。比如,对于模拟信号的放大以及运算等往往有精度的要求,应考虑集成运放的开环差模电压增益 A_{od}、失调电压 U_{IO}、失调电流 I_{IO} 以及转换速率 S_R 等指标参数。

除了考虑技术指标要求,还应考虑可靠性、稳定性以及价格。一般情况下首选通用运放,因为通用运放的各项参数比较均衡,性价比高。专用运放虽然某项指标做得很突出,但其他参数有可能不佳。

11.2 反馈放大器

要想用集成运放完成运算功能,必须引入负反馈。

反馈是将放大器的输出信号取样,再回送到输入端的过程。反馈又分正、负两种极性的反馈,放大电路通常引入的是负反馈,负反馈能改善放大电路的性能。在负反馈系统中,原始信号与反馈信号不断地进行比较,一旦出现误差(目标差)放大器会自动进行调整,随着逐次调整,误差会逐次减小,最后使得输出信号最大限度地逼近原始信号,实现了保真放大。

　　负反馈的实质是输出参与控制输入,使用负反馈的目的是使系统工作在最佳状态。电路施加负反馈以后,可以提高增益的稳定度,减小失真,可以按照需要改变放大器的传输特性及输入电阻和输出电阻。尽管负反馈会使系统的增益有所下降,但对系统的性能改善显著,所以在电子电路中得到广泛的应用。

11.2.1　反馈的基本概念

　　反馈是指把放大电路输出回路中某个电量(电压或电流)的一部分或全部,通过一定的电路形式(反馈网络)送回到放大电路的输入回路,并同输入信号一起参与控制基本放大电路的输入,以使放大电路某些性能获得改善的过程。

　　反馈过程可用图 11-3 所示框图表示。引入反馈后的放大电路称为反馈电路。

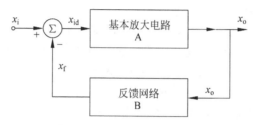

图 11-3　反馈放大基本框图

11.2.2　反馈的分类和判别

　　反馈放大电路主要分为基本放大电路和反馈网络两部分,可以从多个方面和角度去考虑和分析放大电路。在输入信号 x_i 保持不变的情况下,从引入反馈后输出信号增强还是减弱的角度,有正反馈与负反馈之分;从是将放大电路输出端的直流信号还是交流信号取样送给反馈网络的角度,有直流反馈与交流反馈之分;从是将放大电路输出端的电压信号还是电流信号取样送给反馈网络的角度,有电压反馈与电流反馈之分;从反馈网络的输出信号与输入信号在基本放大电路的输入端是电压叠加还是电流叠加的角度,有串联反馈与并联反馈之分。下面首先介绍如何判断电路引入反馈,再分析如何识别不同类型的反馈。

1. 反馈有无的判别

　　判断放大电路是否存在反馈,主要是找到输出回路与输入回路之间是否有反馈通路。即寻找连接输入回路与输出回路的通路。比如,若有元件连接在输入端和输出端之间,或者输入回路和输出回路有公共元件,都是有反馈的表现。

2. 正反馈和负反馈

　　根据反馈极性的不同,可以分为正反馈与负反馈。由图 11-3 反馈放大电路基本框图可知,反馈信号送回到基本放大电路的输入端口,反馈信号与原输入信号进行叠加作为基本放大电路的新的输入信号,称为净输入信号 x_{id}。如果净输入信号小于原输入信号,这种反馈称为负反馈;如果净输入信号大于原输入信号,这种反馈称为正反馈。正反馈和负反馈对电路性能的影响是完全不同的,引入一个负反馈可以改善放大电路的很多性能,但是,引入正反馈有可能会使电路不稳定,放大电路中一般都是引入负反馈,因此主要讨论负反馈放大电路。

反馈极性的判别,通常采用瞬时极性法,其具体方法是:首先假设输入信号 u_i 某瞬时的极性为正,并用"+"号标出;然后按照信号正向传输的路径,从输入到输出逐级标出放大电路中各有关节点电位的瞬时极性,用"(+)"或者"(−)"号表示极性;再按照反馈信号反向传输的路径从输出到输入标出瞬时极性,分别用"⊕"或者"⊖"号标出;最后根据引入反馈前后净输入信号的变化判断出反馈极性,使净输入信号减小的是负反馈,反之,使净输入信号增大的是正反馈。这里判断正、负反馈的着眼点是观察净输入信号的变化。

比如图 11-4(a)中的运放构成的电路,净输入为 $u_p - u_n$。假设输入信号 u_i 某瞬时的极性为正,按照信号正向传输的路径,得到输出极性为负(因为 u_i 是从反相端输入,导致 u_o 的极性为负);再由反馈信号的反向传输路径标出回到反相输入端的电压极性也为负(电阻 R_2 不会改变信号的极性),可见输入信号使 u_n 增高,而反馈信号使得 u_n 降低,电路中 $u_p = 0$,所以净输入信号幅度降低,引入了负反馈。

再比如图 11-4(b)中的电路,假设输入信号 u_i 某瞬时的极性为正,按照信号正向传输的路径,得到输出极性为正(因为 u_i 是从同相端输入,导致 u_o 的极性为正);再由反馈信号的反向传输路径标出回到反相输入端的电压极性也为正(电阻 R_2 不会改变信号的极性)。输入信号使 u_p 增高,当没有反馈时(R_2 开路,$u_n = 0$),净输入为 $u_p = u_i$,引入反馈信号使得 u_n 增高,所以净输入信号 $u_p - u_n$ 幅度降低,引入了负反馈。

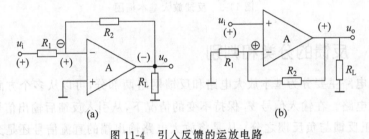

图 11-4　引入反馈的运放电路

另外一种判断正负反馈方法为环路极性法,首先找到基本放大电路和反馈网络构成的闭合环路。在该闭合环路中,在任意点将环路断开,假设输入一个极性为正的信号,该信号沿着环路传输一圈再回到断开点,如果回到断开点的信号极性变成负,则为负反馈,否则为正反馈。

图 11-5 为由 BJT 构成的两级放大器,根据基本放大电路的知识,若节点①处电压的极性为"(+)",则节点⑦电压的极性为负,标记为"(−)",节点③电压极性为正,标记为"(+)"。

若将节点③⑥连接,节点①⑤连接,这样就构成一个闭合的反馈回路。假设在节点①处将该环路断开,如图 11-5 所示,并假设有一极性为正的信号从断开处 A 为起点沿着环路传输,最终回到另一断开处 B。该信号从 A 开始传输到达节点⑦信号极性变为"−",传输到节点③时信号极性变"+",通过反馈电阻 R_f 回到另一断开处 B 的极性仍为"+",表明一个极性为正的信号,绕着闭合环路回到起点仍为正,说明该反馈为正反馈。

若将节点③⑥连接,节点②⑤连接,这样就构成一个闭合的环路,如图 11-6 所示。在该闭合回路中,假设在节点②打开,以断开处 A 为起点输入一个极性为正的信号,该信号沿着放大电路正向传输方向到达节点⑦信号极性变为"+",传输到节点③时信号极性变"−",通过反馈电阻 R_f 传输到断开处 B,信号极性仍为"−",表明一个极性为"+"的信号,绕着闭

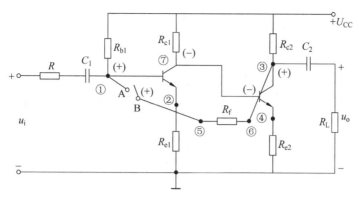

图 11-5 正反馈判断示例

合环路回到起点变为"一",说明该反馈为负反馈。

另外还可将节点④⑥连接,节点①⑤连接构成反馈;或者将节点④⑥连接,节点②⑤连接构成反馈,读者可自行判断这两种情况下的反馈极性。

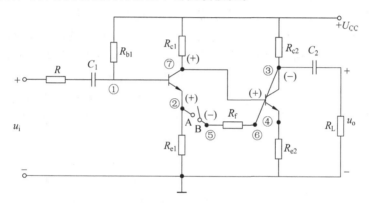

图 11-6 负反馈判断示例

3. 直流反馈和交流反馈

由于在放大电路中既含有直流信号又含有交流信号,因而有直流反馈与交流反馈之分。如果反馈元件只能传递直流信号,称为直流反馈;若反馈元件只能传递交流信号,称为交流反馈;若两者都能传递,称为交直流反馈。直流反馈影响放大电路的直流性能,如静态工作点。交流反馈会影响放大电路的交流性能,如电压放大倍数、输入电阻、输出电阻、带宽等。

【例 11-1】 判断图 11-7 所示电路是否存在反馈,并指出哪些元件构成直流反馈,哪些元件构成交流反馈。

解:(1)找出输入回路和输出回路的连接通路。

R_3——局部反馈(第一级输入回路与输出回路所共有);

R_4——局部反馈元件(第二级输入回路与输出回路所共有);

R_5——构成两级的反馈元件(连接输入端与输出端)。

(2)区分交、直流反馈。

R_3——只构成直流反馈;

R_4——构成交、直流反馈;

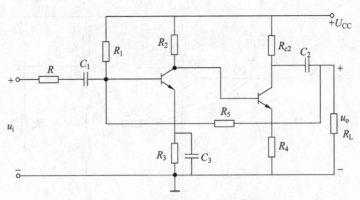

图 11-7　电路的直流反馈与交流反馈

R_5——只构成交流反馈。

4. 电压反馈和电流反馈

如果将放大电路的输出电压或其一部分作为反馈网络的输入,引入的反馈就是电压反馈。如果是将输出端口的电流或其一部分信号取出送到反馈网络,则为电流反馈。

(1) 电压反馈:反馈信号的大小与输出电压成比例(从输出端口取样的是电压信号)。

(2) 电流反馈:反馈信号的大小与输出电流成比例(从输出端口取样的是电流信号)。

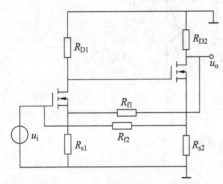

图 11-8　电压反馈与电流反馈交流通路

根据电压反馈的定义 $x_f = Bu_o$ 可以知道,x_f 与 u_o 呈线性关系。利用这样的线性关系特性,可以通过 $u_o = 0$ 时 x_f 是否也为零判断是否为电压反馈,称为输出短路法。

假设负载短路,即输出电压 $u_o = 0$,若此时反馈信号 $x_f = 0$,则为电压反馈;若反馈信号仍然存在($x_f \neq 0$),则说明反馈信号与输出电压不成比例,就为电流反馈。

一般来说,反馈信号取自电压输出端(R_L 两端)的为电压反馈,反馈信号取自非电压输出端的为电流反馈,如图 11-8 所示。

将图 11-8 输出端短路,即 $u_o = 0$,则电阻 R_{f1} 的右端接地,由电阻 R_{f1} 引入的反馈消失;另外,场效应管的漏极电流仍然存在,通过电阻 R_{f2} 将输出信息送回到放大电路的输入端,反馈仍然存在。因此可以知道,电阻 R_{f1} 引入的反馈是电压反馈,电阻 R_{f2} 引入的反馈是电流反馈。

根据输出短路法可以知道,图 11-9 中,假设 $u_o = 0$,反馈消失,是电压反馈。图 11-10 中,假设 $u_o = 0$,而漏极电流仍然存在,流过 R_S 形成反馈电压,说明反馈没有消失,因此引入的反馈是电流反馈。

如图 11-11 所示的反馈放大电路中,若将负载电阻 R_L 短路(即 $u_o = 0$),则电路中的反馈消失,所以为电压反馈。

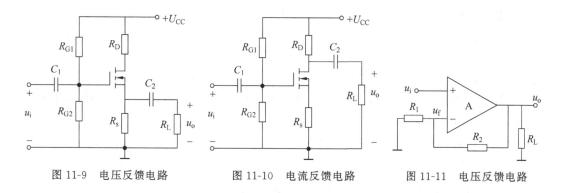

图 11-9 电压反馈电路　　　图 11-10 电流反馈电路　　　图 11-11 电压反馈电路

在实际应用中,若要稳定输出电压,则应采样输出电压,以负反馈形式送输入端。这时任何外界因素引起的输出电压变化,将通过反馈网络立即回送到放大电路的输入端,引起净输入信号向反方向的变化,从而使输出电压的变化量得到削弱,输出电压便趋于稳定。

如图 11-11 所示电路中,如果负载 R_L 变大,则 u_o 增大,反馈信号 $u_f = \dfrac{R_1}{R_1 + R_2} u_o$。随之增大,$u_{id} = u_i - u_f$ 减小(u_i 保持一定时),导致 u_o 下降,从而稳定了输出电压。说明电压负反馈电路具有恒压的输出特性。

同样地,若要稳定输出电流,则应引入电流负反馈,电流负反馈具有恒流的输出特性。

5. 串联反馈和并联反馈

引入的反馈是串联反馈还是并联反馈由反馈信号 x_f 与输入信号 x_i 在基本放大电路输入端的连接方式判定。根据输入端信号求和方式的不同,分为串联反馈和并联反馈。当进行电压求和时,反馈的总量要以电压的形式出现,这时信号源端、反馈网络输出端与基本放大器输入端是相互串联的,以便在输入回路进行电压求和,称为串联反馈。当电流求和时,反馈的总量要以电流的形式出现,这时信号源端、反馈网络输出端与基本放大器的输入端是并联的,以便在输入端进行电流求和,称为并联反馈。

实际上常常根据输入信号 x_i 和反馈信号 x_f 是否连接在同样一个输入端来判断是串联反馈还是并联反馈。当输入信号 x_i 和反馈信号 x_f 连接在同样一个输入端时,引入的反馈是并联反馈;当输入信号 x_i 和反馈信号 x_f 连接在不同的输入端时,引入的反馈是串联反馈。

如图 11-12 所示,输入信号 x_i 和反馈信号 x_f 都连接在集成运算放大器的反相输入端,因此引入的反馈为并联反馈。如图 11-13 所示,输入信号 x_i 连接在集成运算放大器的同相输入端,反馈信号 x_f 连接在集成运算放大器的反相输入端,两个信号分别连接在两个不同的输入端,因此引入的反馈为串联反馈。

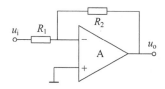

图 11-12 集成运放并联反馈

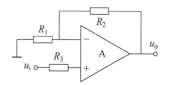

图 11-13 集成运放串联反馈

需要说明的是,在串联负反馈时,基本放大电路的净输入信号 $u_{id} = u_i - u_f$,要使串联反馈的效果最佳,即反馈电路对净输入电压 u_{id} 的调节作用最强,则要求输入电压固定不变,这只有在信号源 u_s 的内阻 $R_{si} = 0$ 时才能实现,此时有 $u_i = u_s$。串联反馈要求信号源的内阻越小越好。同理,对于并联负反馈而言,为增强负反馈效果,则要求信号源内阻越大越好,当信号源内阻 $R_{si} = \infty$ 时,有 $i_i = i_s$,$i_{id} = i_i - i_f$,对反馈信号的变化最灵敏,并联负反馈的效果最佳。

6. 四种组态负反馈

对于负反馈来说,根据反馈信号在输出端采样方式以及在输入端求和形式的不同,共有四种组态,它们分别是:电压串联负反馈,电压并联负反馈,电流串联负反馈,电流并联负反馈。

11.2.3　负反馈放大电路的基本方程

图 11-14 表示一个反馈放大器的框图。它把反馈放大器分解成两个部分。一部分是未加反馈的放大器,称为基本放大器 A;另一部分是反馈网络 B。两者构成的闭合环路称为反馈电路。

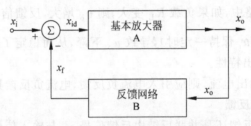

图 11-14　负反馈放大器基本框图

图 11-14 中箭头方向表示信号传输方向,并假设基本放大器 A 和反馈网络 B 都是单向传输的,即信号只能通过基本放大器由左向右传,而反馈网络只能将输出信号由右向左传到输入端。图中的符号 Σ 表示一个理想加法器,它不考虑负载效应。输出的取样点 x_o 是无损耗的传输点。整个图形的运算规则与信号流图完全一样。

图 11-14 中 x_i 表示输入信号,x_f 为反馈信号,x_{id} 为净输入信号,它们的量纲可以是电压,也可以是电流。x_o 是输出信号,其量纲也有电流和电压之分。

从图 11-14 知,基本放大器的净输入信号 $x_{id} = x_i - x_f$;基本放大器的增益(或传输比) $A = \dfrac{x_o}{x_{id}}$;反馈网络的反馈系数 $B = \dfrac{x_f}{x_o}$。

利用以上三个关系式,可以导出反馈放大器的增益(又称闭环增益)A_f 为

$$A_f = \frac{x_o}{x_i} = \frac{x_o}{x_{id} + x_f} = \frac{x_o}{x_{id} + Bx_o} = \frac{Ax_{id}}{x_{id} + BAx_{id}} = \frac{A}{1 + AB} \tag{11-7}$$

式(11-7)表明,反馈放大器的增益,可以通过基本放大器的增益和反馈系数求得。该方程就是非常有用的反馈方程。这个方程不仅揭示了反馈的主要特征,而且也建立了反馈的理论基础。

$(1 + AB)$ 是衡量反馈的重要指标,称为反馈深度,用 F 表示,即

$$F = 1 + AB \tag{11-8}$$

利用反馈深度可以判断正、负反馈;表征反馈的强弱;并能表示净输入信号与原输入

信号之间的定量关系。

（1）$1+AB>1$ 时，为负反馈。

（2）$1+AB<1$ 时，为正反馈。

（3）$1+AB=0$ 时，为自激振荡。

对于负反馈而言，$(1+AB)$ 总是大于1的，反馈深度越大，说明负反馈越强，即负反馈放大器的增益降低得越多。此外，负反馈放大器各种性能变化都与反馈深度 $(1+AB)$ 有关。根据式（11-7），反馈深度可改写为

$$1+AB = \frac{A}{A_f} = \frac{x_o/x_{id}}{x_o/x_i} = \frac{x_i}{x_{id}} \qquad (11-9)$$

式（11-9）提供了更为直接的判断反馈极性的办法。正反馈时，因为 $1+AB<1$，所以有 $x_{id}>x_i$；负反馈时，因为 $1+AB>1$，所以有 $x_i>x_{id}$。这也正是前面判断反馈极性时用到的方法：利用净输入信号与原输入信号的比较结果确定正、负反馈。

对于负反馈而言，式（11-9）表明一个重要的反馈机理：反馈深度就是输入信号 x_i 比净输入信号 x_{id} 大反馈深度的倍数。引入负反馈之后，输入信号 x_i 与反馈信号 x_f 进行比较时，损失了一部分信号，由差值信息 x_{id} 作为基本放大器的驱动信号。

需要强调指出：每种类型的反馈电路有唯一对应的反馈公式，因反馈类型不同，其公式的量纲也不同，归纳如表11-1所示。

表 11-1 不同反馈类型，信号量纲的选择

信号传输比	反馈类型			
	串 联 电 压	并 联 电 压	串 联 电 流	并 联 电 流
x_o	电压	电压	电流	电流
x_i, x_f, x_{id}	电压	电流	电压	电流
A	$A_u = \dfrac{u_o}{u_{id}}$	$A_r = \dfrac{u_o}{i_{id}}$	$A_g = \dfrac{i_o}{u_{id}}$	$A_i = \dfrac{i_o}{i_{id}}$
B	$B_u = \dfrac{u_f}{u_o}$	$B_g = \dfrac{i_f}{u_o}$	$B_r = \dfrac{u_f}{i_o}$	$B_i = \dfrac{i_f}{i_o}$
A_f	$A_{uf} = \dfrac{A_u}{1+A_u B_u}$	$A_{rf} = \dfrac{A_r}{1+A_r B_g}$	$A_{gf} = \dfrac{A_g}{1+A_g B_r}$	$A_{if} = \dfrac{A_i}{1+A_i B_i}$

11.2.4 负反馈对放大电路性能的影响

放大电路引入负反馈以后，会使放大电路的闭环增益下降，这对于放大电路而言是一种损失，但是换来了很多其他的优势。比如，负反馈可以使增益的稳定度提高；减小非线性失真；扩展放大器的带宽；改变输入电阻和输出电阻等。此外，直流负反馈还能稳定静态工作点。但是过强的负反馈可能导致系统自激而无法工作，这点在电路设计和调试中要充分注意。下面分别详细介绍引入负反馈以后，对放大电路的各种性能的影响。

1. 负反馈使增益的稳定度提高

放大器中有源器件的参数随外界条件（如温度或电源电压）的改变而变化，往往引起增益 A 的不稳定。采用负反馈能够提高闭环增益的稳定性。我们假设反馈系数是稳定不变

的。放大倍数稳定性提高的程度与反馈深度有关。

引入负反馈以后,负反馈放大电路的放大倍数为

$$A_f = \frac{A}{1+AB}$$

对变量 A 求导数,可得

$$\frac{dA_f}{dA} = \frac{1}{(1+AB)^2} \tag{11-10}$$

式(11-10)两边都除以 A_f,则可得

$$\frac{dA_f}{A_f} = \frac{1}{1+AB} \times \frac{dA}{A} \tag{11-11}$$

式(11-11)中,dA_f/A_f 和 dA/A 分别表示有反馈与无反馈时放大倍数的相对稳定度。式(11-11)表明,放大器施加负反馈以后,其增益的相对变化量减小为 $1/(1+AB)$。例如某放大器的增益 A,因外界因素发生 10% 的变化,施加负反馈以后,假如反馈深度 $1+AB=10$,可知 A_f 的相对变化只有 1%。稳定度提高 10 倍,但是闭环增益同时也降低为原来的 $1/10$。

从负反馈的自动调节原理来看,尽管放大倍数 A 的变化,引起 x_o 的变化,但因负反馈的作用,使净输入信号 x_{id} 也随 x_o 而变化,且与 x_o 的变化趋势相反,其结果使 x_o 可以自动保持稳定,从而提高了 $A_f = x_o/x_i$ 的稳定性。这里 A_f 的具体含义同样由电路的组态决定。

2. 减小非线性失真

在大信号放大时,晶体管本身的非线性特性就要显露出来,当用一个正弦信号驱动放大器时,其输出波形如图 11-15(a)所示。输出波形的上下幅度不对称,上半周大、下半周小,产生以偶次谐波为主的非线性失真。将这样的放大器施加负反馈以后。假如反馈网络 B 不产生非线性失真,那么经取样而回归到输入端的反馈信号也应该是上半周大、下半周小。再与原输入信号进行相减后,产生的净输入信号就变成上半周小、下半周大,这种净输入信号预先产生的畸变正好纠正了基本放大器的失真,使得输出波形得到改善,如图 11-15(b)所示。

需要指出的是,由于负反馈的引入,在减小非线性失真的同时,降低了输出幅度,而且对输入信号的固有失真,负反馈是无能为力的。如果出现严重削波,利用负反馈校正是不可能的。

3. 扩展放大器的带宽

由于放大电路中存在电抗元件,放大电路对不同频率的输入信号呈现出不同的放大倍数,如耦合电容、旁路电容会引起放大电路在低频段的增益衰减并引起相移,PN 结的结电容以及极间电容会引起放大电路在高频段的增益衰减并引起相移。放大器的增益可以看作随着频率变化的一种不稳定性。

假设放大电路的中频增益为 A_m,上下限截止频率分别为 f_H、f_L,则基本放大电路高频段的开环增益为

$$\dot{A}_H(f) = \frac{A_m}{1+jf/f_H} \tag{11-12}$$

引入负反馈以后,并假设 B 为实数,根据负反馈放大电路的放大倍数为

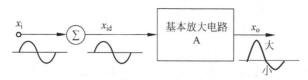

(a) 基本放大电路波形

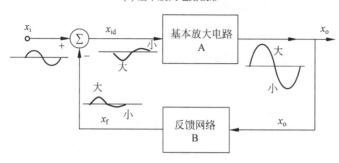

(b) 加入负反馈后波形

图 11-15　负反馈减小非线性失真

$$A_f = \frac{A}{1+AB}$$

则高频闭环增益函数为

$$\dot{A}_{Hf}(f) = \frac{A_H(f)}{1+A_{Hf}(f)B} = \frac{A_m/(1+\mathrm{j}f/f_H)}{1+A_m/(1+\mathrm{j}f/f_H)B}$$

$$= \frac{A_m}{1+A_mB+\mathrm{j}f/f_H} = \frac{A_m/1+A_mB}{1+\mathrm{j}f/(1+A_mB)f_H} \tag{11-13}$$

从式(11-13)可以看出,放大电路引入负反馈以后中频增益为

$$A_{mf} = \frac{A_m}{1+A_mB}$$

引入反馈以后,放大电路的上限截止频率为

$$f_{Hf} = (1+A_mB)f_H$$

同理可以推导出,引入负反馈以后,反馈放大电路的下限频率为

$$f_{Lf} = \frac{f_L}{1+A_mB}$$

引入负反馈以后,放大电路的带宽为

$$BW_f = f_{Hf} - f_{Lf} = (1+A_mB)f_H - \frac{f_L}{1+A_mB}$$

由于引入负反馈以后放大电路的上限截止频率增大,下限截止频率减小,因而其带宽增大,一般情况下 $f_{Hf} \gg f_{Lf}$,所以反馈放大电路的带宽为 $BW_f \approx f_{Hf} = (1+A_mB)f_H$。引入负反馈以后,放大电路的放大倍数减小为 $A_{mf} = \dfrac{A_m}{1+A_mB}$,放大电路的增益-带宽积可表示为

$$A_{mf} \cdot BW_f \approx \frac{A_m}{1+A_mB}(1+A_mB)BW = A_m \cdot BW \tag{11-14}$$

式(11-14)表明,放大电路在有无反馈时的增益和带宽的乘积约为一个常数,所以,在设计放

大电路时必须权衡增益与带宽之间的矛盾。

下面以 μA741 为例,进行反馈的定量分析。设 μA741 的开环增益 $A_u = 10^5$(即 100dB),开环的上限频率为 $f_H = 10\text{Hz}$。图 11-16 和表 11-2 描写了 μA741 的闭环增益与频率的关系。可见,其 3dB 带宽只有 10Hz,非常窄。但是,加入负反馈后会使频带变宽。

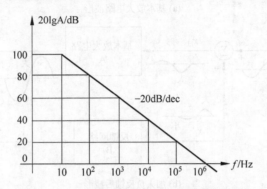

图 11-16   负反馈对通频带和放大倍数的影响

表 11-2 μA741 的闭环增益与带宽的关系

闭环增益 $20\lg\lvert A_{uf}\rvert$ /dB	上限频率 f_H/Hz
80	10^2
60	10^3
40	10^4
20	10^5
0	10^6

4. 对输入电阻和输出电阻的影响

放大电路引入不同的负反馈后,对输入电阻和输出电阻将产生不同的影响。

1) 负反馈对输入电阻的影响

输入电阻是从放大电路输入端口看进去的等效电阻。因为反馈放大电路输入端的反馈方式有串联和并联之分,故负反馈对放大电路输入电阻的影响与其是串联反馈还是并联反馈有关。串联负反馈能使输入电阻提高,而并联负反馈则使输入电阻减小。所以通过负反馈是改变输入电阻的重要手段。

(1) 串联负反馈使输入电阻增大。对于串联负反馈,由于反馈网络的输出信号与外加输入信号以电压形式求和,且是负反馈,因此反馈电压 u_f 将消弱输入电压 u_i 的作用,使得净输入电压 u_{id} 减小,输入电流比不存在负反馈时的输入电流小,因而输入电阻增大。而且,反馈深度越深,输入电阻提高越多。图 11-17 为串联负反馈简化图,R_i 为基本放大电路的输入电阻,R_{if} 为负反馈放大电路输入电阻,基本放大器输入电阻为

$$R_i = \frac{u_{id}}{i_i} \tag{11-15}$$

引入反馈以后,反馈放大电路的输入电阻为

$$R_{if} = \frac{u_i}{i_i} = \frac{u_{id} + u_f}{i_i} = \frac{(1+AB)u_{id}}{i_i} = (1+AB)R_i \tag{11-16}$$

从式(11-16)可以看出,引入串联负反馈以后,输入电阻增加,增加为基本放大电路输入电阻的$(1+AB)$倍。

　　要注意的是,这里的R_i必须是反馈环内的量,和外部电路无关。例如,串联反馈中,基极偏置电阻R_b对信号源的负载效应不因$(1+AB)$大小而变,故不属环内量。因此,如果考虑R_b,放大电路实际输入电阻为$R'_{if}=R_{if}//R_b$。

　　(2) 并联负反馈使输入电阻减小。图 11-18 为并联负反馈简化图,反馈信号和外加输入信号以电流形式求和,由于引入的反馈是负反馈,因此在保持输入电压不变的情况下,净输入电流减小,导致反馈放大电路的输入电阻减小。R_i为基本放大电路的输入电阻,R_{if}为负反馈放大电路的输入电阻。基本放大器输入电阻为

$$R_i = \frac{u_i}{i_{id}} \tag{11-17}$$

引入反馈以后,反馈放大电路的输入电阻为

$$R_{if} = \frac{u_i}{i_i} = \frac{u_i}{i_{id}+i_f} = \frac{u_i}{i_{id}+(1+AB)i_{id}} = \frac{R_i}{1+AB} \tag{11-18}$$

从式(11-18)可以看出,引入并联负反馈以后,输入电阻减小,减小为基本放大电路输入电阻的$1/(1+AB)$。

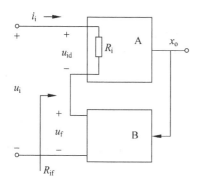
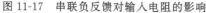

图 11-17　串联负反馈对输入电阻的影响

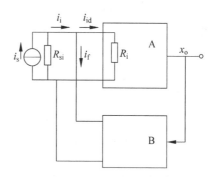

图 11-18　并联负反馈对输入电阻的影响

2) 负反馈对输出电阻的影响

　　根据负反馈的取样方式不同,可以改变输出电阻的大小。电压负反馈使输出电阻减小,电流负反馈使输出电阻增加。

　　(1) 电压负反馈使输出电阻减小。在负反馈电路中,由于电压负反馈能够稳定输出电压,即使发生变化,也能保持输出电压稳定,放大电路近似于恒压源,其效果相当于减小了电路的输出电阻。计算电压负反馈放大电路输出电阻的方法仍与基本放大电路中使用的方法相同。令信号源$x_i=0$(电压源短路,电流源开路,保留其内阻),然后移除R_L,在输出端加一测试电压u_t(如图 11-19 所示),算出相应的电流i_t。因为输入信号$x_i=0$,则净输入信号$x_{id}=x_f$,由于是电压负反馈,反馈信号从放大电路的输出端取样电压信号,所以$x_f=Bu_t$。为简化分析,忽略反馈网络的小分流信号。根据图 11-19 知

$$u_t = R_o \times i_t + Ax_{id} = R_o \times i_t - ABu_t \tag{11-19}$$

整理式(11-19)得

$$R_{of} = \frac{u_t}{i_t} = \frac{1}{1+AB}R_o \tag{11-20}$$

由式(11-20)可以看出,引入电压负反馈以后,输出电阻减小,减小为基本放大电路输出电阻的$1/(1+AB)$。

(2) 电流负反馈使输出电阻增大。当引入电流负反馈后,电路具有稳定输出电流的作用,即使R_L发生变化,也能保持输出电流基本稳定,放大电路近似于恒流源。根据定义计算输出电阻方法为:令输入信号$x_i=0$,负载R_L开路,然后在输出端加电压u_t,求出相应的输出电流i_t。因为输入信号$x_i=0$,则净输入信号$x_{id}=-x_f$是电流负反馈,即反馈信号从放大电路的输出端取样电流信号,所以$x_f=Bi_t$。为简化分析,忽略反馈网络的小分压信号。根据图 11-20 知

$$i_t = \frac{u_t}{R_o} + Ax_{id} = \frac{u_t}{R_o} - ABi_t \tag{11-21}$$

整理式(11-21)得

$$R_{of} = \frac{u_t}{i_t} = (1+AB)R_o \tag{11-22}$$

由式(11-22)可以看出,引入电流负反馈以后,输出电阻增大,增大为基本放大电路输出电阻的$(1+AB)$倍。

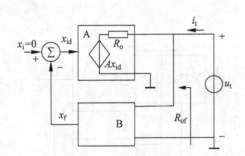

图 11-19　电压负反馈对输出电阻的影响

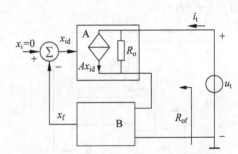

图 11-20　电流负反馈对输出电阻的影响

综上所述,负反馈对放大电路输入和输出电阻的影响可归纳为以下两点。

(1) 放大电路引入负反馈后,输入电阻的改变取决于输入端的连接方式,而与输出端的取样对象(电压或电流)无直接关系(取样对象将决定A、B的含义),串联负反馈使输入电阻增加,并联负反馈使输入电阻减小,增加和减小的程度取决于反馈深度。

(2) 放大电路引入负反馈以后,输出电阻的改变取决于输出端的取样对象,而与输入端的连接方式无直接关系,电压负反馈使输出电阻减小,电流负反馈使输出电阻增加,增加和减小的程度取决于反馈深度。

11.2.5　深度负反馈放大电路的分析与计算

分析反馈电路的方法很多,对一个具体反馈放大器,不一定非用反馈定义的方法处理,要根据电路的复杂程度及反馈的强弱来选择计算方法。通常可供选择的计算方法有三种:对于简单的反馈电路,凡不用列方程组就能求解的,都可采用以前的等效电路法;若是强反馈电路,则可利用反馈系数B近似求解;若定量计算不具备深度反馈条件的电路,则采用A、B分离法(即框图法)。所谓框图法,就是将一个具体的负反馈电路,首先分解成基本放大器和反馈网络。然后借助反馈方程进行分析计算。框图法是计算较快速的方法之一。

由于基本放大电路的增益都比较大,实际的负反馈放大电路通常都能满足深度负反馈

的条件,深度负反馈条件下闭环增益的计算都比较简单,因此,工程上一般采用深度负反馈的近似法来估算负反馈放大电路的性能。

由于研究的电路都是负反馈放大电路,则 x_f 与 x_{id}、x_i 信号的极性相反,则净输入信号为

$$x_{id} = x_i - x_f$$

根据反馈放大器的增益(又称闭环增益)A_f 为

$$A_f = \frac{x_o}{x_i} = \frac{A}{1 + AB} \tag{11-23}$$

在深度负反馈的条件 $1 + AB \gg 1$ 得

$$A_f = \frac{x_o}{x_i} \approx \frac{1}{B} \tag{11-24}$$

反馈网络的反馈系数 B 为

$$B = \frac{x_f}{x_o} \tag{11-25}$$

则可以推导出,在深度负反馈条件下 $x_i \approx x_f$,反馈信号和输入信号近似相同,所以反馈放大电路的净输入信号 $x_{id} = x_i - x_f \approx 0$。

由于反馈信号 x_f 与输入信号 x_i 在输入端口的连接方式不同,信号所表示的含义也不同。对于串联反馈,输入端信号是电压叠加,则深度反馈下净输入信号 $u_{id} = u_i - u_f \approx 0$,因而在基本放大电路输入电阻上产生的输入电流 $i_{id} \approx 0$。对于并联负反馈,输入端信号是电流叠加,则净输入信号 $i_{id} = i_i - i_f \approx 0$,因而在基本放大电路输入电阻上产生的输入电压 $u_{id} \approx 0$。可以看出,不论是串联反馈还是并联反馈,在深度负反馈条件下,输入端口的净输入电压 u_{id} 和净输入电流 i_{id} 都近似为零。因而引出了"虚短"和"虚断"的概念,"虚短"和"虚断"可以同时存在。

下面对不同元件构成的放大电路的"虚短"和"虚断"的含义做简单分析。由 BJT 构成的放大电路,"虚短"是指 $u_{be} \approx 0$,"虚断"是指 $i_b = i_e \approx 0$;由 FET 构成的放大电路,"虚短"是指 $u_{gs} \approx 0$,"虚断"是指 $i_g = i_s \approx 0$;由 BJT 构成的差分放大电路,"虚短"是指 $u_{b_1 b_2} \approx 0$,"虚断"是指 $i_{b_1} = i_{b_2} \approx 0$;由 FET 构成的差分放大电路,"虚短"是指 $u_{g_1 g_2} \approx 0$,"虚断"是指 $i_{s_1} = i_{s_2} \approx 0$;对于集成运算放大电路,"虚短"是指 $u_+ = u_- $,"虚断"是指 $i_+ = i_- \approx 0$。

1. 串联电流深度负反馈计算举例

【例 11-2】 串联电流深度负反馈电路如图 11-21 所示,试估算放大电路的闭环电压放大倍数。

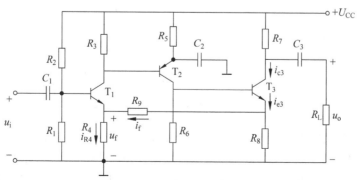

图 11-21　串联电流负反馈电路

　　首先判断该放大电路的类型为负反馈电路,并且输入信号和反馈信号分别加在两个不同的输入端,因此为串联反馈,反馈信号和输出信号取自不同的输出端,因此为电流反馈。该放大电路为电流串联负反馈。下面对该电路进行定量分析,计算放大电路的闭环电压放大倍数。

　　由于放大倍数为交流参数,所以首先画出该电路的交流通路,将 $+U_{CC}$ 接地,电容 C_1、C_2、C_3 短路。根据深度负反馈放大电路输入端口的"虚短"特性 $u_{be} \approx 0$,知 $u_i = u_f$,根据输入端口的"虚断"特性 $i_b = i_e \approx 0$,知 $i_f = i_{R_4}$,即电阻 R_9 和 R_4 上的电流相同,相当于是串联关系。该串联支路和电阻 R_8 又是并联关系。通过上面的分析知

$$i_f = i_{R_4} = \frac{u_i}{R_4} \tag{11-26}$$

　　根据并联支路对于总电流的分流关系知

$$i_f = \frac{R_8}{R_4 + R_9 + R_8} i_{e_3}$$

即

$$i_{e_3} = \frac{R_4 + R_9 + R_8}{R_8} i_f \tag{11-27}$$

所以

$$u_o = -R_7 /\!/ R_L i_{c_3} = -R_7 /\!/ R_L i_{e_3} = -R_7 /\!/ R_L \frac{R_4 + R_9 + R_8}{R_8} i_f$$

$$= -R_7 /\!/ R_L \cdot \frac{R_4 + R_9 + R_8}{R_8} \times \frac{u_i}{R_4}$$

负反馈放大电路的放大倍数为

$$A_{uf} = \frac{u_o}{u_i} = -\frac{R_4 + R_9 + R_8}{R_8} \times \frac{R_7 /\!/ R_L}{R_4} \tag{11-28}$$

2. 串联电压深度负反馈计算举例

　　【例 11-3】 串联电压深度负反馈电路如图 11-22 所示,试估算放大电路的闭环电压放大倍数。

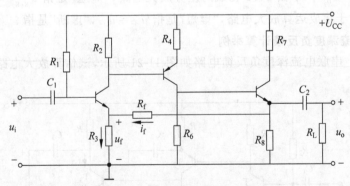

图 11-22　串联电压深度负反馈电路

　　首先判断该放大电路的类型为负反馈电路,并且输入信号和反馈信号分别加在两个不同的输入端,因此为串联反馈,反馈信号和输出信号取自相同的输出端,因此为电压反馈。该放大电路为电压串联负反馈。下面对该电路进行定量分析,计算放大电路的闭环电压放大倍数。

由于放大倍数为交流参数,所以首先画出该电路的交流通路,将 $+U_{CC}$ 接地,电容 C_1、C_2 短路。根据深度负反馈放大电路输入端口的"虚短"特性 $u_{be} \approx 0$,知 $u_i = u_f$,根据输入端口的"虚断"特性 $i_b = i_e \approx 0$,知 $i_f = i_{R_3}$,即电阻 R_f 和 R_3 上的电流相同,相当于是串联关系。该串联支路的电压为输出电压。通过上面的分析知

$$i_f = i_{R_4} = \frac{u_i}{R_4}, \quad u_f = u_o \times \frac{R_3}{R_3 + R_f} \tag{11-29}$$

所以负反馈放大电路的放大倍数为

$$A_{uf} = \frac{u_o}{u_i} = \frac{R_3 + R_f}{R_3} = 1 + \frac{R_f}{R_3} \tag{11-30}$$

从式(11-30)可以看出,电压负反馈输出端电压与负载 R_L 无关,能稳定输出电压。

3. 并联电流深度负反馈计算举例

【例 11-4】 并联电流深度负反馈电路如图 11-23 所示,试估算放大电路的闭环电压放大倍数。

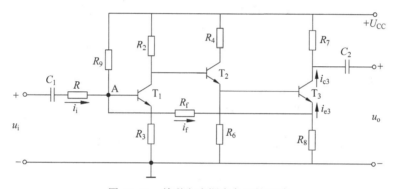

图 11-23 并联电流深度负反馈电路

首先判断该放大电路的类型为负反馈电路,并且输入信号和反馈信号加在相同的输入端,因此为并联反馈,反馈信号和输出信号取自不同的输出端,因此为电流反馈。该放大电路为电流并联负反馈。下面对该电路进行定量分析,计算放大电路的闭环电压放大倍数。

由于放大倍数为交流参数,所以首先画出该电路的交流通路,将 $+U_{CC}$ 接地,电容 C_1、C_2 短路。根据深度负反馈放大电路输入端口的"虚断"特性 $i_b = i_e \approx 0$,流过电阻 R_3 的电流为零,因此电阻 R_3 上的压降为零,T_1 三极管的发射极电位为零,根据放大电路输入端口的"虚短"特性 $u_{be} \approx 0$,知 $u_b = u_e = 0$,所以 A 节点电位为零。A 节点也称为"虚地"点。电阻 R 的电流为 $i_i = \frac{u_i}{R}$。由于电阻 R_9 两端电位都为零,所以流过电阻 R_9 的电流为零,放大电路的输入端电流 $i_b \approx 0$,因此,$i_i \approx i_f$,并且电阻 R_f 和 R_8 属于并联关系。根据并联支路电流和总电流的分流关系知

$$i_f = \frac{R_8}{R_f + R_8} i_{e3}$$

即

$$i_{e3} = \frac{R_f + R_8}{R_8} i_f \tag{11-31}$$

所以

$$u_{o}=R_{7}i_{c3}=R_{7}i_{e3}=R_{7}\frac{R_{f}+R_{8}}{R_{8}}i_{f}=R_{7}\frac{R_{f}+R_{8}}{R_{8}}\times\frac{u_{i}}{R} \tag{11-32}$$

则负反馈放大电路的放大倍数为

$$A_{uf}=\frac{u_{o}}{u_{i}}=\left(1+\frac{R_{f}}{R_{8}}\right)\times\frac{R_{7}}{R} \tag{11-33}$$

4. 并联电压深度负反馈计算举例

【例 11-5】 并联电压深度负反馈电路如图 11-24 所示,试估算放大电路的闭环电压放大倍数。

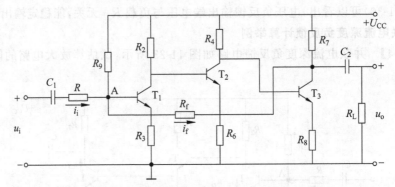

图 11-24 并联电压深度负反馈放大电路

同例 11-4 电流并联负反馈分析一样,$i_i \approx i_f$,节点 A 的电位为零,则

$$u_{o}=-R_{f}i_{f}=-R_{f}\frac{u_{i}}{R},\quad A_{uf}=\frac{u_{o}}{u_{i}}=-\frac{R_{f}}{R} \tag{11-34}$$

通过对各种负反馈电路的分析以及实际改善放大电路的性能要求,需正确引入满足要求的负反馈。

(1) 稳定放大电路的静态工作点,需要引入直流反馈;改善放大电路的交流参数,需要引入交流反馈。

(2) 稳定输出电压或者减小输出电阻,需要引入电压反馈;稳定输出电流或者增大输出电阻,需要引入电流反馈。

(3) 增加输入电阻需要引入串联反馈;减小输入电阻需要引入并联反馈。

(4) 稳定放大电路的交流性能,需要引入全局反馈。

11.3 集成运放构成的运算电路

在分析集成运放的各种应用电路时,常常将集成运放看成一个理想运算放大器。所谓理想集成运放就是将集成运放的各项技术指标理想化,一个理想的运算放大器(ideal Op-Amp)必须具备下列特性。

(1) 无限大的输入电阻($R_{id}=\infty$):理想的运算放大器输入端口没有电流流入,即同相端和反相端的电流恒为零,亦即输入阻抗无穷大。

(2) 趋近于零的输出电阻($R_{o}=0$):理想运算放大器的输出端是一个理想的电压源,无论放大器负载的电流如何变化,放大器的输出电压恒为定值,亦即输出电阻为零。

（3）无穷大的开环差模电压增益（$A_{od}=\infty$）：理想运算放大器的一个重要性质就是开环的状态下,输入端的差动信号有无限大的电压增益,这个特性使得集成运放加上负反馈时满足深度负反馈的条件。

（4）无穷大的共模抑制比（CMRR＝∞）：理想运算放大器只能对同相端与反相端电压的差值进行放大,对于两输入信号的相同的部分（即共模信号）将完全抑制。

（5）无穷大的带宽：理想的运算放大器对于任何频率的输入信号都将以相同的差动增益放大,不因为信号频率的改变而改变。

实际的集成运算放大器不可能达到上述理想化的技术指标。但是,由于集成运放工艺水平的不断改进,集成运放的各项性能指标越来越好。因此,一般情况下,在分析计算集成运放的应用电路时,将实际运算放大电路视为理想集成运算放大器所造成的误差,在工程上是允许的。

本节介绍的各种运算电路中,输入与输出的模拟信号之间实现一定的数学运算关系,因此,运算电路中的集成运算放大器必须工作在线性区,引入负反馈可使运放工作在线性区,从而这些运算电路始终存在"虚短""虚断"的特点。

11.3.1　反相和同相放大器

反相和同相放大器是集成运算放大器的线性运算电路中最基本的应用电路,许多集成运放的功能电路都是在同相和反相放大器的基础上演变而来的。

1.　反相放大器

反相放大器又称反相比例运算电路,电路如图 11-25 所示,输入电压 u_i 经电阻 R_1 接到集成运放的反相输入端,输出电压 u_o 经反馈电阻 R_f 引回到反相输入端。为了减小输出失调电压,当 $u_i=0$ 时,集成运放两输入端到地的等效直流电阻要保持平衡,即 $R_2=R_1/\!/R_f$,具体介绍见 11.3.6 节。

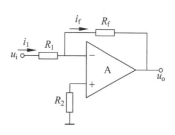

图 11-25　反相放大电路

经分析可知,反相比例运算电路引入了电压并联负反馈,同时集成运放的开环增益非常高,满足深度负反馈的条件,集成运放工作在线性区。可以利用集成运放工作在线性区的"虚断"和"虚短"的特性,有

$$u_P=u_N,\quad i_P=i_N=0$$

因此

$$u_P=u_N=i_N R_2=0 \tag{11-35}$$

式（11-35）表明,运放两个输入端的电位均为零,但它们并没有真正接地,故称为"虚地"。利用"虚断",由图 11-25 知 $i_1=i_f$。利用"虚地",得

$$i_1=\frac{u_i-u_N}{R_1}=\frac{u_i}{R_1},\quad i_1=\frac{u_N-u_o}{R_f}=-\frac{u_o}{R_f} \tag{11-36}$$

由此得到反相比例运算电路的输出电压与输入电压的关系为

$$u_o=-\frac{R_f}{R_1}u_i \tag{11-37}$$

由式(11-37)可知,输出电压 u_o 与输入电压 u_i 之间满足比例关系,通过改变 R_1 和 R_f 的比例就可以获得不同的增益。式(11-37)中负号表示输出电压与输入电压的相位相反。

电路引入了电压负反馈,有很强的带负载能力。由于输入电阻是输入端到地的等效电阻,而反相输入端的电压为零,因此输入电阻 $R_i = R_1$。由此可以看出,反相比例运算电路的输入电阻不大。

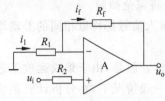

图 11-26 同相放大电路

2. 同相放大器

同相比例运算电路如图 11-26 所示,输入电压 u_i 经电阻 R_2 接到集成运放的同相输入端,输出电压 u_o 经反馈电阻 R_f 引回到反相输入端。反相输入端通过电阻 R_1 接地。电路引入了电压串联负反馈,运放工作在线性区。

为了保证集成运放同相端和反相端对地的电阻一致,R_2 应该满足 $R_2 = R_1 /\!/ R_f$。可以利用集成运放工作在线性区的"虚断"和"虚短"的特性,有 $u_P = u_N,i_P = i_N = 0$,因此 $u_P = u_N = u_i,i_1 = i_f = 0$,其中

$$i_1 = \frac{0 - u_N}{R_1} = \frac{0 - u_i}{R_1} = -\frac{u_i}{R_1}, \quad i_f = \frac{u_N - u_o}{R_f} = \frac{u_i - u_o}{R_f}$$

得

$$u_o = \left(1 + \frac{R_f}{R_1}\right) u_i \tag{11-38}$$

由于是串联反馈电路,所以输入电阻很大,理想情况下 $R_i = \infty$。由于信号加在同相输入端,而反相端和同相端电位一样,所以输入信号对于运算放大器是共模信号,这就要求运放有好的共模抑制能力。

3. 电压跟随器

若图 11-26 中的电阻 $R_1 = \infty,R_f = R_2 = 0$,就成为图 11-27 所示的电路,该电路的输出全部反馈到输入端,是电压串联负反馈。根据"虚短"和"虚断"特性可知,输出电压与输入电压的关系为 $u_o = u_i$,说明输出电压跟随输入电压的变化而变化,简称电压跟随器。

电压跟随器在理想情况下 $R_i = \infty,R_o = 0$。因此电压跟随器一般在电路中用来起缓冲、隔离、提高带载能力的作用。

电压跟随器输出电压近似等于输入电压,并对前级电路呈高阻状态,对后级电路呈低阻状态,因而对前后级电路起到"隔离"作用。

电压跟随器常用作中间级,以"隔离"前后级之间的影响,此时称为缓冲级。基本原理还是利用其输入阻抗高和输出阻抗低的特点。

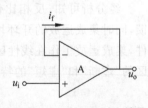

图 11-27 电压跟随电路

由以上分析可知,在分析运算电路时,应该充分利用"虚短"和"虚断"的概念,首先列出关键节点的电流方程,这里的关键节点是指电路中与输入、输出电压产生关系的节点,例如集成运放的同相、反相节点,最后对所列表达式进行整理得到输出电压的表达式。

11.3.2 求和求差电路

实现多个输入信号按照各自不同的比例求和或求差的电路,统称为加减法电路。若所有输入信号都作用于同一个输入端,则实现同相或反相加法运算;若输入信号分别作用于

集成运放的同相和反相输入端,则可以实现减法运算。

1. 反相求和电路

图 11-28 所示为三输入的反相加法电路,三个输入信号都分别通过各自的电阻连接在反相输入端,输出电压通过反馈电阻 R_f 组成电压并联负反馈。可以看出,反相加法电路就是在反相比例运算电路基础上加以扩展得到的。

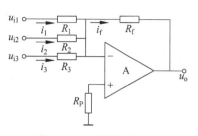

图 11-28 反相求和电路

为了保证集成运放两个输入端口对地的电阻平衡,平衡电阻 R_P 的阻值应为 $R_P = R_1 /\!/ R_2 /\!/ R_3 /\!/ R_f$。根据"虚短"和"虚断"的特性,有 $i_f = i_1 + i_2 + i_3$,其中

$$i_1 = \frac{u_{i1}}{R_1}, \quad i_2 = \frac{u_{i2}}{R_2}, \quad i_3 = \frac{u_{i3}}{R_3}, \quad i_f = \frac{0 - u_o}{R_f} = -\frac{u_o}{R_f}$$

所以有

$$u_o = -R_f \left(\frac{u_{i1}}{R_1} + \frac{u_{i2}}{R_2} + \frac{u_{i3}}{R_3} \right) \tag{11-39}$$

若 $R_1 = R_2 = R_3 = R$,则有

$$u_o = -\frac{R_f}{R} (u_{i1} + u_{i2} + u_{i3}) \tag{11-40}$$

对于多输入的电路除了使用节点法列写节点电流关系式外,还可以利用叠加原理,首先分别求出各输入电压单独作用时的输出电压,然后将它们相加,便得到所有信号共同作用时输出电压与输入电压的运算关系。利用这种方法,将叠加电路分解成三个反相放大电路。

反相输入求和电路的优点是,当改变某一个输入回路的电阻时,仅仅改变输出电压与该输入电压之间的比例关系,对其他回路没有影响,因此,该电路的特点是便于调节。因为同相端接地,则反相端是"虚地"点。

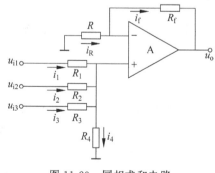

图 11-29 同相求和电路

2. 同相求和电路

同相加法运算电路的特点是多个输入信号均作用于运放的同相输入端,为了引入深度负反馈,电阻 R_f 仍然接于反相输入端。这样,输出和输入的信号极性相同。同相求和电路如图 11-29 所示。

根据"虚断"的特性,同相输入端的电流方程为 $i_4 = i_1 + i_2 + i_3$,其中

$$i_1 = \frac{u_{i1} - u_p}{R_1}, \quad i_2 = \frac{u_{i2} - u_p}{R_2}, \quad i_3 = \frac{u_{i3} - u_p}{R_3}$$

根据电流方程得

$$\frac{u_p}{R_4} = \frac{u_{i1} - u_p}{R_1} + \frac{u_{i2} - u_p}{R_2} + \frac{u_{i3} - u_p}{R_3} \tag{11-41}$$

根据式(11-41)可得

$$u_p = R_P \left(\frac{u_{i1}}{R_1} + \frac{u_{i2}}{R_2} + \frac{u_{i3}}{R_3} \right)$$

其中，$R_P = R_1 /\!/ R_2 /\!/ R_3 /\!/ R_4$。

根据"虚断"的特性，$i_R = i_f$，则可以得到输出电压 u_o 和反相输入端 u_N 的关系为

$$u_o = \left(1 + \frac{R_f}{R}\right) u_N = \left(1 + \frac{R_f}{R}\right) u_P$$

则输出电压为

$$u_o = \left(1 + \frac{R_f}{R}\right) R_P \left(\frac{u_{i1}}{R_1} + \frac{u_{i2}}{R_2} + \frac{u_{i3}}{R_3}\right) \tag{11-42}$$

从同相求和电路的输出结果可以看出，研究输出电压与其中一路的输入电路的关系时，该关系与电路中的所有电阻都有关，当希望通过调节某一回路的电阻以实现给定关系时，其他支路的输入电压和输出电压的关系也全部会发生变化，常常需要反复调节才能最后确定参数值，估算和调试都非常麻烦。因此，在实际工程应用中，基本都是使用反相电路。

3. 求差电路

求差电路也称为减法运算电路，在许多场合得到应用。要实现信号的相减，需要将信号分别输入到运放的同相端和反相端。图 11-30 所示为两个信号的减法电路。

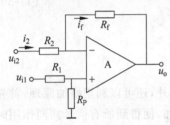

图 11-30　求差电路

根据运放引入负反馈，在输入端口存在"虚断"的特性，得

$$u_P = \frac{R_P}{R_1 + R_P} u_{i1}, \quad \frac{u_{i2} - u_N}{R_2} = \frac{u_N - u_o}{R_f}$$

$$u_o = \left(1 + \frac{R_f}{R_2}\right) u_N - \frac{R_f}{R_2} u_{i2} \tag{11-43}$$

根据输入端口的"虚短"特性有 $u_P = u_N$，则

$$u_o = \left(1 + \frac{R_f}{R_2}\right)\left(\frac{R_P}{R_1 + R_P}\right) u_{i1} - \frac{R_f}{R_2} u_{i2} \tag{11-44}$$

如果满足 $R_P/R_1 = R_f/R_2$，则输出电压与输入电压之间的关系为 $u_o = \dfrac{R_f}{R_2}(u_{i1} - u_{i2})$，输出信号与输入信号的差值成比例，该电路实现了求差功能。u_o 与 $u_{i1} - u_{i2}$ 的比值称为差模电压增益，即

$$A_{ud} = \frac{u_o}{u_{i1} - u_{i2}} = \frac{R_f}{R_2}$$

如果在输入端有相同的干扰信号时，在输出端被完全抑制，使得输出端干扰信号为零。

输入电阻 R_i 是从两个输入端口看进去的电阻，在输入电压 $u_{id} = u_{i1} - u_{i2}$ 的作用下，利用输入端"虚短"和"虚断"的特性知：$u_{id} = u_{i1} - u_{i2} = i(R_1 + R_2)$，因此

$$R_{id} = \frac{u_{id}}{u_{i1} - u_{i2}} = R_1 + R_2$$

该电路的特点是输入电阻小，为了提高输入电阻，常常采用在输入端口加电压跟随器的办法来提高输入电阻。

4. 测量放大电路

测量放大器也称为仪表放大器或数据放大器，它是一种可以用来放大微弱信号的高精度放大器，在测量、控制等领域具有广泛的用途，常用于热电偶、应变电桥流量计、生物电测

量以及其他有较大共模干扰的缓变微弱信号的检测。

测量放大器是一种高增益、直流耦合放大器，它具有差分输入、单端输出、高输入阻抗和高共模抑制比等特点，因此得到广泛的应用。

测量放大器的基本结构如图 11-31 所示，它由三个运放组合而成。由图 11-30 可知，集成运算放大器 A1、A2 都引入了负反馈，则 A1、A2 的输入端口都存在"虚短"和"虚断"的特性，则有 $u_{i1}=u_a, u_{i2}=u_b$。流过电阻 R_1 和 R_P 的电流相同，则

$$i = \frac{u_a - u_b}{R_P} = \frac{u_{i1} - u_{i2}}{R_P}$$

$$u_{o1} = u_a + i \times R_1 = u_{i1} + \frac{u_{i1} - u_{i2}}{R_P} \times R_1$$

$$u_{o2} = u_b - i \times R_1 = u_{i2} - \frac{u_{i1} - u_{i2}}{R_P} \times R_1$$

得

$$u_{o1} - u_{o2} = \left(1 + \frac{2R_1}{R_P}\right)(u_{i1} - u_{i2})$$

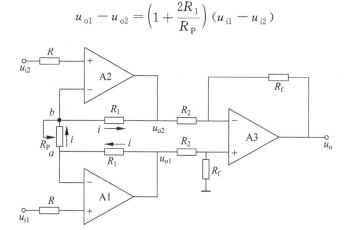

图 11-31 测量放大电路

根据求差电路的结果知

$$u_o = \frac{R_f}{R_2}\left(1 + \frac{2R_1}{R_P}\right)(u_{i1} - u_{i2}) \tag{11-45}$$

电路的电压增益为

$$A_u = \frac{u_o}{u_{i1} - u_{i2}} = \frac{R_f}{R_2}\left(1 + \frac{2R_1}{R_P}\right) \tag{11-46}$$

在仪表放大器中，由于两个信号分别从两个运算放大器的同相输入端输入，所以输入阻抗很高。若 A1、A2 选用特性相同的运放，则它们的共模输出电压和漂移电压也都相同，再通过 A3 组成的差分电路，可以相互抵消，所以，该电路具有很强的共模抑制能力和较小的输出漂移电压。同时该电路具有较高的差模电压增益，同时只要调节 R_P 的电阻值，就可以改变电压增益。

11.3.3 积分和微分电路

积分和微分电路在模拟运算电路中占据十分重要的地位,在模拟信号的处理与变换电路中,它也有着广泛的用途。

1. 积分电路

积分电路是利用电容元件电压和电流之间的微分或积分关系,结合集成运算放大器引入负反馈,构成积分电路和微分电路,实现积分和微分运算。

积分电路如图 11-32 所示,在积分运算电路中,电容 C_f 将输出信号反馈回集成运放的反相输入端,构成负反馈电路。因此,在集成运放的输入端口存在"虚短"和"虚断"的特性,即 $u_P = u_N, i_P = i_N = 0$,因此 $u_P = u_N = 0, i_1 = i_f$。

集成运放的反相输入端电位为零,称为"虚地",所以有 $i_1 = \dfrac{u_i}{R_1}$,根据电容电压和电流的关系得

$$u_o = -u_c = -\frac{1}{C_f}\int_{t_0}^{t} i_f \mathrm{d}t + u_o(t_0) = -\frac{1}{R_1 C_f}\int_{t_0}^{t} u_i \mathrm{d}t + u_o(t_0) \tag{11-47}$$

其中,t_0 为积分开始时间,通常取 t_0 为零;$u_o(t_0)$ 为 u_o 的初始值,即在 t_0 时刻存储在积分电容上的电压的相反数,$R_1 C_f$ 称为积分时间常数。

式(11-47)表明输出电压 u_o 是输入电压 u_i 对时间的积分,同时输出电压 u_o 与输入电压 u_i 反向。若在本积分器前加一级反相器,就构成了同相积分器,如图 11-33 所示。

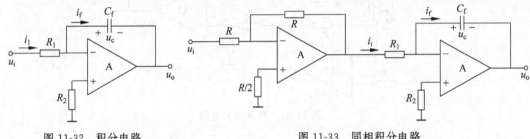

图 11-32　积分电路　　　　　　　图 11-33　同相积分电路

工程中可以利用积分电路实现各种信号的转换,比如积分电路可以将输入的矩形波电压变换成为斜波电压,实现波形变换的作用;也可以在积分电路的输入端加上一个正弦波电压,实现移相的作用;也可以利用积分电路实现 A/D 转换电路。

A/D 转换电路是实现将模拟信号转换为数字信号的电路,也称为 ADC 电路,ADC 电路很多,其中双积分式 ADC 是常用的电路之一。其基本电路由积分器、比较器、计数器及控制电路组成,图 11-34 为双积分 A/D 电路的基本原理示意图。

在"转换开始"信号的控制下,积分电路对被测模拟输入信号 U_i 开始积分,也称为正向积分,到一个固定的时间后,由控制电路控制停止正向积分,开关切换到固定参考电压 U_R 的反向积分,当积分器输出回到零时停止反向积分。显然,第一次积分(正向积分)是固定时间的积分,积分器输出电压的高低与被测电压成正比;而第二次积分(反向积分)是固定斜率的积分,从开始反向到积分器输出回到零的时间,与原积分器在正向积分时的输出值成正比。如果在对应时间段内由计数器对已知频率的时钟脉冲计算,该计数器所记脉冲个数就

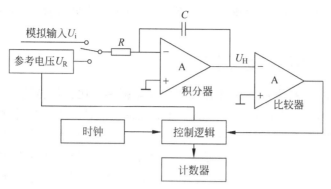

图 11-34 双积分 A/D 转换原理示意图

与被测模拟电压成正比,完成了由模拟输入信号到数字输出信号的转换过程。

比如输入被测电压为 U_i,参考电压为 U_R,积分电路的积分时间常数为 $\tau = RC$,第一次积分对应的固定时间为 T_1,第二次反向积分时间为 T_0,则利用积分电路输入和输出的关系可以得到

$$\frac{U_i}{RC}T_1 = \frac{U_R}{RC}T_0 \Rightarrow T_0 = \frac{T_1}{U_R}U_i \tag{11-48}$$

由于 T_1、U_R 均为固定值,所以 T_0 正比于输入电压 U_i,在 T_0 时间内对固定脉冲计数,所以脉冲个数与输入电压 U_i 为对应关系,完成了模拟信号到数字信号的转换,即 A/D 转换。

2. 微分电路

微分电路如图 11-35 所示,在微分运算电路中,电阻 R_f 将输出信号反馈回集成运放的反相输入端,构成负反馈电路。因此,在集成运放的输入端口存在"虚短"和"虚断"的特性,即 $u_P = u_N$,$i_P = i_N = 0$,因此集成运放的反相输入端电位为零,称为"虚地"。因此,电容两端的电压 $u_c = u_i$,所以有

$$i_f = i_c = C\frac{du_i}{dt} \tag{11-49}$$

输出电压为

$$u_o = -i_f R_f = -R_f C\frac{du_i}{dt} \tag{11-50}$$

其中,τ 称为微分时间常数,$\tau = R_f C$。

式(11-50)表明,u_o 和 u_i 的变化率成比例,$|du_i/dt|$ 越大,u_o 也越大。但是 u_o 受器件饱和的限制,不可能无限增大,所以,在电路参数已经确定的情况下,输入信号的最大变化率也就被确定了,不允许超过,否则电路便失去微分功能。反之,如果输入信号 u_i 的最大变化率已知,则必须设计好微分时间常数。例如,假设集成运算放大器的最大输出电压为 $\pm 10\text{V}$,$|du_i/dt|_{max} = 5\text{V/s}$,则微分时间常数 $R_f C = 10/5 = 2\text{s}$。

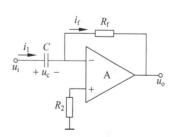

图 11-35 微分电路

微分电路可以作为波形转换电路,能够将矩形波变换为

尖脉冲,也可以作为移相电路,若输入为正弦波时,输出就为负的余弦波,也就是说输出波形比输入波形滞后 90°。

11.3.4 对数和指数电路

在工程应用中,一些信号往往具有很宽的动态范围。比如在雷达、声呐等无线电系统中,接收机前端信号动态范围可达 120dB 以上;光纤接收器前端的电流也可从皮安级到毫安级。宽动态范围往往给应用设计带来很多问题。一方面,线性放大器无法处理这样宽的动态范围。另一方面,DA 变换中,在保证分辨率的情况下,模数转换器的位数会随动态范围的增大而增大。因此,在处理宽动态范围的信号时,常常将其动态范围压缩到一个可以处理的程度。动态范围的压缩分为"线性压缩"和"非线性压缩"。线性压缩是指放大器的增益与信号的大小无关,放大倍数基本保持恒定。线性压缩的特点是谐波失真小,非线性压缩最好的例子就是对数和指数运算电路。

利用二极管或三极管的 PN 结的指数伏安特性,将二极管或三极管分别接入到集成运放的反馈电路和输入电路,可构成对数和指数运算电路。

1. 对数运算电路

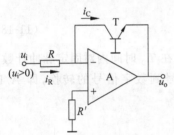

图 11-36 对数运算电路

如图 11-36 所示,利用三极管构成负反馈电路。利用 PN 结的伏安特性 $i=I_s(e^{\frac{u}{u_T}}-1)$ 实现运算,当 $u \gg u_T$ 时,$i=I_s e^{\frac{u}{u_T}}$。实际应用中,经常将三极管基极接地作为二极管使用,则 $i_C=i_E$ 且 $u_o=u_{EB}$。利用发射结的伏安特性,$i_E=I_s e^{\frac{u_{BE}}{u_T}}$,实现信号对数运算。

由于引入了负反馈,因此,在集成运放的输入端口存在"虚短"和"虚断"的特性,即 $u_P=u_N$,$i_P=i_N=0$,因此集成运放的反相输入端电位为零,称为"虚地",则有

$$i_R=\frac{u_i}{R}=i_C=i_E=I_s e^{\frac{u_{BE}}{u_T}}$$

$$u_{BE}=U_T\ln\frac{i_E}{I_s}=U_T\ln\frac{u_i}{RI_s}$$

因此

$$u_o=u_{EB}=-u_{BE}=-U_T\ln\frac{u_i}{RI_s} \tag{11-51}$$

从式(11-51)可以看出,对数电路的 u_o 和 u_i 为对数关系,但是 u_o 的幅度不能超过 0.7V,且要求 $u_i>0$ 以保证三极管处于导通状态。由于 U_T 和 I_s 对温度比较敏感,因此输出电压温漂比较严重,在电路中必须采用温度补偿法来克服温漂。

2. 指数运算电路

将对数电路中的三极管和电阻的位置互换,便得到了如图 11-37 所示的指数运算电路。由于引入了负

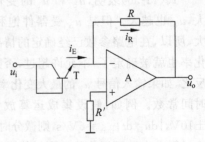

图 11-37 指数运算电路

反馈,因此,在集成运放的输入端口存在"虚短"和"虚断"的特性,即 $u_P = u_N$,$i_P = i_N = 0$,集成运放的反相输入端电位为零,称为"虚地"。因此

$$i_R = i_C = i_E, \quad u_o = -Ri_R = -Ri_E, \quad i_E = I_s e^{\frac{u_{BE}}{u_T}} = I_s e^{\frac{u_i}{u_T}}$$

因此

$$u_o = -RI_s e^{\frac{u_i}{u_T}} \tag{11-52}$$

式(11-52)表明,输出电压与输入电压呈指数关系,$u_i > 0$ 可以保证三极管处于导通状态。由于 U_T 和 I_s 对温度比较敏感,因此输出电压温度漂移比较严重。

11.3.5　乘法和除法电路

利用对数电路、加法电路和反对数电路可构成乘法运算电路;若将加法电路改为减法电路则可构成除法运算电路。这种电路只能实现单象限乘法或除法运算。

利用带电流源的差分放大电路晶体管的跨导正比于电流源的电流的这一原理可实现变跨导式乘法器。目前一般采用两级差分放大电路实现四象限单片集成乘法器。

图 11-38 所示为利用对数运算电路、加法运算电路和指数运算电路实现的乘法运算电路,图 11-39 所示为利用对数运算电路、减法运算电路和指数运算电路实现的除法运算电路。

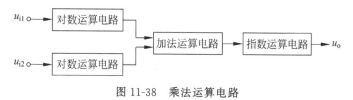

图 11-38　乘法运算电路

图 11-39　除法运算电路

乘法器的电路符号如图 11-40 所示,当 $K > 0$ 时,称为同相型乘法器,当 $K < 0$ 时,称为反相型乘法器。通常乘法器对其输入和输出的电压范围都要加以限制,以保证它能够正常工作。将同一个输入信号接到模拟乘法器的两个输入端口,就可以实现平方运算,电路如图 11-41 所示。平方电路的输入和输出的关系为 $u_o = Ku_i$。

利用乘法器组成除法电路如图 11-42 所示,由图可得 $u_3 = Ku_2u_o$,由于理想集成运放引入了负反馈,因此在输入端存在着"虚短"和"虚断"的特性,又因为反相输入端"虚地",所以有

$$\frac{u_1}{R_1} = -\frac{u_3}{R_2} = -\frac{Ku_2u_o}{R_2}$$

得 $u_o = -\dfrac{R_2 u_1}{KR_1 u_2}$,即输出电压正比于两个输入电压相除的结果。

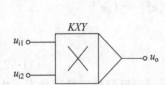

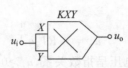

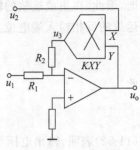

图 11-40　乘法器电路符号　　　图 11-41　平方运算　　　图 11-42　除法电路

11.3.6　非理想集成运放带来的静态误差

1. 输入偏置电流的补偿电路

图 11-43(a)所示电路是输入为 0 的同相或反相放大电路,如果考虑实际集成运放输入电流的影响,根据"虚短",可得输出电压 $u_o = I_{Bn}R_2$。为了补偿输入偏置电流的影响,给同相输入端增加电阻 R_3,如图 11-43(b)所示,这时 $u_p = -I_{Bp}R_3$,根据"虚短",$u_n = u_p = -I_{Bp}R_3$。在反相输入端列写 KCL 方程

$$\frac{u_o - u_n}{R_2} = \frac{u_n}{R_1} + I_{Bn}$$

代入 $u_n = u_p = -I_{Bp}R_3$,整理可得

$$u_o = I_{Bn}R_2 - I_{Bp}R_3\left(1 + \frac{R_2}{R_1}\right) \tag{11-53}$$

如果 $I_{Bn} = I_{Bp}$,则式(11-53)为

$$u_o = I_{IB}\left[R_2 - R_3\left(1 + \frac{R_2}{R_1}\right)\right]$$

此时,若选择电阻 $R_3 = R_1 // R_2$,也即括号中的值为 0,就可消除由 I_{IB} 造成的误差。如果 $I_{Bn} \neq I_{Bp}$,仍选择 $R_3 = R_1 // R_2$,则式(11-53)为

$$u_o = R_2(I_{Bn} - I_{Bp}) = R_2 I_{Io}$$

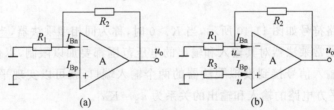

图 11-43　输入偏置电流补偿电路

$R_3 = R_1 // R_2$ 称为直流电阻平衡,即输入 $u_i = 0$ 的直流状态下,集成运放两输入端对地的等效电阻相等,满足这一条件即可消除由输入偏置电流 I_{IB} 引起的直流误差。上述条件对其他运算电路也适用。

2. U_{IO} 的影响

如果仅考虑输入直流误差参数 U_{IO},其他参数均为理想的,可根据图 11-44 所示电路估

算所产生的输出电压。根据 $u_n = u_p = 0$，可得到

$$u_o = \left(1 + \frac{R_2}{R_1}\right) U_{IO}$$

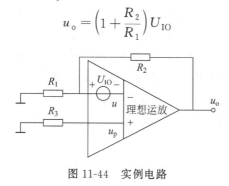

图 11-44　实例电路

11.4　滤波电路

信号处理就是通过各种手段将采集到的信号进行筛选(即滤波)、放大、变换等操作,最终将它变成后续电路或设备便于使用的形式。实质是信号频谱的分析和变换,方法则有模拟、数字及光学等几类。本节主要介绍模拟信号处理电路——滤波器。

滤波的概念,是根据傅里叶分析和变换提出的一个工程概念。任何一个满足一定条件的信号,都可以看成是由无限个正弦波叠加而成的。即信号是不同频率的正弦波线性叠加而成的,组成信号的不同频率正弦波叫作信号的频率成分或叫作谐波成分。只允许一定频率范围内信号成分正常通过,而阻止其他频率成分通过的电路,叫作滤波器或滤波电路。

任何一个电子系统都具有自己的频带宽度,它的频率特性反映了电子系统的这个特点。而滤波器,则是根据电路参数对电路频带宽度的影响而设计出来的应用电路。用模拟电子电路对模拟信号进行滤波,其基本原理就是利用电路的频率特性实现对信号中频率成分的选择。信号滤波时,把信号看成是由不同频率正弦波叠加而成的模拟信号,通过选择不同的频率成分来实现信号滤波。

11.4.1　滤波器的分类

常用的滤波器按所处理的信号分为模拟滤波器和数字滤波器两种。

滤波器按通过信号的频段分为低通、高通、带通和带阻滤波器四种。各种理想滤波器的幅频特性如图 11-45 所示。

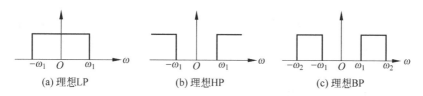

(a) 理想LP　　　　　(b) 理想HP　　　　　(c) 理想BP

图 11-45　低通、高通、带通滤波器幅频特性

(1) 低通滤波器:允许信号中的低频或直流分量通过,抑制高频分量。

(2) 高通滤波器:允许信号中的高频分量通过,抑制低频或直流分量。

（3）带通滤波器：允许一定频段的信号通过，抑制低于或高于该频段的分量。

（4）带阻滤波器：抑制一定频段内的信号，允许该频段以外的信号通过。

滤波器按所采用的元器件分为无源和有源滤波器两种。

（1）无源滤波器：仅由无源元件（R、L 和 C）组成的滤波器，它是利用电容和电感元件的电抗随频率的变化而变化的原理构成的。这类滤波器的优点是：电路比较简单，不需要直流电源供电，可靠性高。滤波器的缺点是：通带内的信号有能量损耗，负载效应比较明显，使用电感元件时容易引起电磁感应，当电感 L 较大时滤波器的体积和重量都比较大，在低频域不适用。

（2）有源滤波器：由无源元件（一般用 R 和 C）和有源器件（如集成运算放大器）组成。这类滤波器的优点是：通带内的信号不仅没有能量损耗，而且还可以放大，负载效应不明显，多级相联时相互影响很小；利用级联的简单方法很容易构成高阶滤波器，并且滤波器的体积小、重量轻、不需要磁屏蔽（由于不使用电感元件）。滤波器的缺点是：通带范围受有源器件（如集成运算放大器）的带宽限制、需要直流电源供电，在高压、高频、大功率的场合不适用。

滤波器还可以通过传递函数与频率特性确定滤波器的分类。模拟滤波电路的特性可由传递函数 $H(j\omega)$ 来描述，传递函数是输出与输入信号电压或电流拉氏变换之比。由于几个互相隔离的线性网络级联后，总的传递函数等于各网络传递函数的乘积。因此，任何复杂的滤波网络，都可由简单的一阶与二阶滤波电路级联构成。若滤波器的输入信号为 u_i，滤波器的输出 $u_o(j\omega) = H(j\omega) u_i(j\omega)$ 表达了输出信号随频率变化的关系，$H(j\omega)$ 称为滤波器的频率特性函数，简称频率特性。频率特性 $H(j\omega)$ 是一个复函数，其幅值 $|H(j\omega)|$ 称为幅频特性，其幅角 $\varphi(\omega)$ 表示输出信号的相位相对于输入信号相位的变化，称为相频特性。

11.4.2　滤波器的主要参数

滤波器电路的主要参数包括以下几种。

（1）通带电压放大倍数 A_{um}：滤波器在导通的频带内输出电压与输入电压之比称为通带放大倍数。

（2）截止频率 f_L 或 f_H：任何滤波器都不可能具备图 11-45 的理想特性，在通带和阻带之间存在着过渡带，使 $|\dot{A}| = 0.707|\dot{A}_{um}|$ 的频率称为通带截止频率 f_L 或 f_H。

（3）带宽 BW：对于低通或带通滤波器，带宽是指其通频带宽度，对于高通或带阻滤波器，带宽是指其阻带宽度。带宽决定滤波器分离信号中相邻频率成分的能力。

（4）十倍频程选择性：幅频特性的衰减值，即频率变化一个十倍频程时幅频特性的衰减量，用 dB 表示，它反映了滤波器对通频带以外的频率成分的衰减能力。

（5）分贝（dB）：是用对数的方式描述相对值，无量纲，A_{um}（分贝）$= 20\lg|A_{um}|$。

11.4.3　低通滤波器

由于电感的感抗和电容的容抗都与频率有关，根据这两种元件对不同频频率的信号的阻抗不同可以构成低通滤波器和高通滤波器。

低通滤波器是让某一频率以下的信号分量通过，而抑制该频率以上的信号分量的电路，由电容、电感与电阻等器件组成。理想低通滤波器能够让直流到上限截止频率 f_H 之间的所有信号都没有任何损失的通过,让高于截止频率 f_H 的所有信号全部被抑制。

1. 一阶无源 RC 低通滤波器

利用电阻和电容元件构成的 RC 网络可以组成最简单的无源低通或高通滤波器。利用 RC 元件组成的低通滤波电路以及它的特性曲线如图 11-46 所示。

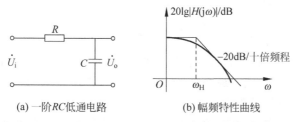

(a) 一阶RC低通电路　　　(b) 幅频特性曲线

图 11-46　一阶无源 RC 低通滤波电路以及幅频特性曲线

简单定性分析电容的容抗以及频率响应特征为

$$Z(j\omega) = \frac{1}{j\omega C}$$

当 $\omega \to 0$ 时,$|Z(j\omega)| \to \infty$,低频相当于断路;当 $\omega \to \infty$ 时,$|Z(j\omega)| \to 0$,高频相当于短路。

低通滤波器得传递函数为

$$\dot{H}(j\omega) = \frac{1}{1 + j\omega RC} \tag{11-54}$$

幅频特性为

$$|\dot{H}(j\omega)| = \frac{1}{\sqrt{1 + (\omega RC)^2}} \tag{11-55}$$

相频特性为

$$\phi(\omega) = -\arctan(\omega RC) \tag{11-56}$$

当 $\omega = \dfrac{1}{RC}$ 时,

$$|H(\omega)| = -3\text{dB}$$

其中,ω 为输入信号的角频率,令 $\tau = RC$ 为回路的时间常数,则有

$$f_H = \frac{\omega_H}{2\pi} = \frac{1}{2\pi\tau} = \frac{1}{2\pi RC}$$

2. 二阶无源 RC 低通滤波器

若一阶无源 RC 滤波器不能够满足要求时,可以采用 RC 滤波器多级连接的方法。但需要较低的信号源阻抗和较高的负载阻抗。在 RC 滤波器多级连接时,如果各级都采用相同的 R、C 值,由于相互之间存在阻抗的影响,在截止频率附近会使截止频率下滑。改进的方式是采取从低阻抗到高阻抗的顺序排列。典型的二阶无源 RC 低通滤波电路如图 11-47 所示。

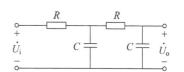

图 11-47　二阶无源 RC 低通滤波电路

由图 11-47 可以求得传递函数为

$$\dot{H}(\mathrm{j}\omega) = \frac{\dot{U}_\mathrm{o}}{\dot{U}_\mathrm{i}} = \frac{1}{1 - \omega^2 R^2 C^2 + \mathrm{j}3\omega RC} = |H(\mathrm{j}\omega)| \angle \theta(\omega) \tag{11-57}$$

其中

$$|\dot{H}(\mathrm{j}\omega)| = \frac{1}{\sqrt{(1 - \omega^2 R^2 C^2)^2 + 9\omega^2 R^2 C^2}}, \quad \angle\theta(\omega) = -\arctan\left(\frac{3\omega RC}{1 - \omega^2 R^2 C^2}\right)$$

截止角频率 $\omega_\mathrm{H} = \dfrac{1}{2.6724RC} = \dfrac{0.3724}{\tau}$，截止频率 $f_\mathrm{H} = \dfrac{\omega_\mathrm{H}}{2\pi}$。

由于滤波器阶数的增加，相位的变化范围也增加。为了防止截止频率下滑，特别是在设计二阶以上的 RC 低通滤波电路时最好按照阻抗从小到大排列，这样会得到更好的衰减效果。

3. 一阶有源 RC 低通滤波器

有源滤波电路由集成运放（有源器件）和 RC 网络组成，与无源滤波电路相比，有源滤波电路有以下优点。

(1) 增益容易调节且最大增益可以大于1。

(2) 负载效应很小，因此，容易通过几个低阶滤波电路的串接组成高阶滤波电路。

(3) 由于不使用电感元件，所以体积小，重量轻，不需要磁屏蔽。

有源滤波电路的缺点：通用型运放的通频带较窄，故其最高工作频率受限制。

利用集成运算放大电路与 RC 网络，组成的一阶有源滤波电路如图 11-48 所示。集成运算放大器引入负反馈，构成深度负反馈电路。

在图 11-48 中，由于集成运放引入了深度负反馈，满足"虚短"和"虚断"的特性。这样得到电压放大倍数为

$$\dot{A}(\mathrm{j}\omega) = \frac{\dot{U}_\mathrm{o}}{\dot{U}_\mathrm{i}} = \frac{1 + \dfrac{R_\mathrm{f}}{R_1}}{1 + \mathrm{j}\omega RC} = \frac{1 + \dfrac{R_\mathrm{f}}{R_1}}{1 + \mathrm{j}\dfrac{\omega}{\omega_\mathrm{H}}} = \frac{A_\mathrm{u}}{1 + \mathrm{j}\dfrac{\omega}{\omega_\mathrm{H}}} \tag{11-58}$$

其中，$A_\mathrm{u} = 1 + \dfrac{R_\mathrm{f}}{R_1}$ 表示中频放大倍数；$\omega_\mathrm{H} = \dfrac{1}{RC}$ 表示截止频率。

一阶有源低通滤波电路的幅频特性曲线如图 11-49 所示，与一阶无源 RC 滤波器相比，截止频率不变，而通带电压放大倍数 A_u 提高了，由于使用了集成运放，带负载能力也得到了很大提高。

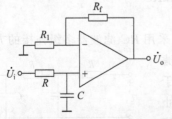

图 11-48　一阶有源 RC 低通滤波电路

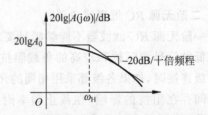

图 11-49　一阶有源低通滤波电路的幅频特性曲线

一阶有源低通滤波电路的滤波效果并不是很好，在实际应用中，一般都采用高阶滤波电路。高阶滤波电路一般都是由多个一阶滤波电路和二阶有源滤波器组成，下面着重讨论二

阶有源滤波电路。

4. 二阶有源 *RC* 低通滤波器

为使滤波特性更接近于理想特性,可以在一阶有源低通滤波电路的基础上,再增加一级 *RC* 电路,组成二阶有源 *RC* 低通滤波电路。由于二阶有源 *RC* 低通滤波电路的幅频特性在高频段将以 -40dB/十倍频的速度下降,因此更接近理想低通滤波电路。图 11-50 为简单二阶有源 *RC* 低通滤波电路。

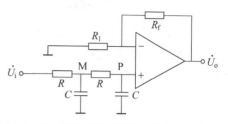

图 11-50　简单二阶有源 *RC* 低通滤波电路

电路传递函数为

$$\dot{A}_u(j\omega) = \left(1 + \frac{R_f}{R_1}\right)\frac{\dot{U}_p(j\omega)}{\dot{U}_i(j\omega)} = \left(1 + \frac{R_f}{R_1}\right)\frac{\dot{U}_p(j\omega)}{\dot{U}_M(j\omega)}\frac{\dot{U}_M(j\omega)}{\dot{U}_i(j\omega)} \qquad (11\text{-}59)$$

由图 11-50 可知

$$\frac{\dot{U}_p(j\omega)}{\dot{U}_M(j\omega)} = \frac{1}{1 + j\omega RC}, \qquad \frac{\dot{U}_M(j\omega)}{\dot{U}_i(j\omega)} = \frac{\dfrac{1}{j\omega C} /\!/ \left(R + \dfrac{1}{j\omega C}\right)}{R + \dfrac{1}{j\omega C} /\!/ \left(R + \dfrac{1}{j\omega C}\right)}$$

整理得

$$\dot{A}_u(j\omega) = \left(1 + \frac{R_f}{R_1}\right)\frac{1}{1 + j3\omega RC + (j\omega RC)^2} \qquad (11\text{-}60)$$

分析二阶有源滤波电路的稳态响应

$$A_u = 1 + \frac{R_f}{R_1}, \quad \omega_0 = \frac{1}{RC}$$

则电路的稳态响应表达式为

$$\dot{A}_u(j\omega) = \frac{A_u}{1 + j\dfrac{3\omega}{\omega_0} - \left(\dfrac{\omega}{\omega_0}\right)^2} \qquad (11\text{-}61)$$

令分母的模等于 $\sqrt{2}$,可得到电路的上限截止角频率为 $\omega_H \approx 0.37\omega_0$。

幅频特性如图 11-51 所示,衰减斜率达到了 -40dB/十倍频,$\omega = \omega_0$ 处,电路的增益下降很显著。若要使 $\omega = \omega_0$ 处电路增益的数值增大,滤波特性趋于理想,在电路中可以引入正反馈。因此,得到如图 11-52 所示的压控电压源二阶有源低通滤波电路。只要正反馈引入得当,就有可能在 $\omega = \omega_0$ 处既提高了电路的增益,又不会因为正反馈过强而产生自激振荡。

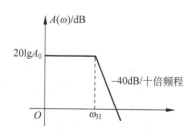

图 11-51　简单二阶有源 *RC* 低通滤波电路幅频特性

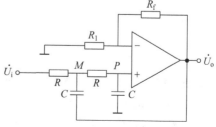

图 11-52　压控电压源二阶有源低通滤波电路

11.4.4 高通滤波器

高通滤波电路与低通滤波电路具有对偶性,如果将低通滤波电路中滤波环节的电容和电阻互换,就可设计出各种高通滤波电路。图 11-53 为有源 RC 高通滤波电路。随着频率的升高,电压放大倍数逐渐增大,图 11-54 为高通滤波电路的幅频特性曲线。

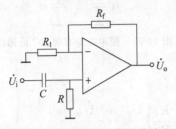

图 11-53　一阶有源 RC 高通滤波电路

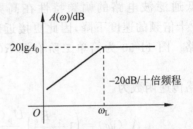

图 11-54　高通滤波电路幅频特性曲线

在图 11-53 电路中

$$\dot{A}_u = \frac{\dot{U}_o}{\dot{U}_i} = \frac{A_{up}}{1 + \dfrac{1}{\mathrm{j}\omega RC}} = \frac{A_{up}}{1 - \mathrm{j}\dfrac{\omega_L}{\omega}} \tag{11-62}$$

其中

$$A_{up} = 1 + \frac{R_f}{R_1}, \quad \omega_L = \frac{1}{RC}$$

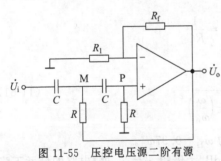

图 11-55　压控电压源二阶有源
高通滤波电路

图 11-55 为压控电压源二阶高通滤波电路,由于二阶高通滤波电路与二阶低通滤波电路在结构上存在对偶关系,因此它们的传递函数的幅频特性也存在着对偶关系。二阶高通电路的传递函数为

$$\dot{A}_u(\mathrm{j}\omega) = \frac{A_{up}(\mathrm{j}\omega)^2}{(\mathrm{j}\omega)^2 + \dfrac{\omega_0}{Q}\mathrm{j}\omega + \omega_0^2} \tag{11-63}$$

其中

$$A_{up} = 1 + \frac{R_f}{R_1}, \quad \omega_0 = \frac{1}{RC}, \quad Q = \frac{1}{3 - A_{up}}$$

小结

本章主要介绍了集成运算放大器的结构特点、电路组成、主要性能指标、种类以及使用方法;还介绍了集成运算放大器引入负反馈构成各种线性电路,实现各种数学运算,基于此,介绍了负反馈电路;介绍了由集成运算放大器构成各种滤波电路。

(1) 集成运算放大器实际上是一种高性能的直接耦合放大电路,从外部看,可以等效成双端输入、单端输出的差分放大电路。通常由输入级、中间级、输出级、偏置电路组成。在集成运算放大器中,充分利用元件参数一致性好的特点构成高质量的性能电路。

（2）集成运算放大器的主要性能指标有 U_{IO}、dU_{IO}/dT、I_{IO}、dI_{IO}/dT、$-3dB$ 带宽 f_H、单位增益带宽、压摆率 S_R 等。通用型运放各方面参数均衡,适合一般应用；特殊型运放在某方面的性能指标特别优秀,因而适合特殊要求的场合。

（3）讲述了反馈的基本概念、负反馈放大电路的方框图及一般表达式、负反馈对放大电路性能的影响。介绍了反馈的判断、深度负反馈条件下放大倍数的估算方法、根据需要正确引入负反馈的方法。

（4）若集成运算放大器引入负反馈,则工作在线性区。集成运算放大器工作在线性区时,净输入电压为零,称为"虚短"；净输入电流为零,称为"虚断"。"虚短"和"虚断"是分析运算电路和有源滤波电路的两个基本出发点。

（5）集成运放引入负反馈以后,可以实现模拟运算的比例、加减、乘除、积分、微分、对数、指数等基本的数学运算。

（6）有源滤波电路一般由 RC 网络和集成运算放大器组成,主要用于小信号处理。按其幅频特性可分为低通、高通、带通、带阻滤波器四种类型。有源滤波电路一般引入负反馈,因而集成运放工作在线性区,故分析方法和纯电阻负反馈电路完全相同。其传递函数表示输出与输入的比与频率的关系,滤波器又可以分为一阶、二阶、高阶滤波电路。有源滤波电路的主要性能指标由通带放大倍数 A_{um}、通带截止频率 f_L 或 f_H、特征频率 f_0、带宽 f_{bw}、品质因数 Q 等。

习题

11.1　将正确的答案填写在横线处。

（1）集成运放的增益越高,运放的线性区越_____。

（2）对于放大电路,所谓开环是指_____。

  A. 无信号源　　　　　B. 无反馈通路　　　　C. 无电源　　　　　　D. 无负载

而所谓闭环是指_____。

  A. 考虑信号源内阻　B. 存在反馈通路　　C. 接入电源　　　　D. 接入负载

（3）在输入量不变的情况下,若引入反馈后_____,则说明引入的反馈是负反馈。

  A. 输入电阻增大　　　B. 输出量增大　　　C. 净输入量增大　D. 净输入量减小

（4）直流负反馈是指_____。

  A. 直接耦合放大电路中所引入的负反馈

  B. 只有放大直流信号时才有的负反馈

  C. 在直流通路中的负反馈

（5）交流负反馈是指_____。

  A. 阻容耦合放大电路中所引入的负反馈

  B. 只有放大交流信号时才有的负反馈

  C. 在交流通路中的负反馈

（6）为了稳定静态工作点,应引入_____；为了稳定放大倍数,应引入_____；为了改变输入电阻和输出电阻,应引入_____；为了抑制温漂,应引入_____；为了展宽频带,应引入_____。

(7) 为了稳定放大电路的输出电压,应引入_____负反馈;为了稳定放大电路的输出电流,应引入_____负反馈;为了增大放大电路的输入电阻,应引入_____负反馈;为了减小放大电路的输入电阻,应引入_____负反馈;为了增大放大电路的输出电阻,应引入_____负反馈;为了减小放大电路的输出电阻,应引入_____负反馈。

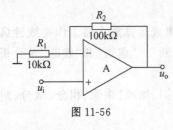

图 11-56

(8) 电路如图 11-56 所示,已知集成运放的开环差模增益和差模输入电阻均近于无穷大,最大输出电压幅值为 $\pm 14\text{V}$。则电路引入了_____(填入反馈组态)交流负反馈,电路的输入电阻趋近于_____,电压放大倍数 $A_{uf} = \Delta u_o / \Delta u_i \approx$_____。设 $u_i = 1\text{V}$,则 $u_o \approx$_____V;若 R_1 开路,则 u_o 变为_____V;若 R_1 短路,则 u_o 变为_____V;若 R_2 开路,则 u_o 变为_____V;若 R_2 短路,则 u_o 变为_____V。

(9) 按其_____的不同,滤波器可分为低通、高通、带通和带阻滤波器。

(10) 按实现滤波器使用的元器件不同,滤波器可分为_____滤波器。

(11) 在理想情况下,直流电压增益就是它的通带电压增益,该电路为_____滤波电路。

(12) 一阶低通滤波器的幅频特性在过渡带内的衰减速率是_____。

(13) 已知电路的传递函数为 $\dot{A}_u(j\omega) = \dfrac{A_0}{1 + (3 - A_0)j\omega RC + (j\omega RC)^2}$,该电路为_____滤波电路。

11.2 判断图 11-57 所示电路中是否引入了反馈;若引入了反馈,判断是正反馈还是负反馈;若引入了交流负反馈,判断是哪种组态的负反馈,并求出反馈系数和深度负反馈条件下的电压放大倍数 A_{uf};若要稳定输出电压,该如何引入反馈?

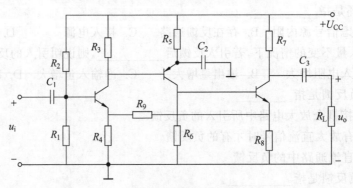

图 11-57 题 11.2 图

11.3 判断图 11-58 所示电路中是否引入了反馈;若引入了反馈,判断是正反馈还是负反馈;判断是电压反馈还是电流反馈;判断是串联反馈还是并联反馈,并求出反馈系数和深度负反馈条件下的电压放大倍数 A_{uf};若要稳定输出电流,该如何引入反馈?

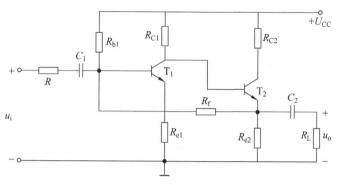

图 11-58 题 11.3 图

11.4 电路如图 11-59 所示,判断:引入的反馈是正反馈还是负反馈;是电压反馈还是电流反馈;是串联反馈还是并联反馈。若输入电压为 0.1V,求:u_o;输入电阻 R_i;输出电阻 R_o。

11.5 判断图 11-60 所示电路中,若要稳定输出电流,该如何引入反馈?并求深度负反馈条件下的电压放大倍数 A_{uf};若要稳定输出电压,该如何引入反馈?并求深度负反馈条件下的电压放大倍数 A_{uf}。

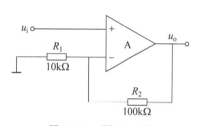

图 11-59 题 11.4 图

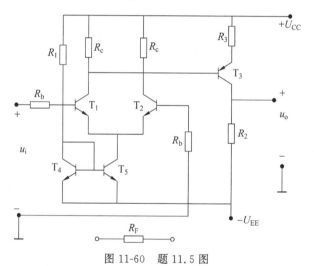

图 11-60 题 11.5 图

11.6 判断图 11-61 所示电路中是否引入了反馈;若引入了反馈,判断是正反馈还是负反馈;判断是电压反馈还是电流反馈;判断是串联反馈还是并联反馈,并求出反馈系数和深度负反馈条件下的电压放大倍数 A_{uf};若要稳定输出电流,该如何引入反馈?

11.7 电路如图 11-62 所示,若 $U_Z=6V$,则 $|\mathrm{d}u_i/\mathrm{d}t|_{\max}=$ _____ V/S。

11.8 电路如图 11-63 所示,判断该电路引入了电压反馈还是电流反馈?串联反馈还是并联反馈?若 $U=1V$,则 u_o 为多少?

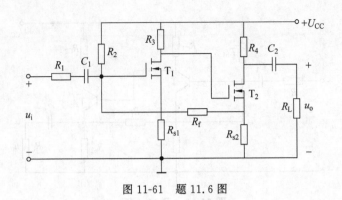

图 11-61　题 11.6 图

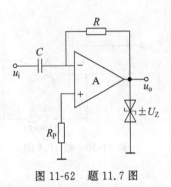

图 11-62　题 11.7 图

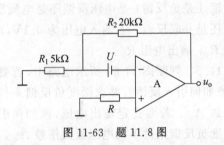

图 11-63　题 11.8 图

11.9　电路如图 11-64 所示,集成运放输出电压的最大幅值为 ±14V,当 u_i 分别为 0.1V、0.5V、1.0V、1.5V 时,计算 u_{o1}、u_{o2} 分别为多少?

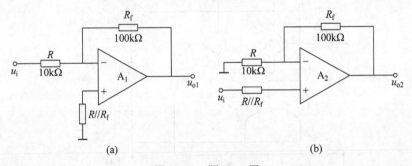

图 11-64　题 11.9 图

11.10　放大电路如图 11-65 所示,输入电压为 0.1V,理想运算运放器 A1 和 A2 的最大输出电压为 +12V,求 u_{o1}、u_{o2} 及输入电阻 R_i。

11.11　电路如图 11-66 所示,试求各电路输出电压与输入电压的运算关系式。

11.12　电路如图 11-67 所示,分别推导 u_{o1} 与 u_{i1}、u_o 与 u_{o1}、u_{i2} 之间的运算关系。

11.13　图 11-68(a)所示电路中,已知输入电压 u_i 的波形如图 11-68(b)所示,当 $t=0$ 时 $u_o=0$。试画出输出电压 u_o 的波形。

11.14　在下列各种情况下,应分别采用哪种类型(低通、高通、带通、带阻)的滤波电路。

(1)抑制 50Hz 交流电源的干扰。

(2)处理具有 1Hz 固定频率的有用信号。

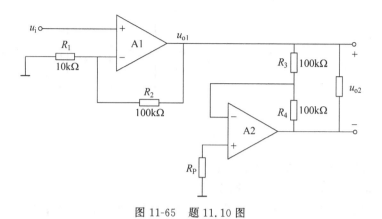

图 11-65 题 11.10 图

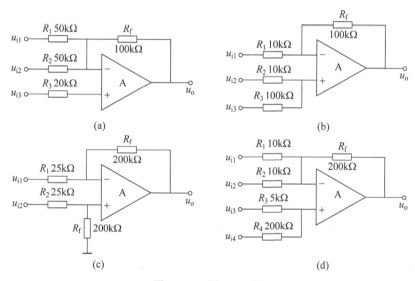

图 11-66 题 11.11 图

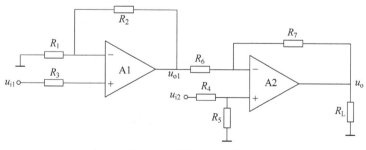

图 11-67 题 11.12 图

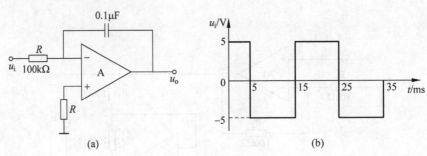

图 11-68　题 11.13 图

（3）从输入信号中取出低于 2kHz 的信号。

（4）抑制频率为 100kHz 以上的高频干扰。

11.15　分别推导出图 11-69 中各电路的传递函数，画出它们的波特图，并说明它们属于哪种类型的滤波电路。

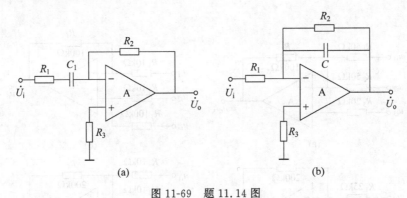

图 11-69　题 11.14 图

11.16　由集成运算放大器组成的电路如图 11-70 所示，当开关拨向左侧时，连接到参考电平 U_{ref} 上，当开关拨向右侧时，连接到地上，构成三位 D/A 转换电路。

（1）推导出 u_{o} 和参考电压 U_{ref}、b_0、b_1、b_2 的关系。

（2）当 $U_{\text{ref}} = 5\text{V}$，$b_2 = 1$，$b_1 = 1$，$b_0 = 1$ 时，u_{o} 的值为多少伏？

（3）当 $U_{\text{ref}} = 5\text{V}$，$b_2 = 0$，$b_1 = 0$，$b_0 = 0$ 时，u_{o} 的值为多少伏？

（4）当 $U_{\text{ref}} = 5\text{V}$，$b_2 = 1$，$b_1 = 0$，$b_0 = 1$ 时，u_{o} 的值为多少伏？

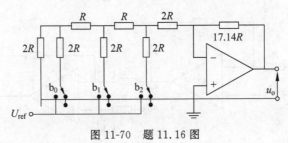

图 11-70　题 11.16 图

11.17　利用运算放大器设计电路，使其输出电压与输入电压满足 $u_{\text{o}} = -2u_{i1} + 5u_{i2}$。要求设计出两种电路结构，分析各自的特点。

11.18　仪表放大电路如图 11-71 所示,分别推导:

(1) u_{o1}、u_{o2} 和 u_1、u_2 的关系。

(2) $u_{o1}-u_{o2}$ 和 u_1、u_2 的关系。

(3) u_o 和 u_{o1}、u_{o2} 的关系。

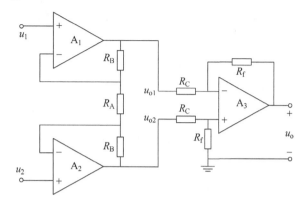

图 11-71　题 11.18 图

11.19　如图 11-72 所示电路,A 为理想运算放大器。

(1) 指出电路中存在的反馈网络、反馈极性及反馈组态。

(2) 计算电压增益 $A_{uf}=\dfrac{u_o}{u_i}$。

(3) 计算输入电阻 R_{if} 和输出电阻 R_{of} 的近似值。

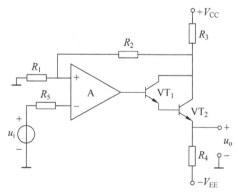

图 11-72　题 11.19 图

11.20　电路如图 11-73(a)所示,假设运放为理想的,二极管导通时压降为 0.7V,根据图 11-73(b)的输入波形画出输出波形,并说明电路的功能。

11.21　电路如图 11-74 所示,假设运放为理想的,二极管的导通压降为 0.7V,试证明:$u_o=|u_i|$。

11.22　运放的单位增益带宽 $f_T=1\text{MHz}$,转换速率 $S_R=1\text{V}/\mu\text{s}$,当运放构成反相放大电路的闭环增益为 -10,确定小信号闭环带宽 f_H;当输出电压不失真最大幅度 $U_{omax}=10\text{V}$,求运放的全功率带宽 BW_p。

11.23　集成运放构成的同相放大电路如图 11-75 所示,$R_1=R_2=100\text{k}\Omega$,如果偏置电

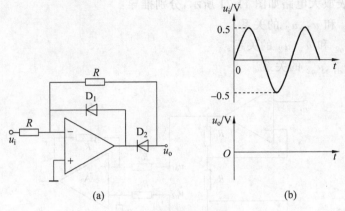

图 11-73　题 11.20 图

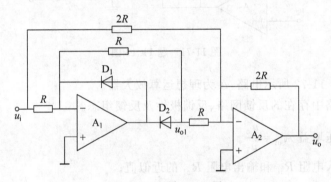

图 11-74　题 11.21 图

流 $I_{Bn}=I_{Bp}=I_{IB}=100\text{nA}$，由于偏置电流引起的输出电压 u_o 为多少？应如何消除 I_{IB} 的影响，使 $u_o=0$。

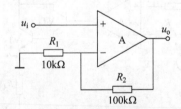

图 11-75　题 11.23 图

11.24　采用一个运放，按下列运算关系设计电路，允许使用电阻的最大阻值为 300kΩ。

(1) $u_o=0.5u_i$。

(2) $u_o=-5u_i$。

(3) $u_o=2u_{i1}-5u_{i2}$。

第 12 章

信号产生电路

知识有如人体血液一样宝贵。人缺少了血液,身体就要衰弱;人缺少了知识,头脑就要枯竭。

——高士其

实际应用中广泛采用各种类型的信号产生电路,就其波形来说,可以分为正弦信号发生器和非正弦信号发生器两大类。

在通信、广播、电视系统中,都需要射频(高频)发射,这里的射频波是充当载波的正弦波,把音频或者视频这些低频信号通过高频载波发射出去,因此要有能产生高频信号的振荡器。在工业、农业、生物医学领域内,如高频感应加热、熔炼、超声波焊接、超声诊断、核磁共振成像等,都需要大功率或者小功率、高频或者低频的正弦波振荡器。

非正弦信号(方波、锯齿波等)发生器在检测设备、数字系统及自动控制系统中的应用也非常广泛。

12.1 正弦信号发生器

在多级负反馈放大电路中,经常会遇到的一个很严重的问题是自激振荡。就是在放大电路的输入端不加信号,其输出也会出现某种频率和幅度的波形。对于放大电路来说,这是非常有害的,需要设法避免和消除。但对于波形发生器而言,自激振荡却是产生信号的手段,应该创造条件使其发生。负反馈放大电路与正弦波振荡电路的区别就在于如何对待自激振荡条件。在负反馈放大电路中,目的在于放大信号,不允许有自激振荡,因此要设法破坏自激振荡条件。而在波形发生电路中,目的在于利用自激振荡产生信号,要设法满足自激振荡条件。因此,引入正反馈形成自激振荡来构成正弦波的振荡电路。

12.1.1 正弦振荡电路概述

正弦波振荡电路是一种不需要外加输入信号,靠电路自激振荡产生一定幅度、一定频率的正弦输出信号的电路。从能量的角度看,它是将直流电源提供的能量转换成正弦能量信号。它广泛应用于测量、遥控、通信、自动控制等设备中,也作为模拟电子电路的测试信号。

1. 正弦波振荡条件

正弦波振荡电路实际上是引入了正反馈的放大电路,如图 12-1 所示。由于振荡电路没有外加输入信号，因此，信号源信号 $\dot{X}_i$ 为零。这样，放大电路的输入信号 $\dot{X}_{id} = \dot{X}_f$，正弦波振荡器的框图如图 12-2 所示。

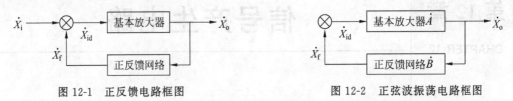

图 12-1　正反馈电路框图　　　　　　　　　　图 12-2　正弦波振荡电路框图

在满足一定条件下，正弦波振荡电路能够产生具有一定频率和幅度的正弦波。从图 12-2 可知，要在正弦信号产生电路的输出端输出稳定的正弦波，必须满足 $\dot{A}\dot{B}X_o = X_o$，即 $\dot{A}\dot{B} = 1$。只有满足这样的条件，才能够保证输出正弦波，称为正弦波振荡的平衡条件，又可以写为下面的形式

$$|\dot{A}\dot{B}| = 1 \tag{12-1}$$

$$\varphi_A + \varphi_F = 2n\pi \qquad n = 0, 1, 2, \cdots \tag{12-2}$$

式(12-1)称为幅度平衡条件，表示基本放大电路输入端口的净输入信号 $\dot{X}_{id}$ 经放大、反馈以后得到的反馈信号 $\dot{X}_f$ 的幅度与净输入信号 $\dot{X}_{id}$ 的幅度相同；式(12-2)称为相位平衡条件，表示反馈信号 $\dot{X}_f$ 的相位与净输入信号 $\dot{X}_{id}$ 的相位相同。必须同时满足幅度平衡条件和相位平衡条件，电路才能产生正弦波。

振荡器就是一个没有外加输入信号的正反馈放大器，要维持等幅的自激振荡，放大器必须满足幅度平衡条件和相位平衡条件。上述振荡条件如果仅对某一单一频率成立，则振荡波形为正弦波，称为正弦波振荡器（或正弦波产生电路）。

2. 正弦波振荡电路的组成

正弦波振荡电路一般包含以下几个基本组成部分。

(1) 基本放大电路：提供足够的增益，且增益的值具有随输入电压增大而减少的变化特性，这样保证电路能够从起振到最后达到平衡的过程。

(2) 正反馈网络：主要作用是形成正反馈，以满足相位平衡条件，使得放大电路的输入信号和反馈信号等相位。

(3) 选频网络：保证输出为某一频率的正弦波，即电路只在某一特定频率下满足自激振荡条件。

(4) 稳幅环节：引入稳幅环节可以使波形幅值稳定，而且波形性能良好。

在组成电路上，选频网络与反馈网络可以单独构成，也可合二为一。很多正弦波振荡电路中，选频网络与正反馈网络使用的是同一个网络。如果选频网络由 LC 电路组成，则称为 LC 正弦波振荡电路；若选频网络由 RC 电路构成，则称为 RC 正弦波振荡电路；若由石英晶体组成，则称石英晶体正弦波振荡电路。在这三种振荡电路中，RC 正弦波振荡电路的振荡频率较低，一般在 1MHz 以下，LC 正弦波振荡电路的振荡频率较高，一般在 1MHz 以上。石英晶体振荡器简称石英晶体，具有非常稳定的固有频率。对于振荡频率稳定性要求高的电路，应选用石英晶体作为选频网络。

综上所述,在低频电路中,一般选用 RC 振荡电路来产生正弦波信号,因此,主要介绍 RC 正弦波振荡电路。

12.1.2 RC 桥式正弦波振荡电路

常用的 RC 振荡电路有相移式和桥式两种。RC 相移式振荡器,具有电路简单、经济方便等优点,但选频效果较差,振幅不够稳定,频率调节不便,因此一般用于频率固定、稳定性要求不高的场合。RC 桥式振荡电路有 RC 串并联型、RC 双 T 型等结构,这里主要介绍 RC 串并联型桥式网络组成的振荡电路,它由 RC 串并联电路和放大器组成。

1. RC 正弦波振荡电路

振荡电路的原理图如图 12-3 所示,其中集成运放 A 通过电阻 R_1 和 R_2 引入负反馈构成基本的同相放大电路,引入的相移为 0。RC 串并联网络构成选频网络,也是反馈网络。当电路中频率 $\omega = \omega_0$ 时,构成一个正反馈网络,引入的相移也为 0,满足振荡的相位条件。由图 12-3 可知,RC 串并联网络中的串联支路和并联支路,以及负反馈网络中的电阻 R_1 和 R_2,组成一个电桥的四个臂,因此该电路也被称为文氏电桥振荡电路。

2. RC 串并联选频网络

图 12-3 所示振荡电路中的 RC 串并联网络既构成选频网络,又构成正反馈网络,如图 12-4 所示。作为选频网络,它对不同频率的信号的传输系数都不相同,也就是对频率具有选择性。

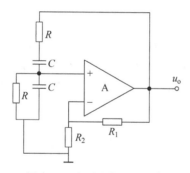

图 12-3 文氏电桥振荡电路

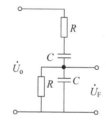

图 12-4 RC 串并联选频网络

RC 串并联选频网络的传输系数为

$$\dot{B}(j\omega) = \frac{\dot{U}_F}{\dot{U}_o} = \frac{Z_2}{Z_1 + Z_2} = \frac{R \ /\!/ \ \dfrac{1}{j\omega C}}{R + \dfrac{1}{j\omega C} + R \ /\!/ \ \dfrac{1}{j\omega C}} \tag{12-3}$$

整理得

$$\dot{B}(j\omega) = \frac{1}{3 + j\left(\omega RC - \dfrac{1}{\omega RC}\right)}$$

若令 $\omega_0 = \dfrac{1}{RC}$,则

$$\dot{B}(j\omega) = \cfrac{1}{3 + j\left(\cfrac{\omega}{\omega_0} - \cfrac{\omega_0}{\omega}\right)} \tag{12-4}$$

幅频特性

$$|\dot{B}(j\omega)| = \cfrac{1}{\sqrt{3^2 + \left(\cfrac{\omega}{\omega_0} - \cfrac{\omega_0}{\omega}\right)^2}}$$

相频特性

$$\varphi_{\text{F}} = -\arctan\frac{1}{3}\left(\frac{\omega}{\omega_0} - \frac{\omega_0}{\omega}\right) \tag{12-5}$$

根据幅频特性和相频特性表达式,可以画出幅频特性图和相频特性图,如图 12-5 和图 12-6 所示。从特性曲线可以看出,当 $\omega = \omega_0$ 时,$B = \dfrac{1}{3}$,$\varphi_{\text{F}} = 0$。

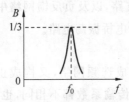

图 12-5 幅频特性曲线

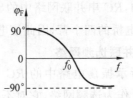

图 12-6 相频特性曲线

3. RC 振荡电路的起振

式(12-4)和式(12-5)表明,只要为 RC 串并联选频网络匹配一个电压增益略大于 3 的同相放大电路,就可以构成正弦振荡电路(文氏电桥振荡电路)。在文氏电桥振荡电路中,集成运算放大器利用电阻 R_1、R_2 引入负反馈构成同相放大电路,调整电阻 R_1、R_2 的大小,使得放大电路的增益 A_{u} 略大于 3,电路便可以起振,即产生振荡。应有

$$A_{\text{u}} = 1 + \frac{R_1}{R_2} > 3 \tag{12-6}$$

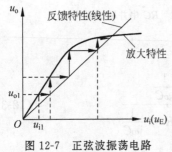

图 12-7 正弦波振荡电路
起振过程

由于采用集成运算放大器引入负反馈组成放大电路,所以由集成运放引入负反馈构成的放大电路具有良好的线性关系。图 12-7 是正弦波振荡电路的起振过程,从图中可以看出,起始的时候 $A_{\text{u}}B > 1$,输出信号幅度从零开始不断增大,当输出信号的幅度增大到一定值以后,放大电路的放大倍数开始减小,使得 $A_{\text{u}}B$ 越来越趋近于 1,输出信号的幅度最后保持不变。

4. RC 振荡电路的幅度稳定

为了稳定输出电压的幅值,一般要在电路中采取稳幅措施。稳幅的基本思想是在放大电路的负反馈回路采用非线性元件来自动调整反馈的强弱以维持输出电压恒定。具体电路中,可以在 R_1 支路中串联两个并联的二极管,如图 12-8 所示。放大电路的增益为

$$A_u = 1 + \frac{R_1 + r_d}{R_2} \tag{12-7}$$

利用电流增大时二极管动态电阻减小,电流减小时二极管动态电阻增大的特点,来自动调整放大电路增益的大小,从而稳定输出电压的幅度。

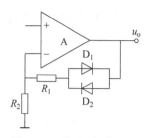

图 12-8 利用二极管稳幅

从以上对文氏电桥振荡电路的分析可知,为了提高振荡频率,必须减小 R 和 C 的数值。然而,一方面,当 R 减小到一定程度时,同相比例放大电路的输出电阻将影响选频特性;另一方面,当 C 减小到一定程度时,晶体管的极间电容和分布电容也将影响选频特性,因此,振荡频率 ω_0 高到一定程度时,振荡频率不仅取决于选频网络,还与放大电路的参数有关。这样 ω_0 不仅与一些未知因素有关,还受到环境温度的影响。所以,当振荡频率较高时,应选用 LC 正弦振荡电路。

文氏电桥振荡器的优点:不仅振荡较稳定,波形良好,而且振荡频率在较宽的范围内能方便地连续调节。

12.1.3 移相式正弦波振荡电路

RC 移相式振荡电路的典型结构如图 12-9 所示。它是由一个反相放大器和三节 RC 移相电路组成。在特定频率 ω_0 处,RC 移相电路产生 $180°$ 相移而呈现正反馈,电路以特定频率 ω_0 振荡。

图 12-9 是典型的超前型 RC 移相振荡电路,它是由一个反相放大器和一个移相反馈网络组成的。如果放大器在相当宽的频率范围内 φ_A 为 $180°$,反馈网络还必须使通过它的某一特定频率的正弦电压再移相 $180°$,这样就能满足自激振荡的相位平衡条件。

一节 RC 电路如图 12-10 所示,其最大相移不超过 $90°$,不能满足相位平衡条件。若两节 RC 电路最大相移虽可接近 $180°$,但此时频率必须很低,从而容抗很大,致使输出电压接近于零,又不能满足自激振荡的幅度平衡条件。所以,实际上至少要用三节 RC 电路实现移相 $180°$,才能满足振荡条件。

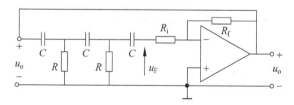

图 12-9 移相式正弦波产生电路

图 12-10 RC 超前相移网络

图 12-9 所示振荡电路,可用瞬时极性法判断它是否满足振荡的相位平衡条件:在输出信号 u_o 与电容 C 的连接处断开,若输入一个频率由低到高增加的信号,经反相放大器移相 $\varphi_A = 180°$ 后,再经过移相网络移相 φ_F,而 φ_F 可从 $270°$ 连续变到 $0°$,其间必有一频率 ω_0 使 $\varphi_F = 180°$,于是在此频率上满足相位平衡条件,若同时满足幅度平衡条件,则电路可产生自激振荡。

根据图 12-9 移相电路在频域的输出信号 $\dot{U}_F(j\omega)$ 和输入信号 $\dot{U}_o(j\omega)$ 的比值,列出回路

方程

$$\dot{B}(j\omega) = \frac{\dot{U}_F}{\dot{U}_o}(j\omega) = \frac{1}{\left(1 - \dfrac{5}{\omega^2 C^2 R^2}\right) + j\left(\dfrac{1}{\omega^3 C^3 R^3} - \dfrac{6}{\omega CR}\right)} \tag{12-8}$$

由于要利用移相电路实现 $\varphi_F = 180°$ 的相移，因此，B 为实数且为负，这样可得

$$\frac{1}{\omega_0^3 C^3 R^3} - \frac{6}{\omega CR} = 0 \tag{12-9}$$

$$\omega_0 = \frac{1}{\sqrt{6}\, CR} \tag{12-10}$$

将式(12-10)代入式(12-8)，得

$$B(j\omega_0) = \frac{1}{1 - \dfrac{5}{\omega_0^2 C^2 R^2}} = -\frac{1}{29} \tag{12-11}$$

反相放大器的放大倍数 $\dfrac{u_o}{u_F} = -\dfrac{R_f}{R_i} = -29$，设计电路时，只要保证 $R_f = 29R_i$，就可以得到正弦波信号输出。

关于 RC 移相式振荡器的分析主要说明以下几点。

(1) 电路中只采用一级共发射极放大器，对信号已经产生了 180° 的移相，这是由反相放大器特性决定的。

(2) 这种振荡器中，最少要用三节 RC 超前移相式电路，要了解 RC 移相式电路的工作原理，并要了解这种移相电路最大有效相移量小于 90°，所以只有三节才可以。

(3) 三节 RC 移相电路中，第一节先对频率为振荡频率 ω_0 的信号移相一定相位，第二节是在第一节已经移相的基础上再移相，第三节也是这样，三节累计移相恰好为 180°。

(4) 三节 RC 移相电路只是对频率为 ω_0 的信号移相 180°，对于其他频率信号由于频率不同，三节 RC 移相电路的相移量不等于 180°，这样都不能满足振荡的相位条件，也就是只有频率为 ω_0 的信号才能发生振荡。

RC 移相式振荡器具有电路简单、经济方便等优点，但选频效果较差，振幅不够稳定，频率调节不便，因此一般用于频率固定、稳定性要求不高的场合。

12.1.4 LC 桥式正弦波振荡电路

LC 正弦波振荡电路与 RC 桥式正弦波振荡电路的组成原理在本质上是相同的，只是选频网络采用 LC 电路。在 LC 振荡电路中，当 $\omega = \omega_0$ 时，放大电路的放大倍数数值最大，而其余频率的信号均被衰减到零；引入正反馈后，反馈电压作为放大电路的输入电压，以维持输出电压，从而形成正弦波振荡。由于 LC 正弦波振荡电路的振荡频率较高，所以放大电路多采用分立元件电路。LC 振荡电路通常采用电压正反馈，按反馈电压取出方式不同，可分为变压器反馈式、电感三点式、电容三点式三种典型电路。三种电路的共同特点是采用 LC 并联谐振回路作为选频网络。

为了说明 LC 正弦振荡电路的工作原理，首选需要讨论并联谐振电路。

1. *LC* 并联谐振电路的选频特性

LC 正弦波振荡电路中的选频网络采用 *LC* 并联网络,如图 12-11 所示,图中电阻 R 表示回路中和回路所带负载的等效总损耗电阻。

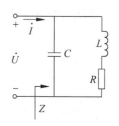

图 12-11 *LC* 并联谐振电路

在信号频率较低时,电容的容抗 $\left(X_C=\dfrac{1}{j\omega C}\right)$ 很大,网络呈电感性;在信号频率较高时,电感的感抗 $(X_L=j\omega L)$ 很大,网络呈电容性;只有当 $\omega=\omega_0$ 时,网络才呈纯阻性。这时电路产生谐振,这个频率称为 *LC* 电路的并联谐振频率。电容的电场能转换成磁场能,而电感的磁场能又转换成电场能,两种能量相互转换。

为了求得 *LC* 电路的并联谐振频率,列出图 12-11 所示电路的复数导纳

$$\dot Y=j\omega C+\frac{1}{R+j\omega L}=\frac{R}{R^2+(\omega L)^2}+j\left[\omega C-\frac{\omega L}{R^2+(\omega L)^2}\right] \tag{12-12}$$

当回路导纳的虚部为零时,回路电流 $\dot I$ 与回路电压 $\dot U$ 同相,并联阻抗为纯电阻特性,电路发生并联谐振,因此,令导纳的虚部为零,就可以得到并联谐振的角频率 ω_0,根据

$$\omega_0 C-\frac{\omega_0 L}{R^2+(\omega_0 L)^2}=0$$

则谐振角频率为

$$\omega_0=\frac{1}{\sqrt{1+\left(\dfrac{R}{\omega_0 L}\right)^2}}\cdot\frac{1}{\sqrt{LC}}=\frac{1}{\sqrt{1+\dfrac{1}{Q^2}}}\cdot\frac{1}{\sqrt{LC}} \tag{12-13}$$

其中,$Q=\dfrac{\omega_0 L}{R}$ 称为谐振回路的品质因数,是 *LC* 电路的一个评价回路损耗大小的一个重要指标。一般 Q 值范围为几十到几百。

当 $Q\gg 1$ 时,谐振频率满足

$$\omega_0\approx\frac{1}{\sqrt{LC}},\quad f_0\approx\frac{1}{2\pi\sqrt{LC}} \tag{12-14}$$

式(12-14)表明,当品质因数很高时,并联谐振频率基本上由并联回路的电感和电容来决定。将式(12-14)代入品质因数中得

$$Q=\frac{\omega_0 L}{R}\approx\frac{1}{R}\sqrt{\frac{L}{C}} \tag{12-15}$$

由式(12-12)可以求得 *LC* 并联回路在谐振频率的等效阻抗为

$$Z_0=\frac{1}{Y_0}=\frac{R^2+(\omega L)^2}{R}=R+Q^2 R \tag{12-16}$$

当 $Q\gg 1$ 时,将 $Q\approx\dfrac{1}{R}\sqrt{\dfrac{L}{C}}$ 代入式(12-16),整理可得

$$Z_0\approx QX_L\approx QX_C \tag{12-17}$$

X_L 和 X_C 分别是电感和电容的电抗,当并联回路的输入电流为 I_0 时,电容和电感的电流约为 QI_0。

根据式(12-12)可以知道,在谐振频率 ω_0 附近,有

$$Z = \frac{1}{Y} = \frac{1}{\mathrm{j}\omega C + \dfrac{1}{R + \mathrm{j}\omega L}} = \frac{\dfrac{L}{RC}}{1 + \mathrm{j}\dfrac{\omega L}{R}\left(1 - \dfrac{1}{\omega^2 LC}\right)^2} \approx \frac{Z_0}{1 + \mathrm{j}Q\left(1 - \dfrac{\omega_0^2}{\omega^2}\right)} \qquad (12\text{-}18)$$

根据式(12-17)可以画出 LC 并联回路的幅频特性曲线和相频特性曲线,如图 12-12 所示,品质因数 Q 值越大,相应的幅频特性曲线越尖锐,表明除 ω_0 频率外,其余频率的信号将被迅速衰减。即 Q 值越大,回路的频率选择性越好。Q 值越大,相频特性曲线越陡。

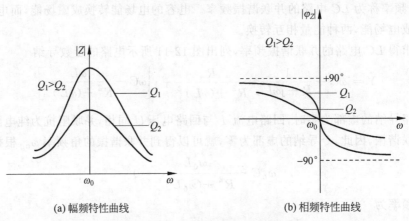

(a) 幅频特性曲线   (b) 相频特性曲线

图 12-12 LC 并联回路的频率特性

下面将利用 LC 并联电路的特性分析各种 LC 正弦波振荡电路的工作原理。

2. 变压器反馈式振荡电路

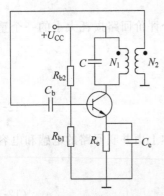

图 12-13   变压器反馈式振荡电路

引入正反馈最简单的方法是采用变压器反馈方式,如图 12-13 所示,用反馈电压取代输入电压,得到变压器反馈式振荡电路。

为了产生正弦波振荡,必须满足相位平衡条件,电路需要有放大电路、选频网络、正反馈网络以及用晶体管的非线性特性所实现的稳幅环节四部分。为了使放大电路能正常工作,放大电路的工作点要稳定;需要设置合适的静态工作点。需要在交流通路中对交流信号进行分析,交流信号传递过程中无开路或短路现象,电路可以正常放大。

在交流通路中,采用瞬时极性法判断电路是否满足相位平衡条件。连接在放大电路集电极的 LC 并联回路处于谐振状态时,输出阻抗为纯电阻特性。根据共发射极放大电路的输入和输出之间的相位反相关系,反馈网络在变压器同名端输出的情况下,变压器初级信号耦合到次级时引入了 180° 的相移。因此,在 $\omega = \omega_0$ 时满足相位平衡条件。

也可以使用瞬时极性法判断电路是否满足相位平衡条件,如果判断结果是引入了正反馈,表明该电路在 $\omega = \omega_0$ 时满足相位平衡条件。假设放大电路输入端的瞬时极性为正(+),由于 LC 并联回路处于谐振状态,因此共发射极放大电路的输出端的瞬时极性为负

（一），在图 12-13 所示的变压器同名端输出的情况下，变压器次级线圈耦合到的信号极性为正（＋），传输到放大器输入端的信号瞬时极性为正（＋），因此电路引入了正反馈，满足振荡的相位平衡条件。

谐振电路的振荡频率就是 LC 并联回路的谐振频率，即 $\omega_0 \approx \dfrac{1}{\sqrt{LC}}$。为了满足幅度平衡条件，对放大器的 β 要有一定的要求

$$\beta = \frac{r_{be}}{\omega_0 MQ}$$

其中，M 是互感系数；Q 为品质因数。考虑到起振条件，实际振荡电路中应取

$$\beta > \frac{r_{be}}{\omega_0 MQ} \tag{12-19}$$

实际上，式（12-19）的条件对三极管 β 值的要求并不高，很容易满足，关键是要满足变压器绕组的同名端接线正确，以满足相位平衡条件。如果同名端连接错误，则电路不能起振。

3. 电感反馈式振荡电路

为了克服变压器反馈式振荡电路中变压器初级线圈和次级线圈耦合不紧密的缺点，可将变压器反馈式振荡电路的 L_1 和 L_2 合并为一个线圈，如图 12-14 所示，为了加强谐振效果，将电容 C 跨接在整个线圈两端，便得到电感反馈式振荡电路。由于电感 L_1 和 L_2 引出三个端点，所以通常称为电感三点式振荡电路。LC 并联电路的电感 L_2 的下端和谐振电容 C 连接到三极管的基极，中间抽头连接到地，L_1 的上端和谐振电容连接到放大电路的输出端。所以电感 L_1 上的电压为输出电压，电感 L_2 下端的电压为反馈电压。集电极耦合电容 C_c 的作用是避免 LC 回路影响放大电路的静态偏置。

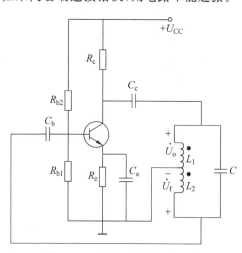

图 12-14　电感反馈式振荡电路

电路能否振荡，从电路是否满足相位平衡条件来分析。使用瞬时极性法判断电路是否满足相位平衡条件，如果判断结果是引入了正反馈，表明该电路在 $\omega = \omega_0$ 时满足相位平衡条件。假设放大电路输入端的瞬时极性为正（＋），由于 LC 并联回路处于谐振状态，因此共发射极放大电路的输出端的瞬时极性为负（－），在图 12-14 所示的情况下，L_2 输出端的电压 $\dot{U}_f$ 与输出端电压 $\dot{U}_o$ 反相，极性为正（＋），传输到放大器输入端的信号瞬时极性为正（＋），因此电路引入了正反馈，满足振荡的相位平衡条件。

当谐振回路的 Q 值很高时，则在图 12-14 中所标同名端的情况下，振荡频率基本上等于 LC 回路的谐振频率

$$\omega_0 \approx \frac{1}{\sqrt{LC}} = \frac{1}{\sqrt{(L_1 + L_2 + 2M)C}} \tag{12-20}$$

其中，L 为回路的总电感，即 $L = L_1 + L_2 + 2M$；M 为电感 L_1 与 L_2 之间的互感。

根据幅度平衡条件可以证明，起振条件为

$$\beta > \frac{L_1 + M}{L_2 + M} \cdot \frac{r_{be}}{R'} \tag{12-21}$$

其中，R' 为折合到管子集电极和发射极之间的等效并联总损耗电阻。

电感三点式振荡电路的特点如下所述。

（1）由于线圈 L_1 和 L_2 之间耦合很紧，比较容易起振。改变电感抽头的位置，即改变 L_1/L_2 的比值，可以获得满意的正弦波输出，且振荡幅度较大。

（2）调节频率方便，采用可变电容，可获得一个较宽的频率调节范围。

（3）一般用以产生几十兆赫兹以下的频率。

（4）由于反馈电压取自电感 L_2，而电感对高次谐波的阻抗较大，不能将高次谐波滤掉。因此输出波形中含有较大的高次谐波，故波形较差。

（5）由于电感三点式振荡电路的输出波形较差，且频率稳定度不高，因此通常用于要求不高的设备中。

4. 电容反馈式振荡电路

为了获得较好的输出电压波形，若将电感反馈式振荡电路中的电容换成电感，电感换成电容，并在转换后将两个电容的公共端接地，且增加集电极电阻 R_c，就可得到电容反馈式振荡电路，如图 12-15 所示。因为两个电容的三个端点分别接在 BJT 的三个极，故也称为电容三点式电路。

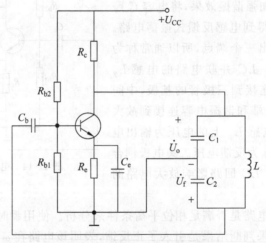

图 12-15　电容反馈式振荡电路

根据正弦波振荡电路的判断方法，图 12-15 包含了放大电路、选频网络、反馈网络和非线性元件四部分，而且放大电路能够正常工作。利用瞬时极性法知，在振荡频率时，相位满足正反馈条件。只要电路参数选择合适，电路就可以满足幅值条件，从而产生正弦波振荡。

当由 L、C_1、C_2 所构成的选频网络的品质因数 $Q \gg 1$ 时，振荡频率为

$$\omega_0 \approx \frac{1}{\sqrt{L\dfrac{C_1 C_2}{C_1 + C_2}}} \tag{12-22}$$

根据幅度平衡条件，可以推导出基本放大器的放大倍数 $A_u = \dfrac{\beta R'}{r_{be}}$，其中 R' 为负载电阻

R_c、LC 回路的等效电阻以及输入电阻折合到 BJT 的集电极和发射极之间的并联等效电阻。

$$\dot{B}(\omega_0) = \frac{\dot{U}_f}{\dot{U}_o} = \frac{\dfrac{1}{j\omega_0 C_2}}{j\omega_0 L + \dfrac{1}{j\omega_0 C_2}} = \frac{1}{1 - \omega_0^2 L C_2} = -\frac{C_1}{C_2} \qquad (12\text{-}23)$$

根据起振条件 $|AB| > 1$，可得

$$\beta > \frac{C_2}{C_1} \cdot \frac{r_{be}}{R'} \qquad (12\text{-}24)$$

若增大 C_1/C_2，则反馈系数增加有利于电路起振，但是，它又使得 R' 减小，从而造成电压放大倍数减小，不利于电路起振。因此，C_1/C_2 既不能太大也不能太小，通常取 $0.01 \sim 0.05$ 即可。

电容反馈式振荡电路的输出电压波形比较好，但是如果采用改变电容的方法调节振荡频率，则会影响电路的起振条件；但是如果采用改变电感的方法调节振荡频率，又比较困难，所以电容反馈式振荡电路经常用于振荡频率固定的情况。

电容三点式振荡电路的特点如下所述。

（1）由于反馈电压取自电容 C_2，电容对于高次谐波阻抗很小，于是反馈电压中的谐波分量很小，所以输出波形较好。

（2）因为电容 C_1、C_2 的数值可以取得比较小，因此谐振频率比较高，一般可以达到 100MHz 以上。

（3）调节 C_1 或 C_2 可以改变振荡频率，但同时会影响起振条件，因此这种电路适用于产生固定频率的振荡。如果要改变频率，可以在电感两端并联一个可变定容，也可以采用可调电感来改变频率。

由于电容三点式振荡电路的振荡频率 ω_0 与等效电容 C 有关，$C = \dfrac{C_1 C_2}{C_1 + C_2}$，要产生较高频率的振荡信号，即要求 C_1、C_2 的数值比较小，而当 C_1、C_2 的数值可以与晶体管的极间电容和分布电容相比较时，这些电容就会影响到 ω_0 的稳定性。

为了克服这些缺点，提高振荡频率的稳定性，在图 12-15 电路的基础上，在电感支路上串接一个小电容 C_0，使得 $C_0 \ll C_1$，$C_0 \ll C_2$，则 C_1、C_2 对振荡频率的影响减小，此时振荡频率可近似地表示为 $\omega_0 \approx \dfrac{1}{\sqrt{LC_0}}$。这就是改进型电容三点式振荡电路，如图 12-16 所示。由于 ω_0 基本上是由 L、C_0 决定，因此改进型电容三点式振荡电路的振荡频率稳定度为 10^{-4} 左右。

12.1.5 石英晶体正弦波振荡电路

石英晶体振荡电路是利用石英晶体的压电效应制成的一种谐振器件。在晶体的两个电极加交流电压时，晶体就会产生机械振动，而这种机械振动反过来又会产生交变电场，在电极上出现交流电压，这种物理现象称为压电效应。如果交变电压的频率与晶片本身的固有振动频率相等，振幅明显加大，比其他频率的振幅大得多，这种现象称为压电振荡，称该晶体为石英晶体振荡器，简称晶振，它的谐振频率仅与晶片的外形尺寸与切割方式等有关。

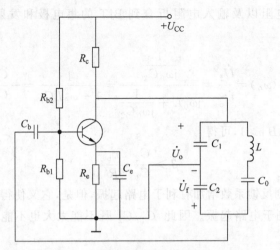

图 12-16 改进型电容三点式振荡电路

1. 石英晶体的频率特性

石英晶体的符号和等效电路如图 12-17(a)和图 12-17(b)所示。从石英晶体振荡器的等效电路可知,有串联谐振频率 ω_s 和并联谐振频率 ω_p。

(1) 当 LCR 支路发生串联谐振时,它的等效阻抗最小(等于 R),谐振频率为

$$\omega_s \approx \frac{1}{\sqrt{LC}} \tag{12-25}$$

(2) 当频率高于 ω_s 时,LCR 支路呈感性,可与电容 C_0 发生并联谐振,谐振频率为

$$\omega_p = \frac{1}{\sqrt{L\dfrac{CC_0}{C+C_0}}} \omega_s \sqrt{1+\frac{C}{C_0}} \tag{12-26}$$

由于 $C \ll C_0$,因此 ω_s 和 ω_p 非常接近。

根据石英晶体的等效电路,可定性地画出它的电抗曲线,如图 12-17(d)所示,当 $\omega < \omega_s$ 或 $\omega > \omega_p$ 时,石英晶体呈容性;当 $\omega_s < \omega < \omega_p$ 时,石英晶体呈感性。

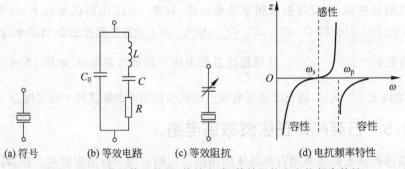

图 12-17 石英晶体的符号、等效电路、等效阻抗和电抗频率特性

通常,石英晶体产品给出的标称频率不是 ω_s 也不是 ω_p,而是串接一个负载小电容 C_L 时的校正振荡频率,如图 12-17(c)所示。利用 C_L 可使得石英晶体的谐振频率在一个小范围(即 $\omega_s < \omega < \omega_p$)内调整。$C_L$ 值应大于 C。

2. 石英晶体振荡电路

石英晶体振荡电路的形式是多种多样的,但其基本电路只有两类,即并联晶体振荡器和串联晶体振荡器。现以图 12-18 所示的并联晶体谐振器为例做简要介绍。

图 12-18 所示电路是石英晶体以并联谐振电路的形式出现,从图中可看出,该电路是电容三点式 LC 振荡电路,晶体在此起电感的作用。谐振频率 ω 在 ω_s 与 ω_p 之间,由 C_1、C_2、C_3 和石英晶体等效电感 L 决定,由于 $C_1 \gg C_3$ 和 $C_2 \gg C_3$,所以振荡频率主要取决于石英晶体与 C_3 谐振频率。

石英晶体振荡的频率相对偏移率为 $10^{-11} \sim 10^{-9}$,RC 振荡器为 10^{-3} 以上,LC 振荡器为 10^{-4} 左右。晶振

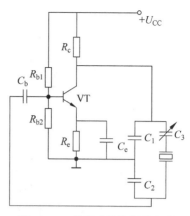

图 12-18　并联型晶体振荡电路

的频率稳定度非常高,一般用在对频率稳定要求较高的场合,如用于数字电路和计算机中的时钟脉冲发生器等。

12.2　电压比较器

电压比较器是用来比较两个输入电压哪一个电压高的电路,使用时最重要的两个指标是灵敏度和响应速度(或响应时间),可以根据需求选择专用集成电压比较器或运放。电压比较器可用于报警器电路、自动控制电路、测量技术,也可用于 V/F 变换电路、A/D 变换电路、高速采样电路、电源电压监测电路、振荡器及压控振荡器电路、过零检测电路等。

本节主要介绍比较器的基本概念、工作原理,并介绍几种常用的电压比较器。

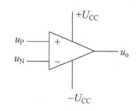

图 12-19　电压比较器

图 12-19 为电压比较器电路符号,它有两个输入端:同相输入端、反相输入端,一个输出端。另外有电源 $+U_{CC}$、$-U_{CC}$。同相端输入电压 u_P 大于反相端输入 u_N 时输出端输出高电平,否则,输出端输出低电平。比较器的输出端只有高、低两种电平输出。因此,电压比较器可看作将模拟信号转换为数字信号的一种"接口"电路,也可以看成一位 A/D 转换电路。

常用的比较器类型有单限比较器、迟滞(滞回)比较器、窗口比较器。下面主要对单限比较器、迟滞(滞回)比较器电路进行讨论。

12.2.1　单限比较器

单门限电压比较器,简称为单限比较器,可以用来检测输入信号的电平是否大于或小于某一特定值,其电路如图 12-20 所示。当 $u_i = U_{REF}$ 时,输出 u_o 发生跳变。由于只有一个门限电压,故称为单门限比较器。过零比较器实际上是单限比较器当参考电压 $U_{REF} = 0\text{V}$ 时的一种特例。参考基准电压 U_{REF} 可以是在运算放大器允许的最大共模输入电压以内的任何值。图 12-21 是单限比较器的传输特性曲线,从传输特性曲线可以看出当 $u_i = U_{REF}$ 时,输出 u_o 发生跳变。

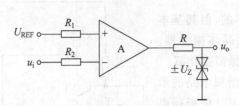

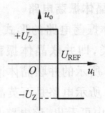

图 12-20　单限电压比较器电路　　　　图 12-21　单限电压比较器传输特性曲线

在很多电路中,比较器的输出需要连接到数字电路上,而数字电路的典型值是+5V、−5V、+3.3V、−3.3V、0V 等标准电平值,因此都需要对比较器的输出电平限定,既可以提高转换速度又可以与数字电路兼容。一般都是利用稳压二极管限定输出电压的幅度,图 12-20 中连接在输出端的电阻 R 是保证稳压管能够正常工作的限流电阻,其电阻值约在数百欧姆到数千欧姆之间。图 12-20 单限比较器电路中,输出端口采用双向稳压的方式,因此输出端口电压被限定在 $\pm U_Z$,如果输出端口的低电平为零的话,采用一个稳压二极管即可实现。

图 12-20 单限比较器电路中,参考电压连接在同相输入端,输入信号 u_i 连接在反相输入端,运算放大器处于开环状态,具有很高的电压增益,当输入信号 u_i 小于参考电压 U_{REF},即差模输入电压 $u_{id}=U_{REF}-u_i>0$,则运算放大器处于正饱和状态,输出电压 $u_o=+U_Z$。当输入电压升高,略大于参考电压 U_{REF} 时,即差模输入电压 $u_{id}=U_{REF}-u_i<0$,则运算放大器处于负饱和状态,输出电压 $u_o=-U_Z$。将比较器输出电压 u_o 从高电平跳变到低电平,或者是从低电平跳变到高电平时输入电压值称为门限电压或阈值电压,用 U_T 表示。输出电压从一种电平变化到另一种电平称为跳转或者翻转。图 12-21 给出了图 12-20 所示电压比较器的传输特性曲线。

由于 u_i 从反相端输入并且只有一个门限电压,因此,称为反相输入单门限电压比较器。如果参考电压和输入电压互换一下输入端,电路称为同相输入单门限电压比较器。

在设计电压比较器时,比较器的转换速度是一个需要考虑的问题。比较器的转换速度通常用响应时间衡量,从输入信号达到门限电平时开始,输出从一个稳态值过渡到另一个稳态值所需的时间称为响应时间。显然,响应时间越短,转换速度越快。响应时间主要受两个因素的制约,当输出电压为 $u_o=+U_Z$ 时,实际上是运算放大器处于深度饱和状态时的值,所以,当输入达到门限,比较器的输出要发生翻转时,必须从一种饱和状态下脱出,然后再逐步进入另一种饱和状态,从而使输出达到另一个稳态值,这个过程肯定是需要时间的。饱和越深,所需要的转换时间也就越长。另一个因素是运算放大器转换速度 S_R。

单限比较器的另一种形式是求和式电压比较器,将 u_i 和 U_{REF} 以求和的方式加于比较器的同一个输入端,而将比较器的另一个输入端接地,电路如图 12-22 所示。比较器的输入端口存在“虚断”的特性,因此,同相输入端电压为零,反相输入端电压也等于零时,输出电压发生跳变。图 12-23 给出了图 12-22 所示求和式电压比较器的传输特性曲线。

根据叠加原理,反相输入端电位为

$$u_N=\frac{R_1}{R_1+R_2}u_i+\frac{R_2}{R_1+R_2}U_{REF}$$

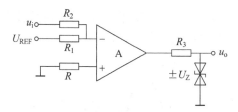

图 12-22 求和式电压比较器

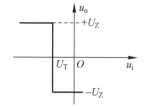

图 12-23 求和式电压比较器传输特性曲线

当 $u_N = u_P = 0$ 时,输出电压发生跳变,求得阈值电压为

$$U_T = -\frac{R_2}{R_1}U_{REF} \tag{12-27}$$

当 $u_i < U_T$ 时,$u_N < u_P$,所以 $u_o = +U_Z$。当 $u_i > U_T$ 时,$u_N > u_P$,所以 $u_o = -U_Z$。

根据式(12-27)可知,只要改变参考电压的大小和极性,或者电阻 R_1 和 R_2 的大小,就可以改变阈值电压的大小和极性。若要改变 u_o 的跳变方向,只需要将同相输入端和反相输入端所接外电路互换即可。

阈值电压等于零的比较器称为过零比较器,分为同相过零比较器和反相过零比较器。图 12-24 为同相过零比较器,图 12-25 为其电压传输特性曲线。

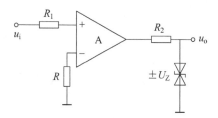

图 12-24 同相过零比较器图

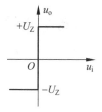

图 12-25 同相过零比较器电压传输特性曲线

为了限制集成运放的差模输入电压,保护其输入级,可在输入端加二极管限幅电路,如图 12-26 所示。

【例 12-1】 如图 12-27 所示电路中,已知 $U_{REF} = -2V$,稳压管 $U_Z = 5.3V$,$U_D = 0$。

(1) 画出该电路的传输特性曲线。

(2) 当 $u_i(t) = 5\sin\omega t(V)$ 时,试画出 $u_o(t)$ 的波形。

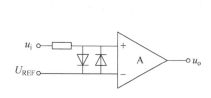

图 12-26 电压比较器输入级的保护电路

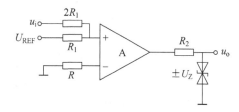

图 12-27 例 12-1 图

解:根据图 12-27 所示电路知,$u_N < u_P$ 时,$u_o = +U_Z = +5.3V$;$u_N > u_P$ 时,$u_o = -U_Z = -5.3V$,则有

$$u_P = \frac{R_1}{2R_1 + R_1}u_i + \frac{2R_1}{2R_1 + R_1}U_{REF} = \frac{1}{3}u_i - \frac{4}{3}$$

所以,当 $u_i > 4V$ 时,$u_o = 5.3V$;当 $u_i < 4V$ 时,$u_o = -5.3V$。由此画得传输特性曲线如图 12-28 所示。当 $u_i(t) = 5\sin\omega t(V)$ 时,$u_o(t)$ 的输出电压曲线如图 12-29 所示。

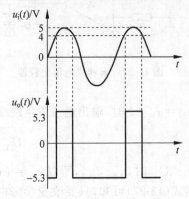

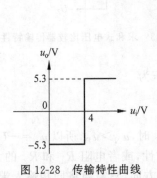

图 12-28 传输特性曲线

图 12-29 输出电压曲线

单限比较器的特点:电路简单,灵敏度高,抗干扰能力差。输入信号在阈值电压附近的微小变化,都将引起输出电压的跳变,而不管这种微小变化来源于输入信号还是外部干扰。而引入了正反馈的迟滞比较器则克服了这些问题。

12.2.2 迟滞比较器

迟滞比较器在性能上克服了单限比较器的抗干扰能力差的问题,其电路特点是引入了正反馈。当输入由小到大变化或者由大到小变化时,两种情况下的门限电压不相等,传输特性呈现"滞洄"曲线的形状,迟滞比较器(又称为 Schmitt 触发器)电路如图 12-30 所示。由于采用了箝位电路,所以该电路的输出值分别为 $+U_Z$ 和 $-U_Z$。而正反馈使

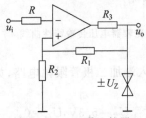

图 12-30 迟滞比较器

$$u_P = \frac{R_2}{R_1 + R_2}u_o = \pm\frac{R_2}{R_1 + R_2}U_Z \tag{12-28}$$

即正反馈在比较器的同相输入端口建立起了上、下两个比较基准(门限)为

$$U_{HT} = +\frac{R_2}{R_1 + R_2}U_Z, \quad U_{LT} = -\frac{R_2}{R_1 + R_2}U_Z \tag{12-29}$$

当输入电压 u_i 很小(假设负的很大)时,同相端电压一定大于反相端电压,输出电压 $u_o = +U_Z$,比较器同相输入端电位 $u_P = +\dfrac{R_2}{R_1 + R_2}U_Z$。如果 u_i 逐渐从小(负的很大)增大到略大于 u_P 时,输出电压由 $u_o = +U_Z$ 跳变到 $u_o = -U_Z$,由此可以得到比较器由高电平跳变到低电平时的阈值电压为

$$U_{HT} = +\frac{R_2}{R_1 + R_2}U_Z \tag{12-30}$$

当输入电压 u_i 很大(假设正的很大)时,同相端电压小于反相端电压,输出电压 $u_o = -U_Z$,比较器同相输入端电位 $u_P = -\dfrac{R_2}{R_1 + R_2}U_Z$。如果 u_i 从很大(正的很大)逐渐减小到略小于 u_P 时,输出电压由 $u_o = -U_Z$ 跳变到 $u_o = +U_Z$,由此可以得到比较器由低电平跳变

到高电平时的阈值电压为

$$U_{LT} = -\frac{R_2}{R_1 + R_2}U_Z \tag{12-31}$$

由以上分析可知,迟滞比较器输出电压由高电平到低电平、由低电平到高电平跳变时经过不同的阈值电压。电压传输特性曲线如图 12-31 所示。画迟滞比较器传输特性的一般步骤:先求上、下门限电压;再根据电压比较器的具体电路,分析在输入电压由最低变到最高(正向过程)和输入电压由最高到最低(负向过程)两种情况下,输出电压的变化规律;最后画出传输特性曲线。

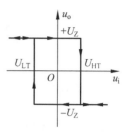

图 12-31 电压传输特性曲线

上、下门限之差 U_{BW} 常称为滞后电压(或回差电压)。

$$U_{BW} = U_{HT} - U_{LT} \tag{12-32}$$

正是由于滞后电压 U_{BW} 的存在,才提高了电路的抗干扰能力。U_{BW} 越大,表明抗干扰能力越强,相应地比较器的灵敏度越低。抗干扰能力和灵敏度是相互矛盾的,在迟滞比较器的设计中,应根据实际需求适当地设计 U_{BW} 的大小。

例如,当 u_i 由比较大的负值逐渐增大时,输出 $u_o = +U_Z$,同相端电压及阈值电压 $u_P = +\frac{R_2}{R_1 + R_2}U_Z = U_{HT}$,当 u_i 增大到 U_{HT} 时,u_o 将由 $u_o = +U_Z$ 跳变到 $u_o = -U_Z$,同时同相端电压及阈值电压 $u_P = -\frac{R_2}{R_1 + R_2}U_Z = U_{LT}$。如果 u_i 受到干扰,使得输入在 U_{HT} 附近来回徘徊,只要干扰不使输入信号徘徊到 U_{LT},u_o 就不会发生翻转。显然,U_{BW} 越大,抗干扰能力越强。但是又会使得两个门限偏离中心电平越大,而中心电平才是真正的比较基准,所以 U_{BW} 越大,比较误差也会越大。

正反馈不但提高了抗干扰能力,还能加快 u_o 的翻转速度。一旦 u_o 开始翻转时,u_o 微小的增量经正反馈迅速送回到同相输入端,被放大后使 u_o 有更大的增量。如此反复,便加快了 u_o 的翻转速度。

在实际应用中,很多情况下,中心电平并不为零。这个时候只要将 R_2 的接地端连接参考电压 U_{REF},如图 12-32 所示为带参考电平的反相迟滞比较器。当 u_i 由负的很大电压逐渐增大时,$u_o = +U_Z$,当 u_i 增大到 u_P 时,输出产生跳变,$u_o = -U_Z$。跳变时的 u_P 是 u_i 从小逐渐增大的时门限电压 U_{HT},其值为

$$U_{HT} = \frac{R_1}{R_1 + R_2}U_{REF} + \frac{R_2}{R_1 + R_2}U_Z \tag{12-33}$$

当 u_i 由正的很大电压逐渐减小时,$u_o = -U_Z$,当 u_i 减小到 u_P 时,输出产生跳变,$u_o = +U_Z$。跳变时的 u_P 是 u_i 从大逐渐减小的时门限电压 U_{LT},其值为

$$U_{LT} = \frac{R_1}{R_1 + R_2}U_{REF} - \frac{R_2}{R_1 + R_2}U_Z \tag{12-34}$$

其传输特性曲线如图 12-33 所示。上、下门限之差 $U_{BW} = U_{HT} - U_{LT}$ 保持不变。

与单门限比较器相比,迟滞比较器有两个明显的优点:①有较强的抗干扰能力,不容易产生错误判断,U_{BW} 越大,抗干扰能力越强;②响应速度快,输出跳变边沿陡。迟滞比较器的缺点:①灵敏度比较低;②信号频率比较低的时候,容易出现错误。

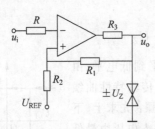

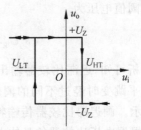

图 12-32 带参考电平的反相迟滞比较器   图 12-33 电压传输特性曲线

迟滞比较器的应用范围很广,利用它可以组成矩形波、锯齿波、三角波等信号发生和变换电路。

【例 12-2】 图 12-32 所示电路中,已知 $U_{REF}=10V$,稳压管的 $U_Z=6V$,$U_D=0V$,$R_1=R_2=1k\Omega$。

(1) 画出比较器的传输特性曲线;

(2) 当 $u_i(t)=10\sin\omega t(V)$ 时,试画出 $u_o(t)$ 的波形。

解:电路中输出端连接稳压二极管,因此输出的高、低电平分别为 $U_{OH}=U_Z+U_D=(6+0)V=6V$; $U_{OL}=-(U_Z+U_D)=-(6+0)V=-6V$,所以,该比较器的上、下门限电平分别为

$$U_{HT}=\frac{R_1}{R_1+R_2}U_{REF}+\frac{R_2}{R_1+R_2}U_Z=\frac{1}{2}\times10+\frac{1}{2}\times6=8(V)$$

$$U_{LT}=\frac{R_1}{R_1+R_2}U_{REF}-\frac{R_2}{R_1+R_2}U_Z=\frac{1}{2}\times10-\frac{1}{2}\times6=2(V)$$

该电路为反相输入迟滞电压比较器,因此得到传输特性曲线以及输出电压波形如图 12-34 所示。同相输入迟滞电压比较器电路如图 12-35 所示,当 $u_P=u_n=0$ 时,输出电压发生跳变,由此根据

$$u_p=\frac{1}{R_1+R_2}(R_2u_i+R_1u_o)=0, \quad u_o=\pm U_Z$$

可以求出上、下门限为

$$U_{HT}=+\frac{R_1}{R_2}U_Z, \quad U_{LT}=-\frac{R_1}{R_2}U_Z$$

同相输入迟滞电压比较器的电压传输特性曲线如图 12-36 所示。

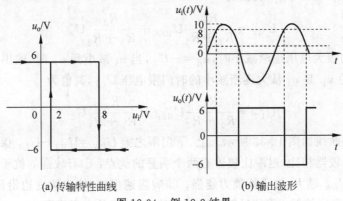

(a) 传输特性曲线   (b) 输出波形

图 12-34 例 12-2 结果

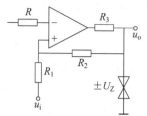

图 12-35 同相输入迟滞电压比较器

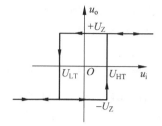

图 12-36 同相输入迟滞电压比较器的电压传输特性曲线

12.2.3 集成电压比较器

集成运放可以用作比较器,但对于要求比较高的场合,更多的是使用专用集成电压比较器。集成电压比较器通常工作在高电平或低电平这两种状态之一,因此不需要频率补偿电容,转换速率更高,其改变输出状态的响应时间为纳秒级,而通用运放的响应时间是微秒级。

集成电压比较器与运算放大器的内部结构基本相同,其大部分参数与运放的参数基本一样(如输入失调电压、输入失调电流、输入偏置电流等)。下面以 LM339 为例介绍专用比较器。LM339 是集成块内部装有四个独立的集成电压比较器,该电压比较器的特点如下。

(1) 失调电压小,典型值为 2mV。

(2) 电源电压范围宽,单电源为 2~36V,双电源电压为 ±1V~±18V。

(3) 对比较信号源的内阻限制较宽。

(4) 共模范围很大,为 0~(U_{CC}−1.5V)。

(5) 差动输入电压范围较大,可以等于电源电压。

(6) 输出端电位可灵活方便地选用。

图 12-37 为 LM339 的外形及管脚排列图。由于 LM339 使用灵活,应用广泛,所以各大 IC 生产厂、公司竞相推出自己的四比较器,如 IR2339、ANI339、SF339 等,它们的参数基本一致,可互换使用。

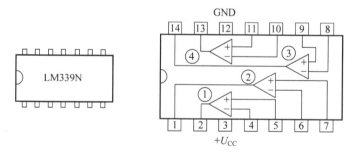

图 12-37 外形及管脚排列图

LM339 类似于增益不可调的运算放大器。每个比较器有两个输入端和一个输出端。两个输入端一个称为同相输入端,用"+"表示,另一个称为反相输入端,用"−"表示。用作比较两个电压时,任意一个输入端加一个固定电压做参考电压(也称为门限电平,它可选择 LM339 输入共模范围的任何一点),另一端加一个待比较的信号电压。当"+"端电压高于"−"端时,输出管截止,相当于输出端开路。当"−"端电压高于"+"端时,输出管饱和,相当于输出端接低电位。两个输入端电压差别大于 10mV 就能确保输出能从一种状态可靠地翻转到另一种状态。因此,把 LM339 用于弱信号检测等场合是比较理想的。LM339 的输出端相当于一只不接集电极电阻的晶体三极管,在使用时输出端到正电源,一般需要接一只电阻(称为上拉电阻,选 3~15kΩ)。选不同阻值的上拉电阻会影响输出端高电位的值。因为当输出晶体三极管截止时,它的集电极电压基本上取决于上拉电阻与负载的值。另外,各比较器的输出端口允许连接在一起使用。

LM393/339 是高增益、宽频带器件,像大多数比较器一样,如果输出端到输入端有寄生电容而产生耦合,则很容易产生振荡。这种现象仅仅出现在当比较器改变状态时,输出电压过渡的间隙。电源加旁路滤波并不能解决这个问题,标准 PC 板的设计对减小输入-输出寄生电容耦合是有助的。将输入电阻减小至小于 10kΩ,有助于减小反馈信号,而且增加甚至很小的正反馈量(滞洄 1.0~10mV)能导致快速转换,使得不可能产生由于寄生电容引起的振荡。除非利用滞后,否则直接插入 IC 并在引脚上加上电阻将引起输入-输出在很短的转换周期内振荡,如果输入信号是脉冲波形,并且上升和下降时间相当快,则不需要滞回。

比较器的所有没有用到的引脚必须接地。差分输入电压可以大于 U_{CC} 并不损坏器件。保护部分必须能阻止输入电压向负端超过 −0.3V。

图 12-38 为某仪器中过热检测保护电路。它用单电源供电,1/4LM339 的反相输入端加一个固定的参考电压

$$U_R = R_2/(R_1 + R_2)U_{CC}$$

同相端的电压就等于热敏元件 R_t 的电压降。当机内温度为设定值以下时,"+"端电压大于"−"端电压,u_o 为高电位。当温度上升为设定值以上时,"−"端电压大于"+"端,比较器反转,u_o 输出为零电位,使保护电路开始工作,调节 R_1 的值可以改变门限电压,即设定温度值的大小。

图 12-39 为某电磁炉电路中电网过电压检测电路部分。电网电压正常时,1/4LM339 的 $U_- < 2.8V$,$U_+ = 2.8V$,输出开路,过电压保护电路不工作,作为正反馈的发射极跟随器 BG_1 是导通的。当电网电压大于 242V 时,$U_- > 2.8V$,比较器翻转,输出为 0V,BG_1 截止,U_+ 的电压就完全决定于 R_1 与 R_2 的分压值,为 2.7V,促使 U_- 更大于 U_+,这就使翻转后的状态极为稳定,避免了过压点附近由于电网电压很小的波动而引起的不稳定的现象。由于制造了一定的回差(迟滞),在过电压保护后,电网电压要降到 242−5=237V 时,$U_- < U_{CC}$,电磁炉才又开始工作。

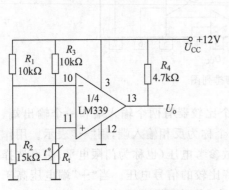

图 12-38 LM339 构成热敏保护电路

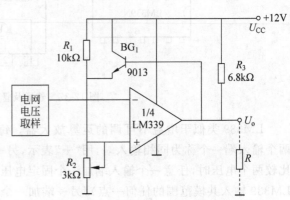

图 12-39 LM339 构成的电压检测电路

12.3 非正弦信号发生器

非正弦(矩形波、三角波、锯齿波等)信号发生器在数字系统及控制系统中的应用十分广泛。非正弦波信号产生电路通常由比较器、反馈网络、积分电路组成。

本节主要介绍电子电路中常用的矩形波、三角波这两种非正弦信号产生电路的组成、工作原理、波形分析以及主要参数。

12.3.1 矩形波产生电路

矩形波发生器是一种能够直接产生方波或矩形波的非正弦产生电路,是其他非正弦波产生电路的基础。由于方波或正弦波包含丰富的谐波,因此,这种电路又称为多谐振荡电路。

1. 电路组成及工作原理

由于矩形波信号只有两种状态:高电平和低电平,所以,电压比较器是一个重要的组成部分,而且要求高低两个状态能够自动地相互转换,因此,电路中必须引入反馈。由于输出需要按照一定的周期进行变化,因此,需要延迟电路来确定每种状态的维持时间。这样可以得到方形波产生电路如图 12-40 所示。

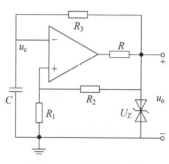

图 12-40 方波产生电路

由图 12-40 可知,方波产生电路由迟滞比较器和 RC 充放电回路组成。迟滞比较器的输出电压对 RC 回路进行充电或放电,这样电容 C 的电压会不断改变,通过控制加在反相输入端的电压信号的大小控制迟滞比较器的跳变。

图 12-40 中,迟滞比较器的输出电压 $u_o = \pm U_Z$,因此,迟滞比较器的阈值电压为

$$U_T = \pm \frac{R_1}{R_1 + R_2} U_Z \tag{12-35}$$

假设 $t = 0$ 时,电容上的电压 $u_C = 0\text{V}$,迟滞比较器输出高电平,即 $u_o = +U_Z$,则迟滞比较器同相输入端电压 $u_+ = \frac{R_1}{R_1 + R_2} U_Z$。迟滞比较器的输出端将对电容 C 进行充电,使得 u_C 逐渐升高,即反相输入端电压随着电容电压逐渐升高,当 u_C 升高到 $u_- = u_C = u_+$,此时,迟滞比较器同相端和反相端电压相同,输出端电压发生跳变。u_o 由 $+U_Z$ 跳变为 $-U_Z$,同时同相输入端电压由 $u_+ = \frac{R_1}{R_1 + R_2} U_Z$ 跳变为 $u_+ = -\frac{R_1}{R_1 + R_2} U_Z$,由于此时电容电压高于输出端电压,则电容 C 通过 RC 回路充电变成了通过 RC 回路放电,电容电压 u_C 开始逐渐减小,当 $u_- = u_C = u_+$ 时,迟滞比较器的输出端电压再次发生跳变,u_o 由 $-U_Z$ 跳变为 $+U_Z$,又开始重复电容充电的过程。电容 C 上的电压和比较器的输出电压如图 12-41 所示。

2. 振荡周期

图 12-40 方波产生电路中,电容充电和放电的时间常数均为 RC,因此,在一个周期内输出的高电平和低电平的时间相同。由图 12-41 电容电压波形可知,在 $T/2$ 周期内,电容的

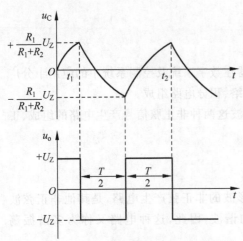

图 12-41 方波产生电路输出波形

初始值为 $u_C = -\dfrac{R_1}{R_1+R_2}U_Z$，终值为 $u_C = +\dfrac{R_1}{R_1+R_2}U_Z$，时间常数为 RC，时间 t 趋于无穷大时，$u_C = +U_Z$，利用一阶电路的电容电压的三要素法可列出方程

$$\frac{R_1}{R_1+R_2}U_Z = \left(-\frac{R_1}{R_1+R_2}U_Z - U_Z\right)e^{-\frac{\frac{T}{2}}{R_3C}} + U_Z$$

(12-36)

可求得振荡周期为

$$T = 2R_3C\ln\left(1 + \frac{2R_1}{R_2}\right)$$

振荡频率为

$$f = \frac{1}{T} = \frac{1}{2R_3C\ln\left(1 + \dfrac{2R_1}{R_2}\right)}$$

(12-37)

通过分析可知，调整 R_1、R_2、R_3、C 的数值都可以改变振荡频率，适当选取合适的 R_1、R_2，则振荡周期可以简化为 $f = \dfrac{1}{T} = \dfrac{1}{2R_3C}$。而要调整输出电压的幅度，只需要改变稳压二极管就可以实现。

3. 矩形波产生电路

通常将矩形波为高电平的持续时间与振荡周期的比称为占空比，方波的占空比为 50%。上面讨论的电路是方波产生电路，若要产生高电平和低电平持续时间不同的矩形波，只需要改变电容的充、放电时间常数就可以很方便地实现。在图 12-40 方波产生电路中，将电阻 R_3 改变为图 12-42 的电路就可以实现。利用二极管的单向导电性，电容充电和放电的回路不同，时间常数 RC 也就不同了，电容充放电的速度发生了变化，就可以产生矩形波，振荡周期为

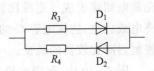

图 12-42 矩形波电路简图

$$T = (R_3 + R_4)C\ln\left(1 + \frac{2R_1}{R_2}\right)$$

12.3.2 三角波产生电路

锯齿波和正弦波、方波、三角波是常用的基本测试信号。在示波器等仪器中，为了使电子按照一定的规律运动，以利用荧光屏显示图像，常用到三角波产生电路作为时基(时间显示的基本单位)电路。假如要在示波器荧光屏不失真地观察到被测信号波形，就要在水平偏转板加上随着时间线性变化的三角波电压，使得电子束水平方向匀速扫过荧光屏。

1. 电路组成及工作原理

三角波发生电路由迟滞比较器和积分电路两部分组成。三角波产生电路如图 12-43 所示。在三角波产生电路中，迟滞比较器采用同相输入，积分电路采用反相输入。

在三角波产生电路中,迟滞比较器的输出电压 $u_{o1}=\pm U_Z$,其输入电压是积分电路的输出电压 u_o,根据叠加原理,运算放大器 A_1 同相端输入电压 u_{P1}(或 u_+)为

$$u_+=\frac{R_2}{R_1+R_2}u_o+\frac{R_1}{R_1+R_2}u_{o1}=\frac{R_2}{R_1+R_2}u_o\pm\frac{R_1}{R_1+R_2}U_Z \tag{12-38}$$

迟滞比较器的反相输入端电压为零,当同相端电压与反相端电压相等时,迟滞比较器的输出发生跳变,即 $u_-=u_+=0$。

假设 $t=0$ 时迟滞比较器的输出为高电平,积分电容上的初始电压为零,则 $u_o=0$。由 $u_+=\frac{R_2}{R_1+R_2}u_o+\frac{R_1}{R_1+R_2}U_Z$,知 $u_+>0$。而此时 $u_{o1}=U_Z$ 和 $u_o=0$,因此 u_{o1} 开始对电容进行充电,电容上的电压增加,导致 u_o 开始从零减小,由式(12-38)可知,u_+ 的电压从 $u_+=\frac{R_1}{R_1+R_2}U_Z$ 开始减小,当 $u_-=u_+=0$ 时,迟滞比较器的输出发生跳变由 $u_{o1}=U_Z$ 跳变为 $u_{o1}=-U_Z$ 同时 $u_+<0$。$u_o>u_{o1}$,电容开始通过 R_4C 支路开始放电,输出电压 u_o 开始升高,u_+ 也随着 u_o 的升高而升高,当迟滞比较器的同相端电压为零时即 $u_-=u_+=0$,迟滞比较器的输出电压发生跳变,此时 $u_o<u_{o1}$,电容又开始充电。如此反复,积分电路的输出端口就产生了三角波信号。

2. 输出幅度及振荡周期

从图 12-44 可见,迟滞比较器的输出电压 u_{o1} 由 $u_{o1}=-U_Z$ 跳变为 $u_{o1}=+U_Z$,三角波 u_o 达到最大值 $+U_{om}$,此时

$$u_+=\frac{R_2}{R_1+R_2}U_{om}-\frac{R_1}{R_1+R_2}U_Z=u_-=0$$

可得三角波的输出幅度 $U_{om}=\frac{R_1}{R_2}U_Z$。由图 12-44 可知,在半个周期内输出电压 u_o 由 $-U_{om}$ 增长到 $+U_{om}$,得

$$u_o=-\frac{1}{R_4C}\int_0^{\frac{T}{2}}(-U_Z)\,\mathrm{d}t=2U_{om}\Rightarrow\frac{U_Z}{R_4C}\frac{T}{2}=2U_{om}$$

则三角波的振荡周期为 $T=\dfrac{4R_4CU_{om}}{U_Z}$。

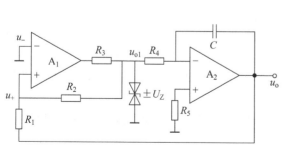

图 12-43 三角波产生电路

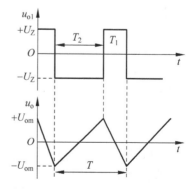

图 12-44 三角波产生电路波形图

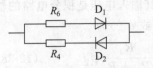

图 12-45　锯齿波电路简图

3. 锯齿波产生电路

只要改变三角波产生电路中电容的充电和放电的时间,当相差比较大时,就变成了锯齿波产生电路。只要将图 12-43 三角波产生电路中的 R_4 电阻改变为如图 12-45 所示的 R_4 和 R_6 即可。

小结

本章主要介绍了正弦波产生电路、电压比较器、非正弦波产生电路,以及介绍了各种信号产生电路在电路中的应用。

(1) 正弦波产生电路。正弦波产生电路由放大电路、正反馈网络、选频网络、稳幅四部分组成。按照选频网络所使用的元件的不同,正弦波振荡电路又可以分为 RC、LC 和石英晶体几种类型。RC 正弦波振荡电路的振荡频率比较低,常用的 RC 桥式正弦波振荡电路由 RC 串并联网络和同相比例运算电路组成。LC 正弦波振荡电路的频率比较高,由分立元件组成,分为变压器反馈式、电感反馈式和电容反馈式三种。石英晶体振荡频率非常稳定,有串联和并联两个谐振频率。

在分析电路是否可能产生正弦信号的时候,应首先观察电路是否包含四个组成部分,进而检查放大电路能否正常放大,然后利用瞬时极性法判断电路是否满足相位平衡条件,必要时再判断电路是否满足幅度平衡条件。

(2) 电压比较器。电压比较器能够将模拟信号转换成具有数字信号特点的二值信号,即输出高电平或者低电平。集成运放工作在非线性区,它既用于信号转换,又作为非正弦信号发生电路的重要组成部分。通常用电压传输特性描述电压比较器的输出电压与输入电压的函数关系。电压传输特性具有三个要素:一是输出高电平、低电平;二是阈值电压;三是输入电压过阈值电压时输出电压的变化方向。

(3) 非正弦波产生电路。非正弦波产生电路由迟滞比较器和 RC 延时电路组成,主要参数是振荡幅值和振荡频率。由于迟滞比较器引入了正反馈,从而加速了输出电压的变化;延时电路使比较器输出电压周期性地从高电平变为低电平,再从低电平变为高电平,而不停滞在某一状态,从而使电路处于自激振荡。

习题

12.1　判断下列说法是否正确,用√、×表示判断结果并填入括号内。

(1) 产生正弦波振荡的相位条件是 $\varphi_B = \pm\varphi_A$。　　　　　　　　　　　(　　)

(2) 因为 RC 串并联选频网络作为反馈网络时的 $\varphi_B = 0°$,单管共集放大电路的 $\varphi_A = 0°$,满足正弦波振荡的相位条件 $\varphi_A + \varphi_B = 2n\pi$($n$ 为整数),故合理连接它们可以构成正弦波振荡电路。　　　　　　　　　　　　　　　　　　　　　　(　　)

(3) 在 RC 桥式正弦波振荡电路中,若 RC 串并联选频网络中的电阻均为 R,电容均为 C,则其振荡频率 $f_0 = 1/RC$。　　　　　　　　　　　　　　　　(　　)

(4) 电路只要满足 $|\dot{A}\dot{B}| = 1$,就一定会产生正弦波振荡。　　　　　(　　)

(5) 负反馈放大电路不可能产生自激振荡。　　　　　　　　　　　　(　　)

（6）在 LC 正弦波振荡电路中,不用通用型集成运放作放大电路的原因是其上限截止频率太低。　　　　　　　　　　　　　　　　　　　　　　　　（　　）

（7）只要集成运放引入正反馈,就一定工作在非线性区。　　　　（　　）

（8）当集成运放工作在非线性区时,输出电压不是高电平,就是低电平。（　　）

（9）一般情况下,在电压比较器中,集成运放工作在开环状态或是仅仅引入了正反馈。

（　　）

（10）如果一个滞回比较器的两个阈值电压和一个窗口比较器的相同,当它们的输入电压相同时,其输出电压波形也相同。　　　　　　　　　　　　　（　　）

（11）在输入电压从足够低逐渐增大到足够高的过程中,单限比较器和滞回比较器的输出电压均只跃变一次。　　　　　　　　　　　　　　　　　　（　　）

（12）单限比较器比滞回比较器抗干扰能力强,而滞回比较器比单限比较器灵敏度高。

（　　）

12.2　电路如图 12-46 所示,稳压管 D_Z 起稳幅作用,其稳定电压 $U_Z = \pm 6V$。试估算输出电压不失真情况下的有效值及振荡频率。

12.3　电路如图 12-47 所示。

（1）为使电路产生正弦波振荡,标出集成运放的"+"和"−";并说明电路是哪种正弦波振荡电路。

（2）若 R_1 短路,则电路将产生什么现象?

（3）若 R_1 断路,则电路将产生什么现象?

（4）若 R_f 短路,则电路将产生什么现象?

（5）若 R_f 断路,则电路将产生什么现象?

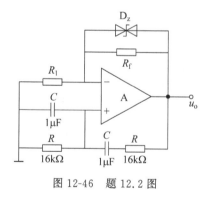

图 12-46　题 12.2 图

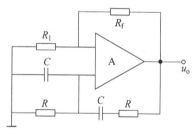

图 12-47　题 12.3 图

12.4　分别标出图 12-48 所示各个电路中变压器的同名端,使之满足正弦波振荡的相位条件。

12.5　在图 12-49 所示电路中,已知 $R_1 = 10k\Omega$, $R_2 = 20k\Omega$, $C = 0.01\mu F$,集成运放的最大输出电压幅值为 $\pm 12V$,二极管的动态电阻可忽略不计。

（1）求出电路的振荡周期;（2）画出 u_o 和 u_C 的波形。

12.6　图 12-50 所示电路为方波发生电路,试找出图中的三个错误,并改正。

12.7　已知三个电压比较器的电压传输特性分别如图 12-51(a)~图 12-51(c)所示,它们的输入电压波形均如图 12-51(d)所示,试画出 u_{o1}、u_{o2} 和 u_{o3} 的波形。

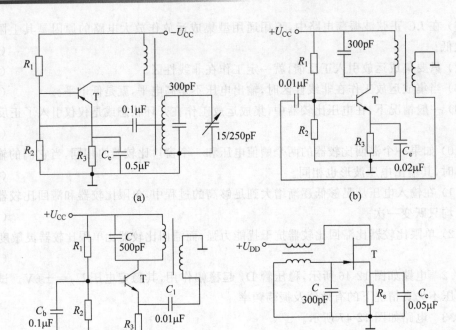

图 12-48 题 12.4 图

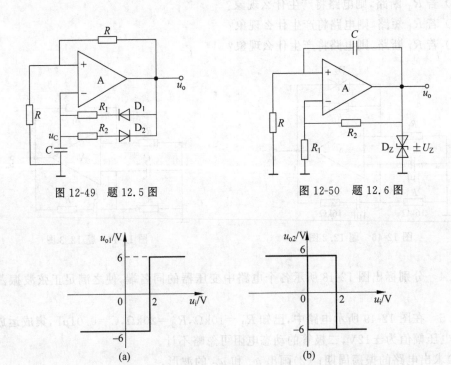

图 12-49 题 12.5 图

图 12-50 题 12.6 图

图 12-51 题 12.7 图

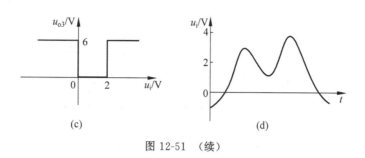

图 12-51 （续）

12.8 电路如图 12-52 所示, $u_o(0) = -3V$。

（1）画出电压传输特性图。

（2）根据输入画出输出波形。

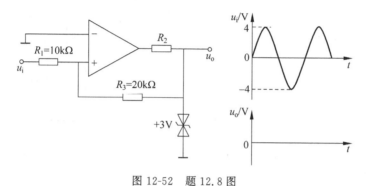

图 12-52 题 12.8 图

12.9 试分析图 12-53 所示各电路能否正常振荡？并说明原因。

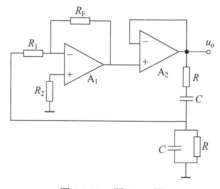

图 12-53 题 12.9 图

12.10 图 12-54(a) 所示电路中，已知 A 为理想运算放大器；该电路的电压传输特性如图 12-54(b) 所示。试求解稳压管的稳压值 U_Z 及基准电压 U_{REF}。

12.11 矩形波发生电路如图 12-55 所示，其中 A 为理想运算放大器，其输出电压为 $\pm12V$。

（1）定性画出电容 C 两端电压 u_C 和输出电压 u_o 的对应波形图（电阻 R_1 开路）；

（2）当 U_{REF} 从 0 逐渐增大时，则 u_o 的幅值和周期及 u_C 的幅值会发生何种变化？（"增大""减小""不变"或"不确定"）要求有推导过程。

12.12 现有一个理想运算放大器，其输出电压的两个极限值为 $\pm12V$。试用它和有关器件

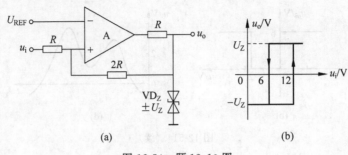

(a)   (b)

图 12-54　题 12.10 图

设计一个电路,使之具有如图 12-56 所示电压传输特性,要求画出电路,并标出相关参数值。

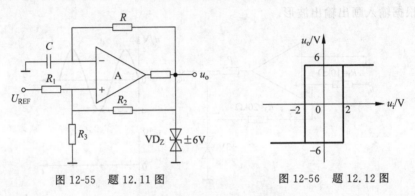

图 12-55　题 12.11 图   图 12-56　题 12.12 图

12.13　将图 12-57 合理连线(用端点号说明即可,不用画图),组成 RC 正弦振荡电路。假设基本放大电路满足深度负反馈,若要满足振荡条件,电阻 R_F 应如何取值?

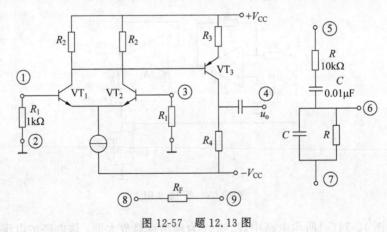

图 12-57　题 12.13 图

第 13 章

直流稳压电路

业精于勤,荒于嬉;行成于思,毁于随。

——韩愈

本章主要讨论小功率直流稳压电源的组成和工作原理。许多电子电路通常都需要电压稳定的直流电源供电。小功率稳压电源主要由电源变压器、整流电路、滤波电路、稳压电路四部分来组成。本章介绍电容滤波电路、串联反馈式稳压电路和开关型稳压电路。

13.1 直流稳压电源组成

直流电源是电子设备的重要组成部分,是电子设备基本电路之一,其作用是把电网交流电(220V 或 380V 交流电压)转换成电子电路内部元器件所需的低压直流电压。对直流稳压电路总的要求:稳定度高(即负载调整率、输入电压调整率小,且纹波系数小)、效率高、体积小、成本低,具有完善的保护功能(过流保护、过热保护、输出过压保护、输入欠压保护等)、稳定性好、可长时间连续工作。根据稳压电路工作原理,可以将稳压电路分为线性稳压和开关稳压两大类。主要由电源变压器、整流电路、滤波电路、稳压电路等部分组成。直流稳压电源的基本组成框图和工作波形如图 13-1 所示。

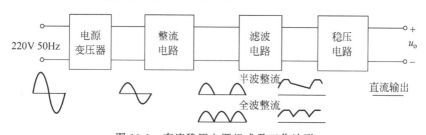

图 13-1 直流稳压电源组成及工作波形

变压器在线性稳压电源电路中,起变压(将 220V 交流电压变为几伏、十几伏、几十伏的交流低压)和隔离双重作用,使变压器次级以后的电路与电网实现电气上隔离。

整流电路一般由二极管组成,利用二极管的单向导电性将交流电压变为单向脉动直流电压,常用整流电路有半波整流电路和全波整流(包括桥式整流)电路。

为使稳压电路输入电压的脉动性尽可能小,借助电容或电容-电感构成的无源低通滤波器对整流输出电压低通滤波。滤波后,输出电压脉动性大大下降,某些对电源稳定性要求不高的电路(如音响的功放级),可直接使用滤波后的电压作电源电压。

尽管滤波后的直流电压脉动性已较低,但还不能作为对电源稳定性较敏感的电路的工作电压,如 AD 转换电路、微弱信号放大电路、TTL 逻辑电路等的工作电源,还必须经过稳压电路稳压后才能获得不受电网电压波动、负载变动、温度变动等因素影响的高稳定性的直流电源。

13.2 整流电路

整流电路的功能是利用二极管的单向导电性将正弦交流电压转换成单向脉动电压。整流电路有半波整流、全波整流、桥式整流等。下面分析整流电路时,为简单起见,把二极管当作理想元件来处理。即认为二极管的正向导通电压为零,而反向电阻为无穷大。

13.2.1 半波整流电路

半波整流电路最简单,利用一只二极管就可以实现,如图 13-2 所示。在 u_2 的正半周二极管 D 导通,如果忽略二极管 D 上的压降,在负载 R_L 上电压 u_o 的波形与 u_2 相同;而在 u_2 负半周,二极管 D 反偏,处于截止状态,如果忽略二极管反向漏电流,没有电流流过负载电阻 R_L,输出电压 u_o 为零。半波整流电路输出波形如图 13-3 所示,可见半波整流输出电压脉动很大。变压器次级线圈只在半个周期工作,利用率低,只用于输出功率很小的电源电路。

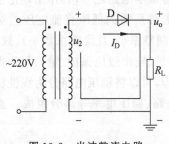

图 13-2 半波整流电路

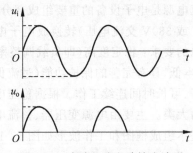

图 13-3 半波整流电路输出波形

13.2.2 桥式整流电路

桥式整流电路如图 13-4 所示。桥式整流电路由四只二极管组成,在 u_2 的正半周,D_2、D_4 截止,D_1、D_3 导通,输出电压 u_o 的极性上正下负,当忽略二极管 D_1、D_3 的压降时,u_o 波形与 u_2 相同;而在 u_2 的负半周,D_1、D_3 截止,D_2、D_4 导通,输出电压 u_o 的极性仍是上正下负,当忽略二极管 D_2、D_4 的压降时,u_o 波形也与 u_2 反相。

桥式整流电路的输出波形如图 13-5 所示。在 u_2 的正、负半周,变压器次级均处于工作状态,利用率高。相同输出功率的整流电路,桥式整流电路所需工频变压器体积最小,因此在电源电路中得到了广泛应用。由于单向脉动电流要流过两只二极管,二极管损耗比较大,因此不适用于输出电压仅为几伏的低压大电流整流电路。

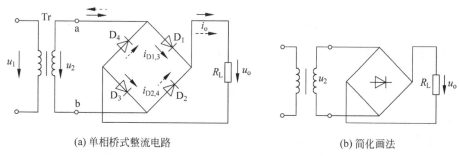

(a) 单相桥式整流电路　　　　　　　　　(b) 简化画法

图 13-4　单相桥式整流电路图

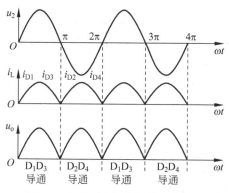

图 13-5　单相桥式整流电路波形图

13.2.3　桥式整流电路参数与二极管参数选择

从上面的分析可知,通过二极管的信号,都是单方向的全波脉动波形。

1. 输出电压的平均值

在忽略二极管开启电压与导通压降的情况下,当负载为纯阻性负载时,则半波整流输出电压 u_o 的平均值为

$$U_{o(AV)} = \frac{1}{2\pi}\int_0^\pi \sqrt{2}U_2 \sin\omega t\, d(\omega t) = \frac{\sqrt{2}U_2}{\pi} = 0.45U_2 \tag{13-1}$$

其中,U_2 为变压器次级交流电压的有效值。

根据桥式整流输出电压 u_o 的波形,桥式整流输出电压 u_o 的平均值应为半波整流输出电压 u_o 平均值的两倍,即

$$U_{o(AV)} = \frac{1}{\pi}\int_0^\pi \sqrt{2}U_2 \sin\omega t\, d(\omega t) = \frac{2\sqrt{2}U_2}{\pi} = 0.9U_2 \tag{13-2}$$

2. 负载平均电流、二极管平均电流与最大电流

在半波整流电路中,整流二极管 D 与负载串联,当负载为纯阻性时,二极管平均电流与负载平均电流相同,即

$$I_{o(AV)} = \frac{\sqrt{2}U_2}{\pi R_L} = \frac{0.45U_2}{R_L} \tag{13-3}$$

显然,当输入电压 u_2 达到最大值 $\sqrt{2}U_2$ 时,流过二极管的电流也达到最大,即 $i_{\text{Dmax}}=\dfrac{\sqrt{2}U_2}{R_{\text{L}}}$。

在桥式整流电路中,纯阻性负载平均电流为

$$I_{\text{o(AV)}}=\frac{2\sqrt{2}U_2}{\pi R_{\text{L}}}=\frac{0.9U_2}{R_{\text{L}}} \tag{13-4}$$

在桥式整流电路中 D_1、D_3 与 D_2、D_4 交替导通。因此流过二极管平均电流、最大电流与半波整流情况相同。

3. 二极管承受最大反向电压

对于半波整流来说,在负半周,二极管 D 截止,承受的最大反向电压等于 u_2 的最大值 $\sqrt{2}U_2$。对于桥式整流来说,二极管交替导通,处于截止状态的二极管承受的最大反向电压为 $\sqrt{2}U_2$。对于全波整流来说,如果两个次级线圈输出电压有效值为 U_2,则处于截止状态的二极管承受的最大反向电压是 $\sqrt{2}U_2$。

以上最大反向电压尚没有考虑电网电压波动 10% 情况。此外,在电路设计中,为保险起见,二极管承受的最大反向电压应留 30% 以上余量,以防止串入电网中的尖峰脉冲使二极管击穿。

桥式整流电路的优点是输出电压高,纹波电压较小,管子承受的最大反向电压较低,同时因电源变压器在正负半周内都有电流供给负载,电源变压器得到充分的利用,效率较高。因此,这种电路在半导体整流电路中得到了广泛的应用。电路的缺点是二极管数量较多。目前市场上已有许多品种的半桥和全桥整流电路出售,而且价格便宜,这对桥式整流电路的缺点是一大弥补,表 13-1 给出了几种常见的整流电路。

表 13-1　常见的整流电路

类　型	电　路	整流电压的波形	整流电压平均值	每管电流平均值	每管承受最高反压
单相半波			$0.45U_2$	I_{o}	$\sqrt{2}U_2$
单相全波			$0.9U_2$	$\frac{1}{2}I_{\text{o}}$	$2\sqrt{2}U_2$
单相桥式			$0.9U_2$	$\frac{1}{2}I_{\text{o}}$	$\sqrt{2}U_2$

【例 13-1】　某电子装备要求电压值为 15V 的直流电源,负载电阻 $R_{\text{L}}=100\Omega$。

(1)如果选用单相桥式整流电路,则变压器二次电压 U_2 应为多大?整流二极管的正向

平均电流 $I_{D(AV)}$ 和最大反向峰值电流 U_{RM} 等于多少？输出电压的脉动系数 S 等于多少？

（2）如果改用单相半桥式整流电路，则 U_2、U_{RM}、S 各等于多少？

解：（1）根据单相桥式整流电路变压器二次电压关系式(13-2)知

$$U_{o(AV)} = \frac{1}{\pi}\int_0^\pi \sqrt{2}U_2 \sin\omega t \, d(\omega t) = \frac{2\sqrt{2}U_2}{\pi} = 0.9U_2$$

得

$$U_2 = \frac{U_{o(AV)}}{0.9} = \frac{15}{0.9} = 16.7(V)$$

根据给定条件，可以得到输出直流电流为

$$I_{o(AV)} = \frac{0.9U_2}{R_L} = \frac{15}{100} = 0.15 = 150(mA)$$

$$I_{D(AV)} = \frac{1}{2}I_{o(AV)} = \frac{1}{2} \times 150 = 75(mA)$$

$$U_{RM} = \sqrt{2}U_2 = \sqrt{2} \times 16.7 = 23.7(V)$$

此时脉动系数 $S - \frac{2}{3} - 0.67 - 67\%$。

（2）根据单相桥式整流电路，则有

$$U_2 = \frac{U_{o(AV)}}{0.45} = \frac{15}{0.45} = 33.3(V)$$

$$U_{RM} = \sqrt{2}U_2 = \sqrt{2} \times 33.3 = 47.1(V)$$

$$S = \frac{\pi}{2} = 1.57 = 157\%$$

13.3 滤波电路

整流电路虽然能把交流电转换为直流电，但是输出的都是脉动直流电，其中仍含有很大的交流成分。为了得到平滑的直流电，需经过电容、电感-电容等元件构成的无源低通滤波电路，来尽可能滤除其中的基波及高次谐波，这一过程称为滤波。在滤波电路中，最常用也是最简单的滤波电路是电容滤波，因此，我们主要介绍电容滤波。

13.3.1 滤波原理

电容滤波原理电路如图 13-6 所示，滤波效果与滤波电容容量有关，容量越大，滤波效果越好。因此，滤波电容均为大容量的电解电容，而电解电容寄生电感大，对脉动电流中的高次谐波呈感性，滤波效果差。因此，实际电容滤波电路均需要在大电容旁边并上一只寄生电感小、寄生电阻尽可能低、容量在 $0.1 \sim 0.47\mu F$ 的高频瓷片电容。

电容滤波通过电容器的充电、放电滤掉交流分量。图 13-7 所示的波形图中虚线波形为桥式整流的波形。并入电容 C 后，在 D_1、D_3 导通且 D_2、D_4 截止的周期，电源在向 R_L 供电的同时，也向 C 充电储能，由于充电时间常数 τ 很小（绕组电阻和二极管的正向电阻都很小），充电很快，输出电压 u_o 随 u_2 上升到峰值 B 点，电容 C 又放电到 C 点。如此不断地充电、放电,使负载获得如图 13-7 所示的 u_o 波形。由波形可见,桥式整流接电容滤波后,输出电压的脉动程度大为减小。

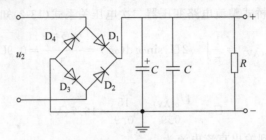

图 13-6　电容滤波电路

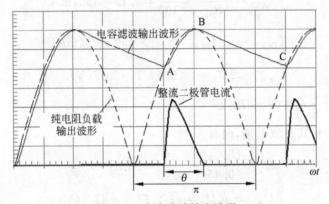

图 13-7　电容滤波输出波形

13.3.2　电感滤波电路

在桥式整流电路和负载电阻 R_L 间串入一个电感器 L,如图 13-8 所示。利用电感的储能作用可以减小输出电压的纹波,从而得到比较平滑的直流。当忽略电感 L 的电阻时,负载上输出的平均电压和纯电阻(不加电感)负载相同,即 $u_o = 0.9u_2$。

电感滤波的特点是,整流管的导通角较大,峰值电流很小,输出特性比较平坦。其缺点是由于铁芯的存在,笨重、体积大,易引起电磁干扰,所以一般只适用于大电流的场合。

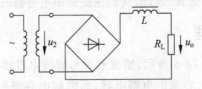

图 13-8　桥式整流电感滤波电路

13.3.3　复式滤波电路

在滤波电容 C 之前加一个电感 L 就构成了 LC 滤波电路,如图 13-9 所示。这样可使输出至负载 R_L 上的电压的交流成分进一步降低。该电路适用于高频或负载电流较大并要求脉动很小的电子设备中。为了进一步提高整流输出电压的平滑性,可以在 LC 滤波电路之前再并联一个滤波电容 C_1，这就构成了 πLC 滤波电路。

由于带有铁芯的电感线圈体积大，价也高，因此常用电阻 R 代替电感 L 构成 πRC 滤波电路，如图 13-9(c)所示。只要适当选择 R 和 C_2 参数，在负载两端就可以获得脉动极小的直流电压。πRC 滤波电路在小功率电子设备中被广泛采用。

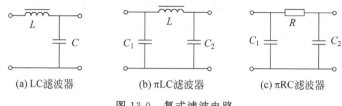

(a) LC滤波器　　　　(b) πLC滤波器　　　　(c) πRC滤波器

图 13-9　复式滤波电路

13.4　线性稳压电路

经整流滤波后输出的直流电压，虽然平滑程度较好，但是由于输入电压不稳定（通常交流电网允许有±10％的波动），而导致整流滤波电路输出直流电压不稳定。由于整流滤波电路存在内阻，当负载变化时，引起负载电流发生变化，使输出直流电压发生变化。由于电子元件（特别是导体器件）的参数与温度有关，当环境温度发生变化时，引起电路元件参数发生变化，导致输出电压发生变化。整流滤波后得到的直流电压中仍然会有少量纹波成分，不能直接供给那些对电源质量要求较高的电路，这样使得其稳定性仍比较差。所以，经整流滤波后直流电压必须采取一定的稳压措施才能适合电子设备的需要。常用的直流稳压电路有并联型和串联型稳压电路两种。

13.4.1　稳压管稳压电路

稳压管稳压电路也称为并联型稳压电路，是最简单的一种稳压电路。这种电路主要用于对稳压要求不高的场合，有时也作为基准电压源。图 13-10 就是并联型稳压电路，又称稳压管稳压电路，因其稳压管 D_Z 与负载电阻 R_L 并联而得名。

稳压管稳压电路具有电路简单、在负载电流比较小时稳压性能比较好、对瞬时变化的适应性比较好等优点。但是电路也有输出电压不能调节、输出负载电流变化范围比较小、电压稳定度不易很高等缺点。

硅稳压管稳压电路中的限流电阻是一个很重要的组成元件。限流电阻 R 的阻值必须选择适当，才能保证稳压电路很好地实现稳压作用。

在图 13-10 所示硅稳压二极管稳压电路中，如果限流电阻 R 的电阻值太大，则流过 R 的电流 I_R 很小，当 I_L 增大时，稳压管的电流会减小到最小临界值以下，失去稳压作用。如果限流电阻 R 的电阻值太小，则流过 R 的电流 I_R 很大，当 R_L 很大或者开路时，稳压管的电流可能超过其允许额定电流而被损坏。下面以例 13-2 为例研究限流电阻 R 和负载电阻 R_L 的确定。

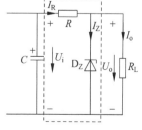

图 13-10　稳压管稳压电路

【例 13-2】　图 13-11 所示电路中，已知 $U_Z = 12\text{V}$，$I_{Zmax} =$

18mA，$I_{Zmin}=5\text{mA}$，负载电阻 $R_L=2\text{k}\Omega$，当输入电压由正常值发生 $\pm20\%$ 的波动时，要求负载两端电压基本不变，试确定输入电压 U_i 的正常值和限流电阻 R 的数值。

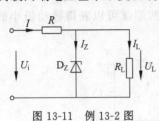

图 13-11 例 13-2 图

解： 负载两端电压 U_L 就是稳压管的端电压 U_Z，当 U_i 发生波动时，必然使限流电阻 R 上的压降发生变动，引起稳压管电流的变化，只要在 $I_{Zmax}\sim I_{Zmin}$ 范围内变动，就可以认为 U_Z 即 U_L 基本上未变动，这就是稳压管的稳压作用。

① 当 U_i 向上波动 20%，即 $1.2U_i$ 时，$I_Z=I_{Zmax}=18\text{mA}$。因此有

$$I=I_{Zmax}+I_L=18+\frac{U_Z}{R_L}=18+\frac{12}{2}=24(\text{mA})$$

由 KVL 得

$$1.2U_i=IR+U_L=24\times R+12$$

② 当 U_i 向下波动 20%，即 $0.8U_i$ 时，$I_Z=5\text{mA}$。因此有

$$I=I_{Zmin}+I_L=5+\frac{U_Z}{R_L}=5+\frac{12}{2}=11(\text{mA})$$

由 KVL 得

$$0.8U_i=IR+U_L=11\times R+12$$

联立方程组可得 $U_i=26\text{V}$，$R=800\Omega$。

13.4.2 串联型稳压电路

串联型反馈稳压电路克服了并联型稳压电路输出电流小、输出电压不能调节的缺点，因而在各种电子设备中得到广泛的应用。同时这种稳压电路也是集成稳压电路的基本组成。

1. 电路组成

串联型稳压电路主要由调整元件、基准电压、取样网络、比较放大四部分组成。另外，为了防止过载或短路，还会配以保护电路来保证电路安全有效地工作。串联反馈型稳压电路的一般结构如图 13-12 所示。

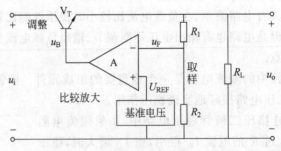

图 13-12 串联型稳压电路的一般结构

2. 稳压原理

图 13-12 中，u_i 是整流滤波电路的输出电压，"调整环节"为调整管，是一个射极输出器。A 为比较放大器，U_{REF} 为基准电压，R_1 与 R_2 组成反馈网络反映输出电压的变化（取样），并加到一个误差比较放大器的输入端，与同相输入端的基准电压 U_{REF} 相比较。这种稳压

电路的主回路是工作于线性状态的调整管 V_T 与负载串联,故称为串联型稳压电路。该比较放大器的输出 u_B 控制调整管 C-E 极之间的电压降,从而达到稳定输出电压的目的。当输入电压 u_i 改变时,输出电压 u_o 基本保持不变。

假设由于某种原因(如电网电压波动或负载电阻变化等)使输出电压 u_o 上升,取样电路将这一变化趋势送到比较放大器的反相输入端,并与同相输入端的基准电位 U_{REF} 进行比较,并将二者的差值进行放大,使比较放大器的输出电压减小,进而使得调整管的基极电位 u_B 降低。由于调整管采用发射极输出的形式,所以输出电压 u_o 必然降低,从而保证 u_o 基本稳定,即 $u_o \uparrow \rightarrow u_F \uparrow \rightarrow (U_{REF} - u_F) \downarrow \rightarrow u_B = A_v(U_{REF} - u_F) \downarrow \rightarrow u_o \downarrow$。

从反馈放大器的角度来看,这种电路属于电压串联负反馈电路,由集成运算放大器构成的负反馈电路一般都满足深度负反馈的要求,因此,同相输入端和反相输入端信号存在"虚短"的特性,因此 $U_{REF} \approx u_F$ 成立。

在串联型稳压电源电路的工作过程中,要求调整管能够始终处在放大状态。通过调整管的电流等于负载电流,因此必须选用适当的大功率管作为调整管,并按规定安装散热装置。为了防止短路或长期过载烧坏调整管,在直流稳压器中一般还设有短路保护和过载保护等电路。

3. 调整管的选择

调整管是串联型直流稳压电路的重要组成部分,担负着"调整"输出电压的作用。调整管不仅需要根据外界情况的变化,随时调整本身的管压降,以保持输出电压稳定,而且还要提供负载所要求的全部电流,因此管子的功耗比较大,通常会选用大功率的三极管。为了保证安全,在选择调整管时,应对管子的主要参数进行初步的估算。

(1)集电极最大允许电流 I_{CM}。从图 13-12 可见,流过调整管集电极电流,除负载电流 I_L 以外,还有流入采样电阻的电流 I_R,因此,调整管的集电极最大允许电流为

$$I_{CM} \geqslant I_{Lmax} + I_R$$

其中,I_{Lmax} 是负载电流的最大值。

(2)集电极和发射极之间的最大允许反向电流 $U_{(BR)CEO}$。稳压电路正常工作时,调整管上的电压约为几伏。但是,如果负载短路,则整流滤波电路的输出电压将全部加在调整管的两端。在电容滤波电路中,输出电压的最大值可能接近变压器二次电压的峰值,即 $U_I \approx \sqrt{2}U_2$,考虑电网电压可能有 10% 的波动,因此,调整管的 $U_{(BR)CEO}$ 应为 $U_{(BR)CEO} \geqslant U'_{Imax} = 1.1 \times \sqrt{2}U_2$,其中 U'_{Imax} 表示空载时整流滤波电路的最大输出电压。

(3)集电极最大耗散功率 P_{CM}。调整管的功耗为 $P_C = U_{CE}I_C = (U_I - U_O)I_C$,当电网电压最高,而输出电压最低,同时负载电流达到最大时,调整管的功耗最大。如果采用桥式整流、电容滤波电路,则 $U_I \approx \sqrt{2}U_2$ 考虑电网电压可能有 10% 的波动,因此,调整管的 P_{CM} 应为

$$P_{CM} \geqslant (U_{Imax} - U_{Omin})I_{Cmax} \approx (1.1 \times 1.2U_2 - U_{Omin}) \times (I_{Lmax} - I_R)$$

另外,为了保证调整管工作在放大状态,通常 $U_{CE} \approx 3 \sim 8V$。由于 $U_{CE} = U_I - U_O$,因此,调整滤波电路的输出电压,即稳压电路的输入直流电压应为

$$U_I = U_{Omax}P_{CM} + (3 \sim 8)V$$

则要求变压器二次电压为

$$U_2 \approx 1.1 \times \frac{U_I}{1.2}$$

4. 短路保护电路

一个功能完善的稳压电源，必须有一套完整可靠的保护电路，在串联稳压电路中，若使用不慎，负载电流过大或输出短路的情况是可能发生的。此时，调整管的功耗将剧增，尤其是在短路的情况下，全部输入电压都加到调整管两端，可能造成调整管的功耗超过它的极限功耗 P_{CM} 而损坏调整管，所以必须采用合适的过流保护电路。

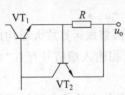

图 13-13 过流保护电路

图 13-13 中，VT_1 为稳压电路的调整管，过流取样电阻 R 和 VT_2 构成过流保护电路。正常情况下，VT_1 管输出电流在额定范围，电阻 R 上的压降不足以使 VT_2 管发射结导通，VT_2 处于截止状态。当输出电流超过额定值时，电阻 R 上的压降 $U_R = I_{E1}R$ 使得 VT_2 管发射结导通，这样电阻 R 两端的电压被限制为 $0.7V$，流过电阻的最大电流也被钳制，这样，提供给负载的电流也被钳制，达到了过流保护的作用。

13.5 集成稳压器

电子设备中经常使用输出端固定的线性集成稳压器，线性集成稳压器只有输入、输出、公共端，故称为三端稳压器。

三端固定输出稳压器是将功率调整管、误差放大器、取样电路、保护电路等元器件做在一块芯片内，构成一个由不稳定输入端、稳定输出端和公共接地端的三脚集成电路，由于这种稳压集成电路(以下简称稳压 IC)只有三个引脚，使用安装方便，保护功能完善，市场价格十分低廉，在电子制作、物理实验、家用电器中，可以代替早期的分立元件稳压电路，制作实用电源和维修替换各类常用的稳压电源，应用相当广泛。

13.5.1 三端固定式集成稳压器

三端固定集成稳压器有三个端子：输入端 U_i、输出 U_o 和公共端 COM。输入端接整流滤波电路，输出端接负载，公共端接输入、输出的公共连接点。其内部由采样、基准、放大、调整和保护等电路组成。保护电路具有过流、过热及短路保护功能。

三端固定集成稳压器有许多品种，常用的是 7800/7900 系列。7800 系列输出正电压，其输出电压有 5V、6V、8V、10V、12V、15V、18V、20V、24V 等品种。该系列的输出电流分 5 档，7800 系列是 1.5A，78M00 是 0.5A，78L00 是 0.1A，78T00 是 3A，78H00 是 5A。7900 系列与 7800 系列不同的是输出电压为负值。图 13-14 是三端集成稳压器封装图。

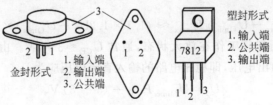

图 13-14 三端集成稳压器封装

三端集成稳压器的组成如图 13-15 所示,电路内部实际上包括了串联型直流稳压电路的各个部分,另外再加上保护电路和启动电路。

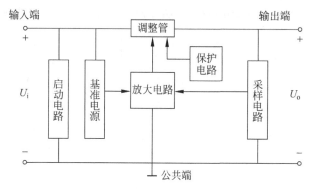

图 13-15　三端集成稳压器组成

(1) 调整管:在三端集成稳压电路中,调整管是由两个三极管组成的复合管。这种结构要求放大器电路用较小的电流即可驱动调整管发射极回路中较大的输出电流,而且提高了调整管的输入电阻。

(2) 放大电路:在三端集成稳压器中,放大管也是复合管,电路组态为共射接法,并采用有源负载,可以获得较高的电压放大倍数。

(3) 基准电源:串联型直流稳压电路的输出电压 U_o 与基准电压 U_Z 成正比,因此,基准电压的稳定性将直接影响稳压电路输出电压的稳定性。在三端集成稳压器中,采用一种能带隙式基准源,这种基准源具有低噪声、低温漂的特点,在单片式大电流集成稳压器中广泛采用。

(4) 采样电路:在三端集成稳压器中,采样电路由两个分压电阻组成,对输出电压进行采样,并送到放大电路的输入端。

(5) 启动电路:启动电路的作用是在刚刚接通直流输入电压时,使调整管、放大电路和基准电压等部分建立起各自的工作电流。当稳压电路工作正常以后,就可以断开启动电路,以免其影响稳压电路的性能。

(6) 保护电路:在三端集成稳压器中,芯片内部集成了三种保护电路,分别是限流保护电路、过热保护电路和过压保护电路。

图 13-16 为三端集成稳压器 LM7805 和 LM7905 作为固定输出电压的典型应用。正常工作时,输入、输出电压差 2~3V。C_1 为输入稳定电容,其作用是减小纹波、消振、抑制高频和脉冲干扰,C_1 一般为 $0.1 \sim 0.47 \mu F$。C_2 为输出稳定电容,其作用是改善负载的瞬态响应,C_2 一般为 $1\mu F$。

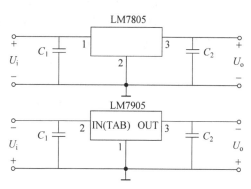

图 13-16　端稳压电路典型应用电路

三端集成稳压器主要参数如表 13-2 所示。

表 13-2 7800 和 7900 系列稳压 IC 主要参数

类　　型	型　号	最大输出电流/A	峰值输出电流/A	固定输出电压/V	最高输入电压/V	最低输入电压	备　　注
7800 系列 正输出	W78xx	1.5	3.5	5、6 8、9 12、15 18、24	35	U_o+2V ($U_o<12V$ 时) U_o+3V ($U_o>15V$ 时)	功耗超过 1W 需加散热片，随功耗的增加，散热片的面积、厚度相应增大
	W78Mxx	0.5	1.5				
	W78Lxx	0.1	0.2				
7900 系列 负输出	W79xx	−1.5	−3.5	−5、−6 −8、−9 −12、−15 −18、−24	−35	$U_o+(-2V)$ ($|U_o|<12V$ 时) $U_o+(-3V)$ ($|U_o|>15V$ 时)	
	W79Mxx	−0.5	−1.5				
	W79Lxx	−0.1	−0.2				

　　电源接通后，启动电路工作，为恒流源、基准电压、比较放大电路建立工作点(当正常工作后启动电路不起作用)。恒流源的设置，为基准电压和比较放大电路提供了稳定的工作条件，使其不受输入电压的影响，保证稳压 IC 能在较大的电压变化范围内正常工作。短路、过流保护电路由二极管与内电路组成，当输出电流超过额定值时，流过二极管的电流所产生的压降将超过 0.6 V，内部相关电路导通工作，使调整管基极电流减小，从而使输出电流减小。过热保护电路由芯片内具有正温度系数的扩散电阻和具有负温度系数的 PN 结构成，当温度较低时不影响调整管工作，当芯片温度超过临界值时，相关电路工作，控制调整管基极，使输出电流减小，芯片功耗降低，温度降低，达到过热保护之目的。安全工作区保护电路是把调整管的 C-E 极管压降设置在 7V 左右，当输入电压高于输出电压过多时，相关电路工作限制调整管的工作电流，保证它处于安全工作区。二极管的设置可以使稳压 IC 有合适的静态电流，保证各功能电路在输出空载时也能正常工作。

13.5.2　三端口可调式集成稳压器

　　三端口可调式集成稳压器是在固定式集成稳压器基础上发展起来的。它的三个端子为输入端 U_i、输出端 U_o、可调端 ADJ。其特点是可调端 ADJ 的电流非常小，用很少的外接元件就能方便地组成精密可调的稳压电路和恒流源电路。

　　三端集成稳压器也有正电压输出 LM117、LM217 和 LM317 系列，负电压输出 LM137、LM237 和 LM337 系列。输出电压在 1.25～37V 连续可调。

　　LM317 是三端口可调稳压器的一种，它具有输出 1.5A 电流的能力，典型应用的电路见图 13-17。图中 R_1、R_2 组成可调输出电压网络，输出电压经过 R_1、R_2 分压加到 ADJ 端。

$$U_o=U_{REF}\left(1+\frac{R_2}{R_1}\right)$$

其中，$U_{REF}=1.25V$，R_2 为可变电位器。当 R_2 变化时，U_o 在 1.25～37V 连续可调。C_2 起滤除纹波的作用。

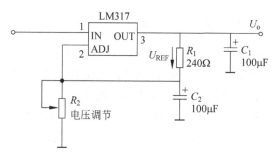

图 13-17　三端可调稳压器典型电路

13.6　开关稳压电路

在线性稳压电路中,调整管始终工作于线性放大区,因此本身功率消耗大,效率低。为了解决调整管的散热问题,还要安装散热器,这必然要增大电源设备的体积和重量。而在开关型稳压电路中,调整管工作在开关状态。当其截止时,电流较小,因而管消耗很小;当其饱和时,管压降很小,因而管耗也很小。这样就提高了效率,同时可减轻体积和重量。此外,开关型稳压电路更易于实现自动保护,因此在现代电子设备(如电视机、计算机、航天仪器等)中得到广泛的应用。

开关电源和线性电源在内部结构上是完全不一样的,它利用高频开关不变占空比或变频的方法实现不同的电压输出,储能元件比较小,控制电路复杂。其最大的优点是高效率,一般在 80% 以上,缺点是纹波和开关噪声比较大,适用于对纹波和噪声要求不高的场合;而开关电源没有开关动作,属于连续模拟控制,内部结构相对简单、面积比较小。其优点是成本低、纹波噪声小;缺点是效率低。

对应不同的应用,开关电源有多种拓扑结构,如按照输入和输出端是否电气隔离来分类,分为非隔离式和隔离式开关电源两种。

(1) 非隔离式开关电源主结构主要有 Buck 降压型、Boost 升压型、Buck-Boost 型、Cuk型等。

(2) 隔离式开关电源主结构主要有反激(Flyback)型、正激、半桥、全桥、有源钳位等。

针对不同的开关电源主结构,分别由多种控制方式与之对应,如按照控制方式分类,开关电源可以分为:脉冲调制变压器,包括 PWM、PFM、混合式等;谐振式变压器,包括零电流谐振开关(ZCS)、零电压谐振开关(ZVS)两种。

开关电源高频化是其发展方向,高频化使开关电源小型化,并使开关电源进入更广泛的应用领域,特别是在高新技术领域的应用,推动了高新技术产品的小型化、轻便化。另外,开关电源的发展与应用在安防监控、节约能源,节约资源及保护环境方面都具有重要的意义。

在连续工作模式下,输入电压确定、占空比确定,即可确定输出电压值,如果输入电压变化,即可调节占空比的值进行输出电压的稳定。但是在输入电压恒定的情况下,实际上输出电压是有纹波的,而且在负载变化时,输出电压也会有波动,所以需要通过一个负反馈环路微调占空比,保证输出电压稳定。

13.6.1　开关型稳压电路基本工作原理

开关型稳压电源电路原理如图 13-18 所示。它由调整管 T、滤波电路 LC、脉宽调制电路(PWM)和采样电路等组成。当 u_B 为高电平时,调整管 T 饱和导通,输入电压 U_i 经滤波电感 L 加在滤波电容 C 和负载 R_L 两端,此时,i_L 增大,L 和 C 储能,二极管 D 反向截止。当 u_B 为低电平时,调整管 T 由导通变为截止,电感电流 i_L 不能突变,i_L 经 R_L 和二极管释放能量,此时 C 也向 R_L 放电,因此 R_L 两端仍能获得连续的输出电压。

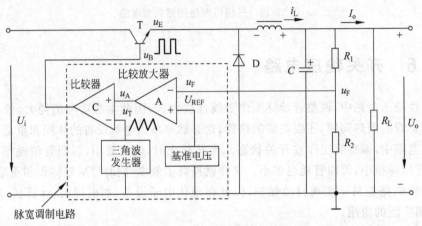

图 13-18　开关稳压电源电路

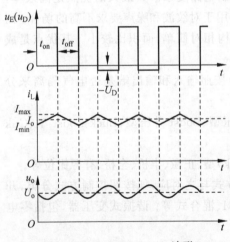

图 13-19　$u_E(u_D)$、i_L、u_o 波形

图 13-19 是电路中 i_L、$u_E(u_D)$ 和 u_o 的波形。图中 t_{on} 是调整管 T 的导通时间,t_{off} 是调整管 T 的截止时间,$T = t_{on} + t_{off}$ 是开关转换周期。显然,由于调整管 T 的导通与截止,使得输入直流电压 U_i 变成高频矩形脉冲电压 $u_E(u_D)$,经 LC 滤波得到输出电压

$$U_o = \frac{U_i t_{on} + (-U_D) t_{off}}{T} \approx U_i \frac{t_{on}}{T} = qU_i$$

其中,$q = t_{on}/T$ 称为脉冲波形的占空比,即一个周期持续脉冲时间 t_{on} 与周期 T 之比值。由此可见,对于一定的 U_i 值,通过调节占空比即可调节输出电压 U_o。

电路保持控制信号的周期 T 不变,通过改变导通时间 t_{on} 调节输出电压 U_o 的大小,这种电路称为脉宽调制型开关稳压电源。若保持控制信号的脉宽不变,只改变信号的周期 T,同样也能使输出电压 U_o 发生变化,这就是频率调制型开关电源。若同时改变导通时间 t_{on} 和周期 T,称为混合型开关稳压电源。

13.6.2　集成脉宽调制器开关电源

集成 PWM 电路将基准电压源、三角波电压发生器、比较器等集成到一块芯片上,制成

各种封装的集成电路,其特点是:简化电路、使用方便、工作可靠、性能提高。使用 PWM 的
开关电源,既可以降压,又可以升压,既可以把交流电直接转换成需要的直流电压(AC-DC
变换),还可以用于使用电池供电的便携设备(DC-DC 变换)。例如 MAXIM 公司生产的
MAX668 就被广泛用于便携产品中,该电路采用固定频率、电流反馈型 PWM 电路,脉冲占
空比由 $(U_o - U_i)/U_i$ 决定,其中 U_o 和 U_i 分别是输出、输入电压。内部采用双极性和
CMOS 多输入比较器,可同时处理输出误差信号、电流检测信号及斜率补偿纹波。
MAX668 具有低的静态电流($220\mu A$)、工作频率可调($100\sim500\mathrm{kHz}$)、输入电压范围 $3\sim$
$28\mathrm{V}$、输出电压可到 $28\mathrm{V}$。用于升压的典型电路如图 13-20 所示,该电路把 $5\mathrm{V}$ 电压升至
$12\mathrm{V}$,该电路在输出电流为 $1\mathrm{A}$ 时,转换效率高于 92%。

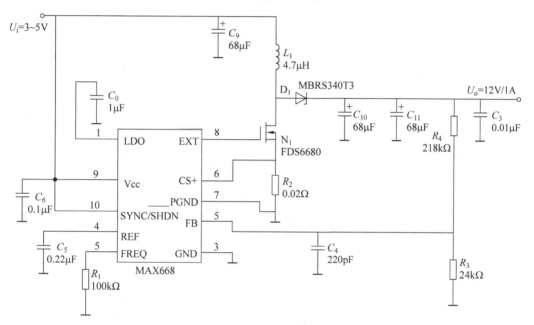

图 13-20 MAX668 升压电源

13.6.3 集成降压式 DC-DC 开关电源

降压式 DC-DC 控制芯片很多,如 LM2575/2576(频率为 $52\mathrm{kHz}$)、LM259X 系列(频率
为 $150\mathrm{kHz}$)、LM2830(频率为 $1.6\mathrm{MHz}/3.0\mathrm{MHz}$)等。

【例 13-3】 使用 LM2596 设计一个稳压电源,交流电压变化范围为 $175\sim265\mathrm{V}$,输出电
压 U_o 为 $13.2\mathrm{V}$、最大负载电流 I_o 为 $2\mathrm{A}$。确定的参数包括变压器输出电压(有效值)与输
出功率、滤波电容大小。

解: 由于输出电压 U_o 为 $13.2\mathrm{V}$,选择输出电压可调的 LM2596-ADJ,电路如图 13-21
所示。

(1)确定电阻 R_1、R_2。LM2596 输出电压为

$$U_o = U_{\mathrm{REF}}\left(1 + \frac{R_2}{R_1}\right)$$

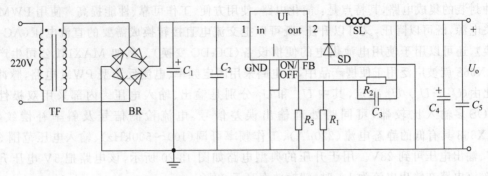

图 13-21 LM2596 稳压电路

其中，U_{REF} 为反馈输入端的基准电压，典型值为 1.23V，因此 $\dfrac{R_2}{R_1}=\dfrac{U_o}{U_{REF}}-1=9.732$。根据反馈端输入电流以及 R_1、R_2 的取值范围，当 R_2 取 15kΩ 时，R_1 应为 1.54kΩ（取标准值 2.0kΩ，然后通过并联电阻 R_3 使等效电阻尽量接近 1.54kΩ，通过计算可知，R_3 取 6.8kΩ 时与计算值最接近）。当 $R_1=15$kΩ，$R_2=2.0$kΩ，$R_3=6.8$kΩ 时，输出电压 $U_o=13.17$V，与设计值偏差约为 0.2%，一般的工程都满足设计要求。

（2）根据 LM2596 参数估算最小输入电压。对于降压式 DC-DC 稳压芯片，

$$U_o=(U_I-U_{CES}+U_D)\frac{T_{on}}{T}-U_D$$

当输入电压下降时，占空比 d 升高。当占空比 d 最大取 0.9 时，对应的输入电压称为最小输入电压 $U_{Imin}=\dfrac{U_o+U_D+(U_{CES}-U_D)d}{d}=15.3$V。

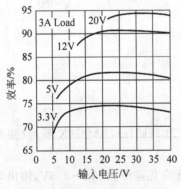

图 13-22 输入电压与效率关系

（3）根据交流电压变化范围为 175～265V，估算正常情况下电容滤波电路最小输出电压。当交流电压下降时，其输出电压将近似等比例下降，进而电容滤波输出最小电压也等比例下降。最小交流电压为 175V，与正常情况下的 220V 相比偏离 175V/220V ≈ 0.8。在正常情况下，电容滤波最小输出电压 $U_{omin}=\dfrac{U_{Imin}}{0.8}=19.1$V。

（4）根据 LM2596 效率与输入电压关系以及电容滤波电路特征，计算变压器输出电压与滤波电容参数。LM2596 效率与输入电压关系如图 13-22 所示，当输出电压为 13V 时，输入电压在 19～35V 时效率较高。

由于输出功率为 13.2V×2A=26.4W，当输入电压为 19V 时，LM2596 变换效率约为 90%。即输入稳压器的实际功率为 26.4/0.9=29.3W。因此电容滤波电路等效负载为

$$R_L=\frac{U_{omin}^2}{P}=\frac{19.1^2}{29.3}=12.4(\Omega)$$

根据电容滤波特征，滤波电容 $C_1=(3\sim5)T/2R_L=2400\sim4030\mu F$，取标准值 3300μF（相应地，$\alpha=2R_LC_1/2=4.09$）。

根据电容滤波最大输出电压、最小输出电压与平均电压 $U_{I(AV)}$ 关系

$$U_{omax} = \frac{\alpha}{\alpha-1} U_{omin} = \frac{4.09}{4.09-1} \times 19.1 = 25.3(V), \quad U_{I(AV)} = \frac{U_{omax} + U_{omin}}{2} = 22.2(V)$$

由此估算变压器输出电压有效值 $= \frac{U_{I(AV)}}{2} = 18.5V$。满载时，变压器次级线圈上压降会增加，变压器实际输出电压应比计算值高 5%。因此，变压器输出电压有效值取 $18.5(1+0.05) = 19.5V$。

(5) 变压器功率估算。变压器效率一般为 85%，即变压器功率应大于 $29.3/0.85 = 34.7W$，可取 35W。

(6) 确定滤波电容 C_1 耐压。当交流电压升高到 265V 时，变压器输出电压为 $\frac{265}{220} \times 19.5$，即 23.5V。在电容滤波电路中，当空载时，滤波电容上最大电压 U_{omax} 接近正弦波电压最大值 $\sqrt{2} \times 23.5$，即 33.2V，由此可见滤波电压耐压应为 35V 以上，因此滤波电容 C_1 为 $3300\mu F/35V$ 的电解电容。

(7) 确定电感 L 参数。根据 LM2596 有关参数：$U_{CES} = 1.15V$，$U_D = 0.5V$；而稳压器最大输入电压等于电容滤波最大输出 $U_{omax} = 25.3V$，则临界连续状态下的伏秒积(脉冲变压器的重要参数之一，决定了脉冲变压器体积和损耗等，单位为 V·s(伏·秒))。

$$L \cdot I_{Lmax} = (U_{Imax} - U_{CES} - U_O) t_{on} = (U_{Imax} - U_{CES} - U_O) \frac{U_O + U_D}{(U_{Imax} - U_{CES} + U_D) f_{OSC}}$$

$$= (25.3 - 1.15 - 13.2) \frac{13.2 + 0.5}{(25.3 - 1.15 + 0.5) \times 150} \times 1000 = 40.57(V \cdot \mu s)$$

根据 V·μs 曲线与输出电流关系，查表可知对应的电感量为 $68\mu H$。

(8) 其他辅助元件参数。整流桥(或整流二极管)为 3A/50V 以上；续流肖特基二极管不小于 3A，输出滤波电容 C_4 可取 $330\mu F/25V$ 的电解电容。而高频滤波电容 C_2、C_5 一般取 $0.1\mu F/63V$ 以上耐压的 C_{BB} 电容，需要注意的是 ESR(等效串联电阻)尽可能小一些。反馈电容 C_3 与输出电流有关，可在 LM2596 数据手册中找到，在本例中为 1000pF。

13.7 开关型集成稳压器

开关型集成稳压器为新型高效节能直流稳压电源，它把开关型直流稳压电路所需要的基准电压源、三角波(或锯齿波)信号发生器、脉宽调制电路、功率输出及各种保护电路全部集成在芯片中，实现了单片集成化、使用方便、广泛应用。

开关型集成稳压器的种类很多，本节以 TL494 为例进行简单介绍。

TL494 是一种固定频率脉宽调制电路，它包括开关电源控制所需的全部功能，广泛应用于 Buck、半桥式、全桥式开关电源。TL494 有下面的一些主要特征。

(1) 集成了全部的脉宽调制电路。

(2) 片内置线性锯齿波振荡器，外置振荡元件仅两个(电阻和电容)。

(3) 内置误差放大器。

(4) 内置 5V 参考基准电压源。

（5）可调整死区时间。

（6）内置功率晶体管可以提供 500mA 的驱动能力。

（7）推或拉两种输出方式。

TL494 是一个固定频率的脉冲宽度调制电路,内置了线性锯齿波振荡器,振荡频率可以通过外部的一个电阻和一个电容来进行调节。

TL494 是一种频率固定的脉冲调制控制器,集成了开关电源控制所需要的主要模块,如图 13-23 所示,内部线性的锯齿波振荡器频率由 R_T 和 C_T 两个外部元件来决定。近似的振荡频率为

$$f_{osc} = \frac{1.1}{R_T \times C_T}$$

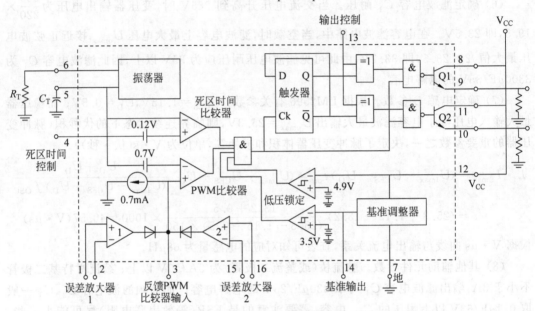

图 13-23　TL494 内部电路图

输出脉冲宽度调制是通过在 C_T 上的锯齿波和 2 个控制信号中的任意一个比较来实现。驱动晶体管 Q_1 和 Q_2 受控于或非门,当双稳态触发器的时钟输入是低电平时使能,即锯齿波电压大于控制信号期间才会被选通。当增大控制信号的幅度增大的时候,输出脉冲的宽度会相应地减少。

控制信号是由集成电路的外部输入,一路送至时间死区时间比较器,一路送至误差放大器输入端。死区时间控制比较器包含有效的 120mV 输入偏置,它能把最小输出死区时间控制在锯齿波前 4% 的周期,当输出控制接地的,输出最大占空比为 96%,当输出端接参考电平时,占空比为 48%,当把死区时间控制输入端接固定电压时,能在输出脉冲上产生附加的死区时间。

脉冲宽度调制比较器为误差放大器调节输出脉宽提供了一个手段:当反馈电压从 0.5V 变化到 3.5V 时,输出的脉冲宽度从被死区确定的最大导通百分比时间中下降为零。两个误差放大器具有从 -0.3V 到 $(U_{CC} - 2.0)$V 的共模输入范围,这可以从电源的输出电压和电流测量得到。误差放大器的输出常处于高电平,它与脉冲宽度调制器的反相输入端

进行"或"运算,正是这种电路结构,放大器只需要最小的输出就可以控制电路。

TL494 内部主要由下面几部分构成。

(1) 5V 基准电源:TL494 内置了基于带隙原理的基准源,基准源的稳定输出电压为5V,条件是 U_{CC} 电压大于 7V,误差在 100mV 以内。基准源的输出引脚是第 14 引脚 REF。

(2) 锯齿波振荡器:TL494 内置了线性锯齿波振荡器,产生 $0.3\sim3V$ 的锯齿波。振荡频率 $f_{OSC}=\dfrac{1.1}{R_T\times C_T}$,锯齿波可以在 C_T 引脚测量得到。

(3) 运算放大器:TL494 集成了两个单电源供电的运算放大器,运算放大器的输出电压为 $A(U_{IN+}-U_{IN-})$,但是不能超过摆幅。一般电源电路中,集成运算放大器接成闭环运行。少数特殊情况下使用开环,由外界输入信号。两个运算放大器的输出分别接一个二极管,和第 3 引脚以及后级电路(比较器)相连接。这保证了两个运算放大器中较高的输出进入后级电路。

(4) 比较器:运算放大器输出信号在元件内部进入比较器同相输入端,和进入反相输入端的锯齿波进行比较,当反相输入端信号高于同相输入端的信号时,比较器输出低电平;反之,输出高电平。

(5) 脉冲触发器:脉冲触发器在锯齿波的下降沿且比较器输出高电平时导通,使得两个中的一个输出端(依次轮流)片内三极管导通,并在比较器输出降到低电平时截止。

(6) 死区时间比较器:死区时间由 DTC 引脚设置,通过一个比较器对脉冲触发器实行干扰,限制最大占空比。可设置的每端占空比上限最高为 45%,在工作频率高于 150kHz 时占空比上限是 42%。

图 13-24 是 TL494 主要部分的时序波形图。

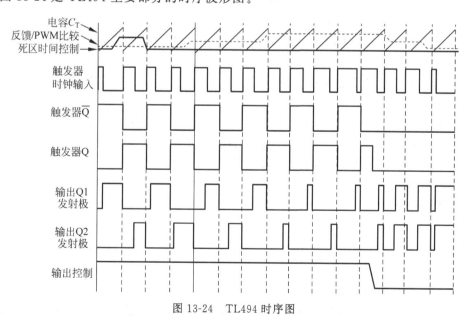

图 13-24 TL494 时序图

随着集成工艺水平的提高,已将整流、滤波、稳压等功能电路全部集成在一起,加环氧树脂实体封装,利用其外壳散热做成一体化稳压电源。它的品种较多,有线性、开关式、大功率直流变压器、小功率调压型和专用型等很多种类型,从电压和功率等级分为几百种之多。根据其性能指标即可选用,使用十分方便。

小结

在电子系统中,常常需要将交流电网电压转换为直流电压,为此需要用整流、滤波、稳压等环节实现。

(1) 在整流电路中,利用二极管的单相导电性将交流电转换变为脉动的直流电。利用二极管组成整流电路,与单相半波整流电路相比,单相桥式整流电路的输出电压较高,输出波形的脉动成分相对较低,变压器的利用率较高,因此应用比较广泛。

(2) 滤波电路的主要任务是尽量滤掉输出电压中的脉动成分,同时,尽量保留其中的直流成分。滤波电路主要由电容、电感等储能元件组成。电容滤波适用于小负载电流,而电感滤波适用于大负载电流。在实际应用中常常将二者结合起来,以便进一步降低脉动成分。

(3) 稳压电路的作用是在电网电压发生波动或负载电流变化时,使输出电压基本保持稳定。

(4) 硅稳压管稳压电路结构最为简单,适用于输出电压固定,且负载电流比较小的场合,主要缺点是输出电压不可调节,但是,当电网电压和负载电流变化范围较大时,电路无法使用。

(5) 串联型直流稳压电路,主要包括四个组成部分:调整管、采样电阻、放大电路、基准电压。其稳压的原理实质上是引入电压负反馈稳定输出电压。串联型稳压电路的输出电压可以在一定的范围内进行调节。为了防止负载电流过大或输出短路造成元器件损坏,在实际的稳压电路中常常加各种保护电路。

(6) 集成稳压器由于体积小、可靠性高以及温度特性好等优点,得到广泛的应用,特别是三端集成稳压器,只有三个端口,使用非常方便。三端集成稳压器的内部,实质上是将串联型直流稳压电路的各个组成部分,再加上保护电路和启动电路全部集成在一个芯片上而做成。

(7) 开关型集成稳压电路的特点是调整管工作在开关状态,因而具有效率高、体积小、重量轻以及对电网电压要求不高的突出优点,被广泛用于计算机、电视机、通信以及空间技术领域。但是也存在调整管控制电路比较复杂、输出电压中纹波和噪声成分较大等缺点。

习题

13.1 判断下列说法是否正确,用 √、× 表示判断结果并填入括号内。

(1) 直流电源是一种将正弦信号转换为直流信号的波形变换电路。 (   )

(2) 直流电源是一种能量转换电路,它将交流能量转换为直流能量。 (   )

(3) 在变压器副边电压和负载电阻相同的情况下,桥式整流电路的输出电流是半波整流电路输出电流的 2 倍。因此,它们的整流管的平均电流比值为 2。 (   )

(4) 若 U_2 为电源变压器副边电压的有效值,则半波整流电容滤波电路和全波整流电容滤波电路在空载时的输出电压均为 $\sqrt{2}U_2$。 (   )

（5）当输入电压 U_i 和负载电流 I_L 变化时,稳压电路的输出电压是绝对不变的。

（　　）

（6）一般情况下,开关型稳压电路比线性稳压电路效率高。　　　　　　（　　）

13.2　在图 13-25 所示稳压电路中,已知稳压管的
稳定电压 U_Z 为 6V,最小稳定电流 I_{Zmin} 为 5mA,最大稳
定电流 I_{Zmax} 为 40mA；输入电压 U_I 为 15V,波动范围
为 $\pm 10\%$；限流电阻 R 为 200Ω。

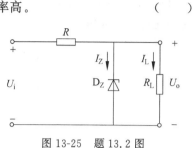

图 13-25　题 13.2 图

（1）电路是否能空载？为什么？

（2）作为稳压电路的指标,负载电流 I_L 的范围为
多少？

13.3　已知输出电压平均值 $U_{o(AV)} = 15V$,负载电流平均值 $I_{L(AV)} = 100mA$。

（1）求变压器副边电压有效值 U_2。

（2）设电网电压波动范围为 $\pm 10\%$。在选择二极管的参数时,其最大整流平均电流 I_F
和最高反向电压 U_R 的下限值约为多少？

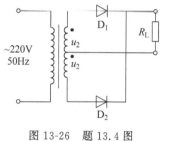

图 13-26　题 13.4 图

13.4　电路如图 13-26 所示,变压器副边电压有效值
为 $2U_2$。

（1）画出 u_2、u_{D1} 和 u_o 的波形。

（2）求出输出电压平均值 $U_{o(AV)}$ 和输出电流平均值
$I_{L(AV)}$ 的表达式。

（3）二极管的平均电流 $I_{D(AV)}$ 和所承受的最大反向电
压 U_{Rmax} 的表达式。

13.5　电路如图 13-27 所示,变压器副边电压有效值
$U_{21} = 50V$, $U_{22} = 20V$。

（1）输出电压平均值 $U_{o1(AV)}$ 和 $U_{o2(AV)}$ 各为多少？

（2）各二极管承受的最大反向电压为多少？

13.6　电路如图 13-28 所示。

（1）分别标出 u_{o1} 和 u_{o2} 对地的极性。

（2）u_{o1}、u_{o2} 分别是半波整流还是全波整流？

（3）当 $U_{21} = U_{22} = 20V$ 时,$U_{o1(AV)}$ 和 $U_{o2(AV)}$ 各为多少？

（4）当 $U_{21} = 18V$, $U_{22} = 22V$ 时,画出 u_{o1}、u_{o2} 的波形；并求出 $U_{o1(AV)}$ 和 $U_{o2(AV)}$ 各为
多少？

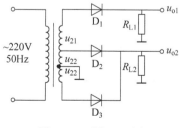

图 13-27　题 13.5 图

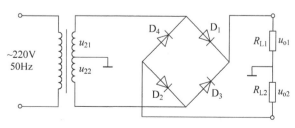

图 13-28　题 13.6 图

13.7 电路如图 13-29 所示,已知稳压管的稳定电压 $U_Z=6\mathrm{V}$,晶体管的 $U_{BE}=0.7\mathrm{V}$,$R_1=R_2=R_3=300\Omega$,$U_I=24\mathrm{V}$。判断出现下列现象:$U_o\approx24\mathrm{V}$;$U_o\approx23.3\mathrm{V}$;$U_o\approx12\mathrm{V}$ 且不可调;$U_o\approx6\mathrm{V}$ 且不可调;U_o 可调范围变为 $6\sim12\mathrm{V}$,分别是因为电路产生什么故障(即哪个元件开路或短路)。

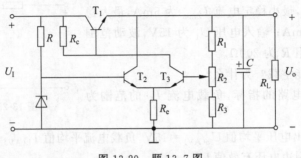

图 13-29 题 13.7 图

13.8 直流稳压电路如图 13-30 所示。

(1) 说明电路的整流电路、滤波电路、调整管、基准电压电路、比较放大电路、采样电路等部分各由哪些元件组成。

(2) 标出集成运放的同相输入端和反相输入端。

(3) 写出输出电压的表达式。

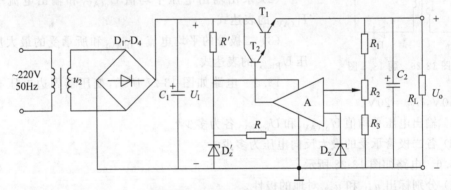

图 13-30 题 13.8 图

13.9 电路如图 13-31 所示,设 $I_I'=I_O'=1.5\mathrm{A}$,晶体管 T 的 $U_{BE}\approx U_D$,$R_1=1\Omega$,$R_2=2\Omega$,$I_D\gg I_B$。求解负载电流 I_L 与 I_O' 的关系式。

13.10 在图 13-32 所示电路中,$R_1=240\Omega$,$R_2=3\mathrm{k}\Omega$;W117 输入端和输出端电压允许

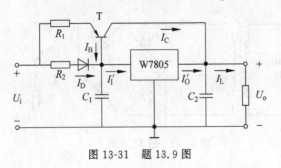

图 13-31 题 13.9 图

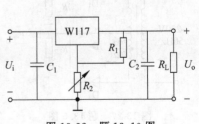

图 13-32 题 13.10 图

范围为 $3\sim40\text{V}$,输出端和调整端之间的电压 U_R 为 1.25V。

（1）输出电压的调节范围；

（2）输入电压允许的范围。

13.11　串联型稳压电路如图 13-33 所示,当 $U_\text{Z}=5\text{V},R_1=20\text{k}\Omega,R_2=10\text{k}\Omega,R_\text{L}=1\text{k}\Omega$ 时,若稳压管工作在稳压状态,则输出电压 U_o 为多少?

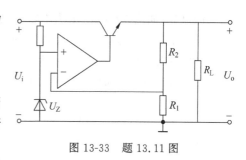

图 13-33　题 13.11 图

13.12　电路如图 13-34 所示。合理连线,构成 5V 的直流电源。

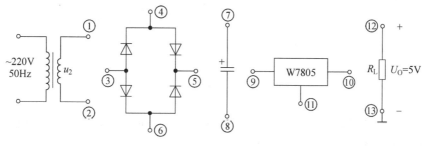

图 13-34　题 13.12 图

13.13　电路如图 13-35 所示。已知: $R_1=R_2=R_3=R_\text{W}=1\text{k}\Omega,D_\text{Z}$ 提供的基准电压 $U_\text{R}=6\text{V}$,变压器副边电压有效值(U_2)为 $25\text{V},C=1000\mu\text{F}$。试求 U_I、最大输出电压 U_omax 及最小输出电压 U_omin,并指出 U_o 等于 U_omax 或 U_omin 时,R_W 滑动端分别应调在什么位置。

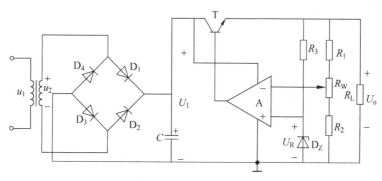

图 13-35　题 13.13 图

13.14　直流稳压电源原理框图如图 13-36 所示,试说明Ⅰ、Ⅱ、Ⅲ、Ⅳ各部分名称及作用。

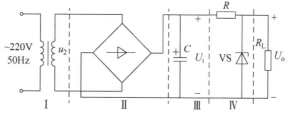

图 13-36　题 13.14 图

13.15 如图 13-37 所示为串联型稳压电源,其中 $R_P = 1k\Omega$。

(1) 标出集成运算放大电路同相输入端和反相输入端。

(2) 写出输出电压 U_o 的表达式。

(3) 当 $U_i = 15V$ 时,求出输出 U_o 的调节范围,已知 VT_1 管的管压降 $U_{CES} = 1V$。

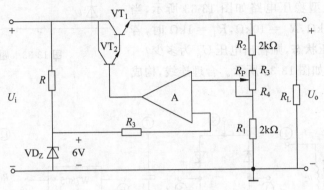

图 13-37 题 13.15 图

13.16 由三端集成稳压器 W7805 组成的恒压电路如图 13-38 所示,忽略电流 I_3,分析该电路,并说明其输出电压 U_o 为多少?

13.17 在如图 13-39 所示直流稳压电源中,已知 W7806 的 1、2 两端电压 $U_{12} \geqslant 3V$ 才能正常工作。A 可视为理想运放。

(1) 标出运放的同相输入端和反向输入端。

(2) 写出输出电压 U_o 的表达式。

(3) 求出 U_o 的调节范围。

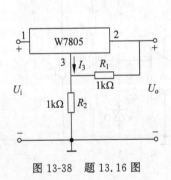

图 13-38 题 13.16 图

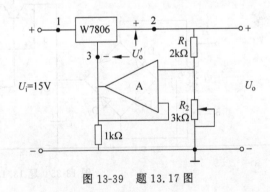

图 13-39 题 13.17 图

参 考 文 献

[1]　李瀚荪. 电路分析基础[M]. 5 版. 北京：高等教育出版社，2017.

[2]　吴丙申，卞祖富. 模拟电路基础[M]. 北京：北京理工大学出版社，1997.

[3]　Neamen D A. Microelectronics Circuit Analysis and Design[M]. 4th ed. 北京：清华大学出版社，2018.

[4]　康华光，张林. 电子技术基础（模拟部分）[M]. 7 版. 北京：高等教育出版社，2021.

[5]　Agarwal A，Lang J. Foundations of Analog and Digital Electronic Circuits[M]. German Elsevier，2005.

[6]　童诗白，华成英. 模拟电子技术基础[M]. 5 版. 北京：清华大学出版社，2015.

[7]　Sedra Adel S，Smith Keneth C. Microelectronic Circuits[M]. 6th ed. NewYork：Oxford University Press，2009.

[8]　崔晓燕，周慧玲，张轶. 电路分析基础[M]. 北京：科学出版社，2006.

[9]　殷瑞祥. 电路与模拟电子技术[M]. 4 版. 北京：高等教育出版社，2022.

[10]　于歆杰，朱桂萍，陆文娟. 电路原理[M]. 北京：清华大学出版社，2007.

[11]　Alexander C K，Sadiku M N. Fundamentals of Electric Circuits[M]. 5th ed. New York：The McGraw-Hill Companies，2011.

[12]　颜秋容. 电路理论——基础篇[M]. 北京：高等教育出版社，2017.

[13]　邱关源，罗先觉. 电路[M]. 6 版. 北京：高等教育出版社，2022.

[14]　江缉光，刘秀成. 电路原理[M]. 2 版. 北京：清华大学出版社，2007.

[15]　Nilsoin J，Riedel S. Electric Circuits[M]. 10th ed. 北京：电子工业出版社，2017.

[16]　吴大正，王松林，王玉华. 电路基础[M]. 5 版. 西安：西安电子科技大学出版社，2000.

[17]　李国林. 电子电路与系统基础[M]. 北京：清华大学出版社，2017.

[18]　范承志，等. 电路原理[M]. 北京：机械工业出版社，2001.

[19]　Hayt W H，Kemmerly J，Durbin S D. Engineering Circuit Analysis[M]. 6th ed. 北京：电子工业出版社，2002.

[20]　周庭阳，江维澄. 电路原理[M]. 3 版. 杭州：浙江大学出版社，2023.

[21]　瞿安连. 电子电路——分析与设计[M]. 武汉：华中科技大学出版社，2010.

[22]　孙肖子. 模拟电子电路及技术基础[M]. 3 版. 西安：西安电子科技大学出版社，2017.

图书资源支持

感谢您一直以来对清华大学出版社图书的支持和爱护。为了配合本书的使用，本书提供配套的资源，有需求的读者请扫描下方的"书圈"微信公众号二维码，在图书专区下载，也可以拨打电话或发送电子邮件咨询。

如果您在使用本书的过程中遇到了什么问题，或者有相关图书出版计划，也请您发邮件告诉我们，以便我们更好地为您服务。

我们的联系方式：

地　　址：北京市海淀区双清路学研大厦 A 座 714

邮　　编：100084

电　　话：010-83470236　　010-83470237

资源下载：http://www.tup.com.cn

客服邮箱：tupjsj@vip.163.com

QQ：2301891038（请写明您的单位和姓名）

用微信扫一扫右边的二维码，即可关注清华大学出版社公众号。

教学资源·教学样书·新书信息

人工智能科学与技术
人工智能|电子通信|自动控制

资料下载·样书申请

书圈